U0662137

国家电网
STATE GRID

国家电网公司

生产技能人员职业能力培训专用教材

配电电缆

国家电网公司人力资源部　　组编

张东斐　　主编

中国电力出版社
CHINA ELECTRIC POWER PRESS

内 容 提 要

《国家电网公司生产技能人员职业能力培训教材》是按照国家电网公司生产技能人员模块化培训课程体系的要求,依据《国家电网公司生产技能人员职业能力培训规范》(简称《培训规范》),结合生产实际编写而成。

本套教材作为《培训规范》的配套教材,共 72 册。本册为专用教材部分的《配电电缆》,全书共 7 个部分 22 章 63 个模块,主要内容包括电力电缆基础知识,电气识、绘图,电缆敷设安装,电缆工程验收,电缆的运行维护,电缆故障测寻及试验,电缆附件安装。

本书可作为供电企业配电电缆工作人员的培训教学用书,也可作为电力职业院校教学参考书。

图书在版编目(CIP)数据

配电电缆/国家电网公司人力资源部组编. —北京:中国电力出版社,2010.9(2025.9 重印)

国家电网公司生产技能人员职业能力培训专用教材

ISBN 978-7-5123-0808-4

Ⅰ. ①配… Ⅱ. ①国… Ⅲ. ①配电线路–电缆–技术培训–教材 Ⅳ. ①TM726.4

中国版本图书馆 CIP 数据核字(2010)第 169329 号

中国电力出版社出版、发行

(北京市东城区北京站西街 19 号 100005 http://www.cepp.sgcc.com.cn)

北京天泽润科贸有限公司印刷

各地新华书店经售

*

2010 年 9 月第一版 2025 年 9 月北京第二十次印刷

880 毫米×1230 毫米 16 开本 18.75 印张 576 千字

印数 34201—34700 册 定价 65.00 元

《国家电网公司生产技能人员职业能力培训专用教材》

编 委 会

国家电网公司
生产技能人员职业能力培训专用教材

前　言

　　为大力实施"人才强企"战略，加快培养高素质技能人才队伍，国家电网公司按照"集团化运作、集约化发展、精益化管理、标准化建设"的工作要求，充分发挥集团化优势，组织公司系统一大批优秀管理、技术、技能和培训教学专家，历时两年多，按照统一标准，开发了覆盖电网企业输电、变电、配电、营销、调度等 34 个职业种类的生产技能人员系列培训教材，形成了国内首套面向供电企业一线生产人员的模块化培训教材体系。

　　本套培训教材以《国家电网公司生产技能人员职业能力培训规范》（Q/GDW 232—2008）为依据，在编写原则上，突出以岗位能力为核心；在内容定位上，遵循"知识够用、为技能服务"的原则，突出针对性和实用性，并涵盖了电力行业最新的政策、标准、规程、规定及新设备、新技术、新知识、新工艺；在写作方式上，做到深入浅出，避免烦琐的理论推导和验证；在编写模式上，采用模块化结构，便于灵活施教。

　　本套培训教材涵盖 34 个职业的通用教材和专用教材，共 72 个分册、5018 个模块，每个培训模块均配有详细的模块描述，对该模块的培训目标、内容、方式及考核要求进行了说明。其中：通用教材涵盖了供电企业多个职业种类共同使用的基础、专业基础、基本技能及职业素养等知识，包括《电工基础》、《电力安全生产及防护》等 38 个分册、1705 个模块，主要作为供电企业员工全面系统学习基础理论和基本技能的自学教材；专用教材涵盖了单一职业种类专用的所有专业知识和专业技能，按照供电企业生产模式分职业单独成册，每个职业分为Ⅰ、Ⅱ、Ⅲ等 3 个级别，包括《变电检修》、《继电保护》等 34 个分册、3313 个模块，可以分别作为供电企业生产一线辅助作业人员、熟练作业人员和高级作业人员的岗位技能培训教材，也可作为电力职业院校的教学参考书。

　　本套培训教材的出版是贯彻落实国家人才队伍建设总体战略，充分发挥企业培养高技能人才主体作用的重要举措，是加快推进国家电网公司发展方式和电网发展方式转变的迫切要求，也是有效开展电网企业教育培训和人才培养工作的重要基础，必将对改进生产技能人员培训模式，推进培训工作由理论灌输向能力培养转型，提高培训的针对性和有效性，全面提升员工队伍素质，保证电网安全稳定运行、支撑和促进国家电网公司可持续发展起到积极的推动作用。

　　本套教材共 72 个分册，本册为专用教材部分的《配电电缆》。

　　本书中第一部分电力电缆基础知识，由陕西省电力公司陈旭、景晓东，福建省电力有限公司严有祥编写；第二部分电气识、绘图，由上海市电力公司王克强编写；第三部分电缆敷设安装，由辽宁省电力有限公司曾光，江苏省电力公司王光明、张行编写；第四部分电缆工程验收，由江西省电力公司李强编写；第五部分电缆的运行维护，由上海市电力公司蒋洪权编写；第六部分电缆故障测寻及试验，由天津市电力公司陈其三编写；第七部分电缆附件安装，由天津市电力公司张淑琴，陕西省电力公司陈旭编写。全书由天津市电力公司张东斐担任主编。北京市电力公司姜绿先担任主审，周作春、李洪涛、徐绍军、张重仁参审。

　　由于编写时间仓促，本套教材难免存在疏漏之处，恳请各位专家和读者提出宝贵意见，使之不断完善。

国家电网公司
生产技能人员职业能力培训专用教材

目 录

前言

第一部分 电力电缆基础知识

第二部分 电气识、绘图

第三部分 电缆敷设安装

第一部分

电力电缆基础知识

第一章 电力电缆基本知识

模块 1 电力电缆的种类及命名 (GYDL00101001)

【模块描述】本模块介绍电力电缆的种类及命名。通过概念描述、要点讲解，熟悉电力电缆的种类及命名规则，掌握常用电缆型号及规格的含义。

【正文】

电力电缆品种规格很多，分类方法多种多样，通常按照绝缘材料、结构、电压等级和特殊用途等方法进行分类。

一、电力电缆的种类和特点

（一）按电缆的绝缘材料分类

电力电缆按绝缘材料不同，可分为油纸绝缘电缆、挤包绝缘电缆和压力电缆三大类。

1. 油纸绝缘电缆

油纸绝缘电缆是绕包绝缘纸带后浸渍绝缘剂（油类）作为绝缘的电缆。

根据浸渍剂不同，油纸绝缘电缆可以分为黏性浸渍纸绝缘电缆和不滴流浸渍纸绝缘电缆两类。其二者结构完全一样，制造过程除浸渍工艺有所不同外，其他均相同。不滴流电缆的浸渍剂黏度大，在工作温度下不滴流，能满足高差较大的环境（如矿山、竖井等）使用。

按绝缘结构不同，油纸绝缘电缆主要分为统包绝缘电缆、分相屏蔽和分相铅包电缆。

（1）统包绝缘电缆，又称带绝缘电缆。统包绝缘电缆的结构特点，是在每相导体上分别绕包部分带绝缘后，加适当填料经绞合成缆，再绕包带绝缘，以补充其各相导体对地绝缘厚度，然后挤包金属护套。

统包绝缘电缆结构紧凑，节约原材料，价格较低。缺点是内部电场分布很不均匀，电力线不是径向分布，具有沿着纸面的切向分量。所以这类电缆又叫非径向电场型电缆。由于油纸的切向绝缘强度只有径向绝缘强度的 1/2～1/10，所以统包绝缘电缆容易产生移滑放电。因此这类电缆只能用于 10kV 及以下电压等级。

（2）分相屏蔽电缆和分相铅包电缆。分相屏蔽和分相铅包电缆的结构基本相同，这两种电缆特点是，在每相绝缘芯制好后，包覆屏蔽层或挤包铅套，然后再成缆。分相屏蔽电缆在成缆后挤包一个三相共用的金属护套，使各相间电场互不相关，从而消除了切向分量，其电力线沿着绝缘芯径向分布，所以这类电缆又叫径向电场型电缆。径向电场型电缆的绝缘击穿强度比非径向型要高得多，多用于 35kV 电压等级。

2. 挤包绝缘电缆

挤包绝缘电缆又称固体挤压聚合电缆，它是以热塑性或热固性材料挤包形成绝缘的电缆。

目前，挤包绝缘电缆有聚氯乙烯（PVC）电缆、聚乙烯（PE）电缆、交联聚乙烯（XLPE）电缆和乙丙橡胶（EPR）电缆等，这些电缆使用在不同的电压等级。

交联聚乙烯电缆是 20 世纪 60 年代以后技术发展最快的电缆品种，与油纸绝缘电缆相比，它在加工制造和敷设应用方面有不少优点。其制造周期较短，效率较高，安装工艺较为简便，导体工作温度可达到 90℃。由于制造工艺的不断改进，如用干式交联取代早期的蒸汽交联，采用悬链式和立式生产线，使得 110～220kV 高压交联聚乙烯电缆产品具有优良的电气性能，能满足城市电网建设和改造的需要。目前在 220kV 及以下电压等级，交联聚乙烯电缆已逐步取代了油纸绝缘电缆。

3. 压力电缆

压力电缆是在电缆中充以能流动、并具有一定压力的绝缘油或气体的电缆。在制造和运行过程中，油纸绝缘电缆的纸层间不可避免地会产生气隙。气隙在电场强度较高时，会出现游离放电，最终导致绝缘层击穿。压力电缆的绝缘处在一定压力（油压或气压）下，抑制了绝缘层中形成气隙，使电缆绝缘工作场强明显提高，可用于 63kV 及以上电压等级的电缆线路。

为了抑制气隙，用带压力的油或气体填充绝缘，是压力电缆的结构特点。按填充压缩气体与油的措施不同，压力电缆可分为自容式充油电缆、充气电缆、钢管充油电缆和钢管充气电缆等品种。

（二）按电缆的结构分类

电力电缆按照电缆芯线的数量不同，可以分为单芯电缆和多芯电缆。

（1）单芯电缆。指单独一相导体构成的电缆。一般在大截面导体、高电压等级电缆多采用此种结构。

（2）多芯电缆。指由多相导体构成的电缆，有两芯、三芯、四芯、五芯，等等。该种结构一般在小截面、中低压电缆中使用较多。

（三）按电压等级分类

电缆的额定电压以 U_0/U（U_m）表示。其中：U_0 表示电缆导体对金属屏蔽之间的额定电压；U 表示电缆导体之间的额定电压；U_m 是设计采用的电缆任何两导体之间可承受的最高系统电压的最大值。根据 IEC 标准推荐，电缆按照额定电压 U 分为低压、中压、高压和超高压四类。

（1）低压电缆：额定电压 U 小于 1kV，如 0.6/1kV。

（2）中压电缆：额定电压 U 介于 6～35kV 之间，如 6/6，6/10，8.7/10，21/35，26/35kV。

（3）高压电缆：额定电压 U 介于 45～150kV 之间，如 38/66，50/66，64/110，87/150kV。

（4）超高压电缆：额定电压 U 介于 220～500kV 之间，如 127/220，190/330，290/500kV。

（四）按特殊需求分类

按对电力电缆的特殊需求，主要有输送大容量电能的电缆、阻燃电缆和光纤复合电缆等品种。

1. 输送大容量电能的电缆

（1）管道充气电缆。管道充气电缆（GIC）是以压缩的六氟化硫气体为绝缘的电缆，也称六氟化硫电缆。这种电缆又相当于以六氟化硫气体为绝缘的封闭母线。这种电缆适用于电压等级在 400kV 及以上的超高压、传送容量 100 万 kVA 以上的大容量电站，高落差和防火要求较高的场所。管道充气电缆由于安装技术要求较高，成本较高，对六氟化硫气体的纯度要求很严，仅用于电厂或变电所内短距离的电气联络线路。

（2）低温有阻电缆。低温有阻电缆是采用高纯度的铜或铝作导体材料，将其处于液氮温度（77K）或者液氢温度（20.4K）状态下工作的电缆。在极低温度下，由导体材料热振动决定的特性温度（德拜温度）之下时，导体材料的电阻随绝对温度的 5 次方急剧变化。利用导体材料的这一性能，将电缆深度冷却，以满足传输大容量电力的需要。

（3）超导电缆。指以超导金属或超导合金为导体材料，将其处于临界温度、临界磁场强度和临界电流密度条件下工作的电缆。利用超低温下出现失阻现象的某些金属及其合金为导体的电缆称为超导电缆，在超导状态下导体的直流电阻为零，以提高电缆的传输容量。

2. 防火电缆

防火电缆是具有防火性能电缆的总称，它包括阻燃电缆和耐火电缆两类。

（1）阻燃电缆。指能够阻滞、延缓火焰沿着其外表蔓延，使火灾不扩大的电缆。在电缆比较密集的隧道、竖井或电缆夹层中，为防止电缆着火酿成严重事故，35kV 及以下电缆应选用阻燃电缆。有条件时，应选用低烟无卤或低烟低卤护套的阻燃电缆。

（2）耐火电缆。是当受到外部火焰以一定高温和时间作用期间，在施加额定电压状态下具有维持通电运行功能的电缆，用于防火要求特别高的场所。

3. 光纤复合电力电缆

将光纤组合在电力电缆的结构层中，使其同时具有电力传输和光纤通信功能的电缆称为光纤复合电力电缆。光纤复合电力电缆集两方面功能于一体，因而降低了工程建设投资和运行维护费用。

二、电力电缆的命名方法

电力电缆产品命名用型号、规格和标准编号表示，而电缆产品型号一般由绝缘、导体、护层的代号构成，因电缆种类不同型号的构成有所区别；规格由额定电压、芯数、标称截面积构成，以字母和数字为代号组合表示。

1. 额定电压 1（U_m=1.2kV）~35kV（U_m=40.5kV）挤包绝缘电力电缆命名方法

（1）产品型号的组成和排列顺序如下：

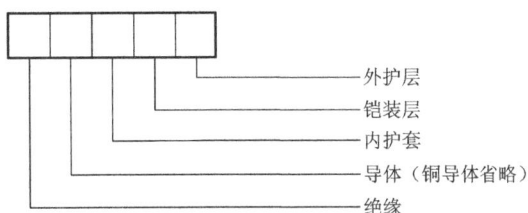

外护层
铠装层
内护套
导体（铜导体省略）
绝缘

（2）各部分代号及含义见表 GYDL00101001-1。

表 GYDL00101001-1　　　代　号　含　义

导体代号	铜导体	（T）省略	铠装代号	双钢带铠装	2
	铝导体	L		细圆钢丝铠装	3
绝缘代号	聚氯乙烯绝缘	V		粗圆钢丝铠装	4
	交联聚乙烯绝缘	YJ		双非磁性金属带铠装	6
	乙丙橡胶绝缘	E		非磁性金属丝铠装	7
	硬乙丙橡胶绝缘	HE	外护层代号	聚氯乙烯外护套	2
护套代号	聚氯乙烯护套	V		聚乙烯外护套	3
	聚乙烯护套	Y		弹性体外护套	4
	弹性体护套	F			
	挡潮层聚乙烯护套	A			
	铅套	Q			

举例：铜芯交联聚乙烯绝缘聚乙烯护套电力电缆，额定电压为 26/35kV，单芯，标称截面积 400mm²，表示为：YJY-26/35 1×400。

2. 额定电压 110kV 及以上交联聚乙烯绝缘电力电缆命名方法

（1）产品型号依次由绝缘、导体、金属套、非金属外护套或通用外护层以及阻水结构的代号构成。

（2）各部分代号及含义见表 GYDL00101001-2。

表 GYDL00101001-2　　　代　号　含　义

导体代号	铜导体	（T）省略	非金属外护套代号	聚氯乙烯外护套	02
	铝导体	L		聚乙烯外护套	03
绝缘代号	交联聚乙烯绝缘	YJ	阻水结构代号	纵向阻水结构	Z
金属护套代号	铅套	Q			
	皱纹铝套	LW			

举例：（1）额定电压 64/110kV，单芯，铜导体标称截面积 630mm²，交联聚乙烯绝缘皱纹铝套聚氯乙烯护套电力电缆，表示为：YJLW02 64/110 1×630。

（2）额定电压 64/110kV，单芯，铜导体标称截面积 800mm²，交联聚乙烯绝缘铅套聚乙烯护套纵向阻水电力电缆，表示为：YJQ03-Z 64/110 1×800。

3. 额定电压 35kV 及以下铜芯、铝芯纸绝缘电力电缆命名方法

（1）产品型号依次由绝缘、导体、金属套、特征结构、外护层代号构成。

（2）各部分代号及含义见表 GYDL00101001-3 和表 GYDL00101001-4。

表 GYDL00101001-3　　　　　　　　代　号　含　义

导体代号	铜导体	（T）省略	特征结构代号	分相电缆	F
	铝导体	L		不滴流电缆	D
绝缘代号	纸绝缘	Z		黏性电缆	省略
金属护套代号	铅套	Q			
	铝套	L			

表 GYDL00101001-4　　　　　　纸绝缘电缆外护层代号含义

代号	铠装层	外被层或外护套	代号	铠装层	外被层或外护套
0	无	—	4	粗圆钢丝	—
1	联锁钢带	纤维外被	5	皱纹钢带	—
2	双钢带	聚氯乙烯外套	6	双铝带或铝合金带	—
3	细圆钢丝	聚乙烯外套			

外护层代号编制原则是：一般外护层按铠装层和外被层结构顺序，以两个阿拉伯数字表示，每一个数字表示所采用的主要材料。

举例：铜芯不滴流油浸纸绝缘分相铅套双钢带铠装聚氯乙烯套电力电缆，额定电压 26/35kV，三芯，标称截面积 150mm²，表示为：ZQFD22-26/35 3×150。

4. 交流 330kV 及以下油纸绝缘自容式充油电缆命名方法

（1）产品型号依次由产品系列代号、导体、绝缘、金属套、外护层代号构成。

（2）各部分代号及含义见表 GYDL00101001-5。

表 GYDL00101001-5　　　　　　　　代　号　含　义

产品系列代号	自容式充油电缆	CY	绝缘代号	纸绝缘	Z
导体代号	铜导体	（T）省略	金属护套代号	铅套	Q
	铝导体	L		铝套	L

外护层代号：充油电缆外护层型号按加强层，铠装层和外被层的顺序，通常以三个阿拉伯数字表示。每一个数字表示所采用的主要材料。

外护层以数字为代号的含义见表 GYDL00101001-6。

表 GYDL00101001-6　　　　　　充油电缆外护层代号含义

代号	加　强　层	铠装层	外被层或外护套
0	—	无铠装	—
1	铜带径向加强	联锁钢带	纤维外被
2	不锈钢带径向加强	双钢带	聚氯乙烯外套
3	铜带径向加强窄铜带纵向加强	细圆钢丝	—
4	不锈钢带径向加强窄不锈钢带纵向加强	粗圆钢丝	—

举例：铜芯纸绝缘铅包铜带径向窄铜带纵向加强聚氯乙烯护套自容式充油电缆，额定电压 220kV，单芯，标称截面积 400mm²，表示为：CYZQ302 220/1×400。

【思考与练习】

1. 电力电缆按绝缘材料和结构分类，有哪几类？
2. 挤包材质不同，挤包电缆有哪几种？
3. 举例说明额定电压 1(U_m=1.2kV)～35kV(U_m=40.5kV)挤包绝缘电力电缆的型号是怎样编制的。
4. 电力电缆按电压等级分类有哪几类？

模块 2　电缆的结构和性能（GYDL00101002）

【模块描述】 本模块介绍电力电缆的结构和性能。通过要点介绍，掌握电缆导体、屏蔽层、绝缘层的结构及性能，熟悉电缆护层的结构及作用。

【正文】

电力电缆的基本结构一般由导体、绝缘层、护层三部分组成，6kV 及以上电缆导体外和绝缘层外还增加了屏蔽层。

一、电缆导体材料的性能及结构

导体的作用是传输电流，电缆导体（线芯）大都采用高电导系数的金属铜或铝制造。铜的电导率大，机械强度高，易于进行压延、拉丝和焊接等加工。铜是电缆导体最常用的材料，其主要性能如下：

20℃时的密度　8.89g/cm³；

20℃时的电阻率　1.724×10⁻⁸Ω·m；

电阻温度系数　0.003 93/℃；

抗拉强度　200～210N/mm²。

铝也是用作电缆导体比较理想的材料，其主要性能如下：

20℃时的密度　2.70g/cm³；

20℃时的电阻率　2.80×10⁻⁸Ω·m；

电阻温度系数　0.004 07/℃；

抗拉强度　70～95N/mm²。

为了满足电缆的柔软性和可曲性的要求，电缆导体一般由多根导线绞合而成。当导体沿某一半径弯曲时，导体中心线圆外部分被拉伸，中心线圆内部分被压缩，绞合导体中心线内外两部分可以相互滑动，使导体不发生塑性变形。

绞合导体外形有圆形、扇形、腰圆形和中空圆形等。

圆形绞合导体几何形状固定，稳定性好，表面电场比较均匀。20kV 及以上油纸电缆及 10kV 及以上交联聚乙烯电缆一般都采用圆形绞合导体结构。

10kV 及以下多芯油纸电缆和 1kV 及以下多芯塑料电缆，为了减小电缆直径，节约材料消耗，采用扇形或腰圆形导体结构。

中空圆形导体用于自容式充油电缆，其圆形导体中央以硬铜带螺旋管支撑形成中心油道，或者以型线（Z 形线和弓形线）组成中空圆形导体。

二、电缆屏蔽层的结构及性能

屏蔽，是能够将电场控制在绝缘内部，同时能够使绝缘界面处表面光滑，并借此消除界面空隙的导电层。电缆导体由多根导线绞合而成，它与绝缘层之间易形成气隙；而导体表面不光滑会造成电场集中。在导体表面加一层半导电材料的屏蔽层，它与被屏蔽的导体等电位，并与绝缘层良好接触，从而可避免在导体与绝缘层之间发生局部放电。这层屏蔽又称为内屏蔽层。

在绝缘表面和护套接触处，也可能存在间隙；电缆弯曲时，油纸电缆绝缘表面易造成裂纹或皱折，这些都是引起局部放电的因素。在绝缘层表面加一层半导电材料的屏蔽层，它与被屏蔽的绝缘层有良好接触，与金属护套等电位，从而可避免在绝缘层与护套之间发生局部放电。这层屏蔽又称为外屏蔽层。

屏蔽层的材料是半导电材料，其体积电阻率为 10³～10⁶Ω·m。油纸电缆的屏蔽层为半导电纸。半导电纸有吸附离子的作用，有利于改善绝缘电气性能。挤包绝缘电缆的屏蔽层材料是加入碳黑粒子的聚合物。没有金属护套的挤包绝缘电缆，除半导电屏蔽层外，还要增加用铜带或铜丝绕包的金属屏蔽层。其作用是：在正常运行时通过电容电流；当系统发生短路时，作为短路电流的通道，同时也起到屏蔽电场的作用。在电缆结构设计中，要根据系统短路电流的大小，采用相应截面的金属屏蔽层。

三、电缆绝缘层的结构及性能

电缆绝缘层具有承受电网电压的功能。电缆运行时绝缘层应具有稳定的特性，较高的绝缘电阻、击穿强度，优良的耐树枝放电和局部放电性能。电缆绝缘有挤包绝缘、油纸绝缘、压力电缆绝缘三种。

1. 挤包绝缘

挤包绝缘材料主要是各类塑料、橡胶。其具有耐受电网电压的功能，为高分子聚合物，经挤包工艺一次成型紧密地挤包在电缆导体上。塑料和橡胶属于均匀介质，这是与油浸纸的夹层结构完全不同。聚氯乙烯、聚乙烯、交联聚乙烯和乙丙橡胶的主要性能如下：

（1）聚氯乙烯塑料以聚氯乙烯树脂为主要原料，加入适量配合剂、增塑剂、稳定剂、填充剂、着色剂等经混合塑化而制成。聚氯乙烯具有较好的电气性能和较高的机械强度，具有耐酸、耐碱、耐油性，工艺性能也比较好；缺点是耐热性能较低，绝缘电阻率较小，介质损耗较大，因此仅用于 6kV 及以下的电缆绝缘。

（2）聚乙烯具有优良的电气性能，介电常数小、介质损耗小、加工方便；缺点是耐热性差、机械强度低、耐电晕性能差、容易产生环境应力开裂。

（3）交联聚乙烯是聚乙烯经过交联反应后的产物。采用交联的方法，将线形结构的聚乙烯加工成网状结构的交联聚乙烯，从而改善了材料的电气性能、耐热性能和机械性能。

聚乙烯交联反应的基本机理是，利用物理的方法（如用高能粒子射线辐照）或者化学的方法（如加入过氧化物化学交联剂，或用硅烷接枝等）来夺取聚乙烯中的氢原子，使其成为带有活性基的聚乙烯分子。而后带有活性基的聚乙烯分子之间交联成三度空间结构的大分子。

（4）乙丙橡胶是一种合成橡胶。用作电缆绝缘的乙丙橡胶是由乙烯、丙烯和少量第三单体共聚而成。乙丙橡胶具有良好的电气性能、耐热性能、耐臭氧和耐气候性能；缺点是不耐油，可以燃烧。

2. 油纸绝缘

油纸绝缘电缆的绝缘层采用窄条电缆纸带，绕包在电缆导体上，经过真空干燥后浸渍矿物油或合成油而形成。纸带的绕包方式，除仅靠导体和绝缘层最外面的几层外，均采用间隙式（又称负搭盖式）绕包，这使电缆在弯曲时，在纸带层间可以相互移动，在沿半径为电缆本身半径的 12～25 倍的圆弧弯曲时，不至于损伤绝缘。电缆纸是木纤维纸。

3. 压力电缆绝缘

在我国，压力电缆的生产和应用基本上是单一品种，即充油电缆。充油电缆是利用补充浸渍剂原理来消除气隙，以提高电缆工作场强的一种电缆。按充油通道不同，充油电缆分为自容式充油电缆和钢管充油电缆两类。我国生产应用自容式充油电缆已有近 50 年的历史，而钢管充油电缆尚未付诸工业性应用。运行经验表明，自容式充油电缆具有电气性能稳定、使用寿命较长的优点。自容式充油电缆油道位于导体中央，油道与补充浸渍油的设备（供油箱）相连，当温度升高时，多余的浸渍油流进油箱中，以借助油箱降低电缆中产生的过高压力；当温度降低时，油箱中浸渍油流进电缆中，以填补电缆中因负压而产生的空隙。充油电缆中浸渍剂的压力必须始终高于大气压。保证一定的压力，不仅使电缆工作场强提高，而且可以有效防止一旦护套破裂潮气浸入绝缘层。

四、电缆护层的结构及作用

电缆护层是覆盖在电缆绝缘层外面的保护层。典型的护层结构包括内护套和外护层。内护套贴紧绝缘层，是绝缘的直接保护层。包覆在内护套外面的是外护层。通常，外护层又由内衬层、铠装层和外被层组成。外护层的三个组成部分以同心圆形式层层相叠，成为一个整体。

护层的作用是保证电缆能够适应各种使用环境的要求，使电缆绝缘层在敷设和运行过程中免受机械或各种环境因素损坏，以长期保持稳定的电气性能。内护套的作用是阻止水分、潮气及其他有害物质侵入绝缘层，以确保绝缘层性能不变。内衬层的作用是保护内护套不被铠装扎伤。铠装层是电缆具

GYDL00101002

备必须的机械强度。外被层主要是用于保护铠装层或金属护套免受化学腐蚀及其他环境损害。

【思考与练习】

1. 电力电缆的基本结构一般由哪几部分组成？
2. 电缆屏蔽层有何作用？

模块3　高压电缆绝缘击穿原理和高压电缆绝缘厚度确定（GYDL00101003）

【模块描述】本模块介绍高压电缆绝缘击穿原理和高压电缆绝缘厚度的确定。通过概念讲解和要点介绍，了解高压电缆绝缘击穿机理，熟悉影响高压电缆绝缘厚度的因素，掌握电缆绝缘厚度的计算方法。

【正文】

一、高压电缆绝缘击穿原理

（一）固体绝缘击穿特性的划分

固体绝缘的击穿形式有电击穿、热击穿和电化学击穿。这几种击穿形式都与电压的作用时间密切相关。

1. 电击穿

电击穿理论是建立在固体绝缘介质中发生碰撞电离的基础上的，固体介质中存在的少量传导电子，在电场加速下与晶格结点上的原子碰撞，从而击穿。电击穿理论本身又分为两种解释碰撞电离的理论，即固有击穿理论与电子崩击穿理论。

电击穿的特点是电压作用时间短，击穿电压高，击穿电压和绝缘介质温度、散热条件、介质厚度、频率等因素都无关，但和电场的均匀程度关系极大。此外和绝缘介质特性也有很大关系，如果绝缘介质内有气孔或其他缺陷，会使电场发生畸变，导致绝缘介质击穿电压降低。在极不均匀电场及冲击电压作用下，绝缘介质有明显的不完全击穿现象。不完全击穿导致绝缘性能逐渐下降的效应称累积效应。绝缘介质击穿电压会随冲击电压施加次数的增多而下降。

2. 热击穿

由于绝缘介质损耗的存在，固体绝缘介质在电场中会逐渐发热升温，温度的升高又会导致固体绝缘介质电阻下降，使电流进一步增大，损耗发热也随之增大。在绝缘介质不断发热升温的同时，也存在一个通过电极及其他介质向外不断散热的过程。当发热较散热快时，介质温度会不断升高，以致引起绝缘介质分解炭化，最终击穿。这一过程即为绝缘介质的热击穿过程。

3. 电化学击穿（电老化）

在电场的长期作用下逐渐使绝缘介质的物理、化学性能发生不可逆的劣化，最终导致击穿，这种过程称电化学击穿。电化学击穿的类型有电离性击穿（电离性老化）、电导性击穿（电导性老化）和电解性击穿（电解性老化）。前两种主要在交流电场下发生，后一种主要在直流电场下发生。有机绝缘介质表面绝缘性能破坏的表现，还有表面漏电起痕。

（1）电离性老化。如果绝缘介质夹层或内部存在气隙或气泡，在交变电场下，气隙或气泡内的场强会比邻近绝缘介质内的场强大得多，但气体的起始电离场强又比固体介质低得多，所以在该气隙或气泡内很容易发生电离。

此种电离对固体介质的绝缘有许多不良后果。例如，气泡体积膨胀使介质开裂、分层，并使该部分绝缘的电导和介质损耗增大；电离的作用还可使有机绝缘物分解，新分解出的气体又会加入到新的电离过程中；还会产生对绝缘材料或金属有腐蚀作用的气体；还会造成电场的局部畸变，使局部介质承受过高的电压，对电离的进一步发展起促进作用。

气隙或气泡的电离，通过上述综合效应会造成邻近绝缘物的分解、破坏（表现为变酥、炭化等形式），并沿电场方向逐渐向绝缘层深处发展。在有机绝缘材料中，放电发展通道会呈树枝状，称为"电树枝"。这种电离性老化过程和局部放电密切相关。

（2）电导性老化。如果在两极之间的绝缘层中存在水分，则当该处场强超过某定值时，水分会沿电场方向逐渐深入到绝缘层中，形成近似树枝状的痕迹，称为"水树枝"。水树枝呈绒毛状的一片或多片，有扇状、羽毛状、蝴蝶状等多种形式。

产生和发展水树枝所需的场强比产生和发展"电树枝"所需的场强低得多。产生水树枝的原因是水或其他电解液中离子在交变电场下反复冲击绝缘物，使其发生疲劳损坏和化学分解，电解液便随之逐渐渗透、扩散到绝缘深处。

（3）电解性老化。在直流电压的长期作用下，即使所加电压远低于局部放电的起始电压，由于绝缘介质内部进行着电化学过程，绝缘介质也会逐渐老化，导致击穿。当有潮气侵入绝缘介质时，水分子本身就会离解出 H^+ 和 O^{2-}，从而加速电解性老化。

（4）表面漏电起痕及电蚀损。这是有机绝缘介质表面的一种电老化问题。在潮湿、污脏的绝缘介质表面会流过泄漏电流，在电流密度较大处会先形成干燥带，电压分布随之不均匀，在干燥带上分担较高电压，从而会形成放电小火花或小电弧。此种放电现象会使绝缘体表面过热，局部炭化、烧蚀，形成漏电痕迹，漏电痕迹的持续发展可能逐渐形成沿绝缘体表面贯通两端电极的放电通道。

（二）油纸绝缘的击穿特性

油纸电缆的优点主要是优良的电气性能，干纸的耐电强度仅为 $10\sim13kV/mm$，纯油的耐电强度也仅为 $10\sim20kV/mm$，二者组合以后，由于油填充了纸中薄弱点的空气隙，纸在油中又起到了屏蔽作用，从而使总体耐电强度提高很多。油纸绝缘工频短时耐电强度可达 $50\sim120kV/mm$。

油纸绝缘的击穿过程如同一般固体绝缘介质那样，可分为短时电压作用下的电击穿、稍长时间电压作用下的热击穿及更长时间电压作用下的电化学击穿。

油纸绝缘的短时电气强度很高，但在不同介质的交界处，或层与层、带与带交接处等，都容易出现气隙，因而容易产生局部放电。局部放电对油纸绝缘的长期电气强度是很大的威胁，它对油浸纸有着电、热、化学等腐蚀作用，十分有害。

油纸绝缘在直流电压下的击穿电压常为工频电压（幅值）下的 2 倍以上，这是因为工频电压下局部放电、损耗等都比直流电压下严重得多。

二、设计电缆绝缘厚度应考虑的因素

1. 制造工艺允许的最小厚度

根据制造工艺的可能性，绝缘层必须有一个最小厚度。例如，黏性纸绝缘的层数不得少于 $5\sim10$ 层，聚氯乙烯最小厚度是 0.25mm。1kV 及以下电缆的绝缘厚度基本上是按工艺上规定的最小厚度来确定的，如果按照材料的平均电场强度的公式来计算低压电缆的绝缘厚度则太薄。例如 500V 的聚氯乙烯电缆，按聚氯乙烯击穿场强是 10kV/mm 计，安全系数取 1.7，则绝缘厚度只有 0.085mm，这样小的厚度是无法生产的。

2. 电缆在制造和使用过程中承受的机械力

电缆在制造和使用过程中，要受到拉伸、剪切、压、弯、扭等机械力的作用。1kV 及以下的电缆，在确定绝缘厚度时，必须考虑其可能承受的各种机械力。大截面低压电缆比小截面低压电缆的绝缘厚度要大一些，原因就是前者所受的机械力比后者大。满足了所承受的机械力的绝缘厚度，其绝缘击穿强度的安全裕度是足够的。

3. 电缆在电力系统中所承受的电压因素

电压等级在 6kV 及以上的电缆，绝缘厚度的主要决定因素是绝缘材料的击穿强度。在讨论这个问题的时候，首先要搞清楚电力系统中电缆所承受的电压情况。

电缆在电力系统中要承受工频电压 U_0。U_0 是电缆设计导体对地或金属屏蔽之间的额定电压。在进行电缆绝缘厚度计算时，我们要取电缆的长期工频试验电压，它是 $(2.5\sim3.0)U_0$。

电缆在电力系统中还要承受脉冲性质的大气过电压和内部过电压。大气过电压即雷电过电压。电缆线路一般不会遭到直击雷，雷电过电压只能从连接的架空线侵入。装设避雷器能使电缆线路得到有效保护。因此电缆所承受的雷电过电压取决于避雷器的保护水平 U_p（U_p 是避雷器的冲击放电电压和残压两者之中数值较大者）。通常，取（120%～130%）U_p 为线路基本绝缘水平 BIL（Base Insulate Level），也即电缆雷电冲击耐受电压。电力电缆雷电冲击耐受电压见表 GYDL00101003-1。

表 GYDL00101003-1　　　　　　　　　　电力电缆雷电冲击耐受电压　　　　　　　　　　　kV

额定电压（U_0/U）	3.6/6	6/6	8.7/10，8.7/15	12/20	21/35	26/35
雷电冲击耐受电压 BIL	60	75	95	125	200	250
额定电压（U_0/U）	38/66	50/66	64/110	127/220	190/330	290/500
雷电冲击耐受电压 BIL	325	450	550	950	1175	1550
				1050	1300	1675

注　表中 220kV 及以上有两个数值，可根据避雷器的保护特性、电缆线路脉冲波特性长度及相连设备雷电冲击绝缘水平等因素选取。

确定电缆绝缘厚度，应按 BIL 值进行计算，因为内部过电压（即操作过电压）的幅值，一般低于雷电过电压的幅值。

三、电缆绝缘厚度的确定

综上所述，确定电缆绝缘厚度，要同时依据长期工频试验电压和线路基本绝缘水平 BIL 来计算，然后取其厚者。在具体设计中，一般采用最大场强和平均场强两种计算方法。

1. 用最大场强公式计算

在电缆绝缘层中，靠近导体表面的绝缘层所承受的场强最大，若电缆绝缘材料的击穿强度大于最大场强，则

$$\frac{G}{m} \geqslant E_{\max} = \frac{U}{r_c \ln \dfrac{R}{r_c}} \qquad （GYDL00101003-1）$$

式中　G——绝缘材料击穿强度，kV/mm；

　　　m——安全裕度，一般取 1.2～1.6；

　　$E_{\max}$——绝缘层最大场强，kV/mm；

　　　U——工频试验电压或雷电冲击耐受电压，kV；

　　　r_c——导体半径，mm；

　　　R——绝缘外半径，mm。

经数学推导得出，绝缘外半径可用以 e 为底的指数函数表达，即

$$R = r_c \exp \frac{mU}{Gr_c} \qquad （GYDL00101003-2）$$

则绝缘厚度为

$$\Delta = R - r_c = r_c \left(\exp \frac{mU}{Gr_c} - 1 \right) \qquad （GYDL00101003-3）$$

上列公式中的 U 应取试验电压值。即取长期工频试验电压（2.5～3.0）U_0，或取雷电冲击耐受电压，见表 GYDL00101003-2。

绝缘材料的击穿强度按不同的材料取值，严格地讲，材料的击穿强度应根据材料性质经试验确定，而且还与材料本身的厚度、导体半径等因素有关。表 GYDL00101003-2 列出了几种绝缘材料的击穿强度值，供参考。

表 GYDL00101003-2　　　　　　　　　　绝缘材料的击穿强度　　　　　　　　　　　kV/mm

电压（kV）	工频击穿强度			冲击击穿强度		
	黏性油浸纸	充油	交联聚乙烯	黏性油浸纸	充油	交联聚乙烯
35 及以下	10	—	10～15	100	—	40～50
110～220	—	40	20～30	—	100	50～60

2. 以平均场强公式计算

挤包绝缘电缆的绝缘厚度，习惯上采用平均强度的公式进行计算。这是因为挤包绝缘电缆的击穿强度受导体半径等几何尺寸的影响较大。以平均场强公式计算时，也需按工频电压和冲击电压两种情况分别进行计算，然后取其厚者。

在长期工频电压下，绝缘厚度为

$$\Delta = \frac{U_{om}}{G} k_1 k_2 k_3 \qquad\qquad \text{（GYDL00101003-4）}$$

在冲击电压下，绝缘厚度为

$$\Delta = \frac{BIL}{G'} k_1' k_2' k_3' \qquad\qquad \text{（GYDL00101003-5）}$$

式中　BIL——基本绝缘水平（见表 GYDL00101003-1），kV；

　　　U_{om}——最大设计电压，kV；

　　G、G'——分别为工频、冲击电压下绝缘材料击穿强度，参见表 GYDL00101003-2，kV/mm；

　　k_1、k_1'——分别为工频、冲击电压下击穿强度的温度系数，是室温下与导体最高温下击穿强度的比值，对于交联聚乙烯电缆，$k_1=1.1$，$k_1'=1.13\sim1.20$；

　　k_2、k_2'——分别为工频、冲击电压下的老化系数，根据各种电缆的寿命曲线得出，对于交联聚乙烯电缆 $k_2=4$，$k_2'=1.1$；

　　k_3、k_3'——分别为工频、冲击电压下不定因素影响引入的安全系数，一般均取 1.1。

【思考与练习】

1. 固体绝缘有几种击穿形式？
2. 热击穿的原理是什么？
3. 设计电缆绝缘厚度应考虑哪些因素？

模块 4　电力电缆的载流量计算（GYDL00101004）

【模块描述】本模块包含电力电缆的载流量和最高允许工作温度的基本概念、影响载流量的因素和载流量的简单计算。通过对概念解释和要点讲解，了解电力电缆的载流量计算方法。

【正文】

一、电力电缆载流量和最高允许工作温度

1. 电缆载流量概念

在一个确定的适用条件下，当电缆导体流过的电流在电缆各部分所产生的热量能够及时向周围媒质散发，使绝缘层温度不超过长期最高允许工作温度，这时电缆导体上所流过的电流值称为电缆载流量。电缆载流量是电缆在最高允许工作温度下，电缆导体允许通过的最大电流。

2. 最高允许工作温度

在电缆工作时，电缆各部分损耗所产生的热量以及外界因素的影响使电缆工作温度发生变化，电缆工作温度过高，将加速绝缘老化，缩短电缆使用寿命。因此必须规定电缆最高允许工作温度。电缆的最高允许工作温度，主要取决于所用绝缘材料热老化性能。各种型式电缆的长期和短时最高允许工作温度见表 GYDL00101004-1。一般不超过表中的规定值，电缆可在设计寿命年限内安全运行。反之，工作温度过高，绝缘老化加速，电缆寿命会缩短。

表 GYDL00101004-1　　　　各种型式电缆的长期和短时最高允许工作温度

电缆型式		最高允许工作温度（℃）	
		持续工作	短路暂态（最长持续 5s）
黏性浸渍纸绝缘电力电缆	3kV 及以下	80	220
	6kV	65	220

续表

电缆型式		最高允许工作温度（℃）	
		持续工作	短路暂态（最长持续5s）
黏性浸渍纸绝缘电力电缆	10kV	60	220
	20～35kV	50	220
	不滴流电缆	65	175
充油电缆	普通牛皮纸	80	160
	半合成纸	85	160
充气电缆		75	220
聚乙烯绝缘电缆		70	140
交联聚乙烯绝缘电缆		90	250
聚氯乙烯绝缘电缆		70	160
橡皮绝缘电缆		65	150
丁基橡皮电缆		80	220
乙丙橡胶电缆		90	220

二、影响电力电缆载流量的主要因素

1. 电缆本体材料的影响

（1）导体材料的影响：

1）导体的电阻率越大，电缆的载流量越小。在其他情况都相同时，电缆载流量与导体材料电阻的平方根成反比。铝芯电缆载流量为相同截面铜芯电缆载流量的78%，也即铜芯电缆载流量约比相同截面铝芯电缆的载流量大27%。因此，选用高电导率的材料有利于提高电缆的传输容量。

2）导体截面越大，载流量越大。电缆载流量与导体材料截面积的平方根成正比（未考虑集肤效应），已知电缆的截面积及其他条件，可以计算出电缆载流量。反之，已知对电缆载流量的要求，也可按要求选择相应的电缆。

3）导体结构的影响。同样截面的导体，采用分割导体的载流量大。尤其对于大截面导体（800mm²）而言，更是如此。

（2）绝缘材料对载流量的影响：

1）绝缘材料耐热性能好，即电缆允许最高工作温度越高，载流量越大。交联聚乙烯绝缘电缆比油纸绝缘允许最高工作温度高。所以同一电压等级、相同截面的电缆，交联聚乙烯绝缘电缆比油纸绝缘传输容量大。

2）绝缘材料热阻也是影响载流量的重要因素。选用热阻系数低、击穿强度高的绝缘材料，能降低绝缘层热阻，提高电缆载流量。

3）介质损耗越大，电力电缆载流量越小。绝缘材料的介质损耗与电压的平方成正比。计算表明，在35kV及以下电压等级，介质损耗可以忽略不计，但随着工作电压的提高，介质损耗的影响就较显著。例如，110kV电缆介质损耗是导体损耗的11%；220kV电缆介质损耗是导体损耗的34%；330kV电缆介质损耗是导体损耗的105%。因此，对于高压和超高压电缆，必须严格控制绝缘材料的介质损耗角正切值。

2. 电缆周围环境的影响

（1）周围媒质温度越高，电力电缆载流量越小。电缆线路附近有热源，如与热力管道平行、交叉或周围敷设有电缆等使周围媒质温度变化，会对电缆载流量造成影响。电缆线路与热力管道交叉或平行时，周围土壤温度会受到热力管道散热的影响，只有任何时间该地段土壤与其他地方同样深度土壤的温升不超过10℃，电缆载流量才可以认为不受影响，否则必须降低电缆负荷。对于同沟敷设的电缆，由于多条电缆相互影响，电缆负荷应降低，否则对电缆寿命有影响。

（2）周围媒质热阻越大，电力电缆载流量越小。电缆直接埋设于地下，当埋设深度确定后，土壤热阻取决于土壤热阻系数。土壤热阻系数与土壤的组成、物理状态和含水量有关。比较潮湿紧密的土壤热阻系数约为 0.8m·K/W，一般土壤热阻系数约为 1.0m·K/W，比较干燥的土壤热阻系数约为

1.2m·K/W，含砂石而且特别干燥的土壤热阻系数约为 1.7m·K/W。降低土壤热阻系数，能够有效地提高电缆载流量。

电缆敷设在管道中，其载流量比直接埋设在地下要小。管道敷设的周围媒质热阻，实际上是三部分热阻之和，即电缆表面到管道内壁的热阻、管道热阻和管道的外部热阻，因此热阻增大。

三、电缆及其周围介质热阻

在热稳定状态下，电缆中的热流（包括导体电流损耗、介质损耗、金属护层损耗）和电缆各部分热阻（含周围媒质热阻）在导体和周围媒质之间形成的热流场，根据发热方程及如图 GYDL00101004-1 所示等值热阻，可知电缆及其周围的介质热阻由绝缘热阻、内衬层热阻、外护套热阻及土壤和管路热阻等组成。以下计算各热阻。

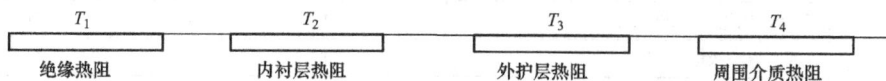

| T_1 | T_2 | T_3 | T_4 |
| 绝缘热阻 | 内衬层热阻 | 外护层热阻 | 周围介质热阻 |

图 GYDL00101004-1　电缆及周围介质等值热阻

1. 绝缘热阻 T_1

$$T_1 = \frac{\rho_{T1}}{2\pi}\ln\left(1 + \frac{2t_1}{D_c}\right) = \frac{\rho_{T1}}{2\pi}G = \frac{\rho_{T1}}{2\pi n}G_1F_1 \qquad (\text{GYDL00101004-1})$$

式中　ρ_{T1}——绝缘热阻率（见表 GYDL00101004-2），K·m/W；

t_1——绝缘厚度，m；

D_c——导体外径，m；

G——单芯电缆的几何因数；

G_1——多芯电缆的几何因数；

n——电缆芯数；

F_1——屏蔽层影响因数，一般金属带屏蔽降低率取 0.6。

电缆本体各种材料的热阻率见表 GYDL00101004-2。

表 GYDL00101004-2　　　　各种材料的热阻率

材料名称		热阻率（K·m/W）
绝缘材料		
XLPE		3.50
内衬及护层	PE	3.50
	PVC	7.00
金属材料	铜	0.27×10^{-2}
	铝	0.48×10^{-2}
	铅	0.90×10^{-2}
	铁	2.00×10^{-2}
	钢	2.00×10^{-2}

2. 内衬（外护）层热阻 T_2

$$T_2 = \frac{\rho_{T2}}{2\pi}\ln(d_4/d_3) \qquad (\text{GYDL00101004-2})$$

式中　ρ_{T2}——内衬（内护）层热阻率，m·℃/W；

d_4——内衬（外护）层内径，mm；

d_3——内衬（外护）层外径，mm。

3. 直埋于地下的热阻 T_3

$$T_3 = \frac{\rho_{T3}}{2\pi}\ln\frac{4L}{d_e} \qquad (\text{GYDL00101004-3})$$

式中　ρ_{T3}——土壤热阻率，K·m/W；

　　　d_e——电缆外径，m；

　　　L——电缆敷设深度，m。

4. 敷设于空气中的热阻 T_4

$$T_4 = \frac{100}{\pi d_e h}$$ （GYDL00101004-4）

式中　d_e——电缆外径，m；

　　　h——散热系数，一般取 7～10W/m²·K。

5. 敷设于管道中的热阻 T_5

$$T_5 = \frac{100A}{1+(B+C\theta_m)d_e}$$ （GYDL00101004-5）

式中　d_e——电缆外径，m；

　　　θ_m——电缆管道中空气的平均温度值，一般可假设 θ_m=50℃后校正；

A、B、C——分别为与电缆敷设条件有关的常数，见表 GYDL00101004-3。

表 GYDL00101004-3　　　　　　　　常数 A、B、C 的取值

敷设条件	A	B	C
在金属管道中	5.2	1.4	0.011
在纤维水泥管中	5.2	0.91	0.010
在陶土管道中	1.87	0.28	0.003 6

四、电缆额定载流量计算

电缆载流量计算有两个假设条件：① 假定电缆导体中通过的电流是连续的恒定负载（即 100%负载率）；② 假定在一定的敷设环境和运行状态下，电缆处于热稳定状态。

1. 电缆敷设环境温度的选择

为了在计算电缆载流量时有一个基准，对于不同敷设方式，规定有不同基准环境温度：如管道敷设时为 25℃；直埋敷设时为 25℃；空气或沟道敷设时为 40℃；室内敷设时为 30℃。

2. 电缆额定载流量

根据图 GYDL00101004-1 和热流场概念，由热流场富氏定律可导出热流与温升、热阻的关系，即热流与温升成正比、与热阻成反比。推导可得出

$$I = \sqrt{\frac{(\theta_c - \theta_0) - nW_i \times \frac{1}{2}(T_1 + T_2 + T_3 + T_4)}{nR[T_1 + (1+\lambda_1)T_2 + (1+\lambda_1+\lambda_2)(T_3 + T_4)]}}$$ （GYDL00101004-6）

式中　　　I——电缆连续额定载流量，A；

　　　θ_c——电缆导体允许最高温度，取决于电缆绝缘材料、电缆型式和电压等级，℃；

　　　θ_0——周围媒质温度，℃；

　　　R——单位长度导体在 θ_c 温度时的电阻，Ω；

T_1、T_2、T_3、T_4——分别为单位长度电缆的绝缘层、内衬层、外被层、周围媒质热阻，m·K/W；

　　　λ_1、λ_2——分别为护套损耗系数和铠装损耗系数；

　　　n——在一个护套内的电缆芯数；

　　　W_i——电缆绝缘介质损耗，W/m。

单芯电缆绝缘介质损耗计算公式为　$W_i = \omega C U_0^2 \tan\delta\, 2\pi f C U_0^2 \tan\delta$ （GYDL00101004-7）

多芯电缆绝缘介质损耗计算公式为　$W_i = \dfrac{2\pi f C_n U^2}{3\tan\delta \times 10^5}$ （GYDL00101004-8）

式中　ω——电源角频率，$\omega=2\pi f$，工频 f=50Hz；

U_0——电缆所在系统的相电压，kV；

U——电缆所在系统的线电压，kV；

$\tan\delta$——电缆绝缘材料的介质损耗角正切值；

C——单位长度电缆的单相电容，F/m；

C_n——单位长度电缆的多相电容，F/m。

环境温度变化时，载流量校正系数见表 GYDL00101004-4。

表 GYDL00101004-4　　　　　　　载 流 量 校 正 系 数

长期允许工作温度θ_c（℃）	环境温度θ_0（℃）	实际使用温度（℃）											
		5	10	15	20	25	30	35	40	45	50	0	−5
80	25	1.17	1.13	1.04	1.05	1.00	0.96	0.91	0.85	0.80	0.74	—	1.25
	40	—	—	1.27	1.23	1.18	1.12	1.07	1.00	0.94	0.87	—	1.46
90	25	—	—	1.04	1.10	0.96	0.96	0.92	0.88	0.83	0.78	1.18	1.21
	40	—	—	1.18	1.14	1.09	1.09	1.05	1.00	0.95	0.90	1.34	1.38

电缆在电缆沟、管道中和架空敷设时，由于周围介质热阻不同，散热条件不同，可对载流量进行校正；而对直埋电缆，因土壤条件不同，如泥土、沙地、水池附近、建筑物附近等，也要根据实际条件进行载流量校正。

3. 10kV 及以上 XLPE 电力电缆载流量校正系数

电力电缆由于敷设状态等因素不同，实际的载流量也有所不同，必须以一定条件为基准点，而代表这些基准点的参数为：电缆导体最高允许工作温度为 90℃，短路温度为 250℃，敷设环境温度为 40℃（空气中），25℃（土壤中）；直埋 1.0m 时土壤热阻率为 1.0m·K/W，绝缘热阻率为 4.0m·K/W，护套热阻率为 7.0m·K/W。各种校正系数见表 GYDL00101004-5～表 GYDL00101004-9。

电缆载流量计算为

$$I_总 = nk_1k_2k_3k_4k_5I \qquad\qquad (\text{GYDL00101004-9})$$

式中　$I_总$——长期允许载流量总和；

　　　I——电缆载流量；

　　　n——电缆并列条数；

　　　k_1——环境温度校正系数；

　　　k_2——并列电缆架上敷设校正系数；

　　　k_3——土壤热阻率的校正系数；

　　　k_4——敷设深度校正系数；

　　　k_5——土壤热阻的校正系数。

表 GYDL00101004-5　　　　　　　环 境 温 度 校 正 系 数

空气温度（℃）	25	30	35	40	45
校正系数	1.14	1.09	1.05	1.0	0.95
土壤温度（℃）	20	25	30	35	
校正系数	1.04	1.0	0.98	0.92	

表 GYDL00101004-6　　　　　　并列电缆架上敷设校正系数

敷设根数	敷设方式	$S=d$	$S=2d$	$S=3d$
1	并排平行	1.00	1.00	1.00
2	并排平行	0.85	0.95	1.00
3	并排平行	0.80	0.95	1.00
4	并排平行	0.70	0.90	0.95

注　d 为电缆外径，S 为电缆轴间距离。

表 GYDL00101004-7　　　　　　　　　　土壤热阻率的校正系数

土壤热阻率（m·K/W）	0.6	0.8	1.0	1.2	1.4	1.6	2.0
校正系数	1.17	1.08	1.00	0.94	0.89	0.84	0.77

表 GYDL00101004-8　　　　　　　　　　敷 设 深 度 校 正 系 数

敷设深度（m）	0.8	1.0	1.2	1.4
校正系数	1.017	1.0	0.985	0.972

表 GYDL00101004-9　　　　　　　　　　各种土壤热阻的校正系数

土　壤　类　别	土壤热阻（Ω·m）	校正系数
湿度在 4%以下沙地，多石的土壤	300	0.75
湿度在 4%～7%沙地，湿度在 8%～12%多沙黏土	200	0.87
标准土壤，湿度在 7%～9%沙地，湿度在 12%～14%多沙黏土	120	1.0
湿度在 9%以上沙区，湿度在 14%以上黏土	80	1.05

【思考与练习】

1. 为什么不能只根据电缆导体的最高允许温度来确定电缆线路的载流量？
2. 电缆额定电流计算时有哪些假定条件？

模块 5　高压电缆的机械特性（GYDL00101005）

【模块描述】 本模块包含高压电缆的机械特性。通过对概念解释和要点讲解，了解电缆制造过程及敷设施工时产生的各种机械力，熟悉运行中电缆承受的机械应力，掌握电缆的机械力产生及分析知识。

【正文】

　　高压电缆的机械特性是指电缆在制造过程产生、敷设安装作用及长期运行承受所反映出来的各种机械应力性能，要求构成电缆的材料和电缆本体具有一定的机械强度性能，以及安装时增强运行承受各种机械应力的强度。

　　下面着重讲解分析电缆的一般机械性能和热机械性能。

一、电缆的一般机械性能

1. 构成电缆的金属材料机械性能

（1）铜。铜是广泛应用的一种导体材料，具有优良的导电性能，较高的机械强度，良好的延展性，并且易于熔接、焊接和压接。其主要物理性能见表 GYDL00101005-1。

表 GYDL00101005-1　　　　　　　　　　铜 的 主 要 物 理 性 能

物理性能	数　值	物理性能	数　值
密度（g/cm³）	8.89	电阻温度系数（1/℃）	0.003 93
线膨胀系数（1/℃）	16.6×10^{-6}（20～100℃范围内）	熔点（℃）	1084
20℃时电阻率（Ω·m）	1.724×10^{-8}	抗拉强度（N/mm²）	200～210

　　1）弯曲半径。电力电缆必须有足够大的截面，才能满足输送容量的要求。为增加电缆的柔软性，采用多股单线绞制而成，每股单线弯曲时的变形小，在弯曲半径允许值内，不会造成电缆结构和性能的损害。

　　2）结构稳定。电缆导体多股分为若干层绞制，平行排列的单根导体组成的线芯在弯曲时，会变形且各根导体的变形都不一样。将相邻层次的绞制方向相反，不仅可保证各层次绞线沿螺旋形分布，使电缆弯曲时各层次绞线受拉伸及受压缩的部分得到补偿，不至引起塑性变形，而且各层的退扭力矩得到部分抵消，增加导体结构的稳定性。

　　3）改善特性。在电缆结构中一般采用铜合金带作为内压型单芯高压电缆铅护套的径向加强。尤其是充油电缆的铅护套只起密封作用，而不能承受电缆内部较大的压力，因此在铅护套外加绕径向加强带，以抑制铅护套的变形。对单芯充油电缆，为减少加强层中的损耗，一般采用两层小包绕节距的非磁性的黄铜带或铝青铜带作电缆的径向加强层。

（2）铝。铝具有良好的仅次于铜的导电性能、导热性能，机械强度高，密度小。铝可作电缆的导体、金属护套，铝合金还可作电缆铠装。其主要物理性能见表 GYDL00101005-2。

表 GYDL00101005-2　　　　　　　　铝 的 主 要 物 理 性 能

物理性能	数　　值	物理性能	数　　值
密度（g/cm³）	2.70	电阻温度系数（1/℃）	0.004 07
线膨胀系数（1/℃）	23×10^{-6}（20～100℃范围内）	熔点（℃）	658
20℃时电阻率（Ω·m）	2.80×10^{-8}	抗拉强度（N/mm²）	70～95

1）机械强度较高。在电缆的运行温度下，铝是较稳定的，不像铅会产生再结晶。铝的机械强度也较高，一般采用铝作护套的电缆承受内压力的能力较高，不需再加径向加固。同时由于其硬度较高，抵抗外部机械作用的能力较高，因此一般不需要再加铠装。

2）弯曲性能较差。铝的机械强度高，其弯曲性能比铅差，因此敷设安装较大截面的电缆大多采用皱纹铝护套，就是为了提高电缆的柔软性。

3）耐腐性能较差。化学性质活泼，作为电缆护套，埋设在土壤中易遭酸、碱腐蚀性矿物质侵蚀。

（3）铅。用铅或铅合金制成电缆的金属护套历史悠久，其优点是：① 密封性能好，可防止水分或潮气进入电缆绝缘；② 熔点低，可在较低的温度下挤压到电缆外层，不会对电缆绝缘造成过热损坏；③ 耐腐蚀性比一般金属好；④ 性质柔软，使电缆易于弯曲。其主要物理性能见表 GYDL00101005-3。

表 GYDL00101005-3　　　　　　　　铅 的 主 要 物 理 性 能

物理性能	数　　值	物理性能	数　　值
密度（g/cm³）	11.34	熔点（℃）	327.4
线膨胀系数（1/℃）	29.1×10^{-6}（20～100℃范围内）	抗拉强度（N/mm²）	20～30

1）机械强度。由于铅结晶经过压铅机时会受到很大压力，出压铅机后迅速冷却，温度再回升，致使其结晶细粗结构有变化，存在蠕变性能，所以其机械强度不高。

2）耐振性能。铅耐振性能不高，在交变力作用下易产生机械振动，会损坏电缆铅护套。可以用铅的疲劳极限来表征其耐振性能的好坏。

3）改善特性。为提高铅护套的机械强度，改善蠕变性能和抗震特性，可采用铅合金来替代纯铅作电缆的金属护套。

（4）钢。钢作为电缆的铠装，可增加电缆抗压、抗拉机械强度，使电缆护套免遭机械损伤。铠装层的材料为钢带或钢丝。钢带铠装能承受压力，适用于地下直埋敷设。钢丝铠装能承受拉力，适用于垂直和水底敷设。钢带或钢丝的主要物理性能见表 GYDL00101005-4 和表 GYDL00101005-5。

表 GYDL00101005-4　　　　　　　　铠装用钢带的机械性能

牌号/名称	标称直径（mm）	抗张强度σ_b（MPa）	伸长率δ_s（%）
50W450/钢带	0.5	400	14
50W600/钢带	0.5	450	14

表 GYDL00101005-5　　　　　　　　铠装用钢丝的机械性能

牌号/名称	标称直径（mm）	抗张强度σ_b（MPa）	伸长率δ_s（%）
Q215/镀锌钢丝	8	540	12
Q195/镀锌钢丝	6	500	12

1）当需要承受较大拉力时，采用圆形钢丝作铠装层，钢丝的直径和根数根据电缆承受的机械力和电缆尺寸确定。

2）在高落差的竖井垂直敷设电缆，承受的拉力不是太大时，也可采用弓形截面的扁钢丝作铠装层。

3）在水底电缆会受到磨损的环境中，可采用双层钢丝铠装。

4）为了平衡两层钢丝的扭转力矩，其外层钢丝直径应比内层小些，制造中两层钢丝绞制方向应相反。

2. 电缆上产生和作用及承受的机械力

（1）在电缆制造过程中产生的机械力。

1）导体。在制造结构上，电缆导体多股分为若干层绞制，绞制方向相反，各层的退扭力矩得到部分抵消，但还潜存着一定的扭矩应力。

2）绝缘。浸渍剂纸绝缘电缆的浸渍剂的体积膨胀系数为电缆其他固体材料的 10～20 倍。当电缆温度上升时，由于浸渍剂的膨胀系数大，铅护套必然受到浸渍剂的膨胀压力而胀大。但当温度下降时，由于铅护套的塑性不可逆变形，在铅护套内部和绝缘层中必然形成气隙。

浸渍剂纸绝缘电缆制造采用的几种材料的体积膨胀系数见表 GYDL00101005-6。

表 GYDL00101005-6 制造电缆采用的几种材料的体积膨胀系数

材料名称	铜	铝	电缆纸	浸渍剂	铅
体积膨胀系数（1/℃）	51×10^{-6}	72×10^{-6}	90×10^{-6}	（800～1000）$\times 10^{-6}$	60×10^{-6}

而目前广泛使用的交联聚乙烯绝缘电缆，虽然全部采用固体材料制造，但绝缘材料膨胀系数与导体相差 10～30 倍，聚乙烯绝缘较容易回缩。

3）铠装。钢带或钢丝作为电缆保护层中的铠装层，在电缆生产制造过程中会产生旋转机械力。

钢带铠装一般采用双层，在制造中其绞制方向相同，潜存着扭矩应力。当敷设展放采用网套牵引电缆时，潜在着的扭矩应力会释放，即电缆牵引时发生的退扭现象。

钢丝铠装采用单层或双层。单层钢丝无论绞制顺逆方向，都潜在一定的扭矩应力。两层钢丝为了平衡扭转力矩，内层钢丝比外层钢丝直径小，制造中两层钢丝绞制方向相反，两层的退扭力矩得到部分抵消，但还是潜存着扭矩应力。所以钢丝铠装根据钢丝的不同规格，其绞制节距一般为电缆铠装直径 8～12 倍。

（2）安装作用。在敷设安装施工时，作用在电缆上的机械力有：牵引力、侧压力和扭力三种。

1）牵引力。牵引力是作用在电缆被牵引力方向的拉力。电缆端部安装上牵引端时，牵引力主要作用在金属导体上，部分作用在金属护套和铠装上。但垂直方向敷设的电缆（如竖井电缆和水底电缆），其牵引力主要作用在铠装上。

作用在电缆导体的允许牵引应力，一般取导体材料抗拉强度的 1/4 左右。铜导体抗张强度约为 $240N/mm^2$，允许最大牵引强度约为 $70N/mm^2$；铝导体抗张强度约为 $160N/mm^2$，允许最大牵引强度为 $40N/mm^2$；对有中心油道的空心导体，要求不能使油道发生变形的最大牵引力约为 27 000N。

作用在电缆绝缘层及外护层的允许牵引力，一般采用牵引网套来牵引电缆，这时牵引力集中在绝缘层和外护层上。交联聚乙烯绝缘电缆外通常还有一层聚氯乙烯护层，它的抗张强度约为 $25N/mm^2$，允许最大牵引强度约为 $7N/mm^2$。

作用在金属护套的允许牵引力，则牵引力集中在金属护套上，虽然铅合金的抗张强度较低，但它有加强带加固，所以允许最大牵引强度约为 $10N/mm^2$；而铝护套的抗张强度虽高，但为了防止皱纹变形，所以允许最大牵引强度约为 $20N/mm^2$。

2）侧压力。作用在电缆上与其导体呈垂直方向的压力称为侧压力。侧压力主要发生在牵引电缆时的弯曲部分。在电缆线路在转角处的滚轮、弧形滑槽或敷设水底电缆用的入水槽等处的电缆上，要受到侧压力。盘装电缆横置平放，或用桶装、圈装的电缆，下层电缆要受到上层电缆的压力，也是侧压力。

电缆的允许侧压力与电缆的结构、构成电缆的材料、其金属和非金属类的允许抗张强度等有很大关系。

3）扭力。扭力是作用在电缆上的旋转机械力。直线状态的电缆转变为圈形状态时，因电缆自身逐渐旋转产生的旋转机械力，称为扭转力，即潜在退扭力。圈形状态的电缆转变为直线状态时，释放电缆在制造中潜在的扭转力而产生的旋转机械力，称为退扭力。

在敷设施工时，圈形状态的电缆转变为直线状态释放潜存的扭转力，产生了退扭力，如盘装电缆展放、圈装的水底电缆展放入水等。直线状态的电缆转变为圈形状态时，因电缆自身逐渐旋转产生的旋转机械力，如：盘装电缆展放成直线，再绕成圈状；水底电缆制成后圈形盘入船舱等。

图 GYDL00101005-1　电缆扭转试验图

在高落差环境敷设电缆时，电缆扭转的机械特性非常明显。尤其是高压单芯充油电缆的导电线芯、径向铜带加强层和轴向铜带加强层（或钢丝铠装）在生产绞制过程中潜存的扭转力，其决定着电缆绕轴心自转的大小和方向。采用单层纵向铜带铠装时，纵向铠装扭矩应力对扭转起着主导作用。如图 GYDL00101005-1 所示的扭转试验，可以弄清电缆产生扭转（扭转或退扭）的根源。试验的电缆长度为 6.4m，其截面为 $600mm^2$，单层纵向螺旋形铜带铠装加固，电缆自重 27kg/m，上端悬吊固定，下端加 3t 重的载荷，测得悬挂点最大扭转角为 100°～110°。

（3）电缆在长期运行中承受的各种机械应力：

1）直埋敷设的运行电缆线路上堆置重物机械压力；其他设施施工与电缆线路交叉时，挖掘施工电缆暴露后，电缆下面土层被挖空临时性悬吊机械力；地面的不均匀沉降产生的机械拉力。

2）桥梁上的运行电缆线路不可避免受到环境机械力影响，如：桥梁因温度变化引起的热胀冷缩机械力；两端桥墩产生的振动、沉降机械力。

3）构筑物内及支架上的运行电缆线路，电缆在构筑物内、支架上承受的支点和支点距离机械力及固定力矩机械力。

4）水底电缆线路运行受到水域水流及河床环境造成的机械力影响。

二、电缆的热机械性能

1. 热机械概念

随着输电容量的飞速增长，高压电力电缆的截面也越来越大，对于大截面电缆而言，在运行状态下因负荷电流变化和环境温差造成导体温度变化，引起导体热胀冷缩而产生的电缆内部的机械力，称为热机械力。

2. 热机械特性

热机械力使导体形成一种推力，且这种机械力是十分巨大的。该推力一部分在电缆线路上为各种摩擦阻力所阻止，在电缆线路末端，该推力可以使导体和绝缘层之间产生一定位移。

3. 电缆线路热机械力分析

（1）作用在电缆导体上的摩擦力。电缆敷设在地下土壤里，被回填土包围，整条电缆的纵向和横向运动均被回填土阻止，唯一可能产生的热机械力移动是导体相对于金属护套的位移。但当导体被负荷电流加热变化在金属护套内膨胀而位移时，将受到与绝缘之间的摩擦力和其他机械力的约束，因而有一部分膨胀被这些约束力所阻止。在直埋电缆长线路上，中间部分的电缆导体处于平衡状态，即存在不发生位移的静止区，而膨胀位移发生在约束力不能全部阻止线芯膨胀的电缆线路的两个末端附近。

如图 GYDL00101005-2 所示，在某一直埋电缆长线路上的电缆受热机械力影响时，中间部分静止区的电缆导体仍处于平衡状态，其平衡条件为

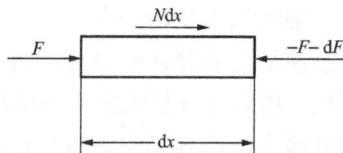

图 GYDL00101005-2　作用在单元线芯上的力示意图
F—作用在导体上的压缩力

$$Ndx - dF = 0$$

式中　N——单位长度导体的摩擦力，kg/cm；

　　　dx——单位长度导体，m；

　　　dF——dx 长的导体在膨胀时受到压缩力的增量，kg。

该热机械力产生的推力作用的大小与导体单位长度 $e\%$（膨胀率）、导体发热膨胀受到约束力后产生的 $\varepsilon\%$（应变率）、单位长度导体的 N（摩擦力）有密切关系。

（2）电缆末端导体自由膨胀位移。采用铜芯、电压 275kV、分裂导体、截面为 2000mm² 单芯自容式充油电缆，弹性模量为 $0.45 \times 10^6 kg/cm^2$，作下面两个试验：

1）电缆末端沿电缆长度的导体位移。电缆末端沿电缆长度发生导体位移的状态分析，从图 GYDL00101005-3 中可以看到，当导体温升至 $\Delta\theta=65℃$ 时，在离自由端不同长度处（即电缆线路中间部分）的距离超过 45m 后，导体受到摩擦力的约束而不发生位移。

由此得出：受热机械力影响具有导体相对位移趋势的电缆长度，一般在距离电缆线路两个端部 45m 以内。

2）电缆末端导体自由膨胀位移与导体温升的关系。测得的电缆末端导体自由膨胀时的位移与温升之间两者关系。而且导体末端自由膨胀位移时，导体是呈一连串很小的不连续的跃变。

如图 GYDL00101005-4 所示，从中可以得到推论：温度上升越高，导体末端自由端位移越大。

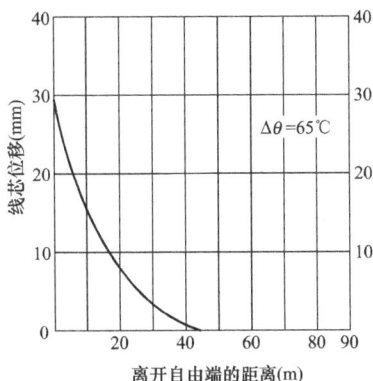

图 GYDL00101005-3　电缆末端沿电缆长度的导体位移图

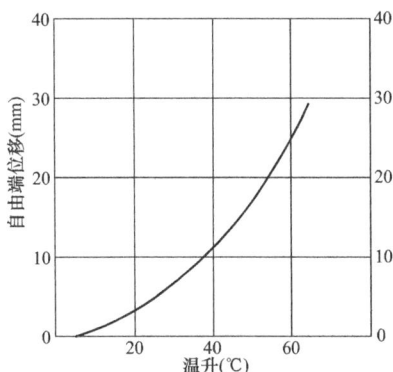

图 GYDL00101005-4　导体末端自由膨胀的位移与导体温升关系图

（3）电缆末端导体位移和推力。如上所述，在直埋电缆长线路上，当电缆敷设成直线时，电缆线路中间是不发生位移的静止区，而在电缆的末端产生的推力为最大。

为了减小热机械力在电缆末端的推力影响，电缆在接近终端头处敷设成蛇形状态。实验证明：电缆的末端推力（F_0）与导体末端位移距离（ΔL）之间的关系会发生变化；导体发生膨胀的长度（X_0）与导体末端位移距离（ΔL）之间的关系也会发生变化。

图 GYDL00101005-5 所示为铜芯、电压为 275kV、分裂导体、2000mm²、单芯自容式充油电缆实验图。

从图 GYDL00101005-5 电缆末端推力（F_0）与导体位移距离（ΔL）之间的变化曲线图中可以看出，当电缆敷设成蛇形状态时，电缆末端推力（F_0）值随导体位移距离（ΔL）的增加而下降的速度比电缆敷设成直线状态要快得多。

从图 GYDL00101005-6 导体发生膨胀的长度（X_0）与导体位移（ΔL）之间的变化曲线图中可以看出，当电缆敷设成蛇形状态时，导体发生膨胀的长度（X_0）及导体位移距离（ΔL）均比电缆敷设成直线状态要小得多。

由此可见：将高电压、大截面电力电缆线路敷设成水平蛇形或垂直蛇形状态，对降低热机械力影响所产生的推力是有利的。

图 GYDL00101005-5　电缆末端推力（F_0）与导体位移距离（ΔL）之间的变化曲线图

A—电缆敷设成直线；B—电缆敷设成蛇形；

• —在直线敷设的电缆上的测量值；

× —在蛇形敷设的电缆上的测量值；

—（斜线条）—测量得到的计算值显示线

（4）竖井电缆线路。随着大型水电站、地下变电站的建设和电缆线路穿越江河湖海，高电压、大截面、长距离电力电缆的应用，线路通道采用"隧道+竖井"来敷设电缆是设计首选。竖井内敷设电缆有挠性固定和刚性固定两种方式。前者允许电缆在受热后膨胀，对产生的热机械力加以妥善控制，

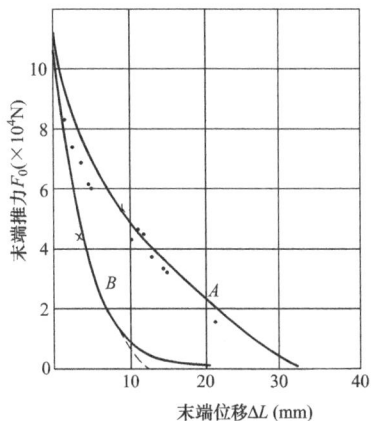

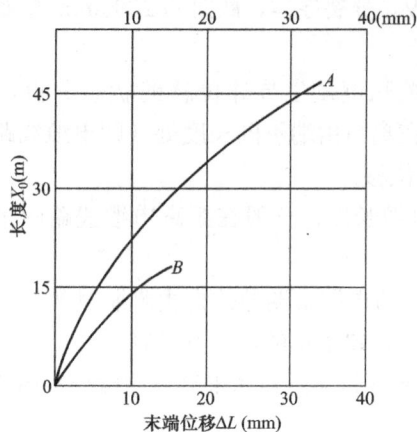

图 GYDL00101005-6　导体发生膨胀的长度（X_0）与
导体位移（ΔL）之间的变化曲线图

A—电缆敷设成直线；B—电缆敷设成蛇形

使电缆发生膨胀位移时不使电缆金属护套产生过度的应变而缩短寿命；后者将电缆用夹具固定得不能产生横向位移，与电缆直埋在土壤里一样，导体的膨胀全部被阻止而转变为内部压缩应力。

1）在竖井内垂直敷设高压电缆时，采用挠性固定方式较多。将电缆在两个相邻夹具之间以垂线为基准作交替方向的偏置，成垂直蛇形，电缆在运行时产生的膨胀将被电缆的初始曲率（能容纳电缆膨胀量）所吸收，因此不会使金属护套产生危险的疲劳应力。

两个相邻夹具的间距（节距）和电缆横向偏置（幅值）设定取决于电缆的重量和刚度。一般采用的节距为 4～6m，幅值为节距的 5%为宜，夹具的轴线与垂线成约 11°夹角。

2）当竖井中的空间有限，不能作较大的挠性敷设时，电缆截面如果不大，也可采用刚性固定。固定时要求在热机械力的作用下，相邻两个夹具之间的电缆不应产生纵弯曲现象，避免在金属护套上产生严重的局部应力。

对于铅护套或皱纹铝护套电缆，在热膨胀时产生的推力的主要部分是导体，而电缆的其余部分（特别是对于大截面电缆）可以忽略不计。但是，如果是平铝护套电缆，除了导体外，还必须考虑铝护套上热膨胀时产生的推力。

在采用刚性固定的垂直敷设的电缆线路上，与直埋电缆一样必须考虑在垂直部分末端的导体上产生的总推力。特别是当导体与金属护套之间较松时，在自重作用下导体与金属护套之间还会产生相对运动，这时，在竖井底部邻近的电缆附件会受到很大的热机械力作用。

【思考与练习】

1. 试述高压电缆的机械特性的概念。

2. 在安装施工中作用电缆上有哪些机械应力？

3. 电缆在长期运行中应承受哪些机械应力？

4. 热机械特性有哪些？在竖井电缆线路如何凸显？

模块 6　交联聚乙烯电力电缆绝缘老化机理（GYDL00101006）

【模块描述】 本模块包含交联聚乙烯电力电缆绝缘老化机理的基本知识。通过概念解释和要点讲解，了解影响交联聚乙烯电力电缆绝缘性能变化的因素，熟悉交联聚乙烯电力电缆绝缘老化原因及形态，掌握交联聚乙烯电力电缆绝缘老化机理。

【正文】

绝缘材料的绝缘性能随时间的增加发生不可逆下降的现象称为绝缘老化。其表现形式主要有击穿强度降低、介质损耗增加、机械性能或其他性能下降等。

一、影响交联聚乙烯电力电缆绝缘性能的因素

1. 制造工艺和绝缘原材料

（1）制造厂家所用绝缘材料或制造过程中侵入水分及其他杂质，都将引起绝缘性能的降低。

（2）制造工艺落后（如湿法交联）导致交联绝缘层中遗留下水分、起泡或致屏蔽层不能均匀紧贴在主绝缘上，产生微小的气隙，都将降低交联电缆的绝缘性能。

2. 运行条件

（1）运行电压不正常，电压越高，击穿电压越低。电压作用时间足够长时，则易引起热击穿或电老化，使电缆绝缘击穿电压急剧下降。

（2）超负荷运行，电缆过热，当温度高至一定值时，绝缘的击穿电压将大幅度下降。

（3）电压性质对电缆绝缘也有影响：冲击击穿电压较工频击穿电压高；直流电压下，介质损耗小，击穿电压较工频击穿电压高；高频下局部放电严重，发热严重，其击穿电压最低。

（4）交联绝缘是固体绝缘，其累计效应也不容忽视。多次施加同样幅值的电压，每次产生一定程度的绝缘损伤，而不像油浸类绝缘有一定的自愈能力，因此其损伤可逐步积累，最后导致交联绝缘彻底击穿。

（5）任何外力破坏、机械应力损伤，都将使电缆的整体结构受到破坏而导致水分及其他有害杂质侵入，可迅速降低交联绝缘的击穿强度。

二、交联聚乙烯电力电缆绝缘老化机理及形态

在电场的长时间作用下逐渐使绝缘介质的物理、化学性能发生不可逆的劣化，最终导致击穿，即称电老化。电老化的类型有电离性老化、电导性老化和电解性老化。前两种主要在交变电场下产生，后一种主要在直流电场下产生。有机介质表面绝缘性能破坏的表现，还有表面漏电起痕。

1. 电离性老化

在绝缘介质夹层或内部如果存在气隙或气泡，在交变电场下气隙或气泡内的场强较邻近绝缘介质内的场强大得多，而气体的起始电离场强又比固体介质低得多，所以在该气隙或气泡内很容易发生电离。

此种电离对固体介质的绝缘有许多不良后果。例如：气泡体积膨胀使介质开裂、分层，并使该部分绝缘的电导和介质损耗增大；电离的作用还可使有机绝缘物分解，新分解出的气体又会加入到新的电离过程中；还会产生对绝缘材料或金属有腐蚀作用的气体；电离还会造成电场的局部畸变，使局部介质承受过高的电压，对电离的进一步发展起促进作用。

气隙或气泡的电离，通过上述综合效应使邻近绝缘物的分解、破坏（表现为变酥、炭化等形式），并沿电场方向逐渐向绝缘层深处发展，在有机绝缘材料中放电发展通道会呈树枝状，称为"电树枝"。这种电离性老化过程和局部放电密切相关。

2. 电导性老化

如果在两极之间的绝缘层中存在液态导电物质（例如水），则当该处场强超过某定值时，该液体会沿电场方向逐渐深入到绝缘层中，形成近似树枝状的痕迹，称为"水树枝"，水树枝呈绒毛状的一片或多片，有扇状、羽毛状、蝴蝶状等多种形式。

产生和发展水树枝所需的场强比产生和发展电树枝所需的场强低得多。产生水树枝的原因是水或其他电解液中离子在交变电场下反复冲击绝缘物，使其发生疲劳损坏和化学分解，电解液便随之逐渐渗透、扩散到绝缘深处。

3. 电解性老化

在直流电压的长期作用下，即使所加电压远低于局部放电的起始电压，由于绝缘介质内部进行着电化学过程，绝缘介质也会逐渐老化，导致击穿。当有潮气侵入绝缘介质时，水分子本身就会离解出 H^+ 和 O^{2-}，会加速电解性老化。

4. 表面漏电起痕及电蚀损

这是有机绝缘介质表面的一种电老化问题。在潮湿、污脏的绝缘介质表面会流过泄漏电流，在电流密度较大处会先形成干燥带，电压分布随之不均匀，在干燥带上分担较高电压，从而会形成放电小火花或小电弧。此种放电现象会使绝缘表面过热，局部炭化、烧蚀，形成漏电痕迹，漏电痕迹的持续发展可逐渐形成沿绝缘表面贯通两极的放电通道。

三、交联聚乙烯电缆绝缘老化原因及形态

交联聚乙烯电缆绝缘老化原因及形态见表 GYDL00101006-1。

表 GYDL00101006-1　　　　　交联聚乙烯电缆绝缘老化原因及形态

引起老化的主要原因	老 化 形 态
电气的原因（工作电压、过电压、负荷冲击、直流分量等）	局部放电老化 电树枝老化 水树枝老化

续表

引起老化的主要原因	老化形态
热的原因（温度异常、热胀冷缩等）	热老化 热—机械引起的变形、损伤
化学的原因（油、化学物品等）	化学腐蚀 化学树枝
机械的原因（外伤、冲击、挤压等）	机械损伤、变形及电—机械复合老化
生物的原因（动物的吞食、成孔等）	蚁害、鼠害

【思考与练习】

1. 制造工艺和所用绝缘原材对电缆绝缘有何影响？
2. 电缆线路投运后，运行条件对电缆绝缘有何影响？
3. 简述交联聚乙烯电缆绝缘老化的机理。

模块 7　金属护层感应电压（GYDL00101007）

【模块描述】 本模块介绍高压单芯电缆金属护层感应电压的基本知识。通过概念解释、要点讲解和图形示意，了解金属护层感应电压概念及产生原因，熟悉金属护层感应电压对单芯电缆的影响，掌握改善电缆金属护层电压的措施。

【正文】

当电缆线芯流过交流电流时，在与导体平行的金属护套中必然产生感应电压。三芯电缆具有良好的磁屏蔽，在正常运行情况下其金属护套各点的电位基本相等，为零电位，而由三根单芯电缆组成的电缆线路中情况则不同。

一、金属护层感应电压概念及产生原因

单芯电缆在三相交流电网中运行时，当电缆导体中有电流通过时，导体电流产生的一部分磁通与金属护套相交链，与导体平行的金属护套中必然产生纵向感应电压。这部分磁通使金属护套产生感应电压数值与电缆排列中心距离和金属护套平均半径之比的对数成正比，并且与导体负荷电流、频率及电缆的长度成正比。在等边三角形排列的线路中，三相感应电压相等；在水平排列线路中，边相的感应电压比中相感应电压高。

二、金属护套感应电压对单芯电缆的影响

单芯电缆金属护套如采用两端接地，金属护套感应电压会在金属护套中产生循环电流，此电流大小与电缆线芯中负荷电流大小密切相关，同时还与间距等因素有关。循环电流致使金属护套因产生损耗而发热，将降低电缆的输送容量。

如果采取金属护套单端接地，另一端对地绝缘，则护套中没有电流流过。但是，感应电压与电缆长度成正比，当电缆线路较长时，过高的感应电压可能危及人身安全，并可能导致设备事故。因此必须妥善处理金属护套感应电压。

三、改善电缆金属护套电压的措施

金属护套感应电压与其接地方式有关，可通过金属护套不同的接地方式，将感应电压合理改善。《电力工程电缆设计规程》（GB 50217—2007）规定：单芯电缆线路的金属护套只有一点接地时，金属护套任一点的感应电压（未采取能有效防止人员任意接触金属层的安全措施时）不得大于 50V；除上述情况外，不得大于 300V，并应对地绝缘。如果大于此规定电压，应采取金属护套分段绝缘或绝缘后连接成交叉互联的接线。为了减小单芯电缆线路对邻近辅助电缆及通信电缆的感应电压，应尽量采用交叉互联接线。

对于电缆线路不长的情况下，可采用单点接地的方式，同时为保护电缆外护层绝缘，在不接地的一端应加装护层保护器。

对于较长的电缆线路，应用绝缘接头将金属护套分隔成多段，使每段的感应电压限制在小于 50V

的安全范围以内。通常将三段长度相等或基本相等的电缆组成一个换位段，其中有两套绝缘接头，每套绝缘接头的绝缘隔板两侧不同相的金属护套用交叉跨越法相互连接。

金属护套交叉互联的方法是：将一侧 A 相金属护套连接到另侧 B 相；将一侧 B 相金属护套连接到另一侧 C 相；将一侧 C 相金属护套连接到另一侧 A 相。

金属护套经交叉互联后，举例说，第 I 段 C 相连接到第 II 段 B 相，然后又接到第 III 段 A 相，如图 GYDL00101007-1 所示。由于 A、B、C 三相的感应电动势的相角差为 120°，如果三段电缆长度相等，则在一个大段中金属护套三相合成电动势理论上应等于零。

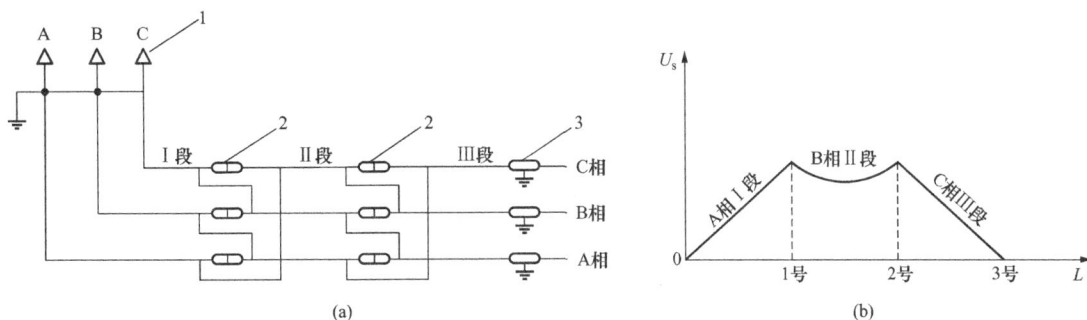

图 GYDL00101007-1　单芯电缆金属护套交叉互联原理接线图

（a）交叉互联接法示意图；（b）沿线感应电压分布图

1—电缆终端；2—绝缘接头；3—直通接头

金属护套采用交叉互联后，与不实行交叉互联相比较，电缆线路的输送容量可以有较大提高。为了减少电缆线路的损耗，提高电缆的输送容量，高压单芯电缆的金属护套一般均采取交叉互联或单点互联方式。

单芯电缆附件金属护套的常见连接方式如下：

1. 金属护套两端接地

金属护套两端接地电缆如图 GYDL00101007-2 所示。

当电缆线路长度不长、负荷电流不大时，金属护套上的感应电压很小，造成的损耗不大，对载流量的影响也不大。

2. 金属护套一端接地

当电缆线路长度不长、负荷电流不大时，电缆金属护套可以采用一端直接接地、另一端经保护器接地的连接方式，使金属护套不构成回路，消除金属护套上的环行电流，如图 GYDL00101007-3 所示。

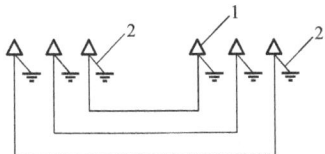

图 GYDL00101007-2　金属护套两端接地电缆示意图

1—电缆终端；2—直接接地

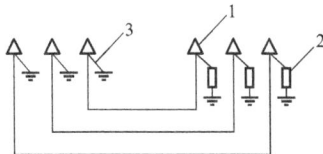

图 GYDL00101007-3　护套一端接地电缆线路示意图

1—电缆终端；2—金属屏蔽层电压限制器；3—直接接地

金属护套一端接地的电缆线路，还必须安装一条回流线。

当单芯电缆线路的金属护套只在一处互联接地时，在沿线路间距内敷设一根阻抗较低的绝缘导线，并两端接地，该接地的绝缘导线称为回流线（D）。回流线的布置如图 GYDL00101007-4 所示。

当电缆线路发生接地故障时，短路接地电流可以通过回流线流回系统的中性点，这就是回流线的分流作用。同时，由于电缆导体中通过的故障电流在回流线中产生的感应电压，形成了与导体中电流逆向的接地电流，从而抵消了大部分故障电流所形成的磁场对邻近通信和信号电缆产生的影响，所以，回流线实际又起了磁屏蔽的作用。

26

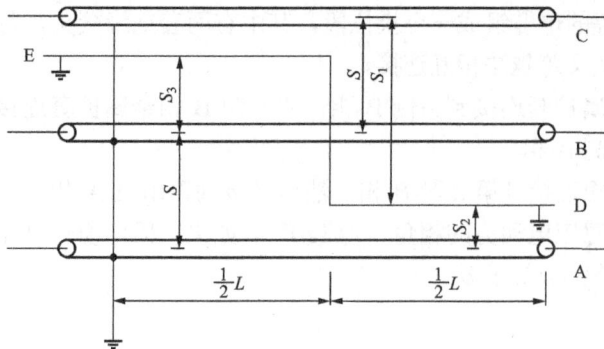

图 GYDL00101007-4　回流线布置示意图

S—边相至中相中心的距离；$S_1=1.7S$；$S_2=0.3S$；$S_3=0.7S$

在正常运行情况下，为了避免回流线本身因感应电压而产生以大地为回路的循环电流，回流线应敷设在两个边相电缆和中相电缆之间，并在中点处换位。根据理论计算，回流线与边相、中相之间的距离，应符合"三七"开的比例，即回流线到各相的距离应为：$S_1=1.7S$，$S_2=0.3S$，$S_3=0.7S$，S 为边相至中相中心距离。

安装了回流线之后，可使邻近通信、信号电缆导体上的感应电压明显下降，仅为不安装回流线的27%。

一般选用铜芯大截面的绝缘线作为回流线。

在采取金属护套交叉互联的电缆线路中，由于各小段护套电压的相位差位120°，而幅值相等，因此两个接地点之间的电位差是零，这样就不可能产生循环电流。电缆线路金属护套的最高感应电压就是每一小段的感应电压。当电缆发生单相接地故障时，接地电流从护套中通过，每相通过1/3的接地电流，这就是说，交叉互联后的电缆金属护套起了回流线的作用，因此，在采取交叉互联的一个大段之间不必安装回流线。

3. 金属护套中点接地

金属护套中点接地的方式是在电缆线路的中间将金属护套直接接地，两端经保护器接地。金属护套中点接地的电缆线路长度可以看作金属护套一端接地的电缆线路的 2 倍，如图 GYDL00101007-5 所示。

当电缆线路不适合金属护套中点接地时，可以在电缆线路的中部装设一个绝缘接头，使其两侧电缆的金属护套在轴向断开并分别经保护器接地，电缆线路的两端直接接地，如图 GYDL00101007-6 所示。

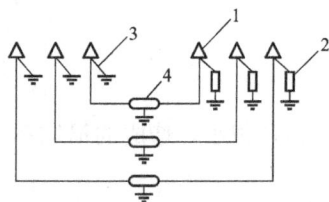

图 GYDL00101007-5　金属护套中点接地电缆示意图

1—电缆终端；2—金属屏蔽层电压限制器；

3—直接接地；4—直通接头

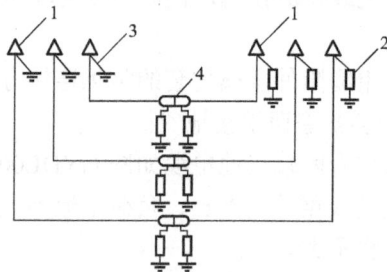

图 GYDL00101007-6　护套断开电缆线路接地示意图

1—电缆终端头；2—金属屏蔽层电压限制器；

3—直接接地；4—绝缘接头

4. 金属护套交叉互联

电缆线路长度较长时，金属护套应交叉互联。这种方法是将电缆线路分成若干大段，每一大段原则上分成长度相等的三小段，每小段之间装设绝缘接头，绝缘接头处三相金属护套用同轴电缆进行换位连接，绝缘接头处装设一组保护器，每一大段的两端金属护套直接接地，如图 GYDL00101007-7 所示。

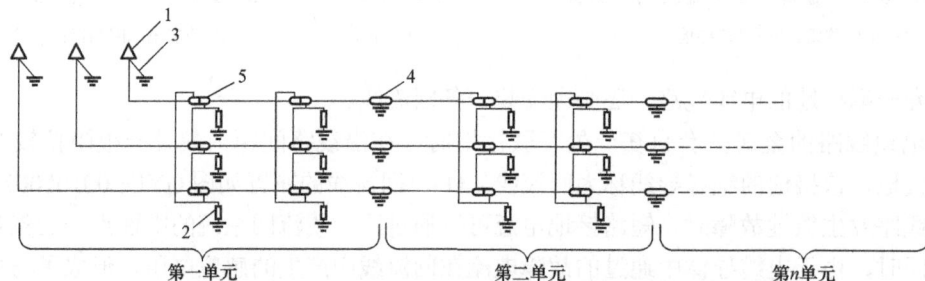

图 GYDL00101007-7　金属护套交叉互联电缆线路示意图

1—电缆终端头；2—金属屏蔽层电压限制器；3—直接接地；4—直通接头；5—绝缘接头

【思考与练习】

1. 单芯电缆金属护套感应电压是怎样产生的？
2. 单芯电缆金属护套感应电压对电缆线路有什么影响？
3. 画图说明什么叫单芯电缆线路金属护套的交叉互联。

模块 8　改善电场分布的方法（GYDL00101008）

【模块描述】本模块介绍改善电缆接头电场分布的方法和措施。通过概念分析和要点讲解，掌握常用的改善电缆接头电场集中的几何法（采用应力锥和反应力锥）和参数法。

【正文】

电缆终端或电缆接头处金属护套或屏蔽层断开处的电场会发生畸变，为了改善绝缘屏蔽层断开处的电场分布，解决方法有几何法（采用应力锥和反应力锥）和参数法两种。在高压或超高压电缆附件上，还可采用电容锥的方法缓解绝缘屏蔽切断点的电场强度集中问题。

一、几何法

1. 应力锥

应力锥是用来增加高压电缆绝缘屏蔽直径的锥形装置，以将接头或终端内的电场强度控制在规定的设计范围内。应力锥是最常见的改善局部电场分布方法，从电气的角度上看，也是最可靠有效的方法。应力锥通过将绝缘屏蔽层的切断点进行延伸，使零电位形成喇叭状，改善了绝缘屏蔽层的电场分布，降低了电晕产生的可能性，减少了绝缘的破坏，从而保证了电缆线路的安全运行。在电缆终端和接头中，自金属护套边缘起绕包绝缘带（或者套橡塑预制件），使得金属护套边缘到增绕绝缘外表之间形成一个过渡锥面的构成件，即应力锥。在设计中，锥面的轴向场强应是一个常数。

应力锥能够改善金属护套末端电场分布、降低金属护套边缘处电场强度，现简述其原理如下：

电缆终端和接头端部，在剥去金属护套后，其电场分布与电缆本体相比发生了很大变化，金属护套边缘处的电场强度 E 可用与剥切长度 L 有关的双曲余切函数表示为

$$E = U_0 \sqrt{\frac{\varepsilon}{R_e \varepsilon_m K}} \coth\left(\sqrt{\frac{\varepsilon}{R_e \varepsilon_m K}} \times L\right) \qquad \text{（GYDL00101008-1）}$$

其中

$$R_e = R \ln \frac{R}{r_c}$$

式中　U_0——导体对地电压，kV；

ε——电缆绝缘层材料的相对介电常数；

ε_m——周围媒质的相对介电常数；

R_e——等效半径，mm；

R——绝缘层外半径，mm；

r_c——导体半径，mm；

K——与周围媒质和绝缘层表面有关的常数；

L——剥去金属护套长度，mm。

当 L 达到一定数值时，双曲余切函数 $\coth\left(\sqrt{\frac{\varepsilon}{R_e \varepsilon_m K}} \times L\right) \approx 1$，则式（GYDL00101008-1）可简化为

$$E = U_0 \sqrt{\frac{\varepsilon}{R_e \varepsilon_m K}} \qquad \text{（GYDL00101008-2）}$$

从以上两式可知，为了减小金属护套边缘处的电场强度，可采用增绕绝缘的方法增大等效半径 R_e。

有了应力锥后，锥面的绝缘厚度逐渐增加，绝缘表面的电场强度逐渐递减，于是疏散了电力线密度，提高了过渡界面的游离电压。

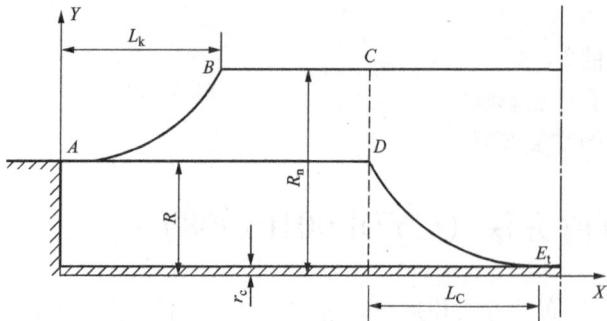

图 GYDL00101008-1　应力锥电气计算说明图

R—电缆本体绝缘半径；L_k—电缆轴向长度；R_n—增绕绝缘半径；

r_c—导体半径；E_t—应力锥表面轴向场强

应力锥锥面形状，是按其表面轴向场强等于或小于允许最大轴向场强设计的。图 GYDL00101008-1 是应力锥电气计算的说明图。图中以电缆导体中心线为 X 轴，以应力锥起始点为 Y 轴。

设沿应力锥表面轴向场强为一常数 E_t，增绕绝缘半径为 R_n，电缆本体绝缘半径为 R，导体半径为 r_c，U_0 为设计电压。假定增绕绝缘的介电常数和电缆绝缘介电常数相等。经数学推导，应力锥面上沿电缆轴向长度 L_k 可用下列简化公式表示

$$L_k = \frac{U_0}{E_t} \ln \left(\frac{\ln \frac{R_n}{r_c}}{\ln \frac{R}{r_c}} \right) \qquad \text{（GYDL00101008-3）}$$

式（GYDL00101008-3）表明，应力锥的锥面曲线是复对数曲线。它取决于电缆的运行电压、结构尺寸、电缆和增绕绝缘的厚度和材料性能。决定应力锥锥面的几个要素相互间有以下关系：

（1）轴向场强 E_t 越小，应力锥长度 L_k 越长。因此，设计时为减少接头尺寸，应取 E_t 为绝缘层最大允许轴向场强。

（2）当 L_k 确定时，增绕绝缘半径 R_n 越大，轴向场强越大，所以增绕绝缘的坡度不能太陡。

（3）当 U_0 和 E_t 确定后，增绕绝缘半径 R_n 随应力锥长度 L_k 加长而增大，而且当 L_k 增大时，R_n 的斜率也随之增大。

对于 6～10kV 统包型油浸纸绝缘电缆的接头或终端可采用胀铅法来改善其铅包口的电场分布。所谓胀铅，是用胀铅楔把铅包胀成喇叭口的形状，使胀包口直径胀到原铅包直径的 1.2 倍。经胀铅后，在剖铅口处绝缘表面电场情况的变化，可按图 GYDL00101008-2 作如下简单分析。

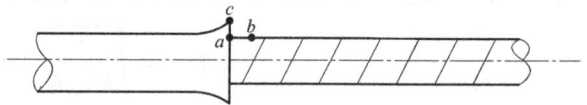

图 GYDL00101008-2　剖铅口处绝缘表面电场情况变化分析图

假设胀铅前铅包口纸绝缘表面有一点 a，在与 a 点相距一很小距离的纸绝缘表面上有另一点 b，在铅包口有一点 c。胀铅前，a 点的电位 $U_a = 0$，b 点的电位 $U_b > 0$，则 a、b 两点之电位差为

$$\Delta U_{ab} = U_b > 0$$

而胀铅后，a 点的电位 $U_a' > 0$，c 点的定位 $U_c = 0$，此时，a、b 二点之电位差为

$$\Delta U_{ab}' = U_b - U_a' < \Delta U_{ab}$$

则 $\Delta U_{ab}' < \Delta U_{ab}$。

从上述简单分析可见，经过胀铅后，铅包口纸绝缘沿面场强比胀铅前减小了。

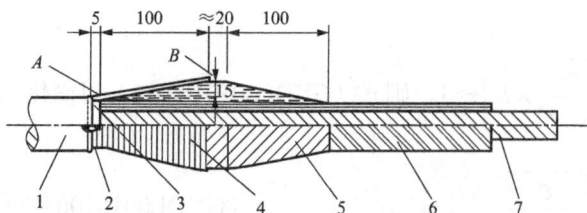

图 GYDL00101008-3　35kV 油纸绝缘终端应力锥

1—铅护套；2—锡焊；3—屏蔽层；4—软铅丝；

5—油浸沥青醇酸玻璃丝漆布带；

6—电缆本体绝缘；7—导体

35kV 油纸绝缘终端应力锥，从电缆制造的绝缘表面过渡到安装时增绕绝缘表面，安装制作终端时用油浸沥青醇酸玻璃丝漆布带绕包，其工艺尺寸如图 GYDL00101008-3 所示。

为了使应力锥锥面接近理论曲线，即锥面轴向场强等于（或小于）允许最大轴向场强，为了施工方便，锥面不是根据电气计算方程的曲线，而是用直线锥面代替 E_t=常数曲线锥面的应力锥。如图 GYDL00101008-1 中的 AB 曲线在图 GYDL00101008-3 中为 AB 直线，应力锥锥面的

坡度采用先小后大，而不能先大后小。

在 110kV 及以上的电缆附件中，采用由工厂生产的预制应力锥，这种应力锥面比较接近理论计算曲线。高压充油电缆终端则采用电容锥来强制轴向场强的均匀分布。以上都是降低金属护套边缘处电场强度的措施。

2. 反应力锥

在电缆接头中，为了有效控制电缆本体绝缘末端的轴向场强，将绝缘末端削制成与应力锥曲面恰好反方向的锥形曲面，称为反应力锥。反应力锥是接头中填充绝缘和电缆本体绝缘的交界面，这个交界面是电缆接头的薄弱环节，如果设计或安装时没有处理好，容易发生沿着反应力锥锥面的移滑击穿。

反应力锥的形状是根据沿锥面轴向场强等于或小于电缆绝缘最大轴向场强来设计的。图 GYDL00101008-4 是反应力锥电气计算说明图。图中以电缆导体中心线为 X 轴，以反应力锥起始点为 Y 轴。

设沿反应力锥锥面上轴向场强为一常数 E_t，增绕绝缘半径为 R_n，电缆本体绝缘半径为 R，导体半径为 r_c，U_0 为设计电压。并假定增绕绝缘的介电常数和电缆绝缘介电常数相等。经数学推导，反应力锥面上沿电缆轴向长度 L_C，可用下列简化公式表示

$$L_C = \frac{U_0}{E_t} \times \frac{\ln\dfrac{R_n}{r_c}}{\ln\dfrac{R}{r_c}}$$

（GYDL00101008-4）

为了简化施工工艺，一般反应力锥采用直线锥面形状。交联聚乙烯电缆用切削反应力锥的卷刀削成铅笔头形状。油纸绝缘电缆则采用呈梯步锥面形状的近似锥面，在靠近导体处的锥面应比较平坦，靠近本体绝缘处锥面比较陡一些，剥切绝缘梯步不可切伤不应剥除的电缆纸，更不应切伤导体。

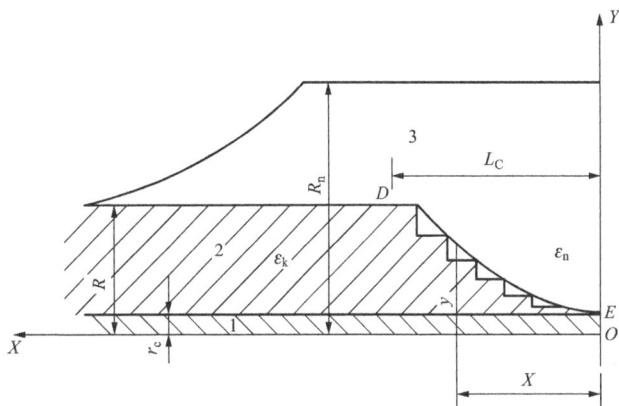

图 GYDL00101008-4　反应力锥电气计算说明图

R—电缆本体绝缘半径；L_C—反应力锥锥面沿电缆轴向长度；
R_n—增绕绝缘半径；r_c—导体半径；E—应力锥表面轴向场强

二、参数法

1. 高介电常数材料的应用

随着高分子材料的发展，不仅可以用形状来解决电缆绝缘屏蔽层切断点电场集中分布的问题，还可以采用提高周围媒质的介电常数解决绝缘屏蔽层切断点电场集中分布的问题。

10～35kV 交联聚乙烯电缆终端，可用高介电常数材料制成的应力管代替应力锥，从而简化了现场安装工艺，并缩小了终端外形尺寸。

根据《额定电压 26/35kV 及以下电力电缆户内型、户外型热收缩式终端》（JB 7829—1995）以及《额定电压 26/35kV 及以下电力电缆直通型热收缩式接头》（JB 7830—1995）对热缩应力控制管的要求，应力控制管的介电常数应大于 20，体积电阻率在 $10^5 \sim 10^7 \Omega \cdot m$ 范围内。

应力控制管的应用，要兼顾应力控制和体积电阻两项技术要求。虽然在理论上介电常数越高越好，但是介电常数过大引起的电容电流也会产生热量，会促使应力控制管老化。所以推荐介电常数取 25～30，体积电阻率控制在 $10^6 \sim 10^8 \Omega \cdot m$。

2. 非线性电阻材料的应用

非线性电阻材料（FSD）是近期发展起来的一种新型材料，用于解决电缆绝缘屏蔽层切断点电场集中分布的问题。非线性电阻材料具有对不同的电压有变化电阻值的特性。当电压很低的时候，呈现出较大的电阻性能；当电压很高的时候，呈现较小的电阻。

采用非线性电阻材料能够生产出较短的应力控制管，从而解决电缆采用高介电常数应力控制管终端无法适用于小型开关柜的问题。

采用非线性电阻材料可以制成应力控制管，亦可制成非线性电阻片（应力控制片），直接绕包在

电缆绝缘屏蔽切断点上，缓解该点的应力集中问题。

【思考与练习】

1. 简述什么是应力锥。

2. 简述什么是反应力锥。

3. 改善电场的常用方法有哪些？

模块 9　电缆主要电气参数及计算（GYDL00101009）

【模块描述】本模块包含电力电缆的一次主要电气参数及计算。通过对概念解释、要点讲解和示例介绍，掌握电缆线芯电阻、电感、电容等一次主要电气参数的简单计算。

【正文】

电缆的电气参数分为一次参数和二次参数，一次参数主要包括线芯的直流电阻、有效电阻（交流电阻）、电感、绝缘电阻和工作电容等参数。二次参数则是指电缆的波阻抗、衰减常数、相移常数。二次参数是由一次参数计算而得的。这些参数决定电缆的传输能力。本节主要介绍一次参数。

一、电缆线芯电阻

1. 直流电阻

单位长度电缆线芯的直流电阻用式（GYDL00101009-1）表示

$$R' = \frac{\rho_{20}}{A}[1 + \alpha(\theta - 20)]k_1 k_2 k_3 k_4 k_5 \qquad \text{（GYDL00101009-1）}$$

式中　R'——单位长度线芯 θ℃下的直流电阻，Ω/m；

　　　　A——线芯截面积，mm^2；

　　　　ρ_{20}——线芯在 20℃时材料的电阻率，其中，标准软铜 $\rho_{20} = 0.017\,241 \times 10^{-6}\Omega \cdot \text{m}$，标准硬铝 $\rho_{20} = 0.028\,64 \times 10^{-6}\Omega \cdot \text{m}$；

　　　　α——线芯电阻温度系数，其中，标准软铜 $\alpha = 0.003\,93/℃$，标准硬铝 $\alpha = 0.004\,03/℃$；

　　　　θ——线芯工作温度，℃；

　　　　k_1——单根导体加工过程引起金属电阻率增加的系数，按 JB 647—77、JB 648—77 规定：铜导体直径 $d \leqslant 1.0\text{mm}$，$k_1 < 0.017\,48 \times 10^{-6}\Omega \cdot \text{m}$，$d > 1.0\text{mm}$，$k_1 < 0.017\,9 \times 10^{-6}\Omega \cdot \text{m}$；铝导体 $k_1 < 0.029\,0 \times 10^{-6}\Omega \cdot \text{m}$；

　　　　k_2——绞合电缆时，使单线长度增加的系数，其中，固定敷设电缆紧压多根绞合线芯 $k_2 = 1.02$（200mm² 以下）～1.03（250mm² 以上），不紧压绞合线芯或软电缆线芯 $k_2 = 1.03$（4 层以下）～1.04（5 层以上）；

　　　　k_3——紧压过程引入系数，$k_3 \approx 1.01$；

　　　　k_4——成缆引入系数，$k_4 \approx 1.01$；

　　　　k_5——公差引入系数，对于非紧压型，$k_5 = [d/(d-e)]^2$（d 为导体直径，e 为公差），对于紧压型，$k_5 \approx 1.01$。

2. 交流有效电阻

在交流电压下，线芯电阻将由于集肤效应、邻近效应而增大，这种情况下的电阻称为有效电阻或交流电阻。

电缆线芯的有效电阻的计算，国内一般均采用 IEC—287 推荐的公式，即

$$R = R'(1 + Y_s + Y_p) \qquad \text{（GYDL00101009-2）}$$

式中　R——最高工作温度下交流有效电阻，Ω/m；

　　　　R'——最高工作温度下直流电阻，Ω/m；

　　　　Y_s——集肤效应系数；

　　　　Y_p——邻近效应系数。

如果 R' 取 20℃时线芯的直流电阻，式（GYDL00101009-2）可改写为

$$R = R'_{20}k_1k_2 \qquad\text{（GYDL00101009-3）}$$

式中　k_1——最高允许温度时直流电阻与20℃时直流电阻之比；

　　　k_2——最高允许温度下交流电阻与直流电阻之比。

根据IEC—287推荐计算Y_p和Y_s的公式，计算集肤效应和邻近效应，即

$$Y_s = X_s^4 / (192 + 0.8X_s^4) \qquad\text{（GYDL00101009-4）}$$

其中

$$X_s^4 = (8\pi f / R' \times 10^{-7} k_s)^2$$

$$Y_p = X_p^4 / (192 + 0.8X_p^4)(D_c/S)^2 \{0.312(D_c/S)^2 + 1.18/[X_p^4/(192 + 0.8X_p^4) + 0.27]\} \qquad\text{（GYDL00101009-5）}$$

其中

$$X_p^4 = (8\pi f / R' \times 10^{-7} k_p)^2$$

式中　X_s^4——集肤效应中频率与导体结构影响作用；

　　　X_p^4——邻近效应中导体相互间产生的交变磁场影响作用；

　　　f——频率，50Hz；

　　　R'——单位长度线芯直流电阻，Ω/m；

　　　D_c——导体外径，mm；

　　　S——导体中心轴间距离，mm；

　　　k_s——导体的结构常数，分割导体$k_s = 0.435$，其他导体$k_s = 1.0$；

　　　k_p——导体的结构系数，分割导体$k_p = 0.37$，其他导体$k_p = 0.8 \sim 1.0$。

对于使用磁性材料制作的铠装或护套电缆，Y_p和Y_s应比计算值大70%，即

$$R = R'[1 + 1.17(Y_p + Y_s)] \quad (\Omega/m) \qquad\text{（GYDL00101009-6）}$$

二、电缆电感

中低压电缆均为三相屏蔽型，而高压电缆多为单芯电缆。电缆每一相的磁通分为线芯内部和外部两部分，由此而产生内感和外感。而电缆每相电感应为互感（L_e）和自感（L_i）之和。

1. 自感

设线芯电流均匀分布，距线芯中心x处任一点的磁场强度为

$$H_i = \frac{I}{2\pi x} \frac{x^2}{(D_c/2)^2}$$

式中　I——线芯电流；

　　　D_c——线芯直径。

在线芯x处，厚度为dx，长度为L的圆柱体内储能为

$$dW = L\mu_0 I^2 x^3 dx / [4\pi(D_c/2)^4]$$

总储能量为

$$W = \int_0^{D_c/2} dW = \int_0^{D_c/2} \frac{L\mu_0 I^2 x^3 dx}{4\pi(D_c/2)^4} = \frac{\mu_0 I^2 L}{16\pi}$$

则单位长度线芯自感

$$L_i = 2W/(I^2 L) = \mu_0/(8\pi) = 0.5 \times 10^{-7} \quad (H/m) \qquad\text{（GYDL00101009-7）}$$

而一般计算取$L_i = 0.5 \times 10^{-7} H/m$，误差不大。

2. 中低压三相电缆电感

中低压三相电缆三芯排列为品字形。

根据理论计算

$$M_{12} = M_{21} = M_{13} = M_{31} = M_{23} = M_{32} = M = 2\ln(1/S) \times 10^{-7} \quad (H/m)$$

$$L_{11} = L_{22} = L_{33} = L_i + 2\ln[1/(D_c/2)] \times 10^{-7} \quad (H/m)$$

式中　M_{12}、M_{21}、M_{13}、M_{31}、M_{23}、M_{32}——互感；

　　　L_{11}、L_{22}、L_{33}——各相自感。

根据电磁场理论，各相工作电感为

$$L_1 = L_2 = L_3 = L = \frac{M(I_2 + I_3) + L_{11}I_1}{I_1} = \frac{M(-I_1) + L_{11}I_1}{I_1} = L_{11} - M$$

$$L = L_i + 2\ln(2S/D_c) \times 10^{-7} \quad (\text{H/m}) \qquad （GYDL00101009-8）$$

式中　S——线芯间距离，m；

　　　D_c——导线直径，m。

3. 高压及单芯敷设电缆电感

对于高压电缆，一般为单芯电缆，若敷设在同一平面内（A、B、C 三相从左至右排列，B 相居中，线芯中心距为 S），三相电路所形成的电感根据电磁理论计算如下：

对于中间 B 相

$$M_{12} = M_{32} = 2\ln(1/S) \times 10^{-7} \quad （\text{H/m}）$$

$$L_{22} = L_i + 2\ln[1/(D_c/2)] \times 10^{-7} \quad （\text{H/m}）$$

$$L_2 = [M_{12}(-I_2) + L_{22}I_2]/I_2 = L_{22} - M_{12} = L_i + 2\ln(2S/D_c) \times 10^{-7} \quad （\text{H/m}） \qquad （GYDL00101009-9）$$

对于 A 相

$$M_{21} = 2\ln(1/S) \times 10^{-7} \quad （\text{H/m}）$$

$$M_{31} = 2\ln(1/2S) \times 10^{-7} \quad （\text{H/m}）$$

$$L_{11} = L_i + 2\ln[1/(D_c/2)] \times 10^{-7} \quad （\text{H/m}）$$

$$L_1 = L_{11} + [M_{21}(I_2 + I_3) - M_{21}I_3 + M_{31}I_3]/I_i = L_i + 2\ln\frac{2S}{D_c} \times 10^{-7} - \alpha(2\ln 2) \times 10^{-7} \quad （\text{H/m}）$$

$$（GYDL00101009-10）$$

对于 C 相

$$L_3 = L_i + 2\ln(2S/D_c) \times 10^{-7} - \alpha^2(2\ln 2) \times 10^{-7} \quad （\text{H/m}） \qquad （GYDL00101009-11）$$

式中

$$\alpha = (-1 + j\sqrt{3})/2$$

$$\alpha^2 = (-1 - j\sqrt{3})/2$$

实际运行中，可近似认为

$$L_1 = L_2 = L_3 = L_i + 2\ln(2S/D_c) \times 10^{-7} \quad （\text{H/m}） \qquad （GYDL00101009-12）$$

同时，经过交叉换位后，可采用三段电缆电感的平均值，即

$$L = (L_1 + L_2 + L_3)/3$$

$$= L_i + 2\ln[2(S_1 S_2 S_3)]^{1/3}/D_c \times 10^{-7} \qquad （GYDL00101009-13）$$

$$= L_i + 2\ln(2 \times 2^{1/3} S/D_c) \times 10^{-7} \quad （\text{H/m}）$$

对于多根电缆并列敷设，如果两电缆间距大于相间距离，可以忽略两电缆相互影响。

三、电缆电容

电缆电容是电缆线路中特有的一个重要参数，它决定着线路的输送容量。在超高压电缆线路中，电容电流可达到电缆的额定电流值，因此高压单芯电缆必须采取交叉互联以抵消电容电流和感应电压。同时，当设计一条电缆线路时，必须确定线路的工作电容。

在距电缆中心 X 处取厚度为 dX 的绝缘层，单位长度电容为

$$\Delta C = 2\pi\varepsilon_0\varepsilon X/dX$$

$$\frac{1}{C} = \int_{D_i/2}^{D_c/2} \frac{dX}{2\pi\varepsilon_0\varepsilon X} = \frac{1}{2}\pi\varepsilon_0\varepsilon \ln(D_i/D_c)$$

即单位长度电缆电容

$$C = 2\pi\varepsilon_0\varepsilon / \ln(D_i/D_c) \qquad （GYDL00101009-14）$$

$$\varepsilon_0 = 8.86 \times 10^{-12} \ (\text{F/m})$$

式中　D_c——线芯直径；

　　　D_i——绝缘外径；

　　　ε——绝缘介质相对介电常数。

【例 GYDL00101009-1】 一条型号 YJLW02-64/110-1X630 电缆，长度为 2300m，导体外径 $D_c=$ 30mm，绝缘外径 $D_i=65$mm，线芯在 20℃时导体电阻率 $\rho_{20}=0.017\ 241\times10^{-6}\Omega\cdot m$，线芯温度为 90℃，线芯电阻温度系数 $\alpha=0.003\ 93$/℃，$k_1k_2k_3k_4k_5\approx1$，电缆间距 100mm，真空介电常数 $\varepsilon_0=8.86\times10^{-12}$F/m，绝缘介质相对介电常数 $\varepsilon=2.5$。计算该电缆的直流电阻，交流电阻、电容。

计算如下：

（1）直流电阻。

由公式
$$R' = \frac{\rho_{20}}{A}[1+\alpha(\theta-20)]k_1k_2k_3k_4k_5$$

得到单位长度直流电阻　$R'=0.017\ 241\times10^{-6}\times[1+0.003\ 93\times(90-20)]/(630\times10^{-6})$
$$=0.348\ 9\times10^{-4}\ (\Omega/m)$$

该电缆总电阻为　　　　　$R=0.348\ 9\times10^{-4}\times2300=0.080\ 25\ (\Omega)$

（2）交流电阻。

由公式　　　　　$X_s^4=(8\pi f/R'\times10^{-7}k_s)^2$，　$Y_s=X_s^4/(192+0.8X_s^4)$

得　　　　　　$X_s^4=(8\times3.14\times50/0.348\ 9\times10^{-4})^2\times10^{-14}=12.96$

$$Y_s=X_s^4/(192+0.8X_s^4)=12.96/(192+0.8\times12.96)=0.064$$

由公式　　　　　　　　$X_p^4=(8\pi f/R'\times10^{-7}k_p)^2$

得到　　　　　$X_p^4=[8\times3.14\times50/(0.348\ 9\times10^{-4})]^2\times10^{-14}=12.96$

$$Y_p=\left(\frac{X_p^4}{192+0.8X_p^4}\right)\left(\frac{D_c}{S}\right)^2\left[0.312\left(\frac{D_c}{S}\right)^2+\frac{1.18}{\frac{X_p^4}{192+0.8X_p^4}+0.27}\right]$$

$$=\left(\frac{12.96}{192+0.8\times12.96}\right)\left(\frac{30}{100}\right)^2\left[0.312\left(\frac{D_c}{S}\right)^2+\frac{1.18}{\frac{12.96}{192+0.8\times12.96}+0.27}\right]=0.02$$

单位长度交流电阻 $R=R'(1+Y_s+Y_p)=0.348\ 9\times10^{-4}\times(1+0.064+0.02)=0.378\times10^{-4}\ (\Omega/m)$

该电缆交流电阻　　　　$R_z=0.378\times10^{-4}\times2300=0.869\ 9\ (\Omega)$

（3）电容。

由公式　　　　　　　　$C=2\pi\varepsilon_0\varepsilon/\ln(D_i/D_c)$

得到单位长度电容　$C_1=2\times3.14\times8.86\times10^{-12}\times2.5/\ln(65/30)=0.179\times10^{-6}\ (\text{F/m})$

该电缆总电容为　　　　$C=0.179\times10^{-6}\times2300=0.412\times10^{-3}\ (\text{F/m})$

【思考与练习】

1. 电缆的电气参数有哪些？

2. 电缆的有效电阻是怎样定义的？

第二章 电缆构筑物

模块 1 电缆保护管（GYDL00103001）

【模块描述】本模块介绍电缆保护管的作用、种类、技术要求和性能。通过概念介绍和要点讲解，了解电缆保护管的种类、型号及产品标记，掌握电缆保护管的技术要求、常用电缆保护管的性能及选用注意事项。

【正文】

电缆保护管是指电缆穿入其中后受到保护和发生故障后便于将电缆拉出更换用的管道。在电力电缆线路工程中，经常会遇到需要穿越公路、铁路或其他管线的地段，这就需要用到电缆保护管。在一些城市道路，为了充分利用走廊，往往采用排管敷设方式，这也要大量应用电缆保护管。

一、电缆保护管的种类

电缆保护管种类很多，常用的有玻璃纤维增强塑料管（以下简称玻璃钢管）、氯化聚氯乙烯及硬聚氯乙烯塑料管、氯化聚氯乙烯及硬聚氯乙烯塑料双壁波纹管、纤维水泥管等。从材料上讲，上述保护管分为塑料、纤维水泥和和混凝土；从结构上讲，分双壁波纹和实壁；从孔数上讲，分单孔和多孔。对玻璃纤维增强塑料管，按成型工艺可分为机械缠绕和手工缠绕两种。

1. 电缆保护管的型号

电缆保护管的型号用三层拼音符号（汉语拼音的第一个字母）表示，按顺序含义如下：

1）第一层符号为字冠，统一用 D 表示电缆用保护管。

2）第二层符号表示保护管的类型，分别用 B、S、X、H 等表示。其中 B 表示玻璃钢，S 表示塑料，X 表示纤维水泥。

3）第三层符号表示保护管的结构形式或成型工艺。实壁结构的符号缺省，双壁波纹结构的符号用 S 表示。对玻璃纤维增强塑料保护管，机械缠绕成型的用 J 或 JJ（JJ 特指夹砂）表示，手工缠绕成型的用 S 表示。

2. 电缆保护管的规格

电缆保护管的规格用"公称内径×公称壁厚×公称长度—孔数 产品等级"表示，保护管的公称内径统一分为 7 个系列，具体规定见相应的产品标准。

3. 产品的标记

产品的标记由型号、规格、原材料类型、标准编号组成，编号规则如下：

D	×	×	规格	原材料类型	标准编号

保护管的原材料类型：氯化聚氯乙烯塑料用 CPVC 表示；硬聚氯乙烯塑料用 UPVC 表示；玻璃纤维增强塑料管，用 E 表示无碱玻璃纤维，C 表示中碱玻璃纤维；纤维水泥和混凝土保护管原材料类型符号缺省。标记示例如下：

型号 DBJ 200×8×4000 —1 SN25 E （DL/T 802.2—2007），表示采用机械缠绕成型工艺生产的公称内径为 200mm，公称壁厚为 8mm，公称长度为 4000mm，环刚度等级为 SN25 的无碱玻璃纤维增强塑料管。

二、电缆保护管的技术要求

电缆保护管的作用是保护电缆，其总体技术要求是：电缆保护管的内径满足电缆敷设的要求，一般不小于 1.5 倍电缆外径且不小于 100mm；要有足够的机械强度，满足实际工程敷设条件要求；要有良好的耐热性能，要保证电力电缆正常运行和短路情况下电缆保护管的变形在可接受的范围内；要有光滑的内表面，保证电缆敷设时有较小的摩擦力并不至于损伤电缆外护层；要有良好的抗渗密封性能。

电缆保护管的通用技术要求有以下几个方面：

1. 外观、尺寸

保护管的外观颜色应均匀一致，氯化聚氯乙烯及硬聚氯乙烯塑料电缆保护管在颜色上应有明显区别，其他保护管采用材料本身颜色，用户有特殊要求的除外。保护管外观质量应符合相应产品标准要求。保护管的公称长度以有效长度表示，为插口端部到承口底部的距离。氯化聚氯乙烯及硬聚氯乙烯塑料电缆保护管的公称长度为6m，玻璃钢管公称长度为4、6m，纤维水泥管公称长度为2、3、4m，公称长度也可以由供需双方商定。

保护管的公称内径、承口内径允许偏差与承口最小深度、公称壁厚允许偏差应符合《电力电缆用导管技术条件》（DL/T 802.1～6—2007）的要求。

2. 保护管的连接方式

纤维水泥管采用套管套接，其他保护管采用承插式连接（见图 GYDL00103001-1），采用承插式连接或套管连接的保护管，其接头均应采用橡胶弹性密封圈密封连接，橡胶弹性密封圈的性能应符合《橡胶密封件 给、排水管及污水管道用接口密封圈 材料规范》（HG/T 3091—2000）的要求。

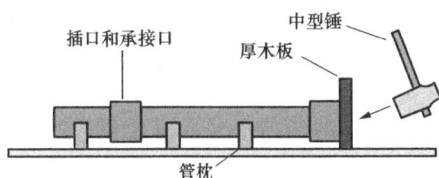

图 GYDL00103001-1 承插式连接方式

3. 电缆保护管试验要求

电缆保护管试验要求见表 GYDL00103001-1。

表 GYDL00103001-1　　　　　　　　　　　电缆保护管试验要求

项　目		单位	玻璃钢管	塑料管（C-PVC管、UPVC管）	纤维水泥管
外　观			★	★	★
尺　寸		mm	★	★	★
结构与材料性能	混凝土强度	MPa			★混凝土管
	管体破坏弯矩	MPa			★混凝土管
	剪切破坏荷载	kN			★混凝土管
	外压破坏荷载	kN			★
	套管外压强度	MPa			★纤维水泥管
	抗折荷载	kN			★纤维水泥管
	环刚度	kPa	★	★	
	压扁试验		★	★	
	拉伸强度	MPa	★		
	弯曲强度、浸水后弯曲强度	MPa	★		
	巴氏硬度		★		
	碱金属氧化物含量	%	★		
	密度	g/cm³		★	
	吸水率	%			★纤维水泥管
	抗冻性				★纤维水泥管
抗渗密封性能	抗渗性能				★纤维水泥管
	接头密封性能		★	★	★
冲击性能	落锤冲击		★	★	
负荷变形性能	负荷变形温度	℃	★		
	维卡软化温度	℃		★	
	纵向回缩率	%		★实壁结构保护管	
	烘箱试验			★双壁结构保护管	

注　★表示进行试验。

电缆保护管除满足上述试验要求外，还应满足其他非通用要求，如耐化学介质、导热、阻燃等。

三、常用电缆保护管性能及选用注意事项

（一）玻璃钢管

1. 玻璃钢管的特点

玻璃钢管的全称是玻璃纤维增强塑料电缆保护管。它是以热固性树脂为基体，以玻璃纤维无捻粗纱及其制品为增强材料，采用手工缠绕和机械缠绕等工艺制成的管道。由于玻璃钢管具有强度高，重量轻，内外光滑，安装使用方便，耐电腐蚀，高绝缘，耐酸、碱、盐各种介质的腐蚀，耐水，耐热，耐高温、低温，耐老化等优点，近年来被电力系统大量使用，是目前电缆工程使用最多的管材之一。

2. 玻璃钢管选用注意事项

要注意选择合适的原材料和制造工艺。基体材料为不饱和聚酯树脂，其性能应符合《纤维增强塑料用液体不饱和聚酯树脂》（GB/T 8237—2005）的规定。增强材料宜使用无碱成分的玻璃纤维无捻粗纱或玻璃纤维无捻粗纱布，严禁使用陶土钢锅生产的含有高碱成分的玻璃纤维无捻粗纱或玻璃纤维无捻粗纱布作增强材料。因为高碱玻璃丝纤维在高温高湿环境下会吸潮返卤，从而使电缆保护管在短时间内机械性能和其他性能急剧恶化。试验表明，用高碱玻璃丝纤维生产出的玻璃钢管，在埋入地下 1 年后，其机械性能下降 40% 以上，根本起不到保护电缆的作用。保护管中允许掺加少许石英砂、氢氧化铝、碳酸钙等无机非金属颗粒材料为填料，填料的成分含量应不小于 95%，含湿量应不大于 0.2%。应尽量选用机械缠绕工艺生产的玻璃钢管，以提高质量稳定性。

（二）PVC 管

聚氯乙烯管也是电缆线路工程常用管材之一。根据选用的材料不同，可分为氯化聚氯乙烯管（简称 CPVC 管）和硬聚氯乙烯管（简称 UPVC 管）；根据结构不同，可分为实壁管和双壁波纹管。

下面以实壁保护管为例进行介绍。

1. PVC 管的主要技术要求

（1）原材料方面的要求。

1）电缆用 CPVC 管所用原材料应以氯化聚氯乙烯树脂和聚氯乙烯树脂为主，加入有利于提高保护管力学及加工性能的添加剂，添加剂应分散均匀，混合料中不允许加入增塑剂。其中氯化聚氯乙烯树脂中的氯含量应不低于 67%（质量百分比），允许掺加不大于 5% 的清洁回收料。

2）电缆用 UPVC 管所用原材料应以聚氯乙烯树脂为主，加入有利于提高保护管力学及加工性能的添加剂，添加剂应分散均匀，混合料中不允许加入增塑剂。允许掺加不大于 5% 的清洁回收料。

（2）PVC 管主要性能指标要求。

1）外观质量。保护管颜色应均匀一致，保护管内、外壁不允许有气泡、裂口和明显痕纹、凹陷、杂质、分解变色线以及颜色不均匀等缺陷；保护管内壁应光滑、平整；保护管端面应切割平整并与轴线垂直；插口端外壁加工时允许有不大于 1° 的脱模斜度，且不得有挠曲现象。

2）保护管的尺寸偏差满足《电力电缆用导管技术条件　第 1 部分　总则》（DL/T 802.1—2007）的要求。

3）保护管的技术性能符合表 GYDL00103001-2 的规定。

表 GYDL00103001-2　　　　　　　　　保 护 管 技 术 性 能

项　　目		单位	CPVC 管	UPVC 管
密度		g/cm³	1.45～1.65	1.40
环刚度	常温	kPa	≥10	≥8
	80℃		—	—
压扁试验			加荷至试样垂直方向变形量为原内径 30% 时，试样不应出现裂缝或破裂	
落锤冲击			0℃ 下能经受 1kg 重锤、2m 高度的冲击力	—
维卡软化温度		℃	≥93	≥80
纵向回缩率		%	≤5	
接头密封性能*			0.10MPa 水压下保持 15min，接头不应渗水、漏水	

* 用户有要求时进行。

2．PVC管选用注意事项

PVC管本身环刚度、抗压强度、耐热性能有一定的局限性，因此选用PVC管做电缆保护管时，一定要注意根据保护管敷设的位置、承受的压力等实际情况而采用不同的保护形式。如在城市绿化带等没有受压的地段，可选用PVC管直接回填沙土的埋设方式；而电缆埋设位置在车行道下时，一般不选用PVC管，若不得已选用PVC管，则必须用钢筋混凝土保护，把PVC管当作衬管用，由钢筋混凝土承受压力。

（三）纤维水泥管

纤维水泥电缆保护管是以维纶纤维、海泡石和高标号水泥为主要原材料，经抄取、喷涂、固化等工艺过程制成的管道，它具有摩擦因数低、抗折强度高、热阻系数小、耐腐蚀等优点，可以埋在不同级别的道路中使用，为地下电缆在意外情况下免受外力破坏提供保障。

1．纤维水泥管的种类和特点

（1）海泡石纤维水泥管的特点。

1）海泡石纤维水泥管内壁一般要进行喷涂，使产品内壁具有较低的摩擦因数；涂层渗透于产品本体，经过高压水冲洗、长期浸泡内壁涂层不脱落，施工过程中不易粘结水泥、泥浆等杂物；可以用钢丝刷清理表面，不影响产品的内壁质量；摩擦因数低于0.3，有利于电缆长距离敷设，不会损伤电缆。

2）能承受较高的外压荷载。产品的原料为高强度纤维和高性能水泥，产品的结构密实度高、吸水率低，其外压荷载指标明显高于一般产品。根据管体在地下承受的荷载，将产品分为A、B、C三类，用户可依据埋设电缆管的位置选择：

A类管：适用于混凝土包封或直埋在人行道下；

B类管：适用于（汽—20级）车行道；

C类管：适用于（汽—超20级）车行道中直埋，可替代钢管。

3）具有耐热性能，在300℃下结构不破坏，不存在软化、收缩、变形现象，是一种防火材料，即使因其他原因造成火灾，管线也不会遭到破坏，可继续穿装电缆。具有良好的散热性能，热阻系数小于1.0MΩ·K/W，接近于电缆直埋于地下的散热效果，有利于降低电缆运行环境温度，提高载流量。产品为非磁性材料，通过单芯电缆时不会产生涡流。还具有耐腐蚀、不老化等特点，不会受到地下杂散电流及酸、碱、盐、有机物等地下介质的侵蚀，更不会老化，在潮湿环境下强度会进一步提高，可以长期埋在地下作为永久性电缆工程通道，使用寿命可达百年以上。

（2）维纶水泥电缆管。维纶水泥电缆管是以维纶纤维和高标号水泥为主要原材料，经抄取法制成的轻质非金属管材。它具有摩擦因数低、抗折强度高、热阻系数小等优点，可以埋在不同级别的道路中使用，为地下电缆在意外情况下免受外力破坏提供保障。

管体的材质是高标号水泥、维纶纤维，水化的水泥和纤维共同凝结成坚硬的管体。埋在地下后，湿润的泥土能使管体的硬化过程继续进行，随着时间的延长，管体的强度与硬度也会逐步增长。管体能承受地下压力的变化，能承受地下污水或杂散电流的侵蚀，所以管体坚固，具有耐久性。

管体的材质具有良好的耐热性，能起到阻燃、防火的作用。管体的材质属于非金属，所以它不具有磁性，单芯电缆放在管内输电时不会产生涡流。

管体的抗折荷载达9000～30 000N；外压荷载达5000～20 000N。可以埋在不同级别的道路中敷设电缆，能承受汽车行驶、刹车时产生的冲击力。

管体的内壁复合润滑膜，摩擦因数小于0.35，能减少电缆外皮与管内壁的摩擦力，增加电缆的牵引长度。

管体的热阻系数小于1.0m·K/W，有利于管内电缆的散热，提高电缆的载流量。

管体与管体之间的连接采用套管和双齿型胶圈密封。同时，两管之间还有一定的调节角度，可使管线路径在铺设时有较好的适应性。

2．技术要求

（1）原材料。纤维水泥电缆保护管中所掺的纤维可以是海泡石、维纶纤维或对保护管性能及人体无害的其他纤维。水泥应符合《通用硅酸盐水泥》（GB 175—2007）要求，且强度等级应不低于42.5

级；不得使用掺有煤、炭粉做助磨剂及页岩、煤矸石、粉煤灰做混合材料的普通硅酸盐水泥。当用户要求保护管用于腐蚀性或硫酸盐含量高的土壤中时，也可用符合《抗硫酸盐硅酸盐水泥》（GB 748—2005）要求的、强度等级不低于 42.5 级的抗硫酸盐、硅酸盐水泥，或在保护管表面上做防腐处理。

（2）外观、尺寸。外观应符合表 GYDL00103001-3 的规定。

表 GYDL00103001-3 水泥管外观要求

未加工表面	伤痕、脱皮深度≤2mm，单处面积≤10cm²，总面积≤50cm²
内表面	内壁光滑，不得黏有凸起硬块，黏皮深度、凸起高度≤3mm
车削面	不得有伤痕、脱皮、起鳞
端面质量	端面与中心线垂直，不应有毛刺和起层

（3）技术性能。纤维水泥保护管的技术性能应符合表 GYDL00103001-4 的规定。

表 GYDL00103001-4 纤维水泥保护管的技术性能

序号	项 目		单位	指 标
1	力学性能 a)	抗折荷载	kN	承受表 GYDL00301001-2 规定的试验值而不发生破坏
2		保护管外压破坏荷载	kN	承受表 GYDL00301001-2 规定的试验值而不发生破坏
3		套管外压强度	MPa	承受表 GYDL00301001-2 规定的试验值而不发生破坏
4	抗渗性和接头密封性能 b)			在 0.10MPa 的水压下保持 15min，保护管外表面不应有渗水、泅湿或水斑；接头处不应渗水、漏水
5	保护管和套管的管壁吸水率		%	≤20
6	抗冻性			反复交替冻融 25 次，保护管与套管的外观不应出现龟裂、起层现象
7	耐酸、碱腐蚀 c)			耐酸腐蚀后其质量损失率应<6%，耐碱腐蚀后其质量应无损失

a）试验前，试样需在温度（20±5）℃的水中浸泡 48h；抗折荷载试验支距为 1000mm。

b）在用户有要求时进行。

c）埋设管道的土壤地质条件较特殊，用户对耐酸、碱腐蚀有要求时测定。

3. 纤维水泥管选用注意事项

纤维水泥管种类很多，不同种类适用于不同的敷设环境，因此具体选用时应根据工程实际情况区别对待。A 类管抗压性能较差，适用于混凝土包封敷设；B 类管适用于人行道和绿化带等非机动车道直埋敷设，也适用于有重载车辆通过的机动车道混凝土包封敷设；C 类管适用于有重载车辆通过路段（包括高速公路及一、二级公路）的直埋敷设。

【思考与练习】

1. 玻璃钢管、PVC 管分别适用于什么场合？

2. 电缆保护管的基本技术要求有哪些？

3. 电缆用玻璃钢管主要性能特点有哪些？

4. 电缆用 PVC 管主要性能特点有哪些？

模块 2 电缆构筑物（GYDL00103002）

【模块描述】本模块包含电缆沟、电缆排管、电缆工井、电缆隧道等电缆构筑物的功能、适用场合以及主要技术要求。通过概念介绍和要点讲解，掌握各种电缆构筑物的功能特点和主要技术要求。

【正文】

专供敷设电缆或安置附件的电缆沟、电缆排管、电缆隧道、电缆夹层、电缆竖井和工井等构筑物统称为电缆构筑物。电缆构筑物除要在电气上满足规程规定的距离外，还必须满足电缆敷设施工、安装固定、附件组装和投运后运行维护、检修试验的需要。

一、电缆沟

电缆沟由墙体、电缆沟盖板、电缆沟支架、接地装置、集水井等组成。电缆沟按其支架布置方式分为单侧支架电缆沟和双侧支架电缆沟，其结构分别如图 GYDL00103002-1 和图 GYDL00103002-2 所示。

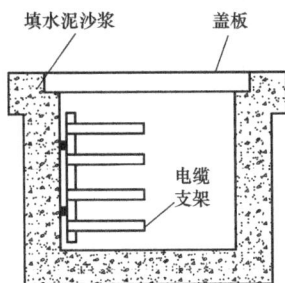

图 GYDL00103002-1　单侧支架电缆沟

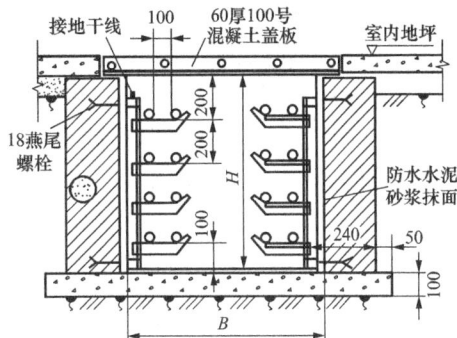

图 GYDL00103002-2　双侧支架电缆沟

电缆沟的墙体根据电缆沟所处位置和地质条件可以选用砖砌、条石、钢筋混凝土等材料。电缆沟盖板通常采用钢筋混凝土材料，在变电站内、车行道上等特殊区段，也可以采用玻璃钢纤维等复合材料电缆沟盖板，达到坚固耐用、美观的目的。电缆沟的支架通常采用镀锌角钢、不锈钢等金属材料。近年来，在地下水位高、易受腐蚀的南方地区，增强塑料、玻璃钢纤维等复合材料也用于制作电缆沟支架，以减少电缆沟的维护工作量。

在厂区、建筑物内地下电缆数量较多但不需采用隧道，或城镇人行道开挖不便且电缆需分期敷设时，宜采用电缆沟。但在有化学腐蚀液体或高温熔化金属溢流的场所，及在载重车辆频繁经过的地段，不得采用电缆沟。经常有工业水溢流、可燃粉尘弥漫的厂房内，也不宜采用电缆沟。

电缆沟深度应按远景规划敷设电缆根数决定，但沟深不宜大于 1.5m。净深小于 0.6m 的电缆沟，可把电缆敷设在沟底板上，不设支架和施工通道。电缆沟应能实现排水畅通，电缆沟的纵向排水坡度不宜小于 0.5%。沿排水方向，在标高最低部位宜设集水坑。电缆沟的支架布置应符合有关规程的要求，电缆支架应表面光滑无毛刺，满足所需的承载能力及防火防腐要求。金属性电缆沟支架应全线连通并接地。接地焊接部位连接应可靠，焊接点经过防腐蚀处理。接地应符合《电气装置安装工程　接地装置施工及验收规范》（GB 50169—2006）的要求。

二、电缆排管

电缆排管是把电缆导管用一定的结构方式组合在一起，再用水泥浇注成一个整体，用于敷设电缆的一种专用电缆构筑物。其典型结构如图 GYDL00103002-3 所示。

电缆排管敷设具有占地小、走廊利用率高、安全可靠、对走廊路径要求较低（可建设在道路主车道、人行道、绿化带上）、一次建设电缆可分期敷设等优点，因此，在城市电缆线路建设上常常使用。但是，电缆在排管内敷设、维修和更换比较困难，电缆接头集中在接头工井内，因空间较小，施工困难。由于电缆排管埋设较深，

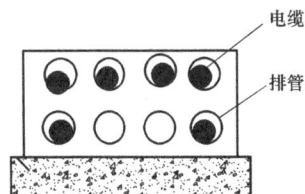

图 GYDL00103002-3　电缆排管断面图

在地下水位较高的地区，工井内积水往往难以排除，造成电缆长期泡水运行，对电缆安全运行和正常维护检修十分不利。因此，选择采用电缆排管敷设时，应根据实际工程需要进行设计。

电缆排管所需孔数，除按电网规划确定敷设电缆根数外，还需有适当备用孔供更新电缆用。排管顶部土壤覆盖深度不宜小于 0.5m，且与电缆、管道（沟）及其他构筑物的交叉距离应满足有关规程的要求。排管材料的选择应满足所在环境的要求和电气要求，特别注意当排管内敷设的是单芯电缆时，应选用非铁磁性管材。排管管径应不小于 1.5 倍电缆外径。排管通过地基稳定地段，如管子能承受土压和地面动负载，可在管子连接处用钢筋混凝土或支座做局部加固。通过地基不稳定地段的排管，必须在两工井之间用钢筋混凝土做全线加固。

电缆排管中的工井间距，应按将来需要敷设的电缆允许牵引力和允许侧压力计算确定，且应根据

工程实际需要进行调整。工井长度应根据敷设在同一工井内最长的电缆接头以及能吸收来自排管内电缆的热伸缩量所需的伸缩弧尺寸决定，且伸缩弧的尺寸应满足电缆在寿命周期内电缆金属护套不出现疲劳现象。工井净宽应根据安装在同一工井内直径最大的电缆接头和接头数量以及施工机具安置所需空间设计。工井净高应根据接头数量和接头之间净距离不小于 100mm 设计，且净高不宜小于 1.9m。每座封闭式工井的顶板应设置直径不小于 700mm 人孔两个。工井的底板应设有集水坑，向集水坑泄水坡度不应小于 0.3%。工井内的两侧除需预埋供安装用立柱支架等铁件外，在顶板和底板以及与排管接口部位，还需预埋供吊装电缆用的吊环及供电缆敷设施工所需的拉环。安装在工井内的金属构件皆应用镀锌扁钢与接地装置连接。每座工井应设接地装置，接地电阻不应大于 10Ω。在 10% 以上的斜坡排管中，应在标高较高一端的工井内设置防止电缆因热伸缩而滑落的构件。

图 GYDL00103002-4　电缆隧道

三、电缆隧道

容纳电缆数量较多，有供安装和巡视的通道，有通风、排水、照明等附属设施的电缆构筑物称为电缆隧道，如图 GYDL00103002-4 所示。电缆隧道敷设方式具有安全可靠、运行维护检修方便、电缆线路输送容量大等优点，因此在城市负荷密集区、市中心区及变电站进出线区经常采用电缆隧道敷设。

电缆隧道的路径选择、断面结构、功能要求应根据工程实际进行设计。

1. 电缆隧道的路径与位置

电缆隧道路径应符合城市规划管理部门道路地下管线统一规划原则，与各种管线和其他市政设施统一安排。电缆隧道路径选择应考虑安全、可行、维护便利及节省投资等因素。沿市政道路的电缆隧道进出口及通风亭等的设置应与周围环境相协调。

电缆隧道的路径选择，除应符合国家现行《电力工程电缆设计规范》（GB 50217—2007）、《城市电力电缆线路设计技术规定》（DL/T 5221—2005）等相关规定外，尚应根据城市道路网规划，与道路走向相结合，并应保证电缆隧道与城市其他市政公用工程管线间的安全距离。电缆隧道不宜与热力管道、燃气管道近距离平行建设。在靠近加油站建设时，电缆隧道外沿距三级加油站地下直埋式油罐的安全距离不应小于 5m，距离二级加油站地下直埋式油罐的安全距离不应小于 12m。

当电缆隧道位于机动车道或城市主干道下时，检查井不宜设在主路机动车道上。设置在绿化带下面时，在绿化带上所留的人孔出口处高度应高于绿化带地面，且不小于 300mm。

电缆隧道之间及其与建（构）筑物之间的最小水平净距应符合有关国家标准的规定。当受道路宽度、断面以及现状工程管线位置等因素限制难以满足要求时，可根据实际情况采取安全措施后减少其最小水平净距。一般来说，明开现浇电缆隧道覆土深度不应小于 2m，暗挖电缆隧道覆土深度应在 6～15m 之间。

2. 电缆隧道主要技术要求

独立电缆隧道长度在 500m 以内时，应在隧道一端设一个出入口；当隧道长度超过 500m 但在 1000m 以内时，应在隧道两端设两个出入口；电缆隧道长度超过 1000m 时，应在隧道两端以及中间每隔 1000m 适当位置设立出入口。电缆隧道出入口应设在变电站、电缆终端站以及市政规划道路人行步道或绿地内。出入口下方建电缆竖井，竖井内设旋转式楼梯或折梯供上下使用，电缆竖井内径不小于 φ5.3m，电缆竖井高度超过 3m 时，应每隔 3m 左右设休息平台。电缆隧道出入口位于变电站或终端站内时，出入口上方应建独立的出入及控制房。出入口位于市政规划路步道或绿地内时，电力竖井上端条件允许时应建出入控制房，条件不允许时也可建设隧道应急井。应急井出口不小于 2.0m×2.0m，应急井盖板与地面平齐且与周围环境相适应。应急井盖板应符合地面承载要求，密封良好不渗漏水，有良好的耐候性，且能方便开启。

电缆隧道三通、四通、转弯井以及两出入口中间直线段每 500m 位置处应设置电缆竖井，电缆竖井中，应有供人上下的活动空间，一般情况下电缆竖井内径不应小于 φ5.3m。电缆竖井高度未超过 3m

时，可设固定式爬梯且活动空间不应小于 800mm×800mm；电缆隧道竖井高度超过 3m 时，应设楼梯，暗挖隧道竖井内设置旋梯，明开电缆隧道竖井内设置折梯。且每隔 3m 左右设工作平台。电缆竖井内应安装电缆引上及固定爬件。

随输变电项目建设的电缆隧道，应根据电气设计，在适当位置设置接头井室；随新建市政规划道路建设的电缆隧道应适当预留接头井室。接头井室宽度应比隧道适当加大（一般应加大 800～1000mm），井室高度应比隧道适当加高（一般加高 300～500mm），井室长度和井室内空间尺寸应根据实际情况确定。接头井室内应设置灭火装置悬吊构件。

电缆隧道出入口以及隧道内应安装电源系统，电缆隧道内电源系统一般应满足以下要求：

（1）在电缆隧道出入口控制房或电缆隧道应急井内，安装防水防潮电源控制箱一台，作为电缆隧道照明和动力的总电源。

（2）控制箱应有可靠的漏电保安器，电源箱母线间设手动切投装置。

（3）由电源控制箱引出 2 路 220/380V 交流电源通过竖井引入隧道，并在隧道内通长敷设。动力电源和照明电源在电缆隧道出入口、接头井室、电缆竖井以及隧道内，每隔 250m 通风井处预留 1 个防水防潮耐腐蚀电源插座。

（4）每个电源控制箱的供电半径不大于 500m。电线选型满足最大负荷电流及末端电压降要求，末端电压降应不大于 10%。

（5）电源线在隧道内应通长敷设于防火槽（或管）内，防火槽（或管）宜固定在电缆隧道顶板上，应采用防水、防潮、阻燃线材。

隧道内应安装照明系统，照明灯具应选用防水防潮节能灯。采用吸顶安装，安装间距不大于 10m。照明应采用分段控制，分段间距一般为 250m。灯具同时开启一般不超过三段。

电缆隧道通风一般采取自然通风和机械通风相结合的原则。对于 10kV 配网电缆隧道，应以自然通风为主。自然通风的要求是：当电缆隧道长度超过 100m 但在 300m 以内时，应在隧道两端设立通风井及进风通风亭和出风通风亭各一座；隧道长度超过 300m 的，应在电缆隧道出入口、电力竖井及中间每隔 250m 适当位置设立通风井，在电缆隧道出入口、电力竖井、通风井上依次设立进风通风亭和出风通风亭，通风亭通风管应不小于 ϕ800mm。

对于 110kV 及以上主网电缆隧道，在自然通风的基础上应安装机械通风设备。当电缆隧道长度超过 100m 但在 300m 以内时，应在电缆隧道的一端出入口处通风亭内安装混流风机一台；当隧道长度超过 300m 时，应在电缆隧道出入口、竖井以及每隔 250m 通风井上的通风亭内依次安装功率不小于 4kW 进风混流风机和出风混流风机。电缆隧道内风速不小于 2m/s，隧道内换气不小于每小时 2 次。

电缆隧道内机械通风分区长度应根据计算确定。在每个电缆隧道出入口控制室或电缆隧道应急井内应安装向隧道左右两个方向的风机电源箱，由控制室或应急井内安装的电源控制箱内各引出两路 380V 交流电源至风机电源箱。风机电源箱应能控制一个通风分区内的风机的启动。

电缆隧道应设置有效排水系统。通常隧道纵向排水坡度不小于 0.5%，隧道底部设置泄水边沟，分段设置积水井和自动抽水装置。当积水井内水位达到设计高度时，自动抽水系统启动，将水排入市政管网，水位降低到设计水位之下后，水泵停止工作。

3. 电缆隧道的防火要求

电缆隧道的防火应根据工程实际需要具体设计。通常来说，电缆隧道每隔 200m 需要设置防火隔离，电缆隧道内的通信、照明、动力电缆均要求采用阻燃电缆或耐火电缆，并敷设在防火槽内。隧道内支架采用钢制支架。

电缆隧道可根据实际需要设置消防报警系统和自动灭火系统。消防报警系统通过分布式测温光纤、感温电缆测量隧道温度，通过烟感传感器探测隧道内烟雾浓度。当出现异常情况时，系统会发出声光、短信等报警信号，并启动或关闭通风系统，启动自动喷淋系统等。

电力隧道防火首先是杜绝火源。可以采用隧道井盖监控、视频监控等手段防止外来火源，通过加强对隧道内的电缆线路监测和检测，消除电缆自身故障引起的火源。其次是掌握现场的温度情况，及时消除隐患。通过安装光纤测温系统及时掌握设备及隧道内环境温度。最后是采取隔离方法自熄，可以采用阻燃电缆、绕包防火包带、设置防火隔离等措施。对于喷淋灭火系统、泡沫灭火系统、雾化灭火系统、气体灭火系统，由于安装、运行维护成本过大，设备有效期短等原因，应视实际工程需要选用。

【思考与练习】

1. 电缆沟支架有何要求？

2. 电缆排管工井设置有何要求？

3. 电缆隧道通风、防火有何要求？

第二部分

电气识、绘图

第三章 电力电缆专业识、绘图

模块1 电缆结构图（GYDL00505001）

【**模块描述**】本模块介绍各种电缆结构图的识、绘图基本知识。通过要点讲解、图形示例，熟悉各类不同电压等级、不同型号的常用电力电缆结构，掌握常用各类电力电缆结构图的绘制方法。

【**正文**】

一、概述

1. 电力电缆的结构

常用的电力电缆主要由导电线芯（多芯）、绝缘层和保护层三部分组成。其结构如图 GYDL00505001-1 所示。

2. 电力电缆结构图的特点

一般用纵向剖视图来表示电缆的基本结构，其概要地表示了电缆导电芯、绝缘层与保护层之间的位置、形状、尺寸及相互关系。

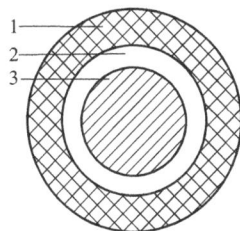

图 GYDL00505001-1 单芯交联聚乙烯电力电缆的基本结构绘制图

1—聚氯乙烯护套；2—交联聚乙烯绝缘层；
3—导电线芯

3. 电力电缆结构图的基本绘制

电力电缆结构图依据《电气简图用图形符号》（GB/T 4728—2006）的一般规定，按一定的比例、以一组分层同心圆来表示电缆的截面剖视。用粗实线绘制，并用指引线标识和文字具体说明图示结构。如图 GYDL00505001-2 和图 GYDL00505001-3 所示。

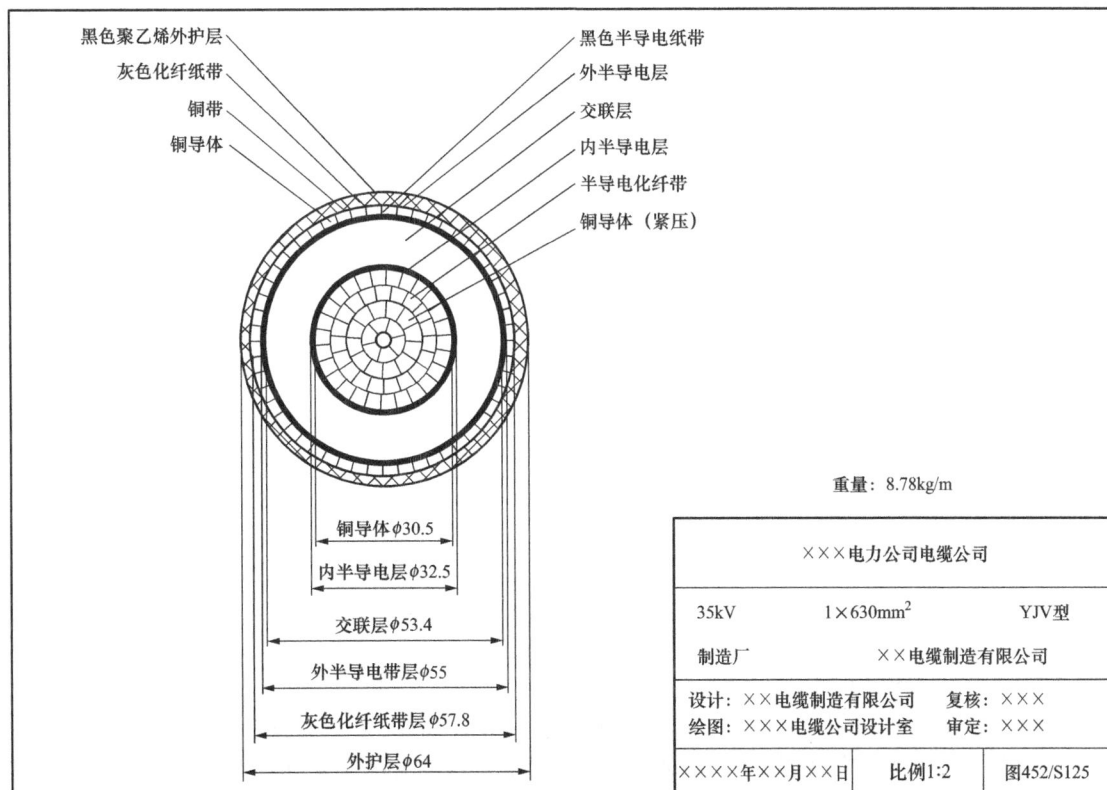

图 GYDL00505001-2 35kV 单芯交联聚乙烯电缆的结构绘制图

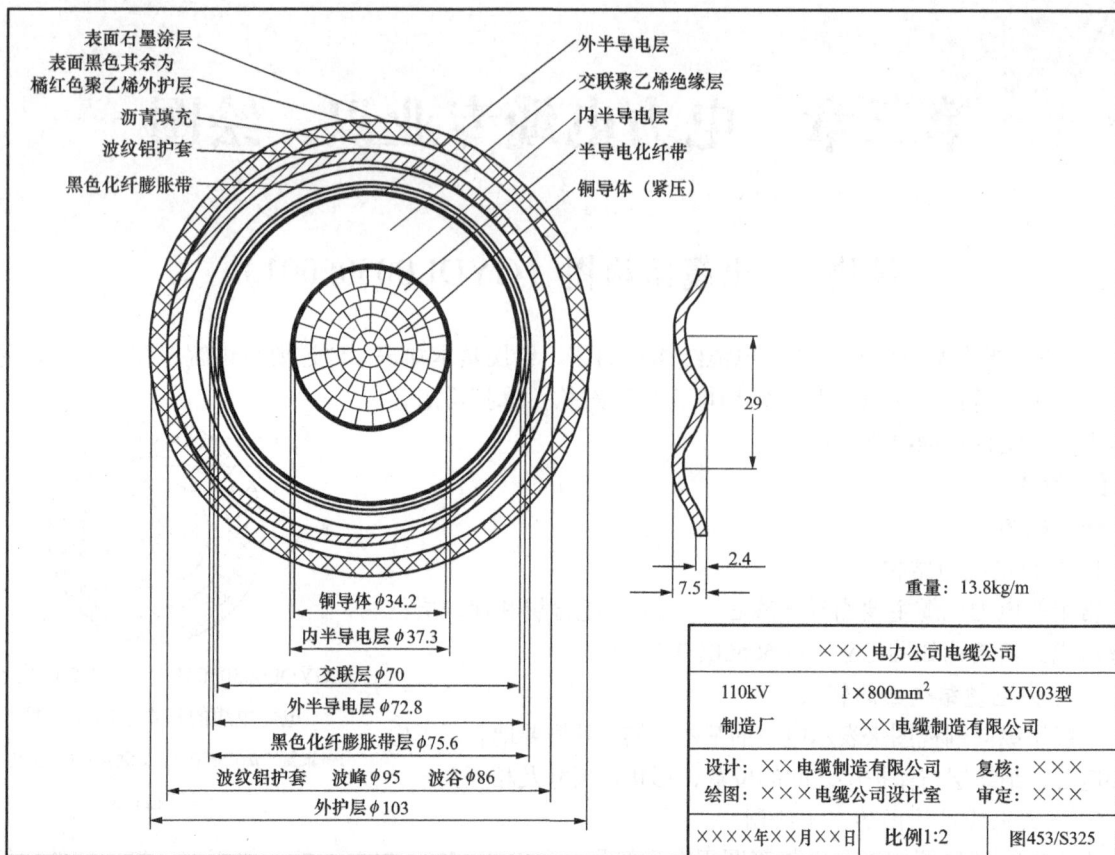

图 GYDL00505001-3　110kV 单芯交联聚乙烯电缆的结构绘制图

二、常用各类电力电缆结构图的绘制方法

（1）依据电力电缆实际结构进行测绘，设定一定比例，绘制出电缆纵向剖面的草图，按电气工程制图的基本规范标注尺寸。结构复杂、多层覆盖、纵向剖面图难以说明的结构，运用电缆的横向剥切图、纵向截面结构图来对应表示，并补充说明，如图 GYDL00505001-4 所示。

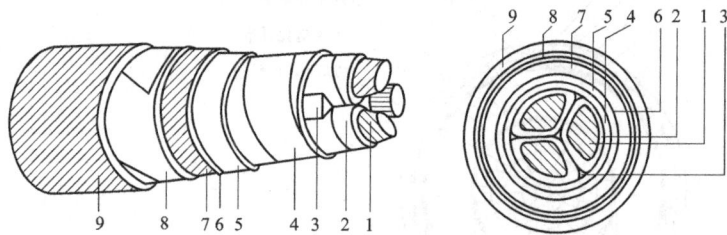

图 GYDL00505001-4　ZLQ21-10kV 黏性浸渍纸绝缘统包型电力电缆的构造特征示意图

1—铝导体；2—线芯绝缘；3—填料；4—统包绝缘；5—铅护套；6—沥青防腐层；

7—沥青黄麻层；8—钢带铠装；9—沥青外麻被层

（2）设定电力电缆结构图的绘制内容：

1）确定绘制比例；

2）确定纵向截面结构图、横向剥切图的布局；

3）同型同结构电缆的数据汇总表。

（3）参照电气工程制图标准 GB/T 4728—2006，以纵向截面为主体结构图来绘制：

1）以多层同心圆来绘制电缆的结构分布、绝缘构造，进行分层图析和示意；

2）以横向剥切图和表对应补充，使电缆结构诠释完整（也可省略）；

3）以特定图标、图色、剖面线、指引线、标线来表明电缆具体各层、各部分的结构特点并标注尺寸，使每一层次的内容用文字说明、要求简洁完整，图示正确。

（4）同型导体公称截面和绝缘层、屏蔽层、内外护套的厚度，中空油道、最大外径等，列写成数据表（栏）进行附注与说明，如图 GYDL00505001-5 所示。

（5）按图栏要求填写完整图号、电缆型号、名称、日期；设计、审校、批准者的签署、图样标记、比例等。

（6）电力电缆结构图绘制的其他细则与电气工程制图方法基本一致，不再详述。

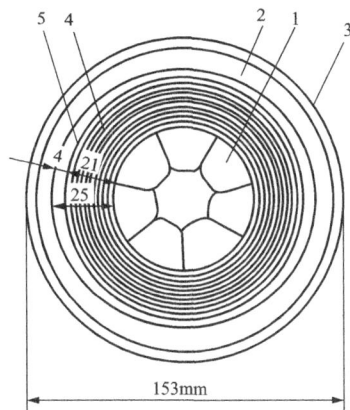

导　体					绝缘层厚度 （mm）	屏蔽层 厚度 （mm）	皱纹铝 护套厚度 （mm）	外护套 厚度 （mm）	最大外径 （mm）	概算质量 （kg/km）	概算油量 （L/km）
公称截面 （mm²）	中空油道		结构	外径 （mm）							
	内径 （mm）	螺旋管厚度 （mm）									
1000	18.0	0.8	6 分割紧压	44.0	34.0	0.25	2.9	6.0	145	28 300	6310
1200	18.0	0.8		47.4	33.0	0.25	3.0	6.0	147	30 500	6420
1400	18.0	0.8		50.5	33.0	0.25	3.0	6.0	150	33 000	6670
1600	18.0	0.8		53.5	33.0	0.25	3.1	6.0	154	35 600	6970
1800	18.0	0.8		56.3	33.0	0.25	3.1	6.0	157	38 200	7210
2000	18.0	0.8		59.1	33.0	0.25	3.2	6.0	160	40 800	7490
2500	18.0	0.8	7 分割紧压	68.0	纸塑复合绝缘25.0	0.3	3.0	6.0	153	47 000	5030

图 GYDL00505001-5　CYZLW03-500kV 单芯皱纹铝护套充油电缆结构示意图（附数据汇总表）

1—导体；2—皱纹铝护套；3—外护套；4—纸塑复合绝缘层；5—牛皮纸绝缘层

三、常用电力电缆结构图

1. YJV22-1kV 4 芯电力电缆结构断面示意图（见图 GYDL00505001-6）

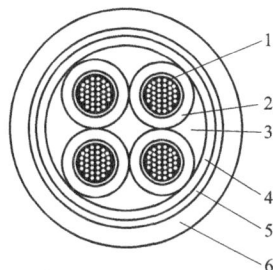

图 GYDL00505001-6　YJV22-1kV 4 芯电力电缆结构断面示意图

1—铜导体；2—聚乙烯绝缘；3—填充物；4—聚氯乙烯内护套；5—钢带铠装；6—聚氯乙烯外护套

2. ZLQ22-10kV 三芯油纸绝缘电力电缆结构断面示意图（见图 GYDL00505001-7）

3. CYZQ102-220kV 单芯充油电缆结构示意图（见图 GYDL00505001-8）

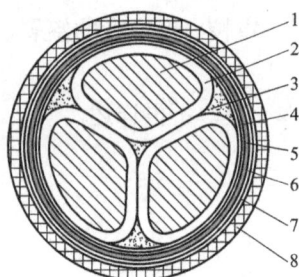 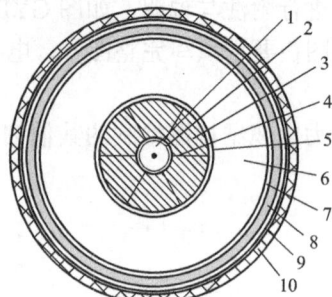

图 GYDL00505001-7　ZLQ22-10kV 三芯油纸绝缘
电力电缆结构断面示意图

1—铝导体；2—芯绝缘；3—填料；4—带绝缘；5—铅套；

6—内衬垫；7—钢带铠装；8—外护套

图 GYDL00505001-8　CYZQ102-220kV 单芯
充油电缆结构示意图

1—油道；2—螺旋管；3—导体；4—分隔纸带；5—内屏蔽层；6—绝缘层；

7—外屏蔽层；8—铅护套；9—加强带；10—外护套

4. XLPE-500kV 1×2500mm^2 交联电缆结构示意图（见图 GYDL00505001-9）

 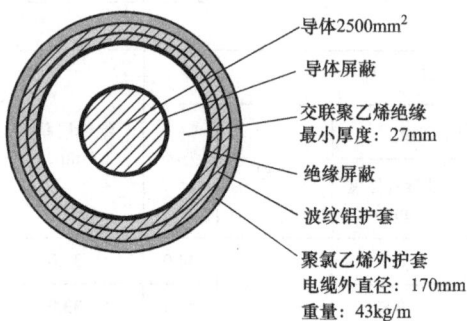

导体2500mm^2
导体屏蔽
交联聚乙烯绝缘
最小厚度：27mm
绝缘屏蔽
波纹铝护套
聚氯乙烯外护套
电缆外直径：170mm
重量：43kg/m

(a)　　　　　　　　(b)

图 GYDL00505001-9　XLPE-500kV 1×2500mm^2 交联电缆结构示意图

(a) XLPE-500kV 交联电缆结构立体示意图；(b) XLPE-500kV 交联电缆结构断面示意图

【思考与练习】

1. 试述常用的适应直埋敷设的 10kV 三芯交联电缆和适应排管敷设的 110kV 单芯交联聚乙烯绝缘电缆的基本结构由哪几部分组成？

2. 图 GYDL00505001-10 所示为 YJV22-10kV 三芯交联聚乙烯绝缘电缆的结构断面示意图，请指出其结构由哪些部分组成？

3. 图 GYDL00505001-11 所示为 CYZLW03-220kV 单芯皱纹铝护套充油电缆结构示意图，请指出其结构由哪些部分组成？

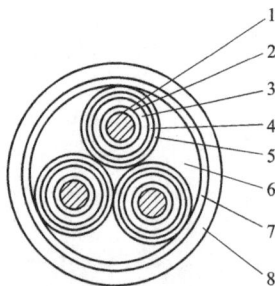 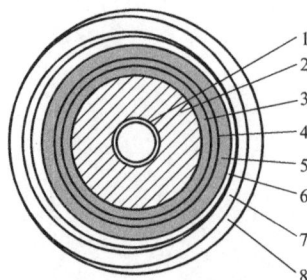

图 GYDL00505001-10　YJV22-10kV 三芯交联聚乙烯
绝缘电缆的结构断面示意图

图 GYDL00505001-11　CYZLW03-220kV 单芯皱纹铝
护套充油电缆结构示意图

模块 2　电气系统图（GYDL00505002）

【模块描述】本模块介绍电气系统图的识、绘图基本知识。通过要点讲解、图形示例，熟悉电气系统图的分类及特点，掌握电气系统图的识读方法、电气系统图一般绘制规则和基本步骤。

【正文】

一、电气系统图的识读基础

（一）电气系统图的分类

电气系统图可分为一次系统电气图和二次系统电气图，电力一次系统电气图又分为电力系统的地理接线图和电力系统的电气接线图。

（二）电气系统图的特点

通常电气系统接线图主要反映整个电力系统中系统特点，发电厂、变电站的设置，相互之间的连接形式，正常运行方式等，常用地理接线图和电气接线图两种形式来表示。

电气系统地理接线图主要显示整个电力系统中发电厂、变电站的地理位置，电网的地理上连接、线路走向与路径的分布特点等；电力系统电气主接线图主要表示该系统中各电压等级的系统特点，发电机、变压器、母线和断路器等主要元器件之间的电气连接关系。

（三）电气系统图的识读

1. 电力系统的地理接线图

（1）电力系统的地理平面接线图。在地理接线图的平面绘制中，选用特定图例来表示，详细绘制出电力系统内部各发电厂、变电站的相对地理位置，电缆、线路按地理的路径走向相连接，并按一定的比例来表示，但不反映各元件之间的电气联系，通常和电气接线图配合使用。

某电力系统地理接线图如图 GYDL00505002-1 所示。

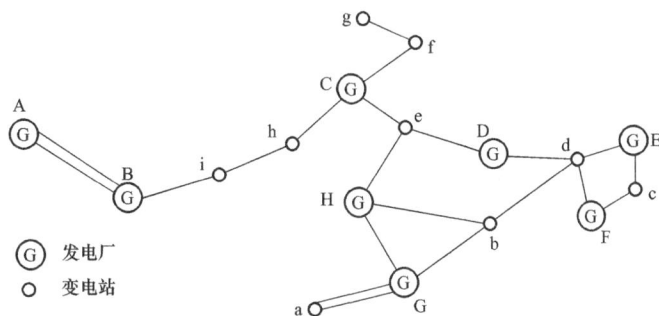

图 GYDL00505002-1　某电力系统地理接线图

（2）电力系统地理接线图的特点。电力系统地理接线图分为无备用接线和有备用接线两种。

1）无备用接线以单回路放射式为主干线图形。如图 GYDL00505002-1 中，发电厂 C—变电站 f—变电站 g 为无备用单回路放射线路。

2）有备用接线图以双回路、环网接线和双电源供电网络的图形。如图 GYDL00505002-1 中：发电厂 A、B 之间的线路、发电厂 G—变电站 a 之间的线路为有备用双回路接线；发电厂 D—变电站 d—变电站 b—发电厂 H—变电站 e—发电厂 D 构成的环网接线；发电厂 D—变电站 d—变电站 b—发电厂 G—发电厂 H—变电站 e—发电厂 D 构成的大环网接线；发电厂 H—变电站 b—发电厂 G—发电厂 H 构成的子环网接线；发电厂 E—变电站 c—发电厂 F—变电站 d—发电厂 E 构成的子环网接线；发电厂 B—变电站 i—变电站 h—发电厂 C 之间的线路为双电源供电网络。

3）以单实线表示架空线，或单虚线表示电缆与发电厂与变电站节点连接。

4）用文字说明连接特点和互相关系。

（3）电力系统地理接线图的绘制与识读。

1）地理接线图中图标的选定。可按 GB/T—4728 中的发电厂、枢纽变电站、地区变电站等图例正确选用，也可特定设置新未投运、在建规划的发电厂、变电站的图标、图例来绘制。

2）根据区域地理图示，绘制出电力系统内部各发电厂、变电站的相对地理位置，以发电厂、变电站的在建地点设定图例进行标志。

3）以实线表示架空线或虚线表示电缆，与发电厂与变电站进行节点连接，按电缆、线路的回路数、按出线的路径和走向正确绘制。

4）在地理接线图中要设定比例、地理方向坐标、省市界线、江河岸线、铁路、桥梁等标志物及特定地理标高，完整表示出电厂与变电站的地理分布，系统接线和输变电网的架构。

5）在大城市中心区域电网、全电缆地理接线图中，还要按电缆施工的要求，以规定图例清晰绘制出电缆敷设的隧道、排管、桥架、直埋、工井、区间泵房等相关设施和具体地理位置和分布走向，并用不同标色分色图示。

2. 电力系统的电气接线图

（1）电力系统的电气接线主要表示各电压等级的输变电网的基本特点，一次系统的电气设备（如发电机、变压器、母线和断路器等）主要元器件之间的电气连接关系。

（2）电力系统电气接线图的识绘特点。

1）电气接线图以平面形式，按一定的比例，运用发电机、主变压器、母线等元件符号，详细地表示各主要电气元件之间的电气联系，一般用单线图来绘制。

2）选用特定图标来表示系统内各类发电厂、枢纽变电站、地区变电站，输配电网的基本架构和分布，并将各级电网也用单线连接来反映系统的正常运行状态。

3）一次电气设备图标即 GB/T—4728 规定的电气设备用图形符号（见图 GYDL00505002-2）。通常是以表示发电机、变压器、断路器、隔离开关、母线等一次电气设备的概念图形、标记或字符。它由符号要素、一般符号、限定符号和方框符号组成，识绘时要正确选用和识读。

图	例		
Ⓖ	发电机	⊖	双绕组变压器
ⓒⓢ	调相机	⊛	三绕组变压器
Ⓜ	电动机	Ⓙ	自耦变压器
⊗	电灯	▷	水轮机汽轮机

图 GYDL00505002-2　部分电气设备符号图

4）电力系统电气主接线图是电力系统的一次系统的功能概略。

5）采用 GB/T—4728 规定的电气符号或带注释的方框符号、单线表示等图示形式。

6）概略表示系统、子系统、局部电网成套装置设备等各项目之间相互关系及其主要特征。

7）采用单线法表示多线系统或多相系统之间信息流程、逻辑的主要关系。可作为编制详细的功能、电路、接线等图的依据。

二、电气系统图一般绘制规则

（1）根据 GB/T 6988—2008、GB/T 4728 等电气工程制图的基本方法，电力电缆工程测绘、安装、敷设、运行、检修等工程实践的特点，符合国家标准、行业、企业一般规则、规程和技术要求，并结合本地区、本单位的专业特点进行绘制。

（2）电气一次系统接线图的绘制通常为单线图，即用单实线描绘等值一相电路图来表示三相电路的系统连接。

（3）以正常运行状态绘制电气系统的主接线，运用标准的一次设备的图例，断路器和隔离开关的图形符号，一般以断开位置画出，也可以按系统的典型常用运行方式表示。如图 GYDL00505002-3 所示。

三、电气系统图绘制的基本步骤

（1）根据需要绘制电气系统图的大小，按比例确定图纸幅面。

（2）按所绘的图形与实际元件几何尺寸的比值确定比例，地理平面图采用"方向标志"表示指北向，并确定地理标高。注意相对标高与敷设标高之间的关系，用地理标高线和数据表示。

（3）图幅的分区方法是以图纸相互垂直的两边各自等分，分区的数目以视图的复杂程度而定。一般按位置布局图面，按功能相关性合理分布，按电路原理接线顺序布局。为了阅读方便，电气系统图一般的规定是按上北下南布置，以细实线绘出的方格坐标对应。

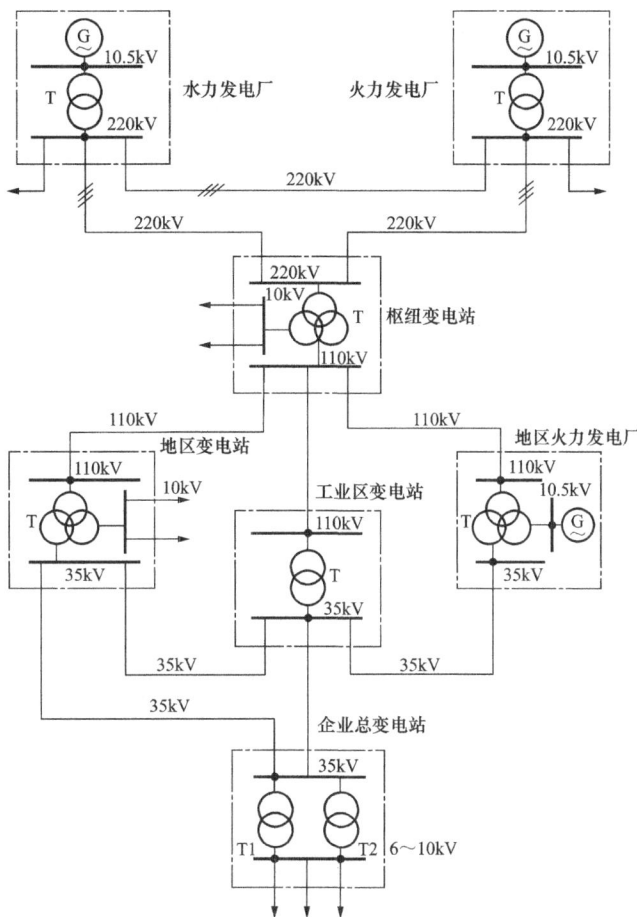

图 GYDL00505002-3　典型的电力系统一次电气系统图

（4）电气系统图确定绘制中常用的图线类别和粗细，并注重图线的虚、实线的运用；以实线表示架空线，以虚线表示电缆，并按规定标出电缆终端接头的图标。

（5）先按比例确定发电厂、变电站地理位置和母线，再与系统、发电厂、变电站主接线的母线进行连接，按电缆、线路的回路数、出线的路径和走向正确绘制；或者在图线上加限定符号表示用途，形成新的图线符号。

（6）发电厂、变电站主接线以电力电缆引出线并与架空线相连接时，电缆以变电站为起点，与架空线连接点为终点，应表示出电缆与架空线连接点的地理位置和距离，并特定标注，以便电缆线路需停役、检修时，可以从电气接线图上直接得知必须拉开的杆上隔离开关的名称、检修区域和具体位置。

（7）在全电缆系统的电气接线图中，通常还附录电缆图册表，补充表示了一次电气设备或装置的结构单元之间所敷设电缆的全部信息，包括电缆路径的隧道、排管、桥架等敷设信息，并加注电缆的项目代号。

（8）图面上的文字、字母及数字，书写必须端正、清楚，排列整齐，间隔均匀，外文标注应有译注。

【思考与练习】

1．电气系统图的分类、基本特点是什么？

2．请说明电力系统的地理平面接线图识读要点。

3．电气系统图一般绘制规则有哪些？

模块 3　电气接线图（GYDL00505003）

【模块描述】本模块介绍电气接线图的识、绘图基本知识。通过要点讲解、图形示例，熟悉电气主接线图的特点、分类和基本形式、图形和符号，掌握电气主接线图识、绘图的一般规则、基本方法和步骤。

【正文】

一、电气主接线图概述

电气主接线图主要反映电力系统一次设备的基本组成和电路连接关系。它包括电力系统电气主接线图、发电厂及变电站电气主接线图等。它表示了等值的电力系统、输电网、配电网、各类变（配电站）等一次主接线的结构。可以图示多电压等级电网的主接线连接，也可以表示单一电压等级的电网主接线、单个变电站电气主接线的分布。本节主要介绍电力系统及典型变电站的电气主接线。

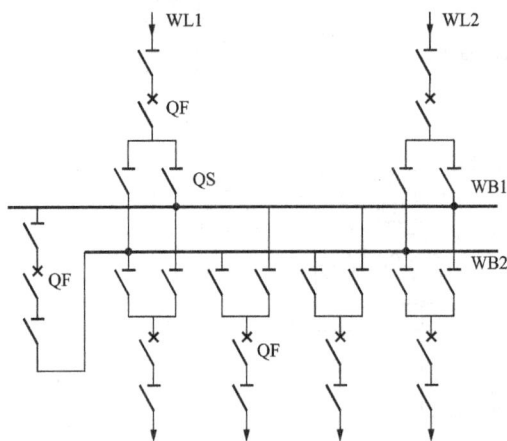

图 GYDL00505003-1　双母线主接线图

1. 电气主接线图的特点、分类和基本形式

（1）变电站主接线图的特点。常用典型变电站电气主接线图是指由电力主变压器、母线、各类断路器、隔离开关、负荷开关、进出架空线、电力电缆、并联电容器组等一次电气设备，按一定的次序连接，汇集和分配电能的电路组合。它是选择电气设备、确定配电装置、安装调试、运行操作、事故分析的重要依据。

（2）变电站的电气主接线图分为有母线和无母线两种结构。

（3）常用典型的变电站电气主接线基本形式有单母线型、双母线型、桥形接线和线路变压器组四种。其中双母线主接线如图 GYDL00505003-1 所示。

2. 电气主接线图的图形和符号

电气主接线图的设备图形包括图标和图例。

（1）一次电气设备图标。通常是用 GB/T 4728 规定的图标来表示一次电力设备（如发电机、变压器、母线、断路器、闸刀、负荷开关等），或者以表示电力系统运行方式（如中性点经消弧线圈、小电阻接地等）的图形符号来图示说明。它由符号要素、一般符号、限定符号和方框符号组成。

（2）图形符号的组成。

1）符号要素：具有确定意义的简单图形，通常表示电器元件的轮廓或外壳。

2）一般符号：表示此类设备或此类产品特征的一种简单的图形符号。

3）限定符号：提供附加信息的一种加在其他符号图形上的补充符号（如变压器一次、二次绕组的接线组别等）。

4）方框符号：表示设备、元件等的组合及其功能。其既不给出元件、设备的细节，也不考虑所有连接。

二、电气主接线图绘制与识读基础

1. 电气主接线图绘制的一般规则、基本方法和步骤

（1）图标的选定。电气主接线图绘制一般要求选用 GB/T 4728 规定的图标，也可以参看表 GYDL00505003-1 给出的常用一次电气设备的图形、一般符号和文字符号。

表 GYDL00505003-1　　　　电气主接线图中常用设备图形符号

序号	设备名称	GB/T 4728		序号	设备名称	GB/T 4728	
		形式1	IEC			形式1	IEC
1	有铁芯的单相双绕组变压器		=	3	YNyd 连接的有铁芯三相三绕组变压器		=
2	YNd 连接的有铁芯三相三绕组变压器		=	4	星形连接的有铁芯的三相自耦变压器		=

续表

序号	设备名称	GB/T 4728		序号	设备名称	GB/T 4728	
		形式 1	IEC			形式 1	IEC
5	星形—三角形连接的具有有载分接开关的三相变压器	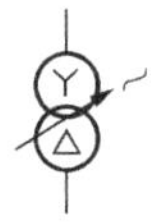	=	10	带接地开关的隔离开关	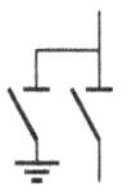	
6	接地消弧线圈		=	11	负荷开关		=
7	阀型避雷器		=	12	电抗器		
8	高压断路器		=	13	熔断器式隔离开关	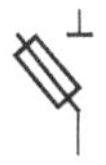	=
9	高压隔离开关		=	14	跌落式熔断器		

注 表中"="符号表示图形符号与 IEC 图形符号相同。

（2）选用国家标准规定图例正确绘制。

（3）变电站电气接线图的绘制以平面图示形式，按一定的比例，根据各电压等级的输、配电网的基本特点，以变电站电气主接线的基本架构来表示，并按电路原理的次序连接一次系统的电气主设备。

（4）在绘制时，正确表示电力主变压器运行方式，高、低压侧母线分段运行的形式。

（5）反映与电力系统的联络、电源侧的进线回路数，用等值单相电路来表示三相电路的形式，并用单一实线来绘制的电力系统连接图。

（6）以实线表示架空线，以虚线及终端接头符号表示电缆，并与发电厂或变电站进行节点连接，以正常运行方式来绘制电气一次设备的连接、断路器和隔离开关的分、合闸状态，及进出线回路的路径与走向，必要时用文字、数字或专用代号标注说明。

（7）断路器和隔离开关的图形符号，一般以断开位置画出，也可以按系统的典型常用运行方式表示，并用文字特别指明。

2. 电气主接线图识读的一般规则、基本方法和步骤

（1）电气主接线图识读一般规则。首先按电路基本原理进行分析、阅读，按电能汇集和分配的流动方向展开释读。

（2）电气主接线图识读基本方法。

1）以先易后难，先释读一次接线结构、后分析二次接线原理为原则；

2）按图面布局释读，一般宜从上到下、从左到右；

3）先搞清回路的构成、各元器件的联系和控制关系，后理解一次设备运行状态、投入和退出等停复役装置动作情况。

（3）电气主接线图识读的基本步骤。

1）根据总图的设计说明，正确理解电气主接线的基本架构和特点；

2）确认电力变压器的类型、电压变换等级、接线组别、分列或并列运行方式；

3）系统电源的注入，进线、联络线的距离、走向及回路数；

4）各级电压母线的分段和并列运行方式；

5）变电站一次设备的基本组成和连接。

三、电气主接线的基本形式

1. 单母线接线

（1）单母线接线图如图 GYDL00505003-2 所示。

（2）一组汇流母线 W，也称主母线，每条回路通过一台断路器 QF 和两台隔离开关 QSW、QSL 与汇流母线相连。

（3）每一回路应配置一台断路器 QF；断路器两侧应配置隔离开关 QSW 和 QSL。

（4）图中靠近母线侧的隔离开关 QSW 称为母线隔离开关；靠近出线侧的隔离开关 QSL 称为出线隔离开关。

（5）QS0 为接地开关。

2. 单母线分段接线图

如图 GYDL00505003-3 所示，采用单母线分段接线时，从不同分段引接电源供电，实现双路供电。

当母联断路器 QF 闭合时，两段汇流母线并联运行，提高了运行可靠性；当母联断路器 QF 断开时，两段汇流母线分裂运行，可减小故障时的短路电流。

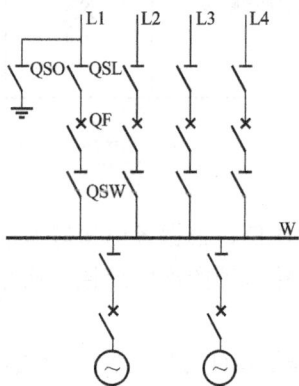

图 GYDL00505003-2　单母线接线图　　　图 GYDL00505003-3　单母线分段接线图

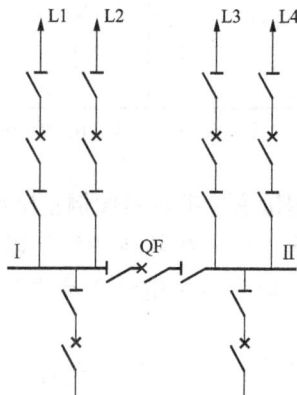

3. 双母线主接线图

双母线接线如图 GYDL00505003-4 所示。

（1）双母线接线具有 W1、W2 两组汇流母线。

（2）每回路通过一台断路器和两组隔离开关分别与两组汇流母线相连。

（3）两组汇流母线之间通过母线联络断路器（简称母联）QF 相连。

4. 双母线分段主接线图

双母线分段主接线如图 GYDL00505003-5 所示。

（1）汇流母线 Ⅰ、Ⅱ 之间和 Ⅰ、Ⅲ 之间，通过母线联络断路器 QF1、QF2（简称母联）相连。

（2）母线 Ⅱ、Ⅲ 之间分段，并通过母线联络断路器 QF 与限流电抗器 L 相连。

（3）分组进出线，构成单元制分组供电形式。

（4）适应多种运行方式，有较高的可靠性和灵活性，故障后可迅速恢复供电。

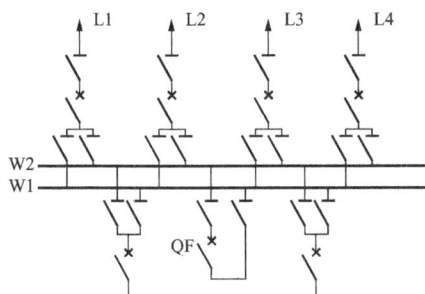

图 GYDL00505003-4　双母线接线图

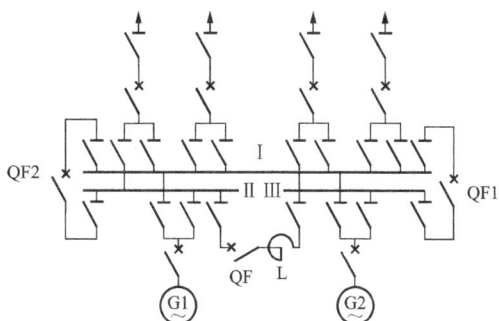

图 GYDL00505003-5　双母线分段主接线图

QF1、QF2—母联断路器；QF—分段断路器；L—电抗器；G1、G2—电源

5. 桥形接线图

为了保证对一、二级负荷进行可靠供电，在 110kV 以下电压等级的变电站中广泛采用由两回电源线路受电，并装设两台主变压器，即桥形电气主接线。

桥形接线分为外桥、内桥和全桥三种，如图 GYDL00505003-6 所示。

桥形主接线图的特点释读如下：

（1）桥形接线为无汇集母线类接线。

（2）在图 GYDL00505003-6（a）、（b）中，WL1、WL2 为两回电源线路，经过断路器 QF1 和 QF2 分别接至变压器 T1 和 T2 的高压侧，向变电站送电。

（3）桥电路上的断路器 QF3（如桥一样）将两回线路连接在一起，形成两个供电单元。

（4）由于断路器 QF3 可能位于线路（或变压器）断路器 QF1、QF2 的内侧或外侧，故又分为内桥和外桥接线两种形式。

（5）两种桥形接线形式所用的断路器数目相同，在正常情况下，两种接线的运行状态也基本相同。

（6）当检修或故障时，两种桥形接线的运行状况有很大的区别。

（7）适用全封闭 SF$_6$ 组合开关、有两进两出回路的配电变电站，城市电网广泛采用内桥接线。

（8）在图 GYDL00505003-6（c）中，线路和变压器均没有断路器，又称为全桥接线。

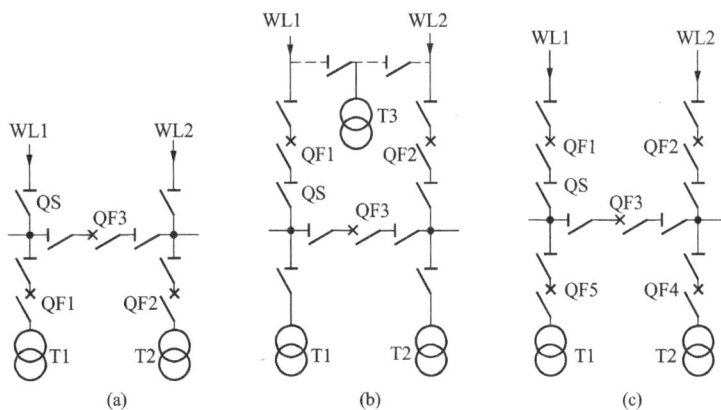

图 GYDL00505003-6　桥形电气主接线图

（a）外桥接线；（b）内桥接线；（c）全桥接线

6. 线路—变压器组接线图

如图 GYDL00505003-7 所示，电源只有一回线路供电，变电所仅装设单台变压器运行，当电网没有特殊要求时，一般宜采用线路—变压器组接线方式。现释读如下：

模块 3

GYDL00505003

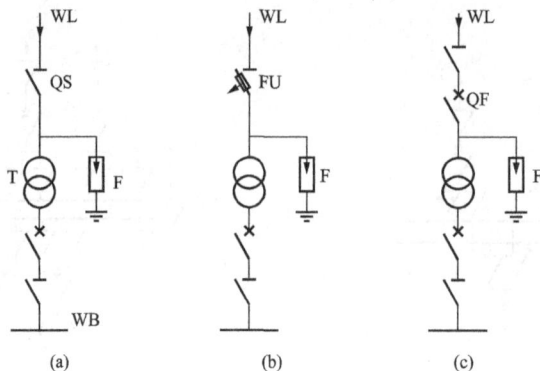

图 GYDL00505003-7　线路—变压器组电气主接线图

(a) 进线为隔离开关；(b) 进线为跌落式熔断器；(c) 进线为断路器

（1）适用于终端变电站的主接线形式。

（2）根据电网的运行要求，主变压器的高压侧可以装设隔离开关 QS、高压跌落式熔断器 FU 或高压断路器 QF 三种形式来接受上级电源进线。

（3）多用于仅有二、三级负荷的线路终端的变电站，或小型 35kV 或 10kV 的用户变电站等。

（4）在采用电缆连接的城市中心输、配电网中，经常运用电缆作为变电站进出接线，其中线路—变压器组是最典型的终端变电站电气主接线方式。

四、典型变电站的电气主接线例图分析

（一）35/6（10）kV 典型终端变电站供电系统电气主接线图

35/6（10）kV 供电系统接线如图 GYDL00505003-8 所示，现释读如下：

（1）高压侧采用外桥式主接线，有双电源输入，为 2 回 110kV 电缆（或架空线）进线。

（2）低压侧采用单母线单分段为主接线运行方式：

1）正常运行时，高压侧分段断路器 QF 断开，以限制短路电流；

2）两台变压器并列运行时，高压侧分段断路器 QF 合上，改善系统节点电压的偏移；

3）经济运行时，要求一台变压器退出运行，分段断路器 QF 闭合，由一台主变压器供两段母线上的负荷；

4）6～10kV 低压侧串联电抗器由电缆出线，故障时用以限制短路电流；

5）正常运行时，低压侧母联断路器 QF8 断开，以提高出线供电可靠性，必要时母联断路器 QF8 可以闭合运行，改善电压质量和负荷平衡。

（二）大容量枢纽变电站电气主接线图

图 GYDL00505003-9 所示为 220/110/35kV 大容量枢纽（地下）变电站的电气主接线图，释读如下：

（1）变电站由 220/110/35kV 三部分组成。

（2）主变压器为 3 组 240MVA 容量的三绕组变压器，总容量 720MVA。

（3）高压侧 220kV 3 回进线为全线全电缆变压器组接线方式。

（4）中压侧 110kV 为双母线单分段接线方式，9 回全电缆出线，1 回出线备用，配电装置为 SF$_6$ 全封闭组合电器。

（5）低压侧 35kV 为双母线单分段接线，26 回全电缆出线，配电装置为 SF$_6$ 全封闭组合电器，35kV 侧还有 3 台接地变压器、2 台站用变压器、6 台并联电抗器，进行电压调整和补偿。

（三）（6～10）/0.4kV 典型供电系统电气主接线图

图 GYDL00505003-10 所示为（6～10）/0.4kV 典型供电系统主接线图，释读如下：

（1）10kV 为线路变压器组接线方式的电气主接线，进线二回。

（2）二台主变压器，（6～10）/0.4kV 三相双绕组、Yy 接线。

（3）0.4kV 为低压供电系统为单母线分段运行方式，11 回电缆出线。

（4）母联断路器 QF5 断开分段运行。

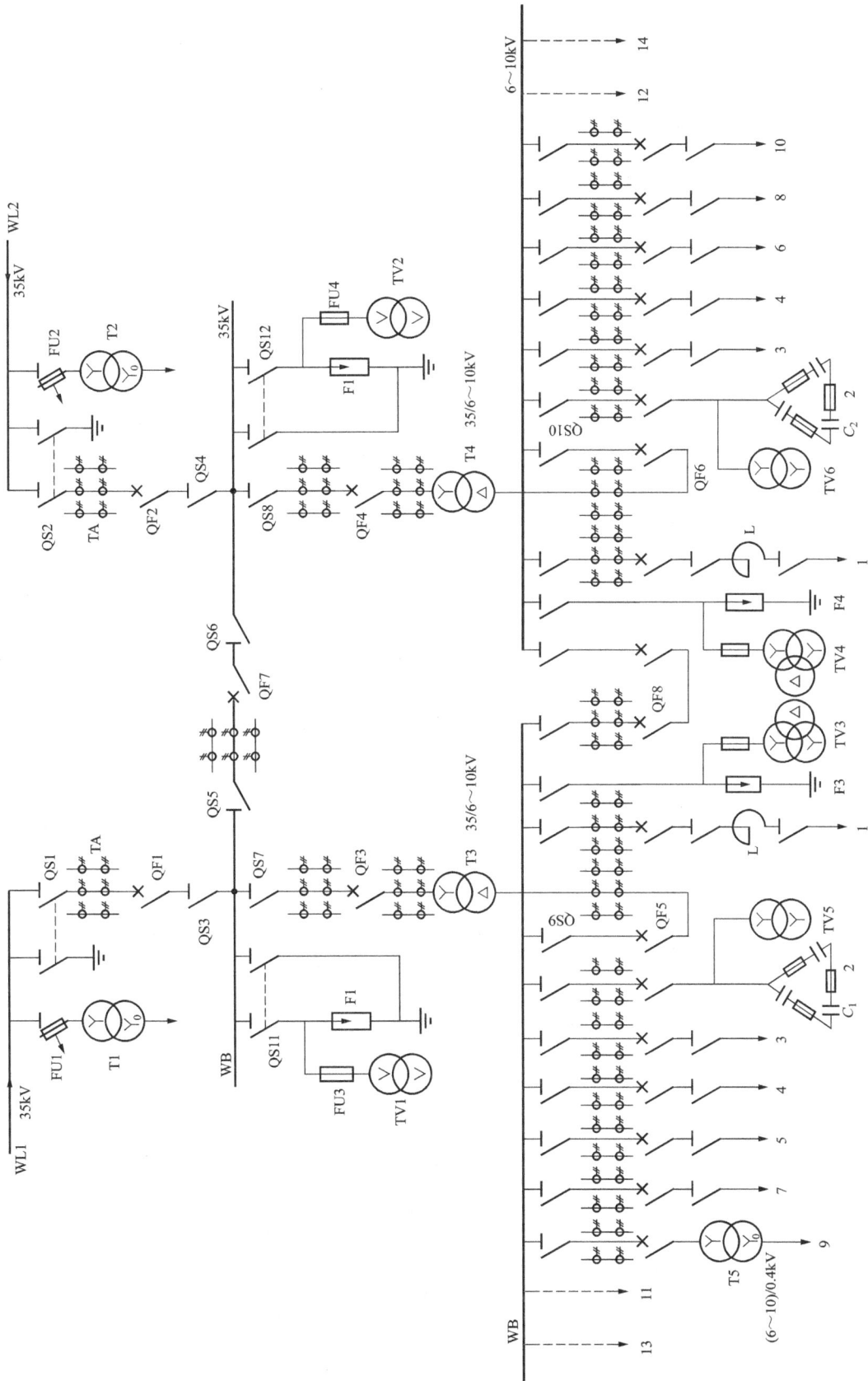

图 GYDL0050505003-8　35/6（10）kV供电系统接线图

图 GYDL00505003-9　220/110/35kV大容量枢纽（地下）变电站的电气主接线图

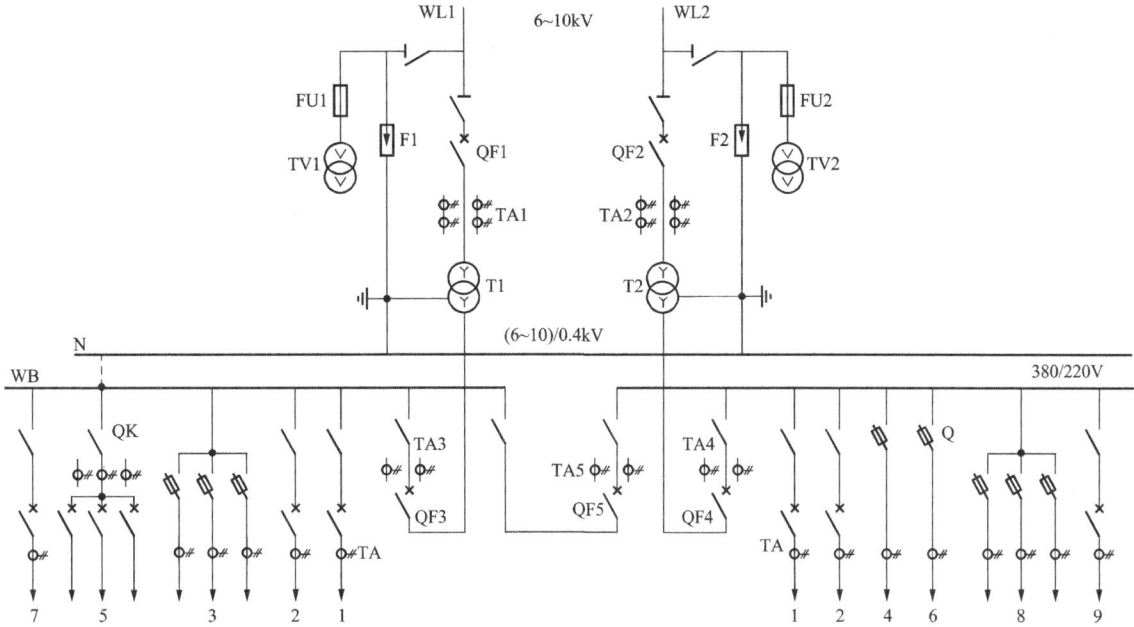

图 GYDL00505003-10　（6～10）/0.4kV 典型供电系统主接线图

（5）3、4、6、8 号出线以熔断器式隔离开关控制，其余为断路器出线控制；并设置电流互感器计量、监控和过电流继电保护。

（6）F1、F2 避雷器为限制过电压保护，FU1、FU2 熔丝保护电压互感器 TV1、TV2 作单相接地短路时的绝缘监视。

（7）N 为总接地带网，以降低中性点接地零电位，改善三相不平衡状态。

【思考与练习】

1. 电气主接线图的接线形式分类和特点有哪些？请说明。

2. 请说明电气主接线图识读要点和一般规则。

3. 请根据图 GYDL00505003-11，通过释读分析 110/35kV 变电站主接线的特点和进出线连接方式。

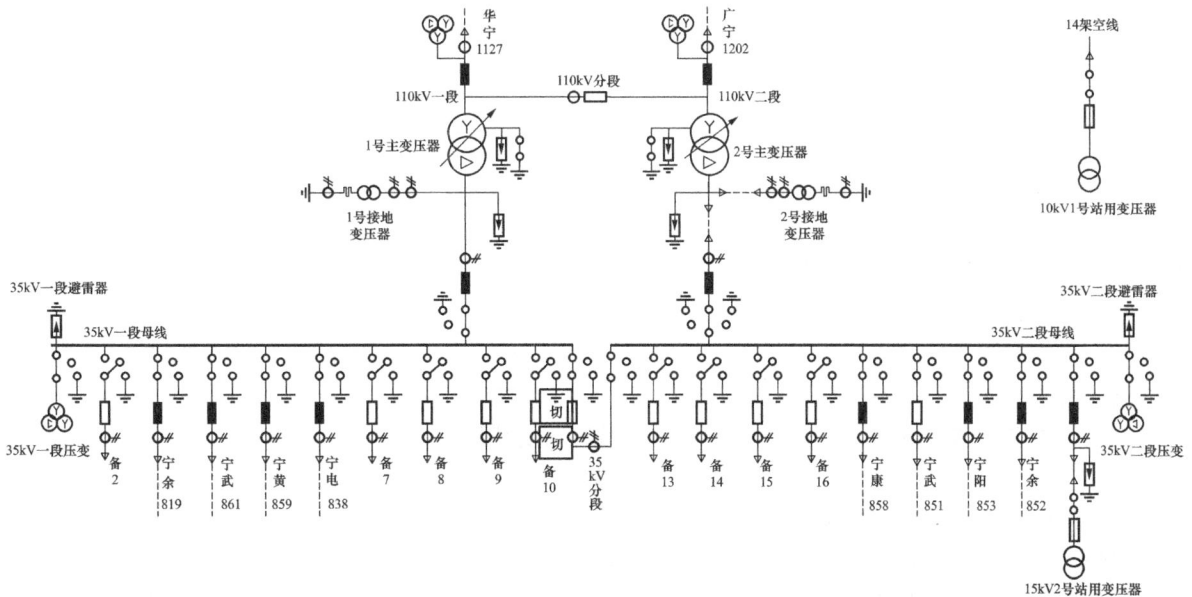

图 GYDL00505003-11　110/35kV 供电系统电气主接线图

模块 4 电缆附件安装图（GYDL00505004）

【模块描述】 本模块介绍电力电缆终端头、接头附件安装图的识、绘图基本知识。通过要点讲解、图形示例，熟悉电力电缆终端头、接头附件安装图的特点和形式、图形和符号，掌握电力电缆终端头、接头附件安装图识、绘图的一般规则、基本方法和步骤。

【正文】

一、电力电缆的终端头、接头附件安装图的绘制要求

1. 电力电缆的终端头、接头附件安装图特点

（1）电力电缆的终端头、接头附件安装图可表示电缆终端和接头的结构形状，各组成部分与电缆本体连接与安装关系。它是表达设计、安装维护和电气试验的重要技术文件。

（2）为了清楚地表达终端或接头的内部结构与安装工艺，电力电缆的终端头、接头附件安装图一般采用半剖视图或全剖视图来表示。

2. 电力电缆的终端头、中间接头等附件安装剖视图的一般规定

（1）在剖视图上，相邻两个零部件的剖面线方向要相反或间隔不同，易于分辨。

（2）在同一张装配图上，每一个被剖切的零部件，在所有视图上的剖面线方向、间隔大小必须一致。

（3）对于互相接触和互相配合的两个零部件的表面，只画一条实线表示。

（4）标准紧固件（如螺母、螺钉、垫圈、销、键等）和轴、杆、滚珠等实心件，当剖切平面通过其轴线时，按不剖视图面画出。

3. 电力电缆的终端头、接头附件安装图的基本画法

（1）安装图的比例通常为 1:2。

（2）按终端或接头的实际安装位置，作为主视图。

（3）一般终端接头取竖直位置，连接头取水平位置。

（4）安装图以电缆中心为主轴线；终端头按主轴线左右对称。

（5）一般右视图为剖视，接头按主轴线上下对称，取下半剖视或全剖视。

（6）终端头以底座平面为基准线，连接头以接管中心为基准。

（7）绘制安装图按先主后次原则，即先画出电缆和主要部件轮廓线，再画零件轮廓线。

（8）最后画剖面线、尺寸线、顺序号线及标题栏、明细栏。

4. 电力电缆的终端头、接头附件安装图的序号和明细栏说明

（1）电力电缆的终端头、接头附件安装图序号。

1）装配图上所有零、部件必须编写序号，并与明细栏中的序号一致；

2）序号应注写在视图外较明显的位置上：从所注零、部件轮廓线内用细实线画出指引线，并在其起始处画圆点，另一端用水平细实线或细实线画圆；

3）序号注写在横线上或圆内：对一组紧固件或装配关系清楚的部件，可采用公共指引线；

4）序号线应按顺时针或逆时针方向，整齐地顺序排列。

（2）电力电缆的终端头、接头附件安装图的明细栏。明细栏一般在标题栏上方，它是所有零部件的目录，明细栏应按自下而上顺序填写。

二、电力电缆的终端头、接头附件安装工艺图的识读基础

1. 电力电缆的终端头、接头附件安装工艺图的作用

电缆终端和接头的工艺图上反映安装工艺标准和施工步骤，它是电力电缆安装标准化作业指导书的一部分，对现场安装具有重要的指导意义。通常分为电力电缆的接头附件工艺结构图和工艺程序图两类。本节主要阐述电缆的接头附件工艺结构图的识读方法，帮助认识与理解工艺程序图的技术要求和安装程序。

2. 电力电缆的接头附件工艺结构图和工艺程序图的识读

（1）电缆终端和中间接头的工艺结构图可按照工艺程序画成系列图样，如图 GYDL00505004-1 所示。

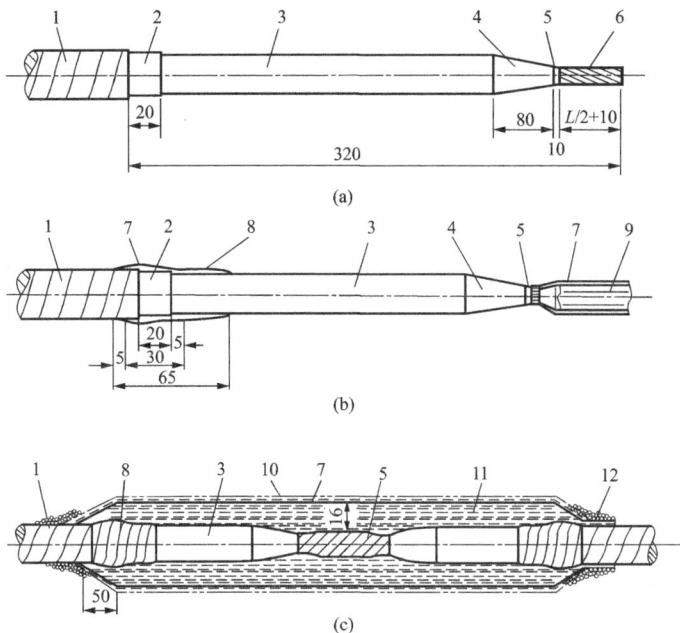

(a)

(b)

(c)

图 GYDL00505004-1　35kV 单芯交联聚乙烯电缆接头工艺结构图

（a）电缆剥切尺寸；（b）包绕半导电带和应力控制带；（c）包绕绝缘带、外半导电带、金属屏蔽网

1—铜屏蔽层；2—外半导电层；3—交联绝缘；4—反应力锥；5—内半导电层；6—导体；7—半导电带；
8—应力控制带；9—连接管；10—金属屏蔽网；11—绝缘带；12—扎线并焊接；L—连接管长度

1）图 GYDL00505004-1（a）所示为电缆剥切尺寸；

2）图 GYDL00505004-1（b）所示为包绕半导电带和应力控制带的工艺尺寸要求；

3）图 GYDL00505004-1（c）所示为包绕绝缘带、外半导电屏蔽带和金属屏蔽网的工艺尺寸要求。

（2）电缆终端和中间接头的工艺结构图应用文字扼要说明安装技术要求，并以指引线指向各特定部件。

（3）工艺程序图的比例一般不作规定，为了清楚说明某部件安装工艺特殊要求，可以局部剖视、放大，也可以单独画出该部件图，并加以详细标注。

（4）图 GYDL00505004-1 中所标注的相关尺寸，一般应有允许误差范围，防水密封等具体的工艺要求可参照电缆附件制造厂家的技术规定，作业过程可参看其他教材有关模块的介绍。

3. 35kV 三芯冷缩中间接头（适用于工井）工艺程序图的释读

（1）如图 GYDL00505004-2 所示，确定接头中心位置，向两边各约 L（mm）预切割电缆。

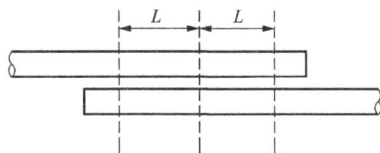

图 GYDL00505004-2　确定接头中心位置和预切割电缆

（2）如图 GYDL00505004-3 所示，两侧分别套入适当的分支手套和热缩管，并进行单相热缩管的热缩。

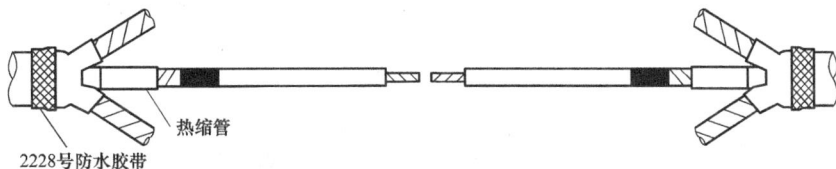

图 GYDL00505004-3　套分支手套和热缩管

（3）按图 GYDL00505004-4 所示尺寸分相剥除铜屏蔽层、外半导电层及主绝缘。

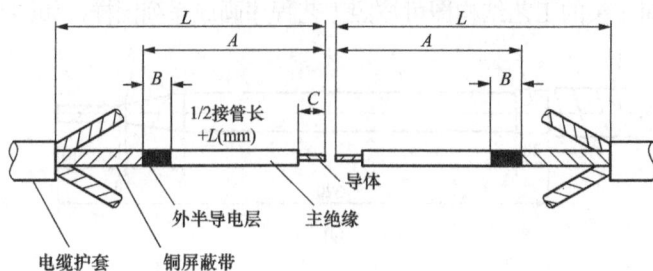

图 GYDL00505004-4　剥除铜屏蔽层、外半导电层及主绝缘

（4）按图 GYDL00505004-5 所示尺寸从铜屏蔽层上 L_1（mm）起至外半导电层上 L_2（mm）半搭盖平整绕包特定的半导电带。

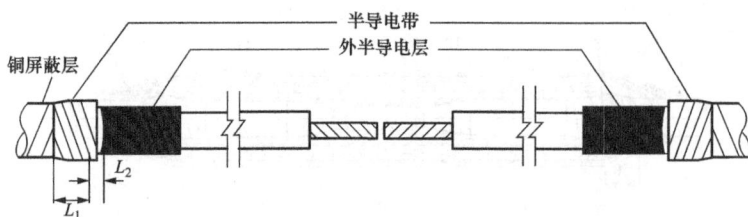

图 GYDL00505004-5　绕包半导电带

（5）按图 GYDL00505004-6 所示，从拉线端方向套入冷缩接头主体，另一侧套入 $\phi M \times L$ 热缩管、铜网套、连接管适配器。装上接管，进行对称压接，并控制定位标记 E 到接管中心 D 的距离为 L，并确定冷缩头收缩的基准点。

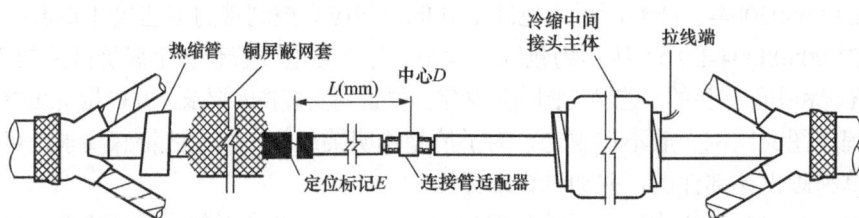

图 GYDL00505004-6　套入外护层热缩管铜网套，进行对称压接

（6）按图 GYDL00505004-7 所示用清洁剂进行电缆主绝缘的清洗。

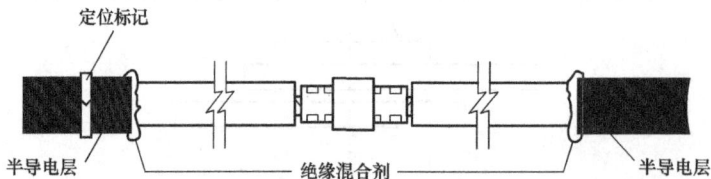

图 GYDL00505004-7　清洗电缆主绝缘

（7）按照图 GYDL00505004-8 所示要求，将冷缩头对准 PVC 标识带的边缘，逆时针抽掉芯绳，并使其收缩。三相都必须按此逐一完成。

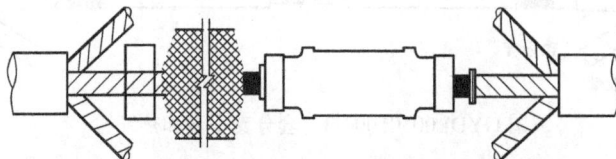

图 GYDL00505004-8　抽掉芯绳并收缩

（8）按照图 GYDL00505004-9 所示尺寸要求，套上铜网套，对称展开，用两只恒力弹簧将网套固定在电缆铜屏蔽层上，保证接触良好，修齐。用 PVC 胶带半搭盖绕包恒力弹簧和铜网套边缘。三相都按此完成。

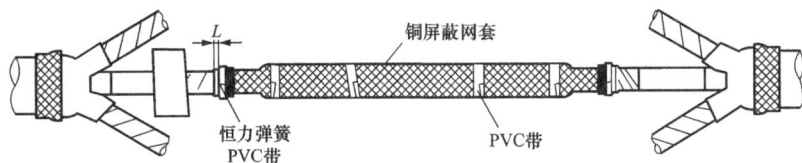

图 GYDL00505004-9　套铜网套并用恒力弹簧固定

（9）将热缩管移到接头中央进行热缩，使其与两侧热缩管都搭接。进行防水处理。三相都按此完成。

4. YJZWI4-64/110kV 交联电缆预制式（冷缩）终端安装工艺图的释读

（1）按图 GYDL00505004-10 所示，自电缆末端向下量取 A（mm）长作为电缆外护套的末端，向上剥去电缆外护套。

（2）按照图 GYDL00505004-11 所示要求，自金属屏蔽外护套末端处上量 C（mm）金属屏蔽段作搪锡处理，自电缆外护套的末端向上保留 B（mm）长金属屏蔽，其余金属屏蔽去掉。自电缆外护套的末端以下量取 C（mm），刮去电缆护套表面的外电极（石墨）层。

（3）按照图 GYDL00505004-12 所示要求，自电缆外护套的末端向上绕包加热带，对电缆作 75～80℃、连续 3h 加热，以消除绝缘内热应力，并校直电缆，温度不宜超过 80℃。

（4）按图 GYDL00505004-13 所示，自金属屏蔽末端向上量 40mm 长，包绕一层 ACP 带，将以上半导电缓冲层去掉。

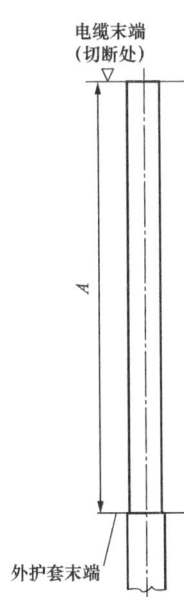

图 GYDL00505004-10　　图 GYDL00505004-11　　图 GYDL00505004-12　　图 GYDL00505004-13

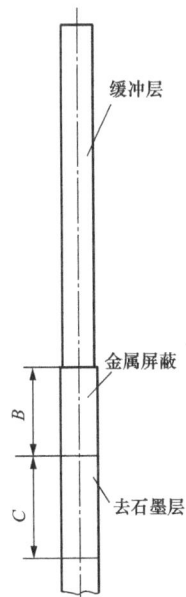

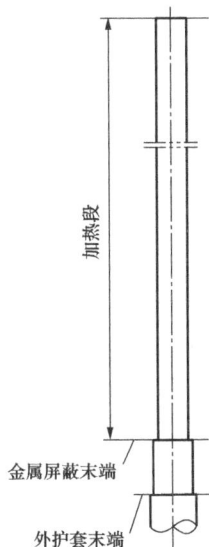

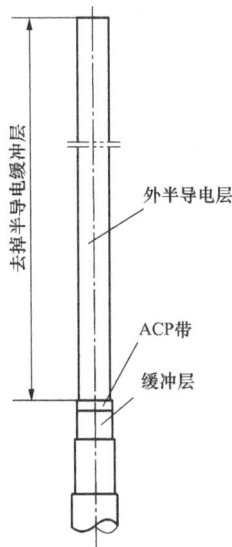

（5）按照图 GYDL00505004-14 所示尺寸，自电缆末端向下量取 $L_1 \pm 1$（mm）长作为外半导电层末端，并去掉以上的外半导电层。将外半导电层末端 d（mm）长打磨成斜坡，使其与主绝缘平滑过渡。

（6）按照图 GYDL00505004-15 所示要求，用 PVC 胶粘带在外半导电斜坡上绕包一层作临时保护，然后将电缆主绝缘表面作精细打磨光亮平滑，用无水酒精清洁，并用吹风吹干电缆绝缘，用保鲜膜对电缆主绝缘作临时保护。

（7）按照图 GYDL00505004-15 所示尺寸，将铜芯接地胶线，无端子一端去除胶皮，用镀锡铜扎线扎紧在金属屏蔽末端以下 M（mm）处并用锡焊牢。

（8）按照图 GYDL00505004-16 所示尺寸用浸有无水酒精清洁外半导电层表面，并用吹风吹干，然后自距外半导电层末端 E（mm）处开始半重叠包一层 ACP 带至金属屏蔽末端，距外半导电层末端 H（mm）处开始半重叠包一层铅带，然后在其上自上而下半重叠包一层镀锡铜网带。要求铅带、铜网带与金属屏蔽搭接用镀锡铜扎线，把铜网带交叉扎紧在金属屏蔽上并用锡焊牢。

（9）如图 GYDL00505004-17 所示，从外半导电层末端往下 N（mm）处到电缆外护套末端往上 Q（mm）的范围内，绕包 n 层防水带，要求防水带完全盖住铜扎线及金属尖角。注意防水带不能包到接地线芯而将热缩管套入电缆。

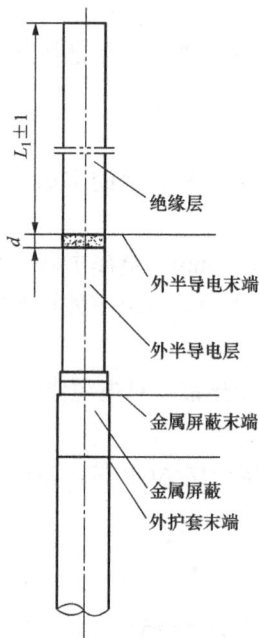

图 GYDL00505004-14   图 GYDL00505004-15   图 GYDL00505004-16   图 GYDL00505004-17

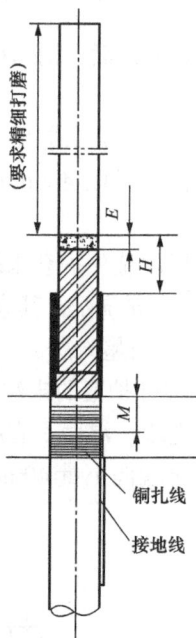

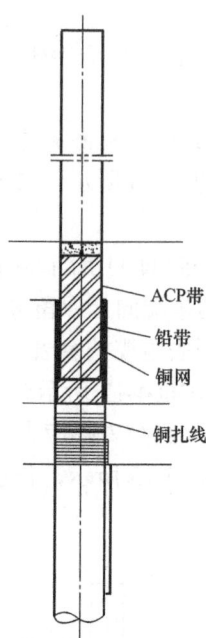

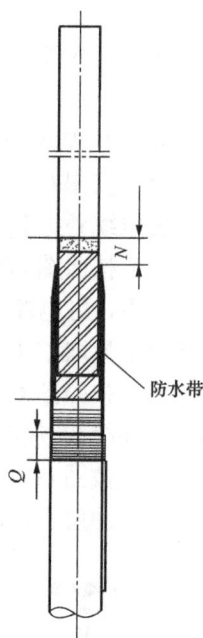

（10）按图 GYDL00505004-18 所示要求装配应力锥及雨裙。测量并记录正交两个方向的主绝缘外、外半导电层和主绝缘的外径，应比应力锥和雨裙扩前内径大 N（mm）。去掉临时保护，将电缆绝缘表面、外半导电层及热缩管上端面往下 N（mm）范围内清洁干净并吹干。

（11）根据图 GYDL00505004-18 所示尺寸要求，自外半导电层的末端向下量取 P（mm），在应力锥的表面抹一层硅油，然后将应力锥套入电缆。按逆时针方向抽出衬管，清洁应力锥接口处，吹干后涂上 E43 胶，将一个标有 1 号雨裙标志的雨裙套入电缆。

（12）按图 GYDL00505004-18 所示，逆时针方向抽出衬管，将雨裙套到位。将所剩雨裙中的两个雨裙依次套入电缆，抹去接口处溢出的 E43 胶。注意千万不能将与其他雨裙的套入顺序套错。

（13）按图 GYDL00505004-19 所示要求，将装好的雨裙及应力锥作临时保护，在雨裙上端面向上量取 T（mm）做一标记，并去除标记以上电缆端头绝缘及内半导电层露出电缆导体，将绝缘端部倒角，对电缆绝缘作打磨处理并清洁，吹干后去除临时保护，涂上硅油，在套好的雨裙接口处涂上 E43 胶。

（14）按图 GYDL00505004-20 所示尺寸要求，将最后一个雨裙套入电缆，按逆时针方向抽出衬管，将雨裙套到位，并清洁接口处溢出的 E43 胶。

（15）按图 GYDL00505004-21 所示要求安装罩帽和接线金具。清洁电缆的导体表面和雨裙顶部接口处，并吹干和涂上 E43 胶，将罩帽套入电缆与雨裙接好擦净。自罩帽上端面向上量取端子孔深 L（不含雨罩深度），去除多余的电缆导体，将接线端子套入电缆导体并用压钳压紧。

（16）按图 GYDL00505004-22 所示做尾部密封处理。用防水带将应力锥下端面处填充满，使应力锥下端面与电缆的过渡处没有明显的凹槽，在电缆外护套末端下量 c（mm）到电缆外护套末端向上量 b（mm）之间抹上环氧泥，将接地线完全包在环氧泥中。将热缩管加热收缩，要求热缩管与应力锥搭

接 a（mm）左右。

（17）终端固定到终端固定架上，终端头安装完毕。

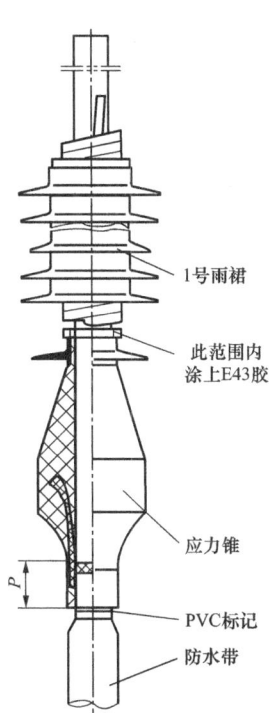

图 GYDL00505004-18

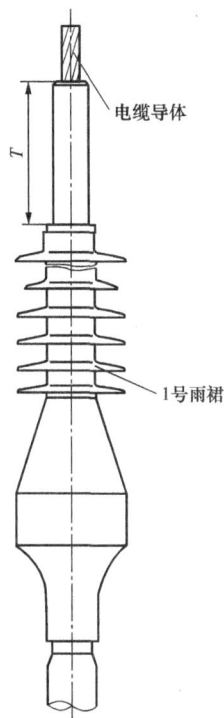

图 GYDL00505004-19

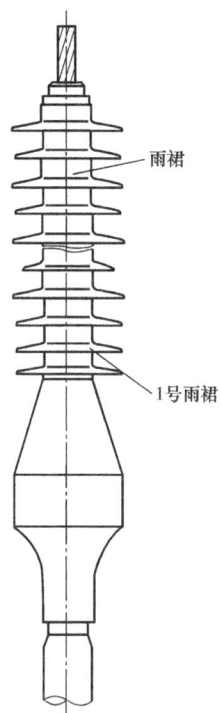

图 GYDL00505004-20

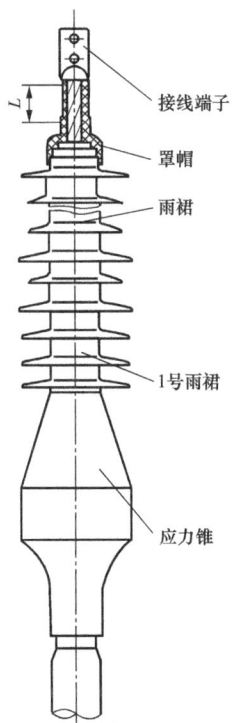

图 GYDL00505004-21

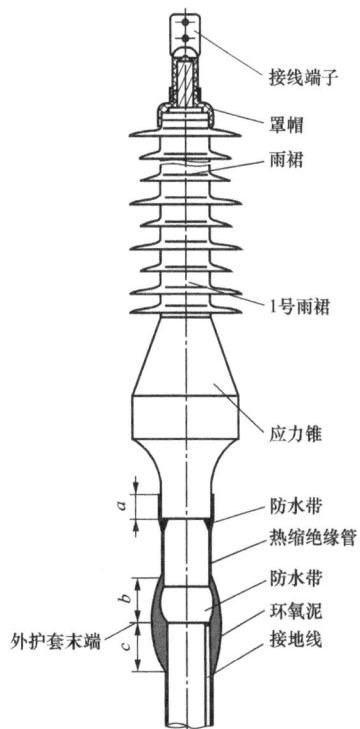

图 GYDL00505004-22

模块 4

GYDL00505004

三、典型电缆接头安装工艺结构图

1. 10kV 交联聚乙烯电缆冷缩式接头结构图（见图 GYDL00505004-23）

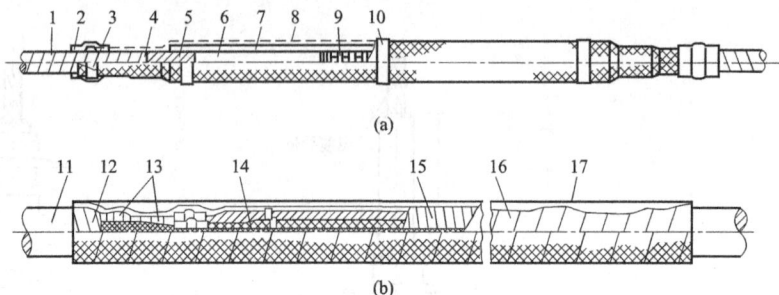

(a)

(b)

图 GYDL00505004-23　10kV 交联聚乙烯电缆冷缩式接头结构图

1—屏蔽铜带；2—橡胶自粘带；3—恒力弹簧；4—半导电带；5—外半导电层；6—电缆绝缘；7—冷缩绝缘管；

8—屏蔽铜带；9—连接管；10—PVC 胶粘带；11—电缆外护层；12—橡胶自粘带；13—防水带；

14—钢带跨接线；15—PVC 胶粘带；16—填充带；17—铠装带

2. 110kV 交联聚乙烯电缆绕包式绝缘接头结构图（见图 GYDL00505004-24）

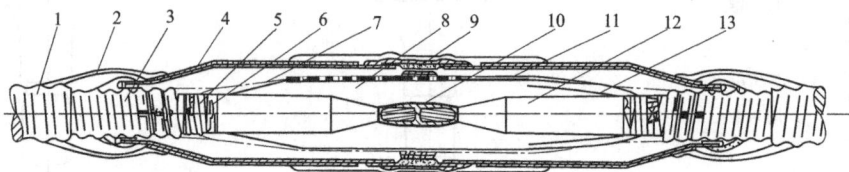

图 GYDL00505004-24　110kV 交联聚乙烯电缆绕包式绝缘接头结构图

1—塑料护套；2—接头密封；3—波纹铝护套；4—铜保护盒；5—铜屏蔽；6—半导电层；7—接地屏蔽带；

8—增绕绝缘；9—绝缘筒体；10—连接管；11—半导电带；12—电缆绝缘；13—半导电层

3. 35kV 交联聚乙烯电缆热缩终端结构图（见图 GYDL00505004-25）

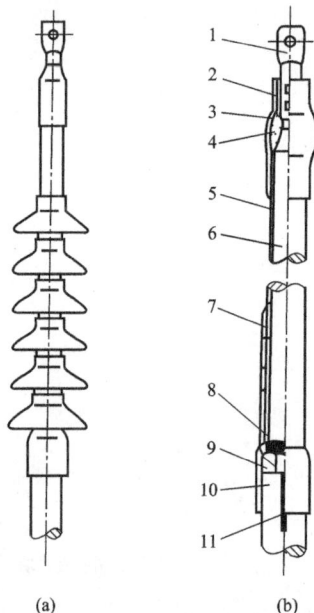

(a)　　　　(b)

图 GYDL00505004-25　35kV 交联聚乙烯电缆热缩终端结构图

（a）外观图；（b）结构分解图

1—端子；2—衬管；3—密封管；4—填充胶；5—绝缘管；6—电缆绝缘；7—应力管；

8—半导电层；9—铜带；10—外护层；11—连接线

4. 220kV 交联聚乙烯电缆敞开式终端结构图（见图 GYDL00505004-26）

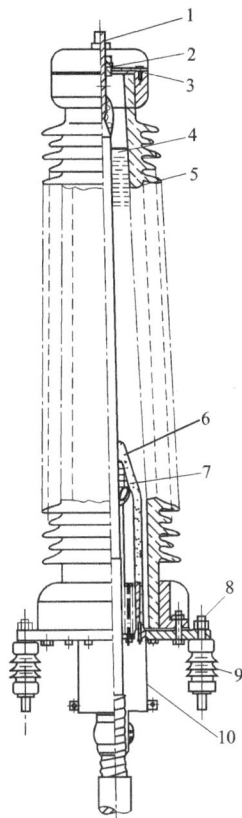

图 GYDL00505004-26　220kV 交联聚乙烯电缆敞开式终端结构图

1—出线杆；2—定位环；3—上法兰；4—绝缘油；5—瓷套；6—环氧套管；

7—应力锥；8—底板；9—支撑绝缘子；10—尾管

【思考与练习】

1. 电力电缆的终端头、接头附件安装图特点有哪些？

2. 电力电缆接头附件安装图的绘制要求有哪些？

3. 电力电缆的接头等附件安装图的一般规定是什么？

模块 5　电缆路径图（GYDL00505005）

【模块描述】本模块介绍电力电缆路径地理位置平面图的识读和绘制。通过图形示例和要点讲解，熟悉电力电缆线路常用管线图形符号，掌握识读方法和技巧，掌握电力电缆线路路径图的现场测绘方法、要求和基本步骤。

【正文】

一、电力电缆路径走向图的概述

电力电缆路径图是描述电缆敷设、安装、连接、走向的具体布置及工艺要求的简图，由电缆敷设平面图、电缆排列剖面图组成，表示方法与电气工程的土建结构图相同。电缆路径图标出了电缆的走向、起点至终点的具体位置，一般用电缆路径走向的平面图表示，必要时附上路径断面图进行补充说明。

二、电力电缆路径图的识读与绘制基础

（1）根据 GB/T 4728 选用电力电缆线路常用管线图形符号，见表 GYDL00505005-1。

表 GYDL00505005-1　　　　　　　　　　电力电缆线路常用管线图形符号

序号	图形符号	说　明	序号	图形符号	说　明
1	——————	电缆一般符号	9	▷⊸ - - -	暗敷
2	 ══════════	电缆铺砖保护	10	³◇³	电缆中间接线盒
3	 ─[▭]─	电缆穿管保护（可加注文字符号说明规格和数量）	11	³◇³	电缆分支接线盒
4	──○──	同轴对、同轴电缆	12	(a) ⊥a　(b) ⊥a	电力电缆与其他设施交叉点（a为交叉点编号）(a) 电缆无保护；(b) 电缆有保护
5	──⌢──	电缆预留（按标注预留）			
6	──∿──	柔软电缆	13	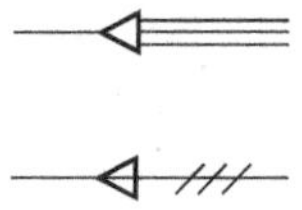 ◁═══　◁╱╱╱	电缆密封终端头（示例为三芯多线和单线表示）
7	──○⁶──	管道线路（示例为 6 孔管道线路）	14	 ══════╱*	电缆桥架（*为注明回路号及电缆截面芯数）
8	──▷──	明敷			

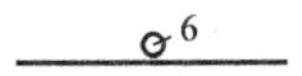

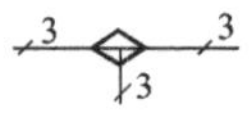

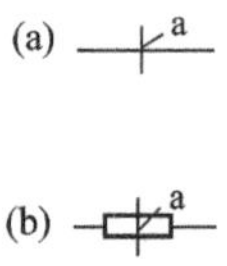

（2）电力电缆路径图的识读。图 GYDL00505005-1 所示为 10kV 电缆直埋地敷设平面图，它比较概略地标出了设计比例、坐标指向，分清道路名称及走向、建筑标志物、重要地理水平标高等电缆敷设的环境状况，标明了电缆线路的长度、上杆位置与架空线连接点及电缆走向、敷设方法、埋设深度、电缆排列及一般敷设要求的说明等。

由图可以看出：

1）电缆的走向。从路北侧 10kV 架空线路电杆引下（图示右上方），穿过道路沿路南侧敷设，到街道路口转向南侧，沿街道东侧敷设，穿过大街后进入终点（按规范要求，在穿过道路的位置时，应加混凝土管保护）。

2）电缆的长度。电缆全长包括在电缆两端实际距离和电缆中间接头处必须预留的松弛长度，终端接头处的松弛长度分别为 2.05m 和 1.0m，总共约 136.9m。

3）电缆敷设方法。此电缆共有两个终端接头和一个中间接头（图 GYDL00505005-1 中标有 1 号的位置），电缆沿道路一侧敷设时距路边为 0.6m，有三个较大的转弯，两次穿越街道。电缆穿越街道时采用 φ120mm 混凝土管保护，保护管外填满砂土，其余地段直埋地下。在电缆上方加盖用砖铺设的盖板，尺寸大时选用混凝土盖板，如图右下角电缆敷设断面图 A—A 和 B—B 所示。

4）有关电缆头制作、电缆安装工艺等要求，另外选用电缆接头的安装工艺样图表示说明。

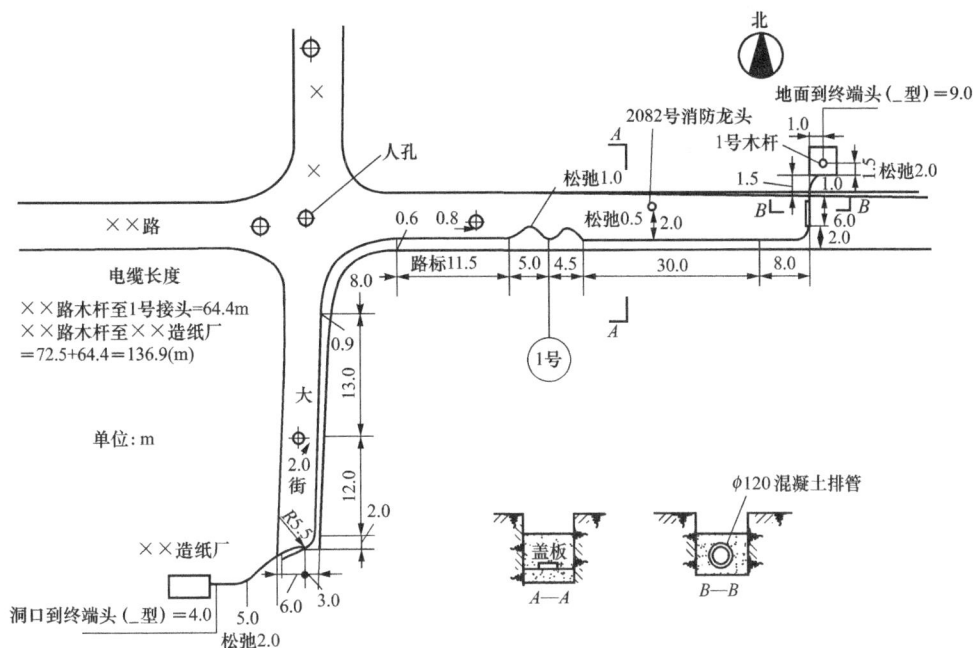

图 GYDL00505005-1　10kV 电缆直埋地敷设平面图

三、电力电缆路径图的现场测绘方法和要求

电力电缆线路路径图是在电缆敷设后，在施工现场对电缆线路位置、走向、路径等进行实地测量、现场测绘而成的。

1. 现场定位与测量

（1）现场定位与测量，一般可依据城市规划测绘院提供的地理标志为基准定位依据，如河流、道路（名称）、走向、建筑标志物、重要地理水平标高等，进行二维坐标确定和测量推算。

（2）测量电缆中心线到固定标志物的直线距离，作为电缆线路定位的依据。

（3）在城市道路、建筑群等复杂的地理环境中，如进行电力电缆非开挖敷设，可利用 GPS 定位仪给定的三维坐标信息和非开挖轨迹数据来确定电缆敷设路径与走向的定位和测距。

2. 现场测绘要求

（1）直埋电缆敷设的现场测绘图，必须在覆土前测绘。应沿电缆线路路径走向逐段测绘，并精确计算电缆线路累计总长度。

（2）要认定并记录电缆敷设地段的方位、地形和路名。标明绘制出电缆线路走向，路段的道路边线和各种可参照的固定性标志物，如道路两侧建筑物边线、房角、路界石、测标等。

（3）要正确了解电缆敷设的地理状况、周边环境、埋设深度和其他管线的敷设，平行、交叉、重叠等相互影响因素。

（4）电缆路径走向弯曲部分，分别测量出直轴和横轴的距离，并沿电缆测量出弯曲部分的长度，一并标注在图上。

（5）电缆线路尺寸应采用国际标准计量单位米、厘米、毫米。并取小数点后一位，第二位按四舍五入进行保留，保证测绘与定位的精确。

（6）记录电缆的电压等级、型号、截面、制造厂等资料。

3. 正确选定测绘图的比例

绘图比例一般为 1:500。根据电缆敷设现场的实际需要，地下管线密集处可取 1:100，管线稀少地段可取 1:1000。

4. 选用城市道路规划和建筑设计规范的图形符号

常用道路建筑图形符号见表 GYDL00505005-2，可供参考。

表 GYDL00505005-2　　　　　　　　　常用道路建筑图形符号

图形符号	说　明	图形符号	说　明
	里程碑	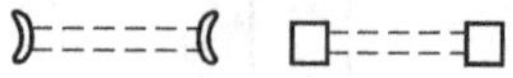	涵洞
	方形人井、雨水管、沉井		大基础铁塔
	外方内圆井		工字形水泥杆
	圆形人井		圆形污水沉井
	市政测量标高桩		圆形电杆、电话杆
	消防龙头（地面上）		三角形水泥杆
	消防龙头（地面下）		杆上变压器
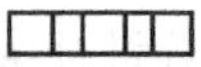	阳沟		大门
	铁塔		

四、现场测量与绘制电缆路径图的基本步骤

电力电缆路径图绘制是在现场测绘草图的基础上，精确地标出了绘制比例、坐标指向，道路名称及走向、建筑标志物、水平标高等电缆敷设竣工的环境状况，明确了电缆线路的走向、长度，上下杆位置和高度，穿越街道时采用的铁管敷设保护，敷设方法、道路管线长度、与架空线连接点位置等，并以电力电缆线路竣工图来表示。

绘制电缆路径图的基本步骤如下：

（1）手工绘制电缆线路走向、地理位置图，是用徒手绘成的无比例的原始草图。根据电缆敷设施工现场、电缆路径、走向绘制而成，具有现场实际测绘的真实性和准确性。

（2）将现场测绘草图誊清。也可用绘图工具按一定比例绘制，在现场及时进行校核，确保绘制准确完整和数据精确。

（3）电缆原始测绘草图的样稿应按电压等级和地区分类装订成册，长期妥善保管，以便查考、复核与校对。

（4）根据现场测绘的要求，设定绘制比例：市区为 1:500；郊区为 1:1000。

（5）必须按电气工程制图的图线、图标规定、正确的画法、尺寸标注和文字符号等规范要求来绘制。并应符合 GB/T 4728 的要求。

（6）参照电缆设计的规范，依据城市规划测绘院给出的道路地形、道路标高，正确标注电缆线路方位、走向、敷设深度、弯曲弧度与地理指（北）向，保证现场测绘与电缆路径走向绘制的正确性。

（7）应准确标注电缆各段长度和累计总长。标注各弯曲部分长度，进入变电站和上下电杆长度及电缆线路路径的地段、位置的标记。

（8）绘制电缆路径图的走向时，纵向截面图例应采用统一专用符号，以表示电缆终端、分支箱、

电缆沟、电缆排管和工井、电缆隧道和桥架箱梁等。

（9）电力电缆穿过道路的抗压护导管时，应注明管材、孔径和埋设深度。

（10）排管敷设应附上纵向断面图，并注明排管孔别编号。

（11）电缆与地下同一层面的其他管线平行、交叉或重叠，必须在图上标绘清楚，应加注文字补充说明，如图 GYDL00505005-2 所示。

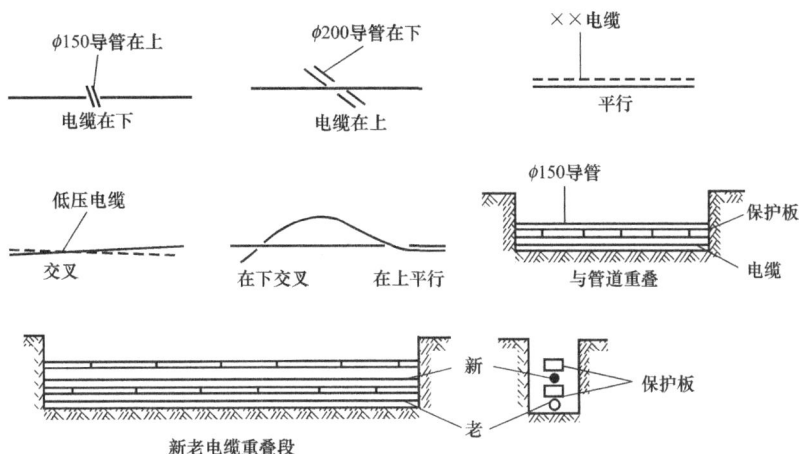

图 GYDL00505005-2 电缆与其他管线平行交叉和重叠的标绘图

（12）电缆路径图的规范绘制，也可以采用计算机 CAD 软件绘制标准的电缆路径走向图，并以硬盘形式存档，长期保存。

五、列出部分规范绘制电缆的路径、走向及竣工图示，给予识读学习和绘制的参照

（1）某地区电缆路径（竣工）图（排管敷设方式）如图 GYDL00505005-3 所示。

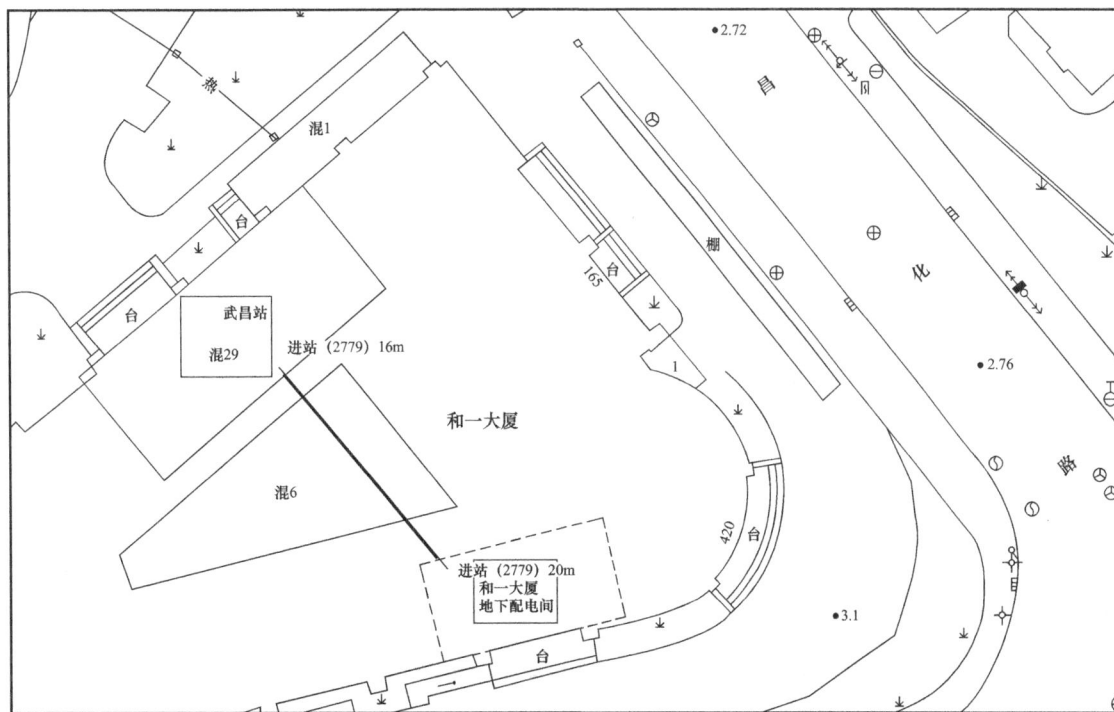

图 GYDL00505005-3 某地区电缆路径（竣工）图（排管敷设方式）

（2）地区电缆路径（竣工）图（直埋敷设方式）如图 GYDL00505005-4 所示。

（3）图 GYDL00505005-5 为通过现场测量，精确绘制而成的电缆路径竣工图。

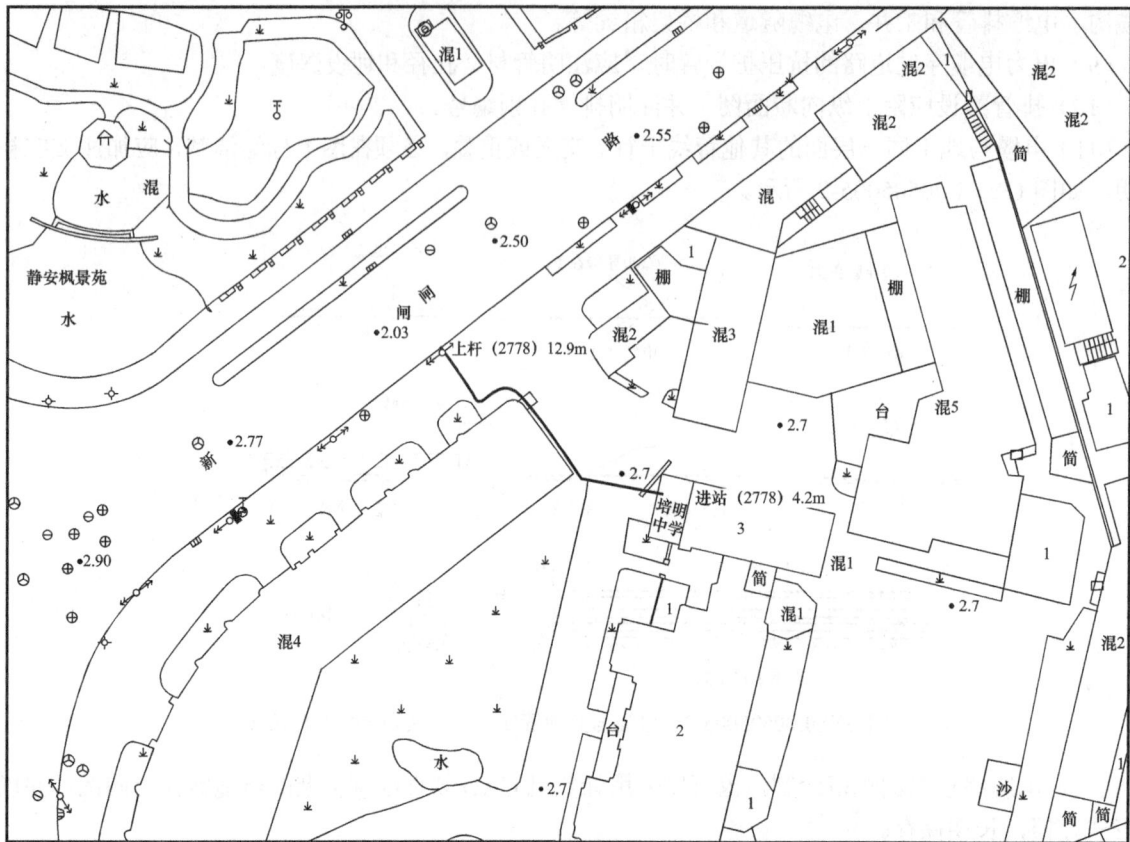

图 GYDL00505005-4　某地区电缆路径（竣工）图（直埋敷设方式）

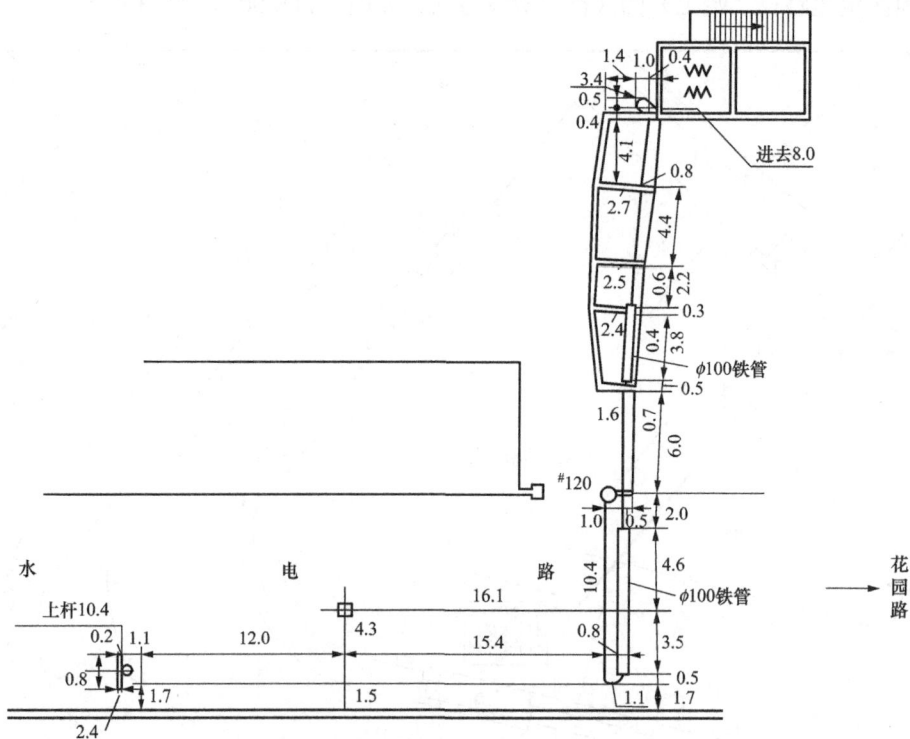

图 GYDL00505005-5　某电力电缆线路工程竣工平面图

【思考与练习】

1. 请详细说明电缆线路的路径图分类组成、内容和特点。

2. 请举例说明电力电缆路径（竣工）图的识读要求。

3. 请举例分析并说明电力电缆路径（竣工）图绘制基本步骤的要点。

第三部分

电缆敷设安装

第四章 施工方案及作业指导书编制

模块1 施工方案的编制（GYDL00202001）

【模块描述】本模块包含施工方案的编制内容和方法。通过要点讲解、示例介绍，掌握以工程概况、施工组织措施、安全生产保证措施、文明施工要求、工程质量计划、主要施工设备、器械和材料清单等为主要内容的施工方案编制方法。

【正文】

电缆工程施工方案是电缆工程的指导性文件，对确保工程的组织管理、工程质量和施工安全有重要意义。

一、编制依据

施工方案根据工程设计施工图、工程验收所依据的行业或企业标准、施工合同或协议、电缆和附件制造厂提供的技术文件以及设计交底会议纪要等编制。

二、施工方案主要内容

施工方案主要包括工程概况、施工组织措施、安全生产保证措施、文明施工要求和具体措施、工程质量计划、主要施工设备、器械和材料清单等项目。

三、施工方案具体内容

1. 工程概况

1）工程名称、性质和账号；

2）工程建设和设计单位；

3）电缆线路名称、敷设长度和走向；

4）电缆和附件规格型号、制造厂家；

5）电缆敷设方式和附属土建设施结构（如隧道或排管断面、长度）；

6）电缆金属护套和屏蔽层接地方式；

7）竣工试验项目和试验标准；

8）计划工期和形象进度。

2. 施工组织措施

施工组织机构包括项目经理、技术负责人、敷设和接头负责人、现场安全员、质量员、资料员以及分包单位名称等。

3. 安全生产保证措施

安全生产保证措施包括一般安全措施和特殊安全措施、防火措施等。

4. 文明施工要求和具体措施

在城市道路安装电缆，要求做到全封闭施工，应有确保施工路段车辆和行人通行方便的措施。施工现场应设置施工标牌，以便接受社会监督。工程完工应及时清理施工临时设施和余土，做到工完料净场地清。

5. 工程质量计划

工程质量计划包括质量目标、影响工程质量的关键部位和必须采取的保证措施，以及质量监控要求等。

6. 主要施工设备、器械和材料清单

主要施工设备、器械和材料清单包括电缆敷设分盘长度和各段配盘方案，终端、接头型号及数量，敷设、接头、试验主要设备和器具。

【案例 GYDL00202001-1】

××220kV 电缆工程施工方案

一、工程概况

1. 工程名称、性质和账号

（1）工程名称：××220kV 线路工程。

（2）工程性质：网改工程。

（3）工程账号：×××××。

2. 工程建设和设计单位

（1）建设单位：××公司。

（2）设计单位：××设计院。

3. 电缆线路名称、敷设长度和走向

（1）电缆线路名称：××线。

（2）敷设长度：新设电缆路径总长为××m。

（3）电缆线路走向：新设电缆路径总体走向是沿××道的便道向东敷设。

（4）电缆、附件规格型号及制造厂家：本工程采用××电缆有限公司生产的型号为 YJLW02-127/220-1×2500mm^2 的电力电缆，电缆附件均为电缆厂家配套提供。

（5）电缆敷设方式和附属土建设施结构：电缆敷设选择人力和机械混合敷设电缆的方法。

（6）电缆金属护套和屏蔽层接地方式：××线电缆分为 5 段，其中××侧 3 段电缆形成一个完整交叉互联系统，××侧的 2 段电缆分别做一端直接接地，另一端保护接地。

（7）竣工试验项目和标准：竣工试验项目和试验标准按照国家现行施工验收规范和交接试验标准执行。

（8）计划工期和形象进度：本工程全线工期××天，且均为连续工作日。详见工期进度附表。

二、施工组织措施

项目经理：×××

技术负责人：×××

电缆敷设项目负责人：×××

附件安装项目负责人：×××

现场安全负责人：×××

环境管理负责人：×××

施工质量负责人：×××

材料供应负责人：×××

机具供应负责人：×××

资料员：×××

分包单位名称：×××

三、安全生产保证措施

1. 一般安全措施

（1）全体施工人员必须严格遵守电力建设安全工作规程和电力建设安全施工管理规定。

（2）开工前对施工人员及民工进行技术和安全交底。

（3）使用搅拌机工作时，进料斗下不得站人；料斗检修时，应挂上保险链条。

（4）材料运输应由指定专人负责，配合司机勘察道路，做到安全行车。

（5）施工现场木模板应随时清理，防止朝天钉扎脚。

（6）严格按照钢筋混凝土工程施工及验收规范进行施工。

（7）严格按照本工程施工设计图纸进行施工。

（8）全体施工人员进入施工现场必须正确佩戴个人防护用具。

（9）现场使用的水泵、照明等临时电源必须加装漏电保安器，电源的拆接必须由电工担任。

2. 特殊安全措施

（1）电缆沟开挖。电缆沟的开挖应严格按设计给定路径进行，遇有难以解决的障碍物时，应及时与有关部门接触，商讨处理方案。

沟槽开挖施工中要做好围挡措施，并在电缆沟沿线安装照明、警示灯具。

电缆沟槽开挖时，沟内施工人员之间应保持一定距离，防止碰伤；沟边余物应及时清理，防止回落伤人。

电缆沟开挖后，在缆沟两侧应设置护栏及布标等警示标志，在路口及通道口搭设便桥供行人通过。夜间应在缆沟两侧装红灯泡及警示灯，夜间破路施工应符合交通部门的规定，在被挖掘的道路口设警示灯，并设专人维持交通秩序。道路开挖后应及时清运余土、回填或加盖铁板，保证道路畅通。

（2）电缆排管及过道管的敷设。电力管的装卸采用吊车或大绳溜放，注意溜放的前方不得有人。管子应放在凹凸少的较平坦的地方保管，管子堆放采用井字形叠法或单根依次摆放法，而且要用楔子、桩和缆绳等加固，防止管子散捆。沟内有水时应有可靠的防触电措施。

（3）现浇电缆沟槽的制作及盖板的敷设。沟槽、盖板的吊装采用吊车，施工时注意吊臂的回转半径与建筑物、电力线路间满足安全距离规定。吊装作业有专人指挥，吊件下不得站人，夜间施工有足够的照明。运输过程不得超载，沟槽不得超过汽车护栏。

（4）电缆敷设。电缆运输前应查看缆轴情况，应派专人查看道路。严格按照布缆方案放置缆轴。电缆轴的支架应牢固可靠，并且缆轴两端调平，防止展放时缆轴向一侧倾斜。电缆轴支架距缆沟应不小于 2m，防止缆沟塌方。电缆进过道管口应通过喇叭口或垫软木，以防电缆损伤。在进管口处不得用手触摸电缆，以防挤手。

（5）电缆接头制作及交接试验。电缆接头制作必须严格按照电缆接头施工工艺进行施工，作好安装记录。冬雨季施工应做好防冻、防雨、防潮及防尘措施。电缆接头制作前必须认真核对相色。电缆接头完成后，按照电力电缆交接试验规程规定的项目和标准进行试验，及时、准确填写试验报告。

3. 防火措施

施工及生活中使用电气焊、喷灯、煤气等明火作业时，施工现场要配备消防器材。工作完工后工作人员要确认无留有火种后方可离去。进入严禁动用明火作业场所时，要按规定办理明火作业票，并设安全监护人。

四、文明施工要求和具体措施

（1）工程开工前办理各种施工赔偿协议，与施工现场所在地人员意见有分歧时，应根据有关文件、标准，协商解决。

（2）施工中合理组织，精心施工减少绿地赔偿，尽量减少对周围环境的破坏，减少施工占地。

（3）现场工具及材料码放整齐，完工后做到工完、料净、场地清。

（4）现场施工人员统一着装，佩戴胸卡。

（5）加强对民工、合同工的文明施工管理，在签订劳务合同时增加遵守现场文明施工管理条款。

（6）各工地现场均设立文明施工监督巡视岗，负责督促落实文明施工标准的执行。

（7）现场施工期间严禁饮酒，一经发现按有关规定处理。

（8）在施工现场及驻地，制作标志牌、橱窗等设施，加大文明施工和创建文明工地的宣传力度。

五、工程质量计划

（一）质量目标

1）质量事故 0 次；

2）工程本体质量一次交验合格率 100%；

GYDL00202001

3）工程一次试发成功；

4）竣工资料按时移交，准确率100%，归档率100%；

5）不合格品处置率100%；

6）因施工质量问题需停电处缺引起的顾客投诉0次；

7）顾客投诉处理及时率100%；

8）顾客要求的创优工程响应率100%。

（二）关键部位的保证措施

1. 电缆敷设施工质量控制

（1）准备工作：

1）检查施工机具是否齐备，包括放缆机、滑车、牵引绳及其他必需设备等；

2）确定好临时电源：本工程临时电源为外接电源和自备发电机；

3）施工前现场施工负责人及有关施工人员进行现场调查工作；

4）检查现场情况是否与施工图纸一致，施工前对于已完工可以敷设电缆的隧道段核实实长和井位，并逐一编号，在拐弯处要注意弯曲半径是否符合设计要求，有无设计要求的电缆放置位置；

5）检查已完工可以敷设电缆的土建工程是否满足设计要求和规程要求且具备敷设条件；

6）检查隧道内有无积水和其他妨碍施工的物品并及时处理，检查隧道有无杂物、积水等，注意清除石子等能将电缆硌坏的杂物；

7）依照设计要求，在隧道内和引上部分标明每条电缆的位置、相位；

8）根据敷设电缆分段长度选定放线点，电缆搭接必须在直线部位，尽量避开积水潮湿地段；

9）电缆盘护板严禁在运到施工现场前拆除。电缆盘拖车要停在接近入线井口的地势平坦处，高空无障碍，如现场条件有限，可适当调整电缆盘距入井口的距离，找准水平，并对正井口，钢轴的强度和长度与电缆盘重量和宽度相配合，并防止倒盘；

10）电缆敷设前核实电缆型号、盘号、盘长及分段长度，必须检查线盘外观有无破损及电缆有无破损，及时粘贴检验状态标识，发现破损应保护现场，并立即将破损情况报告有关部门；

11）在无照明的隧道，每台放缆机要保证有一盏手把灯；

12）隧道内所有拐点和电缆的入井处必须安装特制的电缆滑车，要求滑轮齐全，所有滑车的入口和出口处不得有尖锐棱角，不得刮伤电缆外护套；

13）摆放好放缆机，大拐弯及转角滑车用涨管螺栓与步道固定；

14）隧道内在每个大拐弯滑车电缆牵引侧10m内放置一台放缆机；

15）敷设电缆的动力线截面≥25mm^2。

（2）电缆敷设：

1）对参与放线的有关人员进行一次技术交底，尤其是看守放缆机的工作人员，保证专人看守。

2）电缆盘要安装有效刹车装置，并将电缆内头固定，在电话畅通后方可空载试车，敷设电缆过程中，必须要保持电话畅通，如果失去联系立即停车，电话畅通后方可继续敷设，放线指挥要由工作经验丰富的人员担任，听从统一指挥。线盘设专人看守，有问题及时停止转动，进行处理，并向有关负责人进行汇报，当电缆盘上剩约2圈电缆时，立即停车，在电缆尾端捆好绳，用人牵引缓慢放入井口，严禁线尾自由落下，防止摔坏电缆和弯曲半径过小。

3）本工程要求敷设时电缆的弯曲半径不小于2.6m。

4）切断电缆后，立即采取措施密封端部，防止受潮，敷设电缆后检查电缆封头是否密封完好，有问题及时处理。

5）电缆敷设时，电缆从盘的上端引出，沿线码放滑车，不要使电缆在支架上及地面摩擦拖拉，避免损坏外护套，如严重损伤，必须按规定方法及时修补，电缆不得有压扁、绞拧、护层开裂等未消除的机械损伤。

6）敷设过程中，如果电缆出现余度，立即停车将余度拉直后方可继续敷设，防止电缆弯曲半径过小或撞坏电缆。

7）在所有复杂地段、拐弯处要配备一名有经验的工作人员进行巡查，检查电缆有无刮伤和余度情况，发现问题要及时停车解决。

8）电缆穿管或穿孔时设专人监护，防止划伤电缆。

9）电缆就位要轻放，严禁磕碰支架端部和其他尖锐硬物。

10）电缆拿蛇形弯时，严禁用有尖锐棱角铁器撬电缆，可用手扳弯，再用木块（或拿弯器）支或用圆抱箍固定，电缆蛇形敷设按照设计要求执行。

11）电缆就位后，按设计要求固定、绑绳，支点间的距离符合设计规定，卡具牢固、美观。

12）电缆进入隧道、建筑物以及穿入管子时，出入口封闭，管口密封，本工程两侧站内夹层与隧道接口处均需使用橡胶阻水法兰封堵。

13）在电缆终端处依据设计要求留裕度。

14）敷设工作结束后，对隧道进行彻底清扫，清除所有杂物和步道上的胀管螺栓。

15）移动和运输放缆机要用专用运输车，移动放缆机、滑车时注意不得挂碰周围电缆。

16）现场质量负责人定期组织有关人员对每一段敷设完的电缆质量进行检查验收，发现问题及时处理。

17）及时填写施工记录和有关监理资料。

2. 电缆附件安装的施工质量控制

（1）附件安装准备工作：

1）接头图纸及工艺说明经审核后方可使用。

2）湿度大于70%的条件下，无措施禁止进行电缆附件安装。

3）清除接头区域内的污水及杂物，保持接头环境的清洁。

4）每个中间接头处要求有不少于两个150W防爆照明灯。

5）终端接头区域在不满足接头条件或现场环境复杂的情况下，进行围挡隔离，以保证接头质量。

6）对电缆外护套按要求进行耐压试验，发现击穿点要及时修补，并详细记录所在位置及相位，外护套试验合格后方可进行接头工作。

7）电缆接头前按设计要求加工并安装好接头固定支架，支架接地良好。

8）组织接头人员进行接头技术交底，技术人员了解设计原理、所用材料的参数及零配件的检验方法，熟练掌握附件的制作安装工艺及技术要求；施工人员熟悉接头工艺要求，掌握所用材料及零配件的使用和安装方法，掌握接头操作方法。

9）在接头工作开始前，清点接头料，开箱检查时报请监理工程师共同检验，及时填写检查记录并上报，发现与接头工艺不相符时及时上报。

10）在安装终端和接头前，必须对端部一段电缆进行加热校直和消除电缆内应力，避免电缆投运后因绝缘热收缩而导致的尺寸变化。

（2）制作安装：

1）接头工作要严格执行厂家工艺要求及有关工艺规程，不得擅自更改。

2）安装交叉互联箱、接地箱时要严格执行设计要求及有关工艺要求。

3）施工现场的施工人员对施工安装的成品质量负责，施工后对安装的成品进行自检、互检后填写施工记录，并由施工人员在记录上签字，自检、互检中发现的问题立即处理，不合格不能进行下道工序。

4）施工中要及时填写施工记录，记录内容做到准确真实。

5）质检员随时审核施工记录。

6）每相中间接头要求在负荷侧缠相色带，相色牌拴在接头的电源侧，线路名牌拴在B相电缆接头上。

7）所有接头工作结束后，及时按电缆规程要求挂线路铭牌、相色牌。

六、材料清单和主要施工设备、器械

1. 电缆敷设分盘长度和各段配盘方案

路径长度	相序	订货长度（m）	路径长度	相序	订货长度（m）
第一段 终端塔~1号井 ××m	A相	××××	第五段 4号井~5号井 ××m	A相	××××
	B相	××××		B相	××××
	C相	××××		C相	××××
第二段 1号井~2号井 ××m	A相	××××	第六段 5号井~6号井 ××m	A相	××××
	B相	××××		B相	××××
	C相	××××		C相	××××
第三段 2号井~3号井 ××m	A相	××××	第七段 6号井~7号原 ××m	A相	××××
	B相	××××		B相	××××
	C相	××××		C相	××××
第四段 3号井~4号井 ××m	A相	××××			
	B相	××××			
	C相	××××			

2. 机具设备使用计划表

序号	类别	名称	规格	单位	数量	进场时间	出场时间	解决办法
1	施工车辆							
2								
3								
4								
5								
6	电缆敷设							
7								
8								
9								
10								
11								
12	电缆接头							
13								
14								
15								
16								
17								
18								
19								
20								
21	接地系统							
22								

【思考与练习】

1. 施工方案主要包括哪些项目？
2. 工程概况应包括哪些内容？
3. 施工组织措施包括哪些内容？
4. 工程质量计划包括哪些内容？

模块 2　电缆作业指导书的编制（GYDL00202002）

【模块描述】本模块介绍电缆作业指导书的编制。通过要点讲解和示例介绍，掌握电缆作业指导书编制依据、结构、具体的内容和方法。

【正文】

一、电缆作业指导书编制依据

（1）法律、法规、规程、标准、设备说明书。

（2）缺陷管理、反措要求、技术监督等企业管理规定和文件。

二、电缆作业指导书的结构

电缆作业指导书由封面、范围、引用文件、工作前准备、作业程序、消缺记录、验收总结、指导书执行情况评估八项内容组成。

三、电缆作业指导书的内容

（一）封面

封面包括作业名称、编号、编写人及时间、审核人及时间、批准人及时间、编写单位六项内容。

（1）作业名称：包括电压等级、线路名称、具体作业的杆塔号、作业内容。

（2）编号：应具有唯一性和可追溯性，由各单位自行规定，编号位于封面右上角。

（3）编写、审核、批准：单一作业及综合、大型的常规作业由班组技术人员负责编制，二级单位生产专业技术人员及安监人员审核，二级单位主管生产领导批准；大型复杂、危险性较大、不常进行的作业，其"作业指导书"的编制应涵盖"三措"的所有内容，由生产管理人员负责编制，本单位主管部门审核，由主管领导批准签发。

（4）作业负责人：为本次作业的工作负责人，负责组织执行作业指导书，对作业的安全、质量负责，在指导书负责人一栏内签名。

（5）作业时间：现场作业计划工作时间，应与作业票中计划工作时间一致。

（6）编写单位：填写本指导书的编写单位全称。

（二）范围

范围指作业指导书的使用效力，如"本指导书适用于××kV××线电缆检修工作"。

（三）引用文件

明确编写作业指导书所引用的法规、规程、标准、设备说明书及企业管理规定和文件（按标准格式列出）。例如：

《电气装置安装工程电缆线路施工及验收规范》（GB 50168—2006）

《电力电缆运行规程》[（79）电生字第 53 号]

《国家电网公司电力安全工作规程（变电站和发电厂电气部分）》

《国家电网公司电力安全工作规程（电力线路部分）》

《城市电力电缆线路设计技术规定》（DL/T 5221—2005）

《电力工程电缆设计规范》（GB 50217—2007）

（四）工作前准备

工作前准备包括准备工作安排、现场作业示意图、危险点分析及安全措施、工器具和材料准备。

1. 准备工作安排

1）现场勘查；

2）召开班前会；

3）明确工作任务，确定作业人员及其分工；

4）确定工作方法；

5）审核并签发工作票。

具体格式见表 GYDL00202002-1。

表 GYDL00202002-1　　　　　　　　工 作 前 准 备

√	序号	内　容	标　准	责任人	备注
	1	开工前，由车间生产组报工作计划	根据工作任务和设备情况制定组织措施和技术措施		
	2	工作前填写工作票，提交相关停电申请	工作票的填写应按照《国家电网公司电力安全工作规程（电力线路部分）》进行		

注　工作负责人在班前会中打"√"确认，下同。

2. 现场作业示意图

现场作业示意图应包括作业地段、邻近带电部位、挂接地线的位置、围栏的设置等。现场作业示意图的绘制可采用微机绘制，亦可用手工绘制。图中邻近带电线路、有电部位应用红笔标示。

3. 危险点分析及安全控制措施

（1）危险点分析。

1）线路区域的特点：如交叉跨越、邻近平行、带电、高空等可能给作业人员带来的危险因素；

2）作中使用的起重设备（吊车、人工或电动绞磨）、工具等可能给工作人员带来的危害或设备异常；

3）操作方法失误等可能给工作人员带来的危害或设备异常；

4）作业人员身体状况不适、思想波动、不安全行为、技术水平能力不足等可能带来的危害或设备异常；

5）其他可能给作业人员带来危害或造成设备异常的不安全因素。

（2）控制措施。应针对危险点采取可靠的安全措施。

作业危险点分析及安全控制措施格式见表 GYDL00202002-2。

表 GYDL00202002-2　　　　　作业危险点分析及安全控制措施

√	序号	危　险　点	安全控制措施	备注
	1	挂接地线前，没有使用合格 35kV 验电器验电及绝缘手套，强行盲目挂地线伤人	使用合格验电笔验电，确认无电后再挂接地线	
	2	切断电缆时，没按停电切改安全规定而盲目切断电缆	在切断电缆之前要核对图纸，并用选线仪鉴别出已停电的待检修电缆。持钎人应使用带地线的木柄钎子，并站在绝缘垫上和戴绝缘手套，砸锤人禁止戴手套	

4. 工器具和材料准备

工器具、材料包括作业所需的专用工具、一般工器具、仪器仪表、电源设施，以及装置性材料、消耗性材料等。具体格式见表 GYDL00202002-3。

表 GYDL00202002-3　　　　　　工 器 具、材 料

√	序号	名　称	规　格	单　位	数　量	备　注
	1	单臂葫芦	0.5t	把	6	
	2	砂布	180 号/240 号	张	2/2	

（五）作业阶段

作业阶段包括作业开工，作业内容、步骤及工艺标准，作业结束三项内容。

（1）作业开工：

1）办理工作许可手续；

2）宣读工作票；

3）布置辅助安全措施。

作业开工具体格式见表 GYDL00202002-4。

表 GYDL00202002-4　　　　　　　　作 业 开 工

√	序号	内　容	标　准	备注
	1	布置工作任务，进行安全交底	工作负责人向所有工作人员详细交代作业任务、安全措施和注意事项，作业人员签字确认	

（2）作业内容、步骤及工艺标准。明确作业内容、作业步骤、工艺标准、依据、数据、责任人签名等，作业完工后每项工作的责任人在"责任人签名"一栏中签名。具体格式见表 GYDL00202002-5。

表 GYDL00202002-5　　　　　　作业内容、步骤及工艺标准

√	序号	检修内容	工 艺 标 准	检修结果	责任人签名
	1	电缆终端头检查	接头接触应良好，螺栓压接紧固，无过热、烧伤痕迹。更换锈蚀严重的螺栓；检查电缆头有无渗油现象，清扫电缆头套管表面积灰、油垢及涂 RTV 涂料		
	2	电缆接地线检查	接地线应完整、无烧痕、无锈蚀，接地线与接地极直接相连，且接触良好		

注　"检修结果"、"责任人签名"栏由责任人在检修工作中或检修结束后填写。

（3）作业结束。规定工作结束后的注意事项，如清理工作现场工具、材料，清点人数，接地线确已拆除，办理工作终结手续，恢复送电，设备检查，人员撤离工作现场等。具体格式见表 GYDL00202002-6。

表 GYDL00202002-6　　　　　　　　作 业 竣 工

√	序号	内　容	负责人签名
	1	清理工作现场，将工器具全部收拢并清点，废弃物按相关规定处理，材料及备品备件回收清点	
	2	会同运行人员对现场安全措施及检修设备进行检查，要求恢复至工作许可状态	

（六）消缺记录
记录检修过程中所消除的缺陷，具体格式见表 GYDL00202002-7。

表 GYDL00202002-7　　　　　　　　消 缺 记 录

√	序号	缺 陷 内 容	消除人员签字

（七）验收总结
1）记录检修结果，对检修质量做出整体评价；
2）记录存在问题及处理意见。
具体格式见表 GYDL00202002-8。

表 GYDL00202002-8　　　　　　　　验 收 总 结

负责人		施工人员			施工性质	故障检修/新设/切改	
原有电缆型号		原有电缆厂家		新添电缆型号		新添电缆厂家	
接头型号		附件厂家		气象资料	天气：	温度：	湿度：
检修记事、存在的问题、处理意见							
缺陷消除情况							
运行员验收意见、签字							

（八）指导书执行情况评估
1）对指导书的符合性、可操作性进行评价；

2）对不可操作项、修改项、遗漏项、存在问题做出统计；

3）提出改进意见。

具体格式见表 GYDL00202002-9。

表 GYDL00202002-9　　　　　　执 行 情 况 评 估

评估内容	符合性	优		可操作项	
		良		不可操作项	
	可操作性	优		修改项	
		良		遗漏项	
存在问题					
改进意见					

四、电缆作业指导书编制的方法及要求

（1）体现对现场作业的全过程控制，体现对设备及人员行为的全过程管理，包括设备验收、运行检修、缺陷管理、技术监督、反措和人员行为要求等内容。

（2）现场作业指导书的编制应依据生产计划。生产计划的制订应根据现场运行设备的状态，如缺陷异常、反措要求、技术监督等内容，应实行刚性管理，变更应严格履行审批手续。

（3）应在作业前编制，注重策划和设计，量化、细化、标准化每项作业内容。做到作业有程序、安全有措施、质量有标准、考核有依据。

（4）针对现场实际，进行危险点分析，制定相应的防范措施。

（5）应分工明确，责任到人，编写、审核、批准和执行应签字齐全。

（6）围绕安全、质量两条主线，实现安全与质量的综合控制。优化作业方案，提高效率、降低成本。

（7）一项作业任务编制一份作业指导书。

（8）应规定保证本项作业安全和质量的技术措施、组织措施、工序及验收内容。

（9）以人为本，贯彻安全生产健康环境质量管理体系的要求。

（10）概念清楚、表达准确、文字简练、格式统一。

（11）应结合现场实际，由专业技术人员编写，由相应的主管部门审批。

【思考与练习】

1. 电缆检修作业指导书一般由哪几部分组成？

2. 工作准备阶段包括哪些部分？

3. 现场作业示意图应包括哪些部分？

4. 作业阶段包括哪些部分？

第五章 电缆及附件的储运及验收

模块 1 电缆及附件的运输、储存（GYDL00203001）

【模块描述】本模块介绍电缆及附件运输储存的要求和方法。通过要点讲解，熟悉电缆及附件运输、储存的相关规定，掌握电缆及附件运输储存的方法、要求和注意事项。

【正文】

一、电缆及附件的储存

1. 电缆的存放与保管

（1）存放电缆的仓库地面应平整，干燥、通风。仓库中应划分成若干标有编号的间隔，并备有必要的消防设备。

（2）电缆应尽量避免露天存放。如果是临时露天存放，为避免电缆老化，在电缆盘上应设遮棚。

（3）电缆应集中分类存放。电缆盘之间应有通道，应避免电缆盘锈蚀，损坏电缆，存放处地基应坚实，存放处不得积水。

（4）电缆盘不得平卧放置。

（5）电缆盘上应有盘号、制造厂名称、电缆型号、额定电压、芯数及标称截面，装盘长度，毛重，可以识别电缆盘正确旋转方向的箭头，标注标记和生产日期。

（6）电缆在保管期间应每 3 个月进行一次检查。

（7）保管人员应定期巡视，发现有渗漏等异常情况应及时处理。

（8）电缆在保管期间，有可能出现电缆盘变形、盘上标志模糊、电缆封端渗漏、钢铠锈蚀等。如发生此类现象，应视其发生缺陷的部位和程度及时处理并作好记录，以保证电缆质量完好。

（9）充油电缆盘上保压压力箱阀门必须处于开启状态，应注意气温升降引起的油压变化，保压压力箱的油压不能低于 0.05MPa。油压下降时，应及时采取措施。

（10）对充油电缆，由于其充油的特殊性，在检查时，应记录油压、环境温度和封端情况，有条件时可加装油压报警装置，以便及时发现漏油。由于在处理前对其滚动会使空气和水分在电缆内部窜动，给处理带来麻烦，所以在未处理前严禁滚动。

2. 电缆附件的存放与保管

（1）电缆终端套管储存时，应有防止机械损伤的措施。

（2）电缆附件绝缘材料的防潮包装应密封良好，并按材料性能和保管要求储存和保管（存放有机材料的绝缘部件、绝缘材料的室内温度应不超过供货商的规定）。

（3）电缆及其附件在安装前的保管，其保管期限应符合厂家要求。当需长期保管时，应符合设备保管的专门规定。

（4）电缆终端和中间接头的附件应当分类存放。为了防止绝缘附件和材料受潮、变质，除瓷套等在室外存放不会产生受潮、变质的材料外，其余必须存放在干燥、通风、有防火措施的室内。终端用的套管等易受外部机械损伤的绝缘件，无论存放于室内还是室外，尤其是大型瓷套，均应放于原包装箱内，用泡沫塑料、草袋、木料等围遮包牢。

（5）电缆终端头和接头浸于油中部件、材料都应采用防潮包装，并应存放在干燥的室内保存，以防止储运过程中密封破坏而受潮。

3. 其他附属设备和材料的存放与保管

其他附属设备和材料主要包括接地箱和交叉互联箱、防火材料、电缆支架、桥架、金具等。

（1）接地箱、交叉互联箱要存放于室内。对没有进出线口封堵的，要增加临时封堵，并在箱内放置防潮剂。

（2）防火涂料、包带、堵料等防火材料，应严格按照制造厂商的保管要求进行保管存放，以免材料失效、报废。

（3）电缆支架、桥架应分类存放保管，装卸时应轻拿轻放，以防变形和损伤防腐层。

（4）存放电缆金具时，应注意不要损坏金具的包装箱。

二、电缆及附件运输的要求和注意事项

1. 电缆的运输要求及注意事项

（1）除大长度海底电缆外，电缆应绕在盘上运输。长距离运输时，电缆盘应有牢固的封板。电缆盘在运输车上必须可靠的固定，防止电缆盘强烈振动、移位、滚动、相互碰撞或翻倒。不允许将电缆盘平放运输。对较短电缆，在确保电缆不会损坏的情况下，可以按照电缆允许弯曲半径盘成圈或 8 字形，并至少在 4 处捆紧后搬运。

（2）应使用吊车装运电缆盘，不得将几盘电缆同时起吊。除有起吊环之外，装卸时要用盘轴，将起吊钢丝绳套在轴的两端。严禁将钢丝绳直接穿在电缆盘中心孔起吊（防止挤压电缆盘、电缆，钢丝绳损伤）。不允许将电缆盘从装卸车上推下。在施工工地，允许将电缆盘在短距离内滚动。滚动电缆盘应顺着电缆绕紧的方向，如果反方向滚动，可能使盘上绕的电缆松散开。

（3）充油电缆在运输途中，必须有托架、枕木、钢丝绳加以固定，并应有人随车监护。电缆端头必须固定好，随车人员要经常察看油管路和压力表，确认保压压力箱阀门处于开启状态，充油电缆不得发生失压进气，如果发生电缆铅包开裂、油管路渗油等异常情况，必须及时进行处理。

（4）铁路运输时需采用凹型车皮，使其高度降低。公路运输时如果有高度限制，可采用平板拖车运输。一般盘顺放，横放直径超宽，如小盘固定牢固也可横放。

（5）搬移和运输电缆盘前，应检查电缆盘是否完好，若不能满足运输要求应先过盘。电缆盘装卸时，应使用吊车和跳板。

（6）钢丝绳使用注意事项：

1）钢丝绳的使用应按照制造厂家技术规范的规定进行。

2）钢丝绳在使用前必须仔细检查，所承受的荷重不准超过规定。

3）钢丝绳有下列情况之一者，应报废、换新或截除：

a）钢丝绳中有断股者应报废；

b）钢丝绳的钢丝磨损或腐蚀达到既超过原来钢丝绳直径的 40%时，或钢丝绳受过严重火灾或局部电火烧过时，应予报废；

c）钢丝绳压扁变形及表面起毛刺严重者应换新；

d）钢丝绳受冲击负荷后，该段钢丝绳比原来的长度延长达到或超过 0.5%者，应将该段钢丝绳截除；

e）钢丝绳在使用中断丝增加很快时应予换新。

4）环绳或双头绳结合段长度不应小于钢丝绳直径的 20 倍，但最短不应小于 300mm。

5）当用钢丝绳起吊有棱角的重物时，必须垫以麻袋或木板等物，以避免物体尖锐边缘割伤绳索。

（7）起重工作安全注意事项：

1）起重工作应由有经验的人统一指挥，指挥信号应简明、统一、畅通，分工应明确。参加起重工作的人员应熟悉起重搬运方案和安全措施。

2）起重机械，如绞磨、汽车吊、卷扬机、手摇绞车等，应安置平稳牢固，并应设有制动和逆止装置。制动装置失灵或不灵敏的起重机械禁止使用。

3）起重机械和起重工具的工作荷重应有铭牌规定，使用时不得超出。流动式起重机工作前，应按说明书的要求平整停机场地，牢固可靠地打好支腿。电动卷扬机应可靠接地。

4）起吊物体应绑牢，物体若有棱角或特别光滑的部分时，在棱角和滑面与绳子接触处应加以包垫。

5）吊钩应有防止脱钩的保险装置。使用开门滑车时，应将开门勾环扣紧，防止绳索自动跑出。

6）当重物吊离地面后，工作负责人应再检查各受力部分和被吊物品，无异常情况后方可正式起吊。

7）在起吊、牵引过程中，受力钢丝绳的周围、上下方、内角侧和起吊物的下面，严禁有人逗留和通过。吊运重物不得从人头顶通过，吊臂下严禁站人。

8）起重钢丝绳的安全系数应符合下列规定：用于固定起重设备为 3.5；用于人力起重为 4.5；用于机动起重为 5～6；用于绑扎起重物为 10；用于供人升降用为 14。

9）起重工作时，臂架、吊具、辅具、钢丝绳及重物等与带电体的最小安全距离不得小于表 GYDL00203001-1 的规定。

表 GYDL00203001-1　　　　　起重机械与带电体的最小安全距离

线路电压（kV）	<1	1～20	35～110	220	330	500
与线路最大风偏时的安全距离（m）	1.5	2	4	6	7	8.5

10）复杂道路、大件运输前应组织对道路进行勘查，并向司乘人员交底。

2. 电缆附件的运输要求和注意事项

电缆附件的运输应符合产品标准的要求，装运时必须了解有关产品的规定，避免强烈振动、倾倒、受潮、腐蚀，确保不损坏箱体外表面及箱内部件。要考虑天气、运输过程各种因素的影响，箱体固定牢靠，对终端套管要采取可靠措施，确保安全。

【思考和练习】

1. 电缆的存放与保管有哪些要求？

2. 电缆附件的存放与保管有哪些要求？

3. 电缆附件的运输有哪些要求？

模块 2　电缆及附件的验收（GYDL00203002）

【模块描述】本模块包含电缆及附件的验收要求和方法。通过要点讲解，熟悉电缆及附件的现场检查验收内容、方法和要求，掌握电缆及附件的验收试验项目及要求。

【正文】

电缆及电缆附件的验收是电缆线路施工前的重要工作，是保证电缆及电缆附件安装质量运行的第一步，所以，电缆及附件的验收试验标准均应服从国家标准和订货合同中的特殊约定。

一、电缆及附件的现场检查验收

1. 电缆的现场检查验收

（1）按照施工设计和订货合同，电缆的规格、型号和数量应相符。电缆的产品说明书、检验合格证应齐全。

（2）电缆盘及电缆应完好无损，充油电缆电缆盘上的附件应完好，压力箱的油压应正常，电缆应无漏油迹象。电缆端部应密封严密牢固。

（3）摇测电缆外护套绝缘。凡有聚氯乙烯或聚乙烯护套且护套外有石墨层的电缆，一般应用 2500V 绝缘电阻表测量绝缘电阻，绝缘电阻应符合要求。

（4）电缆盘上盘号，制造厂名称，电缆型号、额定电压、芯数及标称截面，装盘长度，毛重，电缆盘正确旋转方向的箭头，标注标记和生产日期应齐全清晰。

2. 电缆附件的现场检查验收

（1）按照施工设计和订货合同，电缆附件的产品说明书、检验合格证、安装图纸应齐全。

（2）电缆附件应齐全、完好，型号、规格应与电缆类型（如电压、芯数、截面、护层结构）和环境要求一致，终端外绝缘应符合污秽等级要求。

（3）绝缘材料的防潮包装及密封应良好，绝缘材料不得受潮。

（4）橡胶预制件、热缩材料的内、外表面光滑，没有因材质或工艺不良引起的肉眼可见的斑痕、凹坑、裂纹等缺陷。

（5）导体连接杆和导体连接管表面应光滑、清洁，无损伤和毛刺。

（6）附件的密封金具应具有良好的组装密封性和配合性，不应有组装后造成泄漏的缺陷，如划伤、凹痕等。

（7）橡胶绝缘与半导电屏蔽的界面应结合良好，应无裂纹和剥离现象。半导电屏蔽应无明显杂质。

（8）环氧预制件和环氧套管内外表面应光滑，无明显杂质、气孔；绝缘与预埋金属嵌件结合良好，无裂纹、变形等异常情况。

二、电缆及附件的验收试验

1. 电缆例行试验

电缆例行试验又称为出厂试验，是制造厂为了证明电缆质量符合技术条件，发现制造过程中的偶然性缺陷，对所有制造电缆长度均进行的试验。电缆例行试验主要包括以下三项试验：

（1）交流电压试验。试验应在成盘电缆上进行。在室温下在导体和金属屏蔽之间施加交流电压，电压值与持续时间应符合相关标准规定，以不发生绝缘击穿为合格。

（2）局部放电试验。交联聚乙烯电缆应当100%进行局部放电试验，局部放电试验电压施加于电缆导体与绝缘屏蔽之间。通过局部放电试验可以检验出的制造缺陷有绝缘中存在杂质和气泡、导体屏蔽层不完善（如凸凹、断裂）、导体表面毛刺及外屏蔽损伤等。进行局部放电测量时，电压应平稳地升高到1.2倍试验电压，但时间应不超过1min。此后，缓慢地下降到规定的试验电压，此时即可测量局部放电量值，测得的指标应符合国家技术标准及订货技术标准。

（3）非金属外护套直流电压试验。如在订货时有要求，对非金属外护套应进行直流电压试验。在非金属外护套内金属层和外导电层之间（以内金属层为负极性）施加25kV直流电压，保持1min，外护套应不击穿。

2. 电缆抽样试验

抽样试验是制造厂按照一定频度对成品电缆或取自成品电缆的试样进行的试验。抽样试验多数为破坏性试验，通过它验证电缆产品的关键性能是否符合标准要求。抽样试验包括电缆结构尺寸检查、导体直流电阻试验、电容试验和交联聚乙烯绝缘热延伸试验。

（1）结构尺寸检查。对电缆结构尺寸进行检查，检查的内容包括：测量绝缘厚度，检查导体结构，检测外护层和金属护套厚度。

（2）导体直流电阻试验。导体直流电阻可在整盘电缆上或短段试样上进行测量。在成盘电缆上进行测量时，被试品应置于室内至少12h后再进行测试，如对导体温度是否与室温相符有疑问，可将试样置测试室内存放时间延至24h。如采用短段试样进行测量时，试样应置于温度控制箱内1h后方可进行测量。导体直流电阻符合相关规定为合格。

（3）电容试验。在导体和金属屏蔽层之间测量电容，测量结果应不大于设计值的8%。

（4）交联聚乙烯热延伸试验。热延伸试验用于检查交联聚乙烯绝缘的交联度。试验结果应符合相关标准。

电缆抽样试验应在每批统一型号及规格电缆中的一根制造长度电缆上进行，但数量应不超过合同中交货批制造盘数的10%。如试验结果不符合标准规定的任一项试验要求，应在同一批电缆中取2个试样就不合格项目再进行试验。如果2个试样均合格，则该批电缆符合标准要求；如果2个试样中仍有一个不符合规定要求，进一步抽样和试验应由供需双方商定。

3. 电缆附件例行试验

（1）密封金具、瓷套或环氧套管的密封试验。试验装置应将密封金具、瓷套或环氧套管试品两端密封。制造厂可根据适用情况任选压力泄漏试验和真空漏增试验中的一种方法进行试验。

（2）预制橡胶绝缘件的局部放电试验。按照规定的试验电压之进行局部放电试验，测得的结果应符合技术标准要求。

（3）预制橡胶绝缘件的电压试验。试验电压应在环境温度下使用工频交流电压进行，试验电压应逐渐地升到 $2.5U_0$，然后保持 30min，试品应不击穿。

4. 电缆附件抽样试验

电缆附件验收，可按抽样试验对产品进行验收。抽样试验项目和程序如下：

（1）对于户内终端和接头进行 1min 干态交流耐压试验，户外终端进行 1min 淋雨交流耐压试验；

（2）常温局部放电试验；

（3）3 次不加电压只加电流的负荷循环试验；

（4）常温下局部放电试验；

（5）常温下冲击试验；

（6）15min 直流耐压试验；

（7）4h 交流耐压试验；

（8）带有浇灌绝缘剂盒体的终端头和接头进行密封试验和机械强度试验。

【思考与练习】

1. 电缆的现场验收包括哪些内容？

2. 电缆附件的出厂试验包括哪些项目？

3. 附件的例行试验包括哪些项目？

第六章　电缆敷设方式及要求

模块1　电缆的直埋敷设（GYDL00204001）

【**模块描述**】本模块介绍电缆直埋敷设的要求和方法。通过概念解释、要点讲解和流程介绍，熟悉直埋敷设的特点、基本要求，掌握直埋敷设的施工方法。

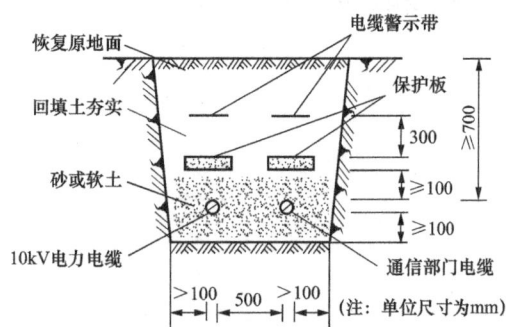

图 GYDL00204001-1　直埋敷设沟槽电缆布置断面图

【**正文**】

将电缆敷设于地下壕沟中，沿沟底和电缆上覆盖有软土层或砂、且设有保护板再埋齐地坪的敷设方式称为电缆直埋敷设。典型的直埋敷设沟槽电缆布置断面图，如图 GYDL002004001-1 所示。

一、直埋敷设的特点

直埋敷设适用于电缆线路不太密集和交通不太繁忙的城市地下走廊，如市区人行道、公共绿化、建筑物边缘地带等。直埋敷设不需要大量的前期土建工程，施工周期较短，是一种比较经济的敷设方式。电缆埋设在土壤中，一般散热条件比较好，线路输送容量比较大。

直埋敷设较易遭受机械外力损坏和周围土壤的化学或电化学腐蚀，以及白蚁和老鼠危害。地下管网较多的地段，可能有熔化金属、高温液体和对电缆有腐蚀液体溢出的场所，待开发、有较频繁开挖的地方，不宜采用直埋。

直埋敷设法不宜敷设电压等级较高的电缆，通常 10kV 及以下电压等级铠装电缆可直埋敷设于土壤中。

二、直埋敷设的施工方法

1. 直埋敷设作业前准备

根据敷设施工设计图所选择的电缆路径，必须经城市规划管路部门确认。敷设前应申办电缆线路管线制执照、掘路执照和道路施工许可证。沿电缆路径开挖样洞，查明电缆线路路径上邻近地下管线和土质情况，按电缆电压等级、品种结构和分盘长度等，制订详细的分段施工敷设方案。如有邻近地下管线、建筑物或树木迁让，应明确各公用管线和绿化管理单位的配合、赔偿事宜，并签订书面协议。

明确施工组织机构，制定安全生产保证措施、施工质量保证措施及文明施工保证措施。熟悉施工图纸，根据开挖样洞的情况，对施工图作必要修改。确定电缆分段长度和接头位置。编制敷设施工作业指导书。

确定各段敷设方案和必要的技术措施，施工前对各盘电缆进行验收，检查电缆有无机械损伤，封端是否良好，有无电缆"保质书"，进行绝缘校潮试验、油样试验和护层绝缘试验。

除电缆外，主要材料包括各种电缆附件、电缆保护盖板、过路导管。机具设备包括各种挖掘机械、敷设专用机械、工地临时设施（工棚）、施工围栏、临时路基板。运输方面的准备，应根据每盘电缆的重量制订运输计划，同时应备有相应的大件运输装卸设备。

2. 直埋作业敷设操作步骤

直埋电缆敷设作业操作步骤应按照图 GYDL00204001-2 直埋电缆施工步骤图操作。

直埋沟槽的挖掘应按图纸标示电缆线路坐标位置，在地面划出电缆线路位置及走向。凡电缆线路经过的道路和建筑物墙壁，均按标高敷设过路导管和过墙管。根据划出电缆线路位置及走向开挖电缆沟，直埋沟的形状挖成上大下小的倒梯形，电缆埋设深度应符合标准，其宽度由电缆数量来确定，但不得小于 0.4m；电缆沟转角处要挖成圆弧形，并保证电缆的允许弯曲半径。保证电缆之间、电缆与其他管道之间平行和交叉的最小净距离。

在电缆直埋的路径上凡遇到以下情况，应分别采取保护措施：

（1）机械损伤：加保护管。

（2）化学作用：换土并隔离（如陶瓷管），或与相关部门联系，征得同意后绕开。

（3）地下电流：屏蔽或加套陶瓷管。

（4）腐蚀物质：换土并隔离。

（5）虫鼠危害：加保护管或其他隔离保护等。

挖沟时应注意地下的原有设施，遇到电缆、管道等应与有关部门联系，不得随意损坏。

在安装电缆接头处，电缆土沟应加宽和加深，这一段沟称为接头坑。接头坑应避免设置在道路交叉口、有车辆进出的建筑物门口、电缆线路转弯处及地下管线密集处。电缆接头坑的位置应选择在电缆线路直线部分，与导管口的距离应在 3m 以上。接头坑的大小要能满足接头的操作需要。一般电缆接头坑宽度为电缆土沟宽度的 2～3 倍；接头坑深度要使接头保护盒与电缆有相同埋设深度；接头坑的长度需满足全部接头安装和接头外壳临时套在电缆上的一段直线距离需要。

对挖好的沟进行平整和清除杂物，全线检查，应

```
┌─────────────────────────────────────┐
│ 沿路径开挖壕沟（先开挖样洞） │
└─────────────────────────────────────┘
                  │
┌─────────────────────────────────────┐
│ 沿壕沟外侧临时放置混凝土盖板或混凝土槽 │
└─────────────────────────────────────┘
                  │
┌─────────────────────────────────────┐
│ 在壕沟内布置滚轮和输送机 │
└─────────────────────────────────────┘
          │                    │
┌──────────────┐      ┌──────────────┐
│ 电缆盘就位    │      │ 卷扬机就位    │
└──────────────┘      └──────────────┘
          │                    │
┌──────────────┐      ┌──────────────┐
│ 拆开电缆盘封板 │      │ 敷设钢索      │
└──────────────┘      └──────────────┘
          │                    │
┌──────────────┐      ┌──────────────┐
│ 拉出电缆      │      │ 安装防捻器    │
└──────────────┘      └──────────────┘
          │                    │
┌──────────────┐              │
│ 安装牵引头    │              │
└──────────────┘              │
          │                    │
          └──────────┬─────────┘
                  │
┌─────────────────────────────────────┐
│ 牵引头与防捻器连接 │
└─────────────────────────────────────┘
                  │
┌─────────────────────────────────────┐
│ 牵引电缆（充油电缆要在完毕后切换供油箱） │
└─────────────────────────────────────┘
                  │
┌─────────────────────────────────────┐
│ 在电缆上铺0.1m厚软土或砂 │
└─────────────────────────────────────┘
                  │
┌─────────────────────────────────────┐
│ 在软土层或砂上盖混凝土盖板 │
└─────────────────────────────────────┘
                  │
┌─────────────────────────────────────┐
│ 回填土（分层夯实），并在盖板上300mm土壤中铺设警示带 │
└─────────────────────────────────────┘
                  │
┌─────────────────────────────────────┐
│ 清理场地余土搬运 │
└─────────────────────────────────────┘
```

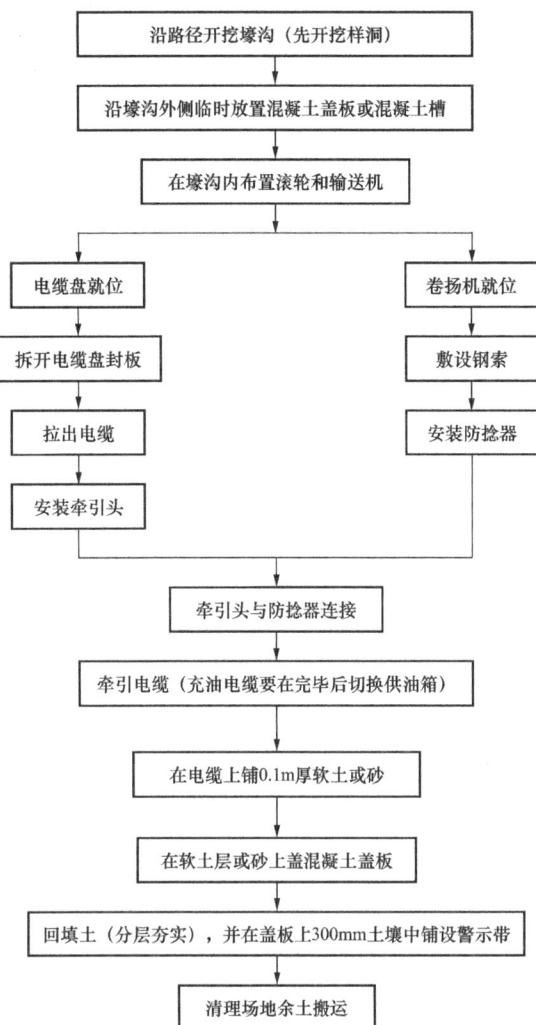

图 GYDL00204001-2　直埋电缆施工步骤图

符合前述要求。合格后可将细砂、细土铺在沟内，厚度 100mm，沙子中不得有石块、锋利物及其他杂物。所有堆土应置于沟的一侧，且距离沟边 1m 以外，以免放电缆时滑落沟内。

在开挖好的电缆沟槽内敷设电缆时必须用放线架，电缆的牵引可用人工牵引和机械牵引。将电缆放在放线支架上，注意电缆盘上箭头方向，不要相反。

电缆的埋设与热力管道交叉或平行敷设，如不能满足允许距离要求时，应在接近或交叉点前后做隔热处理。隔热材料可用泡沫混凝土、石棉水泥板、软木或玻璃丝板。埋设隔热材料时除热力的沟（管）宽度外，两边各伸出 2m。电缆宜从隔热后的沟下面穿过，任何时候不能将电缆平行敷设在热力沟的上、下方。穿过热力沟部分的电缆除隔热层外，还应穿管保护。

人工牵引展放电缆就是每隔几米有人肩扛着放开的电缆并在沟内向前移动，或在沟内每隔几米有人持展开的电缆向前传递而人不移动。在电缆轴架处有人分别站在两侧用力转动电缆盘。牵引速度宜慢，转动轴架的速度应与牵引速度同步。遇到保护管时，应将电缆穿入保护管，并有人在管孔守候，以免卡阻或意外。

机械牵引和人力牵引基本相同。机械牵引前应根据电缆规格先沿沟底放置滚轮，并将电缆放在滚轮上。滚轮的间距以电缆通过滑轮不下垂碰地为原则，避免与地面、沙面的摩擦。电缆转弯处需放置转角滑轮来保护。电缆盘的两侧应有人协助转动。电缆的牵引端用牵引头或牵引网罩牵引。牵引速度应小于 15m/min。

敷设时电缆不要碰地，也不要摩擦沟沿或沟底硬物。

电缆在沟内应留有一定的波形余量，以防冬季电缆收缩受力。多根电缆同沟敷设时，应排列整齐。

先向沟内充填 0.1m 的细土或砂，然后盖上保护盖板，保护板之间要靠近。也可把电缆放入预制

钢筋混凝土槽盒内填满细土或砂，然后盖上槽盒盖。

为防止电缆遭受外力损坏，应在电缆接头做完后再砌井或铺砂盖保护板。在电缆保护盖板上铺设印有"电力电缆"和管理单位名称的标志。

回填土应分层填好夯实，保护盖板上应全新铺设警示带，覆盖土要高于地面 0.15～0.2m，以防沉陷。将覆土略压平，把现场清理和打扫干净。

在电缆直埋路径上按要求规定的适当间距位置埋标志桩牌。

冬季环境温度过低，电缆绝缘和塑料护层在低温时物理性能发生明显变化，因此不宜进行电缆的敷设施工。如果必须在低温条件下进行电缆敷设，应对电缆进行预加热措施。

当施工现场的温度不能满足要求时，应采用适当的措施，避免损坏电缆电缆，如采取加热法或躲开寒冷期等。一般加温预热方法有如下两种：

（1）用提高周围空气温度的方法加热。当温度为 5～10℃时，需 72h；如温度为 25℃，则需用 24～36h。

（2）用电流通过电缆导体的方法加热。加热电缆不得大于电缆的额定电流，加热后电缆的表面温度应根据各地的气候条件决定，但不得低于 5℃。

经烘热的电缆应尽快敷设，敷设前放置的时间一般不超过 1h。但电缆冷至低于规定温度时，不宜弯曲。

电缆直埋敷设沟槽施工断面如图 GYDL00204001-3 所示，纵向断面如图 GYDL00204001-4 所示。

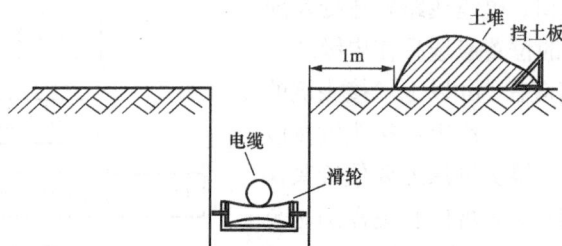

图 GYDL00204001-3 电缆直埋敷设沟槽施工断面示意图

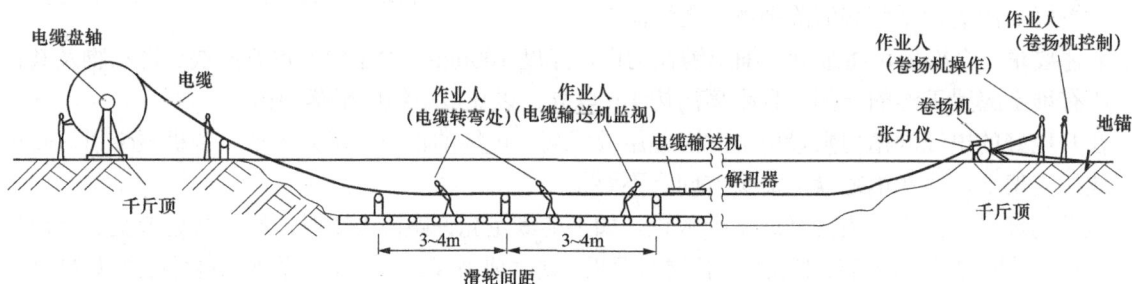

图 GYDL00204001-4 电缆直埋敷设施工纵向断面示意图

3. 直埋敷设作业质量标准及注意事项

（1）直埋电缆一般选用铠装电缆。只有在修理电缆时，才允许用短段无铠装电缆，但必须外加机械保护。选择直埋电缆路径时，应注意直埋电缆周围的土壤中不得含有腐蚀电缆的物质。

（2）电缆表面距地面的距离应不小于 0.7m。冬季土壤冻结深度大于 0.7m 的地区，应适当加大埋设深度，使电缆埋于冻土层以下。引入建筑物或地下障碍物交叉时可浅一些，但应采取保护措施，并不得小于 0.3m。

（3）电缆壕沟底必须具有良好的土层，不应有石块或其他硬质杂物，应铺 0.1m 的软土或砂层。电缆敷设好后，上面再铺 0.1m 的软土或砂层。沿电缆全长应盖混凝土保护板，覆盖宽度应超出电缆两侧 0.05m。在特殊情况下，可以用砖代替混凝土保护板。

（4）电缆中间接头盒外面应有防止机械损伤的保护盒（有较好机械强度的塑料电缆中间接头例外）。

（5）电缆线路全线，应设立电缆位置的标志，间距合适。

（6）电缆与电缆、管道、道路、构筑物等之间的容许最小距离，应符合表 GYDL00204001-1 中规定。

表 GYDL00204001-1　　电缆与电缆、管道、道路、构筑物等之间的容许最小距离

电缆直埋敷设时的配置情况		平行	交叉
控制电缆之间		—	0.5*
电力电缆之间或与控制电缆之间	10kV 及以下电力电缆	0.1	0.5*
	10kV 以上电力电缆	0.25**	0.5*
不同部门使用的电缆		0.5**	0.5*
电缆与地下管沟	热力管道	2***	0.5*
	油管或易（可）燃气管道	1	0.5*
	其他管道	0.5	0.5*
电缆与铁路	非直流电气化铁路路轨	3	1.0
	直流电气化铁路路轨	10	1.0
电缆与建筑物基础		0.6***	—
电缆与公路边		1.0***	—
电缆与排水沟		1.0***	—
电缆与树木的主干		0.7	—
电缆与 1kV 以下架空线电杆		1.0***	—
电缆与 1kV 以上架空线杆塔基础		4.0***	—

* 用隔板分隔或电缆穿管时不得小于 0.25m。
** 用隔板分隔或电缆穿管时不得小于 0.1m。
*** 特殊情况时，减小值不得大于 50%（电缆穿管敷设时，与公路、街道路面、杆塔基础、建筑物基础、排水沟等的平行最小间距可按表中数据减半）。
　特殊情况应按下列规定执行：
　1）电缆与公路平行的净距，当情况特殊时可酌减。
　2）当电缆穿管或者其他管道有保温层等防护措施时，表中净距应从管壁或防护设施的外壁算起。

（7）电力电缆间、控制电缆间以及它们相互之间，不同使用部门的电缆间在交叉点前后 1m 范围内，当电缆穿入管中或用隔板隔开时，其交叉净距可降低为 0.25m。

（8）电缆与热管道（沟）、油管道（沟）、可燃气体及易燃液体管道（沟）、热力设备或其他管道（沟）之间，虽净距能满足要求，但检修路可能伤及电缆时，在交叉点前后 1m 范围内应采取保护措施；电缆与热管道（沟）及热力设备平行、交叉时，应采取隔热措施，使电缆周围土壤的温升不超过 10℃。

（9）当直流电缆与电气化铁路路轨平行、交叉，其净距不能满足要求时，应采取防电化腐蚀措施；防止的措施主要有增加绝缘和增设保护电极。

（10）直埋电缆穿越城市街道、公路、铁路，或穿过有载重车辆通过的大门，进入建筑物的墙角处，进入隧道、人井，或从地下引出到地面时，应将电缆敷设在满足强度要求的管道内，并将管口封堵好。

（11）直埋敷设的电缆与铁路、公路或街道交叉时，应穿保护管，保护范围应超出路基、街道路两边以及排水沟边 0.5m 以上。引入构筑物，在贯穿墙孔处应设置保护管，管口应施阻水堵塞。

（12）直埋敷设电缆采取特殊换土回填时，回填土的土质应对电缆外护层无腐蚀性。在电缆线路路径上有可能使电缆受到机械性损伤、化学作用、地下电流、振动、热影响、腐蚀物质、虫害等危害的地段，应采取保护措施（如穿管、铺砂、筑槽、毒土处理等）。

（13）直埋电缆回填土前，应经隐蔽工程验收合格，并分层夯实。

三、直埋敷设的危险点分析与控制

1. 高处坠落

（1）直埋敷设作业中，起吊电缆上终端塔时如遇登高工作，应检查杆根或铁塔基础是否牢固，必要时加设拉线。在高度超过 1.5m 的工作地点工作时，应系安全带，或采取其他可靠的措施。

（2）作业过程中起吊电缆工作时必须系好安全带，安全带必须绑在牢固物件上，转移作业位置时

不得失去安全带保护，并应有专人监护。

（3）施工现场的所有孔洞应设可靠的围栏或盖板。

2. 高空落物

（1）直埋敷设作业中起吊电缆遇到高处作业必须使用工具包防止掉东西。

（2）所用的工器具、材料等必须用绳索传递，不得乱扔，终端塔下应防止行人逗留。

（3）现场人员应按安规标准戴安全帽。

（4）起吊电缆时应避免上下交叉作业，上下交叉作业或多人一处作业时应相互照应、密切配合。

3. 烫伤、烧伤

（1）封电缆牵引头和电缆帽头等动用明火作业时，火焰应远离易燃易爆品，工作人员应穿长袖工作服。

（2）不熟悉喷灯或喷枪使用方法的人员不得擅自使用喷灯或喷枪。

（3）使用喷枪应先检查本体是否漏气或堵塞，禁止在明火附近进行放气或点火。

（4）喷枪使用完毕应放置在安全地点，冷却后装运。

4. 机械损伤

（1）在使用电锯锯电缆时，应使用合格的带有保护罩的电锯。

（2）不准使用无合格防护罩和有裂纹及其他不良情况的砂轮机和无齿锯。

5. 触电

（1）现场施工电源应采用绝缘导线，并在开关箱的首端处装设合格的漏电保护器。

（2）现场使用的电动工具应按规定周期进行试验合格。

（3）移动式电动设备或电动工具应使用软橡胶电缆，电缆不得破损、漏电。

6. 挤伤、砸伤

（1）电缆盘运输、敷设过程中应设专人监护，防止电缆盘倾倒。

（2）用滑轮敷设电缆时，不要在滑轮滚动时用手搬动滑轮，工作人员应站在滑轮前进方向。

7. 钢丝绳断裂

（1）用机械牵引电缆时，绳索应有足够的机械强度；工作人员应站在安全位置，不得站在钢丝绳内角侧等危险地段；电缆盘转动时，应用工具控制转速。

（2）牵引机需要装设保护罩。

8. 现场勘察不清

（1）必须核对图纸，勘察现场，查明可能向作业点反送电的电源，并断开其断路器、隔离开关。

（2）对大型作业及较为复杂的施工项目，勘察现场后，制定"三措"，并报有关领导批准，方可实施。

9. 任务不清

现场负责人要在作业前将工作人员的任务分工，危险点及控制措施予以明确地并交代清楚。

10. 人员安排不当

（1）选派的工作负责人应有一定的工作经验、较强的责任心和安全意识，并熟练掌握所承担工作的检修项目和质量标准。

（2）选派的工作班成员能安全、保质保量地完成所承担的工作任务。

（3）工作人员精神状态和身体条件能够任本职工作。

11. 特种工作作业票不全

进行电焊、起重、动用明火等作业，特殊工作现场作业票、动火票应齐全。

12. 单人留在作业现场

起吊电缆盘及起吊电缆上终端构架时，工作人员不得单独留在作业现场。

13. 违反监护制度

（1）被监护人在作业过程中，工作监护人的视线不得离开被监护人。

（2）专责监护人不得做其他工作。

14. 违反现场作业纪律

（1）工作负责人应及时提醒和制止影响工作的安全行为。

（2）工作负责人应注意观察工作班成员的精神和身体状态，必要时可对作业人员进行适当的调整。

（3）工作中严禁喝酒、谈笑、打闹等。

15. 擅自变更现场安全措施

（1）不得随意变更现场安全措施。

（2）特殊情况下需要变更安全措施时，必须征得工作负责人同意，完成后及时恢复原安全措施。

16. 穿越临时遮栏

（1）临时遮栏的装设需在保证作业人员不能误登带电设备的前提下，方便作业人员进出现场和实施作业。

（2）严禁穿越和擅自移动临时遮栏。

17. 工作不协调

（1）多人同时进行工作时，应互相呼应，协同作业。

（2）多人同时进行工作，应设专人指挥，并明确指挥方式。使用通信工具应事先检查工具是否完好。

18. 交通安全

（1）工作负责人应提醒司机安全行车。

（2）乘车人员严禁在车上打闹或将头、手伸出车外。

（3）注意防止随车装运的工器具挤、砸、碰伤乘车人员。

19. 交通伤害

在交通路口、人口密集地段工作时应设安全围栏、挂标示牌。

【思考与练习】

1. 电缆直埋敷设的特点是什么？

2. 电缆直埋敷设的前期准备有哪些？

3. 在电缆直埋的路径上遇到哪些情况时，应采取保护措施？

模块 2 电缆的排管敷设（GYDL00204002）

【模块描述】本模块包含电缆排管敷设的要求和方法。通过概念解释、要点讲解和流程介绍，熟悉排管敷设的特点、基本要求，掌握排管敷设的施工方法。

【正文】

将电缆敷设于预先建设好的地下排管中的安装方法，称为电缆排管敷设。排管敷设断面示意图如图 GYDL00204002-1 所示。

一、排管敷设的特点

电缆排管敷设保护电缆效果比直埋敷设好，电缆不容易受到外部机械损伤，占用空间小，且运行可靠。当电缆敷设回路数较多、平行敷设于道路的下面、穿越公路、铁路和建筑物时，排管敷设是一种较好的选择。排管敷设适用于交通比较繁忙、地下走廊比较拥挤、敷设电缆数较多的地段。敷设在排管中的电缆应有塑料外护套，不得有金属铠装层。

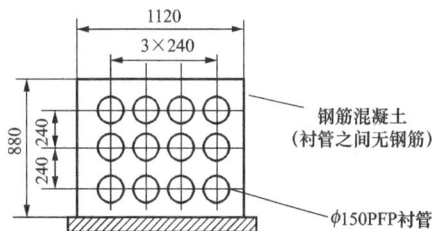

图 GYDL00204002-1 排管断面示意图

工井和排管的位置一般在城市道路的非机动车道，也可设在人行道或机动车道。工井和排管的土建工程完成后，除敷设近期的电缆线路外，以后相同路径的电缆线路安装维修或更新电缆不必重复挖掘路面。

电缆排管敷设施工较为复杂，敷设和更换电缆不方便，散热差，影响电缆载流量；土建工程投资较大，工期较长。当管道中电缆或工井内接头发生故障，往往需要更换两座工井之间的整段电缆，修理费用较大。

二、排管敷设的施工方法

电缆排管敷设示意图如图 GYDL00204002-2 所示，其作业顺序如图 GYDL00204002-3 所示。

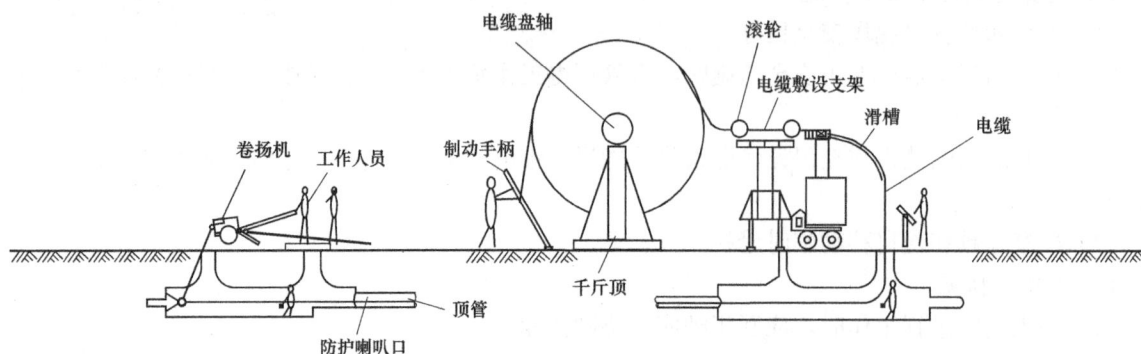

图 GYDL00204002-2　电缆排管敷设示意图

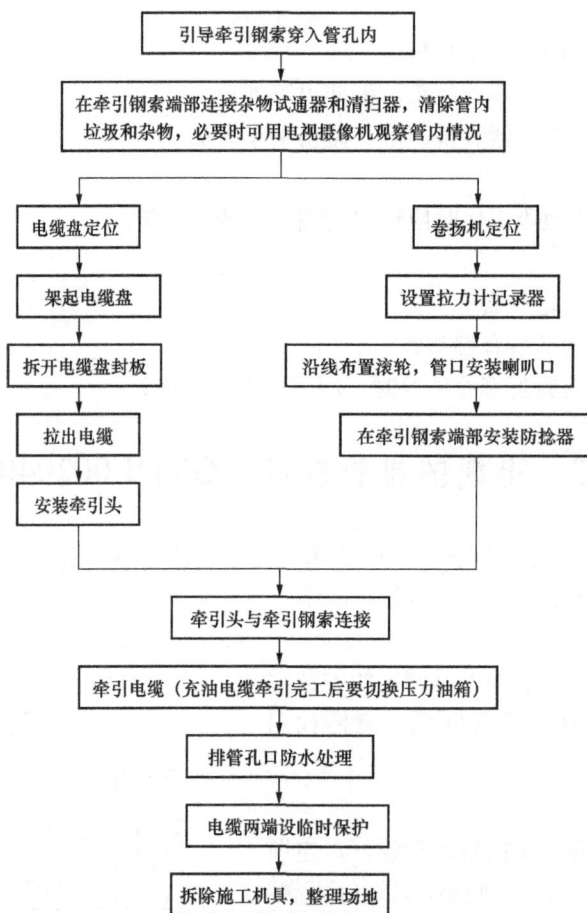

图 GYDL00204002-3　排管电缆敷设作业顺序

1. 排管敷设作业前的准备

排管建好后，敷设电缆前，应检查电缆管安装时的封堵是否良好。电缆排管内不得有因漏浆形成的水泥结块及其他残留物。衬管接头处应光滑，不得有尖突。如发现问题，应进行疏通清扫，以保证管内无积水、无杂物堵塞。在疏通检查过程中发现排管内有可能损伤电缆护套的异物时必须及时清除，可用钢丝刷、铁链和疏通器来回牵拉。必要时，用管道内窥镜探测检查。只有当管道内异物清除、整条管道双向畅通后，才能敷设电缆。

2. 排管敷设的操作步骤

（1）在疏通排管时，可用直径不小于 0.85 倍管孔内径、长度约 600mm 的钢管来回疏通，再用与管孔等直径的钢丝刷清除管内杂物。试验棒疏通电缆导管示意图如图 GYDL00204002-4 所示。

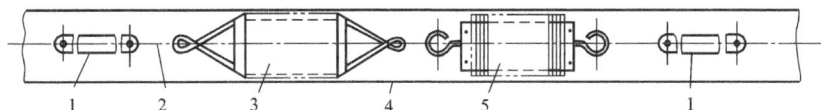

图 GYDL00204002-4 试验棒疏通电缆导管示意图

1—防捻器；2—钢丝绳；3—试验棒；4—电缆导管；5—圆形钢丝刷

（2）敷设在管道内的电缆一般为塑料护套电缆。为了减少电缆和管壁间的摩擦阻力，便于牵引，电缆入管前可在护套表面涂以润滑剂（如滑石粉等）。润滑剂不得采用对电缆外护套产生腐蚀的材料。敷设电缆时，应特别注意避免机械损伤外护层。

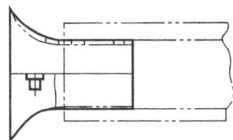

图 GYDL00204002-5 防护喇叭管

（3）在排管口应套以波纹聚乙烯或铝合金制成的光滑喇叭管（见图 GYDL00204002-5），用以保护电缆。如果电缆盘搁置位置离开工井口有一段距离，则需在工井外和工井内安装滚轮支架组，或采用保护套管，以确保电缆敷设牵引时的弯曲半径，减小牵引时的摩擦阻力，防止损伤电缆外护套。

（4）润滑钢丝绳。一般钢丝绳涂有防锈油脂，但用作排管牵引，进入管孔前仍要涂抹润滑剂。这不但可减小牵引力，还可防止钢丝绳对管孔内壁的擦损。

（5）牵引力监视。装有监视张力表是保证牵引质量的较好措施，除了客服启动时的静摩擦力大于允许的牵引力外，一般如发现张力过大应找出其原因，如电缆盘的转动是否和牵引设备同步，制动有可能未释放，等解决后才能继续牵引。比较牵引力记录和计算牵引力的结果，可判断所选用的摩擦因数是否适当。

（6）排管敷设采用人工敷设时，短段电缆可直接将电缆穿入管内，稍长一些的管道或有直角弯时，可采用先穿入导引铁丝的方法牵引电缆。

（7）管路较长时需用牵引，一般采用人工和机械牵引相结合的方式敷设电缆。将电缆盘放在工井口，然后借预先穿过管子的钢丝绳将电缆拖拉过管道到另一个工井。对大长度、重量大的电缆，应制作电缆牵引头牵引电缆导体，可在线路中间的工井内安装输送机，并与卷扬机采用同步联动控制。在牵引力不超过外护套抗拉强度时，还可用网套牵引。

（8）电缆敷设前后应用绝缘电阻表测试电缆外护套绝缘电阻，并作好记录，以监视电缆外护套在敷设过程中有无受损。如有损伤，应立即采取修补措施。

（9）从排管口到接头支架之间的一段电缆，应借助夹具弯成两个相切的圆弧形状，即形成"伸缩弧"，以吸收排管电缆因温度变化所引起的热胀冷缩，从而保护电缆和接头免受热机械力的影响。伸缩弧的弯曲半径应不小于电缆允许弯曲半径。

（10）在工井的接头和单芯电缆，必须用非磁性材料或经隔磁处理的夹具固定。每只夹具应加熟料或橡胶衬垫。

（11）电缆敷设完成后，所有管口应严密封堵，所有备用孔也应封堵。

（12）工井内电缆应有防火措施，可以涂防火漆、绕包防火带、填沙等。

3. 排管敷设的质量标准及注意事项

（1）电缆排管内径应不小于电缆外径的 1.5 倍，且最小不宜小于 75mm。管子内部必须光滑，管子连接时，管孔应对准，接缝应严密，不得有地下水和泥浆深入。管子接头相互之间必须错开。

（2）电缆管的埋设深度，自管子顶部至地面的距离，一般地区应不小于 0.7m，在人行道下不应小于 0.5m，室内不宜小于 0.2m。

（3）为了便于检查和敷设电缆，在埋设的电缆管其直线段电缆牵引张力限制的间距处（包含转弯、分支、接头、管路坡度较大的地方）设置电缆工作井，电缆工作井的高度应不小于 1.9m，宽度应不小于 2.0m，应满足施工和运行要求。

（4）穿入管中的电缆应符合设计要求，交流单芯电缆穿管不得使用铁磁性材料或形成磁性闭合回路材质的管材，以免因电磁感应在钢管内产生损耗。

（5）排管内部应无积水，且无杂物堵塞。穿电缆时，不得损伤护层，可采用无腐蚀性的润滑剂。

（6）电缆排管在敷设电缆前，应进行疏通，清除杂物。

（7）管孔数应按发展预留适当备用。

（8）电缆芯工作温度相差较大的电缆，宜分别置于适当间距的不同排管组。

（9）排管地基应坚实、平整，不得有沉陷。不符合要求时，应对地基进行处理并夯实，并在排管和地基之间增加垫块，以免地基下沉损坏电缆。管路顶部土壤覆盖厚度不宜小于 0.5m。纵向排水坡度不宜小于 0.2%。

（10）管路纵向连接处的弯曲度应符合牵引电缆时不致损伤的要求。

（11）管孔端口应进行防止损伤电缆的处理。

三、排管敷设的危险点分析与控制

1. 烫伤、烧伤

（1）排管敷设作业中封电缆牵引头、封电缆帽头或对管接头进行热连接处理等动用明火作业时，火焰应远离易燃易爆品，工作人员应穿长袖工作服。

（2）不熟悉喷灯或喷枪使用方法的人员不得擅自使用喷灯或喷枪。

（3）使用喷枪应先检查本体是否漏气或堵塞，禁止在明火附近进行放气或点火。喷枪使用完毕应放置在安全地点，冷却后装运。

（4）排管敷设作业中动火作业票应齐全完善。

2. 机械损伤

（1）在使用电锯锯电缆时，应使用合格的带有保护罩的电锯。

（2）不准使用无合格防护罩和有裂纹及其他不良情况的砂轮机和无齿锯。

3. 触电

（1）现场施工电源应采用绝缘导线，并在开关箱的首端处装设合格的漏电保安器。

（2）现场使用的电动工具应按规定周期进行试验合格。

（3）移动式电动设备或电动工具应使用软橡胶电缆，电缆不得破损、漏电。

4. 挤伤、砸伤

（1）电缆盘运输、敷设过程中应设专人监护，防止电缆盘倾倒。

（2）用滑轮敷设电缆时，不要在滑轮滚动时用手搬动滑轮，工作人员应站在滑轮前进方向。

5. 钢丝绳断裂

（1）用机械牵引电缆时，绳索应有足够的机械强度，工作人员应站在安全位置，不得站在钢丝绳内角侧等危险地段，电缆盘转动时应用工具控制转速。

（2）牵引机需要装设保护罩。

6. 现场勘察不清

（1）必须核对图纸，勘察现场，查明可能向作业点反送电的电源，并断开其断路器、隔离开关。

（2）对大型作业及较为复杂的施工项目，勘察现场后，制定"三措"，并报有关领导批准，方可实施。

7. 任务不清

现场负责人要在作业前将工作人员的任务分工，危险点及控制措施予以明确地并交代清楚。

8. 人员安排不当

（1）选派的工作负责人应有一定的工作经验、较强的责任心和安全意识，并熟练掌握所承担工作的检修项目和质量标准。

（2）选派的工作班成员能安全、保质保量地完成所承担的工作任务。

（3）工作人员精神状态和身体条件能够任本职工作。

9. 单人留在作业现场

起吊电缆盘及起吊电缆上终端构架时，工作人员不得单独留在作业现场。

10. 违反监护制度

（1）被监护人在作业过程中，工作监护人的视线不得离开被监护人。

（2）专责监护人不得做其他工作。

11. 违反现场作业纪律

（1）工作负责人应及时提醒和制止影响工作的安全行为。

（2）工作负责人应注意观察工作班成员的精神和身体状态，必要时可对作业人员进行适当的调整。

（3）工作中严禁喝酒、谈笑、打闹等。

12. 擅自变更现场安全措施

（1）不得随意变更现场安全措施。

（2）特殊情况下需要变更安全措施时，必须征得工作负责人同意，完成后及时恢复原安全措施。

13. 穿越临时遮栏

（1）临时遮栏的装设需在保证作业人员不能误登带电设备的前提下进行，方便作业人员进出现场和实施作业。

（2）严禁穿越和擅自移动临时遮栏。

14. 工作不协调

（1）多人同时进行工作时，应互相呼应，协同作业。

（2）多人同时进行工作，应设专人指挥，并明确指挥方式。使用通信工具应事先检查工具是否完好。

15. 交通安全

（1）工作负责人应提醒司机安全行车。

（2）乘车人员严禁在车上打闹或将头、手伸出车外。

（3）注意防止随车装运的工器具挤、砸、碰伤乘车人员。

16. 交通伤害

在交通路口、人口密集地段工作时应设安全围栏、挂标示牌。

【思考与练习】

1. 电缆排管敷设的特点是什么？

2. 电缆排管的埋设深度是多少？

3. 电缆排管敷设的基本要求有哪些？

模块 3　电缆的沟道敷设（GYDL00204003）

【模块描述】本模块包含电缆沟道敷设的要求和方法。通过概念解释、要点讲解和流程介绍，熟悉电缆沟和电缆隧道敷设的特点、基本技术要求，掌握电缆沟和电缆隧道敷设施工方法。

【正文】

电缆的沟道敷设主要是指电缆沟敷设和电缆隧道敷设。

一、电缆沟敷设

封闭式不通行、盖板与地面相齐或稍有上下、盖板可开启的电缆构筑物为电缆沟，其断面如图 GYDL00204003-1 所示。将电缆敷设于预先建设好的电缆沟中的安装方法，称为电缆沟敷设。

1. 电缆沟敷设的特点

电缆沟敷设适用于并列安装多根电缆的场所，如发电厂及变电站内、工厂厂区或城市人行道等。电缆不容易受到外部机械损

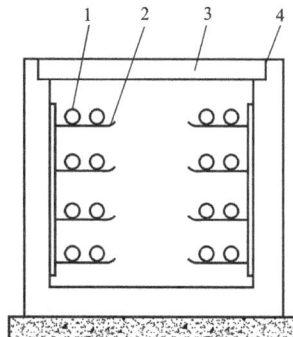

图 GYDL00204003-1　电缆沟断面图

1—电缆；2—支架；3—盖板；4—沟边齿口

伤，占用空间相对较小。根据并列安装的电缆数量，需在沟的单侧或双侧装置电缆支架，敷设的电缆应固定在支架上。敷设在电缆沟中的电缆应满足防火要求，如具有不延燃的外护套或钢带铠装，重要的电缆线路应具有阻燃外护套。

地下水位太高的地区不宜采用普通电缆沟敷设，因为电缆沟内容易积水、积污，而且清除不方便。电缆沟施工复杂，周期长，电缆沟中电缆的散热条件较差，影响其允许载流量，但电缆维修和抢修相对简单，费用较低。

2. 电缆沟敷设的施工方法

电缆沟敷设作业顺序如图 GYDL00204003-2 所示。

（1）电缆沟敷设前的准备。电缆施工前需揭开部分电缆沟盖板。在不妨碍施工人员下电缆沟工作的情况下，可以采用间隔方式揭开电缆沟盖板；然后在电缆沟底安放滑轮，清除沟内外杂物，检查支架预埋情况并修补，并把沟盖板全部置于沟上面不利展放电缆的一侧，另一侧应清理干净；采用钢丝绳牵引电缆，电缆牵引完毕后，用人力将电缆定位在支架上；最后将所有电缆沟盖板恢复原状。

（2）电缆沟敷设的操作步骤。施放电缆的方法，一般情况下是先放支架最下层、最里侧的电缆，然后从里到外，从下层到上层依次展放。

图 GYDL00204003-2 所示流程：

开启并清理电缆沟 → 布置滚轮和输送机，牵引敷设时须牵引和就位 → 敷设控制电缆 → 电缆盘定位 → 架起电缆盘 → 拆开电缆盘封板 → 拉出电缆（在工作井内做准备工作）→ 牵引电缆（充油电缆敷设完毕后切换供油箱）→ 电缆就位、固定，如有防火槽也应固定 → 电缆两端做临时保护措施 → 安装防火槽盒盖（如有）→ 拆除敷设用的机具、清理场地

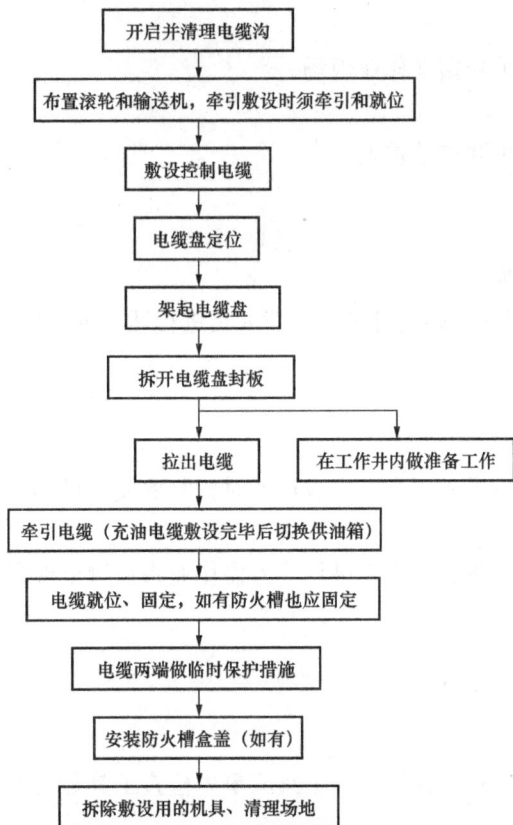

图 GYDL00204003-2 电缆沟敷设作业顺序

电缆沟中敷设牵引电缆，与直埋敷设基本相同，需要特别注意的是，要防止电缆在牵引过程中被电缆沟边或电缆支架刮伤。因此，在电缆引入电缆沟处和电缆沟转角处，必须搭建转角滑轮支架，用滚轮组成适当圆弧，减小牵引力和侧压力，以控制电缆弯曲半径，防止电缆在牵引时受到沟边或沟内金属支架擦伤，从而对电缆起到很好的保护作用。

电缆搁在金属支架上应加一层塑料衬垫。在电缆沟转弯处使用加长支架，让电缆在支架上允许适当位移。单芯电缆要有固定措施，如用尼龙绳将电缆绑扎在支架上，每2档支架扎一道，也可将三相单芯电缆呈品字形绑扎在一起。

在电缆沟中应有必要的防火措施，这些措施包括适当的阻火分割封堵。如将电缆接头用防火槽盒封闭，电缆及电缆接头上包绕防火带等阻燃处理；或将电缆置于沟底再用黄砂将其覆盖；也可选用阻燃电缆等。

电缆敷设完后，应及时将沟内杂物清理干净，盖好盖板。必要时，应将盖板缝隙密封，以免水、汽、油、灰等侵入。

（3）电缆沟敷设的质量标准及注意事项。

1）电缆沟采用钢筋混凝土或砖砌结构，用预制钢筋混凝土或钢制盖板覆盖，盖板顶面与地面相平。电缆可直接放在沟底或电缆支架上。

2）电缆固定于支架上，在设计无明确要求时，各支撑点间距应符合相关规定。

3）电缆沟的内净距尺寸应根据电缆的外径和总计电缆条数决定。电缆沟内最小允许距离应符合表 GYDL00204003-1 的规定。

表 GYDL00204003-1 电缆沟内最小允许距离

项 目		最小允许距离（mm）
通道高度	两侧有电缆支架时	500
	单侧有电缆支架时	450

续表

项　目		最小允许距离（mm）
电力电缆之间的水平净距		不小于电缆外径
电缆支架的层间净距	电缆为10kV及以下	200
	电缆为20kV及以下	250
	电缆在防火槽盒内	1.6×槽盒高度

　　4）电缆沟内金属支架、裸铠装电缆的金属护套和铠装层应全部和接地装置连接。为了避免电缆外皮与金属支架间产生电位差，从而发生交流腐蚀或电位差过高危及人身安全，电缆沟内全长应装设连续的接地线装置，接地线的规格应符合规范要求。电缆沟中应用扁钢组成接地网，接地电阻应小于4Ω。电缆沟中预埋铁件与接地网应以电焊连接。

　　电缆沟中的支架，按结构不同有装配式和工厂分段制造的电缆托架等种类。以材质分，有金属支架和塑料支架。金属支架应采用热浸镀锌，并与接地网连接。以硬质塑料制成的塑料支架又称绝缘支架，其具有一定的机械强度并耐腐蚀。

　　5）电缆沟盖板必须满足道路承载要求。钢筋混凝土盖板应有角钢或槽钢包边。电缆沟的齿口也应有角钢保护。盖板的尺寸应与齿口相吻合，不宜有过大间隙。盖板和齿口的角钢或槽钢要除锈后刷红丹漆二遍，黑色或灰色漆一遍。

　　6）室外电缆沟内的金属构件均应采取镀锌防腐措施；室内外电缆沟，也可采用涂防锈漆的防腐措施。

　　7）为保持电缆沟干燥，应适当采取防止地下水流入沟内的措施。在电缆沟底设不小于0.5%的排水坡度，在沟内设置适当数量的积水坑。

　　8）充砂电缆沟内，电缆平行敷设在沟中，电缆间净距不小于35mm，层间净距不小于100mm，中间填满砂子。

　　9）敷设在普通电缆沟内的电缆，为防火需要，应采用裸铠装或阻燃性外护套的电缆。

　　10）电缆线路上如有接头，为防止接头故障时殃及邻近电缆，可将接头用防火保护盒保护或采取其他防火措施。

　　11）电力电缆和控制电缆应分别安装在沟的两边支架上。若不能时，则应将电力电缆安置在控制电缆之下的支架上，高电压等级的电缆宜敷设在低电压等级电缆的下方。

二、电缆隧道敷设

　　容纳电缆数量较多、有供安装和巡视的通道、全封闭的电缆构筑物为电缆隧道，其断面如图GYDL00204003-3所示。将电缆敷设于预先建设好的隧道中的安装方法，称为电缆隧道敷设。

　　1. 电缆隧道敷设的特点

　　电缆隧道应具有照明、排水装置，并采用自然通风和机械通风相结合的通风方式。隧道内还应具有烟雾报警、自动灭火、灭火箱、消防栓等消防设备。

　　电缆敷设于隧道中，消除了外力损坏的可能性，对电缆的安全运行十分有利。但是隧道的建设投资较大，建设周期较长。

　　电缆隧道适用的场合有：

　　1）大型电厂或变电站，进出线电缆在20根以上的区段；

　　2）电缆并列敷设在20根以上的城市道路；

　　3）有多回高压电缆从同一地段跨越的内河河堤。

　　2. 电缆隧道敷设的施工方法

　　电缆隧道敷设示意图如图GYDL00204003-4所示，其作业顺序如图GYDL00204003-5所示。

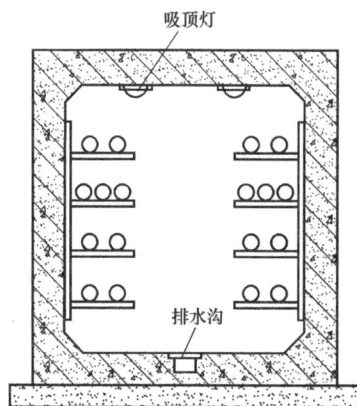

图 GYDL00204003-3　电缆隧道断面示意图

GYDL00204003

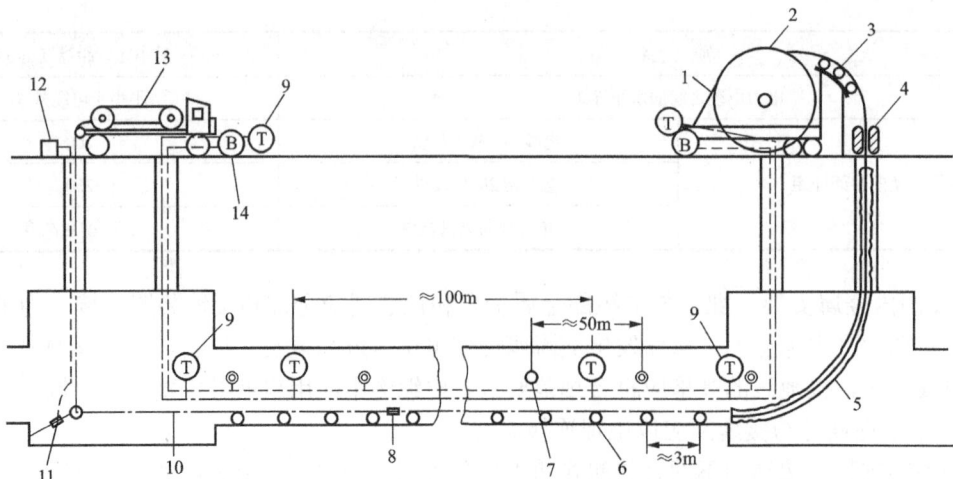

图 GYDL00204003-4　电缆隧道敷设示意图

1—电缆盘制动装置；2—电缆盘；3—上弯曲滑轮组；4—履带牵引机；5—波纹保护管；6—滑轮；7—紧急停机按钮；8—防捻器；

9—电话；10—牵引钢丝绳；11—张力感受器；12—张力自动记录仪；13—卷扬机；14—紧急停机报警器

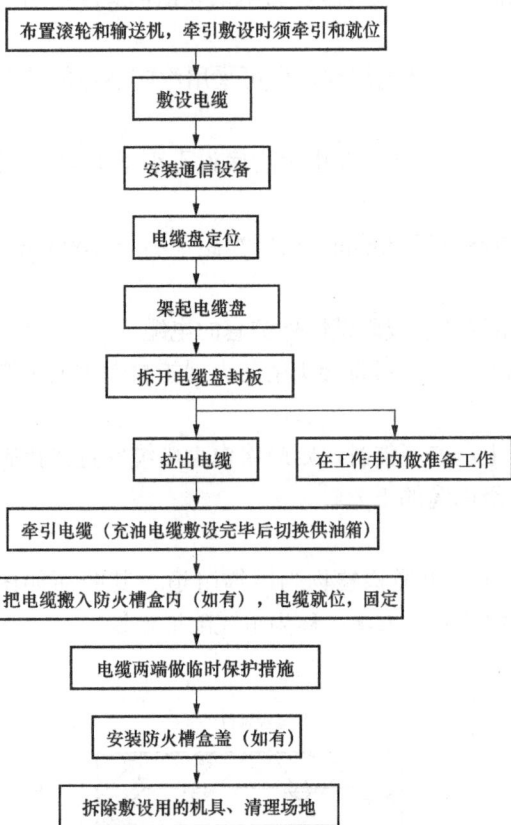

图 GYDL00204003-5　电缆隧道敷设作业顺序

（1）电缆隧道敷设前的准备。

1）电缆隧道敷设一般采用卷扬机钢丝绳牵引和电缆输送机牵引相结合的办法。在敷设电缆前，电缆端部应制作牵引端。将电缆盘和卷扬机分别安放在隧道入口处，并搭建适当的滑轮、滚轮支架。在电缆盘处和隧道中转弯处设置电缆输送机，以减小电缆的牵引力和侧压力。

2）当隧道相邻入口相距较远时，电缆盘和卷扬机安置在隧道的同一入口处，牵引钢丝绳经隧道底部的开口葫芦反向。

3）电缆隧道敷设必须有可靠的通信联络设施。

（2）电缆隧道敷设的操作步骤。

1）电缆隧道敷设牵引一般采用卷扬机钢丝绳牵引和输送机（或电动滚轮）相结合的方法，其间使用联动控制装置。电缆从工作井引入，端部使用牵引端和防捻器。牵引钢丝绳如需应用葫芦及滑车转向，可选择隧道内位置合适的拉环。在隧道底部每隔 2～3m 安放一只滑轮，用输送机敷设时，一般根据电缆重量每隔 30m 设置一台，敷设时关键部位应有人监视。高度差较大的隧道两端部位，应防止电缆引入时因自重产生过大的牵引力、侧压力和扭转应力。隧道中宜选用交联聚乙烯电缆，当敷设充油电缆时，应注意监视高、低端油压变化。位于地面电缆盘上油压应不低于最低允许油压，在隧道底部最低处电缆油压应不高于最高允许油压。

2）电缆敷设时卷扬机的启动和停车，一定要执行现场指挥人员的统一指令。常用的通信联络手段是架设临时有线电话或专用无线通信。

3）电缆敷设完后，应根据设计施工图规定将电缆安装在支架上，单芯电缆必须采用适当夹具将电缆固定。高压大截面单芯电缆应使用可移动式夹具，以蛇形方式固定。

（3）电缆隧道敷设的质量标准及注意事项。

1）电缆隧道一般为钢筋混凝土结构，也可采用砖砌或钢管结构，可视当地的土质条件和地下水位高低而定。一般隧道高度为 1.9~2m，宽度为 1.8~2.2m。

2）电缆隧道两侧应架设用于放置固定电缆的支架。电缆支架与顶板或底板之间的距离，应符合规定要求。支架上蛇形敷设的高压、超高压电缆应按设计节距用专用金具固定或用尼龙绳绑扎。电力电缆与控制电缆最好分别安装在隧道的两侧支架上，如果条件不允许，则控制电缆应该放在电力电缆的上方。

3）深度较浅的电缆隧道应至少有两个以上的人孔，长距离一般每隔 100~200m 应设一人孔。设置人孔时，应综合考虑电缆施工敷设。在敷设电缆的地点设置两个人孔，一个用于电缆进入，另一个用于人员进出。近人孔处装设进出风口，在出风口处装设强迫排风装置。深度较深的电缆隧道，两端进出口一般与竖井相连接，并通常使用强迫排风管道装置进行通风。电缆隧道内的通风要求在夏季不超过室外空气温度 10℃ 为原则。

4）在电缆隧道内设置适当数量的积水坑，一般每隔 50m 左右设积水坑一个，以使水及时排出。

5）隧道内应有良好的电气照明设施、排水装置，并采用自然通风和机械通风相结合的通风方式。隧道内还应具有烟雾报警、自动灭火、灭火箱、消防栓等消防设备。

6）电缆隧道内应装设贯通全长的连续的接地线，所有电缆金属支架应与接地线连通。电缆的金属护套、铠装除有绝缘要求（如单芯电缆）以外，应全部相互连接并接地。这是为了避免电缆金属护套或铠装与金属支架间产生电位差，从而发生交流腐蚀。

电缆隧道敷设方式选择应遵循以下几点：

1）同一通道的地下电缆数量众多，电缆沟不足以容纳时，应采用隧道。

2）同一通道的地下电缆数量较多，且位于有腐蚀性液体或经常有地面水流溢的场所，或含有 35kV 以上高压电缆，或穿越公路、铁路等地段，宜用隧道。

3）受城镇地下通道条件限制或交通流量较大的道路下，与较多电缆沿同一路径有非高温的水、气和通信电缆管线共同配置时，可在公用性隧道中敷设电缆。

三、电缆沟道敷设的危险点分析与控制

1. 高处坠落

（1）沟道敷设作业中起吊电缆在高度超过 1.5m 的工作地点工作时，应系安全带，或采取其他可靠的措施。

（2）作业过程中起吊电缆时必须系好安全带，安全带必须绑在牢固物件上，转移作业位置时不得失去安全带保护，并应有专人监护。

（3）施工现场的所有孔洞应设可靠的围栏或盖板。

2. 高空落物

（1）沟道敷设作业中起吊电缆遇到高处作业必须使用工具包防止掉东西。

（2）所用的工器具、材料等必须用绳索传递，不得乱扔，终端塔下应防止行人逗留。

（3）现场人员应按安规标准戴安全帽。

（4）起吊电缆时应避免上下交叉作业，上下交叉作业或多人一处作业时应相互照应、密切配合。

3. 烫伤、烧伤

（1）封电缆牵引头和电缆帽头等动用明火作业时，火焰应远离易燃易爆品，工作人员应穿长袖工作服。

（2）不熟悉喷灯或喷枪使用方法的人员不得擅自使用喷灯或喷枪。

（3）使用喷枪应先检查本体是否漏气或堵塞，禁止在明火附近进行放气或点火。喷枪使用完毕应放置在安全地点，冷却后装运。

4. 机械损伤

（1）在使用电锯锯电缆时，应使用合格的带有保护罩的电锯。

（2）不准使用无合格防护罩和有裂纹及其他不良情况的砂轮机和无齿锯。

5. 触电

（1）现场施工电源应采用绝缘导线，并在开关箱的首端处装设合格的漏电保安器。

（2）现场使用的电动工具应按规定周期进行试验合格。

（3）移动式电动设备或电动工具应使用软橡胶电缆，电缆不得破损、漏电。

6. 挤伤、砸伤

（1）电缆盘运输、敷设过程中应设专人监护，防止电缆盘倾倒。

（2）用滑轮敷设电缆时，不要在滑轮滚动时用手搬动滑轮，工作人员应站在滑轮前进方向。

7. 钢丝绳断裂

（1）用机械牵引电缆时，绳索应有足够的机械强度，工作人员应站在安全位置，不得站在钢丝绳内角侧等危险地段，电缆盘转动时应用工具控制转速。

（2）牵引机需要装设保护罩。

8. 现场勘察不清

（1）必须核对图纸，勘察现场，查明可能向作业点反送电的电源，并断开其断路器、隔离开关。

（2）对大型作业及较为复杂的施工项目，勘察现场后，制定"三措"，并报有关领导批准，方可实施。

9. 任务不清

现场负责人要在作业前将工作人员的任务分工，危险点及控制措施予以明确并交代清楚。

10. 人员安排不当

（1）选派的工作负责人应有一定的工作经验、较强的责任心和安全意识，并熟练地掌握所承担工作的检修项目和质量标准。

（2）选派的工作班成员能安全、保质保量地完成所承担的工作任务。

（3）工作人员精神状态和身体条件能够任本职工作。

11. 特种工作作业票不全

进行电焊、起重、动用明火等作业时，特殊工作现场作业票、动火票应齐全。

12. 单人留在作业现场

起吊电缆盘及起吊电缆上终端构架时，工作人员不得单独留在作业现场。

13. 违反监护制度

（1）被监护人在作业过程中，工作监护人的视线不得离开被监护人。

（2）专责监护人不得做其他工作。

14. 违反现场作业纪律

（1）工作负责人应及时提醒和制止影响工作的安全行为。

（2）工作负责人应注意观察工作班成员的精神和身体状态，必要时可对作业人员进行适当的调整。

（3）工作中严禁喝酒、谈笑、打闹等。

15. 擅自变更现场安全措施

（1）不得随意变更现场安全措施。

（2）特殊情况下需要变更安全措施时，必须征得工作负责人同意，完成后及时恢复原安全措施。

16. 穿越临时遮栏

（1）临时遮栏的装设需在保证作业人员不能误登带电设备的前提下进行，应方便作业人员进出现场和实施作业。

（2）严禁穿越和擅自移动临时遮栏。

17. 工作不协调

（1）多人同时进行工作时，应互相呼应，协同作业。

（2）多人同时进行工作，应设专人指挥，并明确指挥方式。使用通信工具应事先检查工具是否完好。

18. 交通安全

（1）工作负责人应提醒司机安全行车。

（2）乘车人员严禁在车上打闹或将头、手伸出车外。

（3）注意防止随车装运的工器具挤、砸、碰伤乘车人员。

19. 交通伤害

在交通路口、人口密集地段工作时，应设安全围栏、挂标示牌。

【思考与练习】

1. 电缆沟敷设的特点是什么？

2. 电缆隧道敷设的特点是什么？

3. 电缆隧道敷设时，对接地有哪些要求？

模块 4　电缆敷设的一般要求（GYDL00204004）

【模块描述】本模块介绍电缆敷设的基本要求。通过概念解释和要点讲解，熟悉电缆敷设牵引、弯曲半径、电缆排列固定和标志牌装设等基本要求，掌握电缆牵引力和侧压力的计算方法，掌握电缆敷设施工基本方法和各种技术要求。

【正文】

一、电缆敷设基本要求

1. 电缆敷设一般要求

敷设施工前应按照工程实际情况对电缆敷设机械力进行计算。敷设施工中应采取必要措施，确保各段电缆的敷设机械力在允许范围内。根据敷设机械力计算，确定敷设设备的规格，并按最大允许机械力确定被牵引电缆的最大长度和最小弯曲半径。

2. 电缆的牵引方法

电缆的牵引方法主要有制作牵引头和网套牵引两种。为消除电缆的扭力和不退扭钢丝绳的扭转力传递作用，牵引前端必须加装防捻器。

（1）牵引头。连接卷扬机的钢丝绳和电缆首端的金具，称作牵引头。它的作用不仅是电缆首端的一个密封套头，而且又是牵引电缆时将卷扬机的牵引力传递到电缆导体的连接件。对有压力的电缆，它还带有可拆接的供油或供气的油嘴，以便需要时连接供气或供油的压力箱。

常用的牵引头有单芯充油电缆牵引头、三芯交联电缆牵引头和高压单芯交联电缆牵引头，如图GYDL00204004-1～图 GYDL00204004-3 所示。

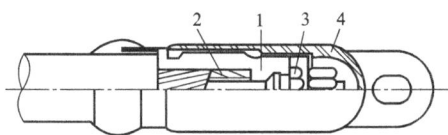

图 GYDL00204004-1　单芯充油电缆牵引头

1—牵引头主体；2—加强钢管；3—插塞；4—牵引头盖

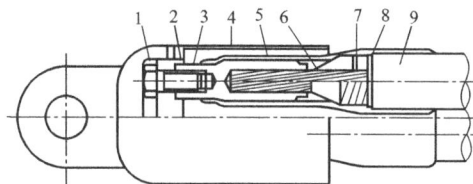

图 GYDL00204004-2　三芯交联电缆牵引头

1—紧固螺栓；2—分线金具；3—牵引头主体；4—牵引头盖；5—防水层；

6—防水填料；7—护套绝缘检测用导线；8—防水填料；9—电缆

（2）牵引网套。牵引网套用钢丝绳（也有用尼龙绳或白麻绳）由人工编织而成。由于牵引网套只是将牵引力过渡到电缆护层上，而护层允许牵引强度较小，因此不能代替牵引头。只有在线路不长，经过计算，牵引力小于护层的允许牵引力时才可单独使用。图 GYDL00204004-4 所示为安装在电缆端头的牵引网套。

（3）防捻器。用不退扭钢丝绳牵引电缆时，在达到一定张力后，钢丝绳会出现退扭，

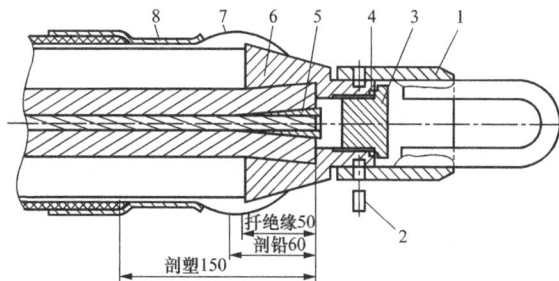

图 GYDL00204004-3　高压单芯交联电缆牵引头

1—拉环套；2—螺钉；3—帽盖；4—密封圈；5—锥形钢衬管；

6—锥形帽罩；7—封铅；8—热缩管

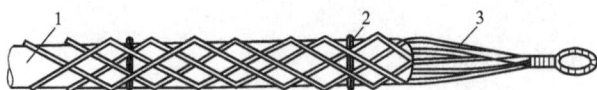

图 GYDL00204004-4　电缆牵引网套

1—电缆；2—铅（铜）扎线；3—钢丝网套

更由于卷扬机将钢丝绳收到收线盘上时增大了旋转电缆的力矩，如不及时消除这种退扭力，电缆会受到扭转应力，不但能损坏电缆结构，而且在牵引完毕后，积聚在钢丝绳上的扭转应力能使钢丝绳弹跳，容易击伤施工人员。为此，在电缆牵引前应串联一只防捻器，如图 GYDL00204004-5 所示。

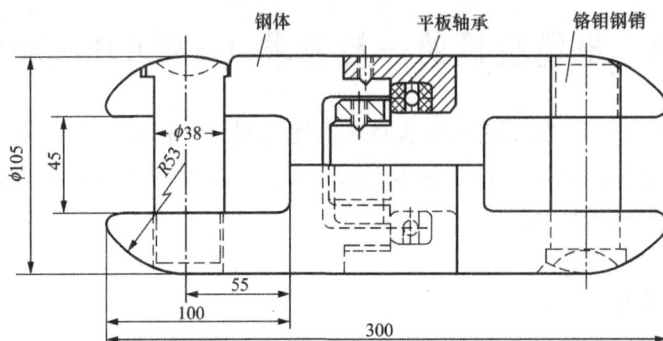

图 GYDL00204004-5　防捻器

3. 牵引力技术要求

电缆导体的允许牵引应力，用钢丝网套牵引塑料电缆：如无金属护套，则牵引力作用在塑料护套和绝缘层上；有金属套式铠装电缆时，牵引力作用在塑料护套和金属套式铠装上。用机械敷设电缆时的最大牵引强度宜符合表 GYDL00204004-1 的规定，充油电缆总拉力不应超过 27kN。

表 GYDL00204004-1　　　　　　　　　电缆最大允许牵引强度　　　　　　　　　　　　　N/mm²

牵引方式	牵引头		钢丝网套			
受力部位	铜芯	铝芯	铅套	铝套	皱纹铝护套	塑料护套
允许牵引强度	70	40	10	40	20	7

二、电缆弯曲半径

电缆在制造、运输和敷设安装施工中总要受到弯曲，弯曲时电缆外侧被拉伸，内侧被挤压。由于电缆材料和结构特性的原因，电缆能够承受弯曲，但有一定的限度。过度的弯曲容易对电缆的绝缘层和护套造成损伤，甚至破坏电缆，因此规定电缆的最小弯曲半径应满足电缆供货商的技术规定数据。制造商无规定时，按表 GYDL00204004-2 规定执行。

表 GYDL00204004-2　　　　　　　　　电缆最小弯曲半径

电 缆 型 式			多芯	单芯
控制电缆		非铠装、屏蔽型软电缆	6D*	—
		铠装、铜屏蔽型	12D	
		其他	10D	
橡皮绝缘电缆		无铅包、钢铠护套	10D	
		裸铅包护套	15D	
		钢铠护套	20D	
塑料绝缘电缆		无铠装	15D	20D
		有铠装	12D	15D
油浸纸绝缘电缆		铝套	30D	
	铅套	有铠装	15D	20D
		无铠装	20D	—
自容式充油电缆			—	20D

* D 为电缆外径。

三、电缆敷设机械力计算

1. 牵引力

电缆敷设施工时牵引力的计算，要根据电缆敷设路径分段进行。比较常见的敷设路径有水平直线敷设、水平转弯敷设和斜坡直线敷设三种。总牵引力等于各段牵引力之和。

（1）敷设电缆的三种典型路径，其牵引力计算公式如下：

水平直线敷设 $\qquad\qquad\qquad\qquad\qquad T=\mu WL$ （GYDL00204004-1）

水平转弯敷设 $\qquad\qquad\qquad\qquad\qquad T_2=T_1 e^{\mu\theta}$ （GYDL00204004-2）

斜坡直线敷设　上行时 $\qquad\qquad\quad T=WL(\mu\cos\theta+\sin\theta)$ （GYDL00204004-3）

$\qquad\qquad\qquad$ 下行时 $\qquad\qquad\quad T=WL(\mu\cos\theta-\sin\theta)$ （GYDL00204004-4）

竖井中直线牵引上引法的牵引力为 $\qquad T=WL$ （GYDL00204004-5）

以上式中　　T——牵引力，N；

$\qquad\qquad T_1$——弯曲前牵引力，N；

$\qquad\qquad T_2$——弯曲后牵引力，N；

$\qquad\qquad \mu$——摩擦因数；

$\qquad\qquad W$——电缆每米重量，N/m；

$\qquad\qquad L$——电缆长度，m；

$\qquad\qquad \theta$——转弯或倾斜角度，rad。

（2）在靠近电缆盘的第一段，计算牵引力时，需将克服电缆盘转动时盘轴孔与钢轴间的摩擦力计算在内，这个摩擦力可近似相当于 15m 长电缆的重量。

（3）电缆在牵引中与不同物材相接触称为摩擦，产生摩擦力。其摩擦因数的大小对牵引力的增大影响不可忽视。电缆与各种不同接触物之间的摩擦因数见表 GYDL00204004-3。

表 GYDL00204004-3 　　　　　　　摩　擦　因　数　表

牵引时电缆接触物	摩擦因数 μ	牵引时电缆接触物	摩擦因数 μ
钢管	0.17～0.19	砂土	1.5～3.5
塑料管	0.4	混凝土管，有润滑剂	0.3～0.4
滚轮	0.1～0.2		

2. 侧压力

作用在电缆上与其本体呈垂直方向的压力，称为侧压力。

侧压力主要发生在牵引电缆时的弯曲部分。控制侧压力的重要性在于：① 避免电缆外护层遭受损伤；② 避免电缆在转弯处被压扁变形。自容式充油电缆当受到过大的侧压力时，会导致油道永久变形。

（1）侧压力的规定要求。电缆侧压力的允许值与电缆结构和转角处设置状态有关。电缆允许侧压力包括滑动允许值和滚动允许值，可根据电缆制造厂提供的技术条件计算；无规定时，电缆侧压力允许值应满足表 GYDL00204004-4 的规定。

表 GYDL00204004-4 　　　　　　　电缆护层最大允许侧压力

电缆护层分类	滑动状态 （涂抹润滑剂圆弧滑板或排管，kN/m）	滚动状态 （每只滚轮，kN）
铅护层	3.0	0.5
皱纹铝护层	3.0	2.0
无金属护层	3.0	1.0

（2）侧压力的计算。

1）在转弯处经圆弧形滑板电缆滑动时的侧压力，与牵引力成正比，与弯曲半径成反比，计算公式为

$$p = T/R \qquad\qquad (\text{GYDL00204004-6})$$

式中　p——侧压力，N/m；

　　　T——牵引力，N；

　　　R——弯曲半径，m。

2) 转弯处设置滚轮，电缆在滚轮上受到的侧压力，与各滚轮之间的平均夹角或滚轮间距有关。每只滚轮对电缆的侧压力计算公式为

$$p \approx 2T\sin(\theta/2) \qquad\qquad (\text{GYDL00204004-7})$$

其中 $\sin(\theta/2) \approx 0.5s/R$，则　　　　　$p \approx Ts/R$

式中　p——侧压力，N/m；

　　　T——牵引力，N；

　　　R——转弯滚轮所设置的圆弧半径，m；

　　　θ——滚轮间平均夹角，rad；

　　　s——滚轮间距，m。

3) 当电缆呈 90° 转弯时，每只滚轮上的侧压力计算公式可简化为

$$p = \pi T/2(n-1)$$

计算出每只滚轮上的侧压力后，可得出转弯处需设置滚轮的只数。

4) 显而易见，降低侧压力的措施是减少牵引力和增加弯曲半径。为控制侧压力，通常在转弯处使用特制的呈 L 状的滚轮，均匀地设置在以 R 为半径的圆弧上，间距要小。每只滚轮都要能灵活地转动，滚轮要固定好，防止牵引时倾翻或移动。

3. 扭力

扭力是作用在电缆上的旋转机械力。

作用在电缆上的扭力，如果超过一定限度，会造成电缆绝缘与护层的损伤，有时积聚的电缆上的扭力，还会使电缆打成"小圈"。

作用在电缆上的扭力有扭转力和退扭力两种，敷设施工牵引电缆时，采用钢丝绳和电缆之间装置防捻器，来消除钢丝绳在牵引中产生的扭转力向电缆传递。在敷设水底电缆施工中，采用控制扭转角度和规定退扭架高度的办法，消除电缆装船时潜存的退扭力。

在水下电缆敷设中，允许扭力以圈形周长单位长度的扭转角不大于 25°/m 为限度。退扭架的高度一般不小于 0.7 倍电缆圈形外圈直径。

四、电缆的排列要求

1. 同一通道同侧多层支架敷设

同一通道内电缆数量较多时，若在同一侧的多层支架上敷设，应符合下列规定：

(1) 应按电缆等级由高至低的电力电缆、强电至弱电的控制和信号电缆、通信电缆由上而下的顺序排列。

1) 当水平通道中含有 35kV 以上高压电缆，或为满足引入柜盘的电缆符合允许弯曲半径要求时，宜按由下而上的顺序排列；

2) 在同一工程中或电缆通道延伸于不同工程的情况，均应按相同的上下排列顺序配置。

(2) 支架层数受到通道空间限制时，35kV 及以下的相邻电压等级电力电缆，可排列在同一层支架上；1kV 及以下电力电缆，可与强电控制和信号电缆配置在同一层支架上。

(3) 同一重要回路的工作与备用电缆实行耐火分隔时，应配置在不同层的支架上。

2. 同层支架电缆配置

同一层支架上电缆排列的配置，宜符合下列规定：

(1) 控制和信号电缆可紧靠或多层叠置。

(2) 除交流系统用单芯电力电缆的同一回路可采取正三角形配置外，对重要的同一回路多根电力电缆，不宜叠置。

(3) 除交流系统用单芯电缆情况外，电力电缆的相互间宜有不小于 0.1m 的空隙。

五、电缆及附件的固定

垂直敷设或超过30°倾斜敷设的电缆，水平敷设转弯处或易于滑脱的电缆，以及靠近终端或接头附近的电缆，都必须采用特制的夹具将电缆固定在支架上。其作用是把电缆的重力和因热胀冷缩产生的热机械力分散到各个夹具上或得到释放，使电缆绝缘、护层、终端或接头的密封部位免受机械损伤。

电缆固定要求如下：

（1）刚性固定。采用间距密集布置的夹具将电缆固定，两个相邻夹具之间的电缆在受到重力和热胀冷缩的作用下被约束不能发生位移的夹紧固定方式称为刚性固定，如图 GYDL00204004-6 所示。

刚性固定通常适用于截面不大的电缆。当电缆导体受热膨胀时，热机械力转变为内部压缩应力，可防止电缆由于严重局部应力而产生纵向弯曲。在电缆线路转弯处，相邻夹具的间距应较小，约为直线部分的1/2。

（2）挠性固定。允许电缆在受到热胀冷缩影响时可沿固定处轴向产生一定的角度变化或稍有横向位移的固定方式称为挠性固定，如图 GYDL00204004-7 所示。

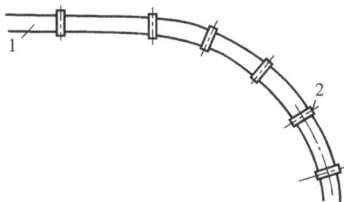

图 GYDL00204004-6 电缆刚性固定示意图

1—电缆；2—电缆夹具

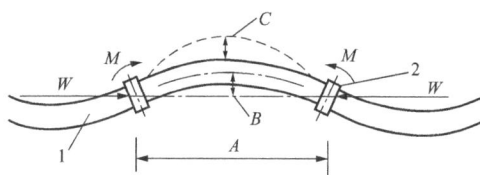

图 GYDL00204004-7 电缆挠性固定示意图

1—电缆；2—移动夹具；A—电缆挠性固定夹具节距；B—电缆至中轴线固定幅值；

C—挠性固定电缆移动幅值；M—移动夹具转动方向；W—两只夹具之间中轴线

采取挠性固定时，电缆呈蛇形状敷设。即将电缆沿平面或垂直部位敷设成近似正弦波的连续波浪形，在波浪形两头电缆用夹具固定，而在波峰（谷）处电缆不装夹具或装设可移动式夹具，以使电缆可以自由平移。

蛇形敷设中，电缆位移量的控制要求要以电缆金属护套不产生过分应变为原则，并据此确定波形的节距和幅值。一般蛇形敷设的波形节距为4~6m，波形幅值为电缆外径的1~1.5倍。由于波浪形的连续分布，电缆的热膨胀均匀地被每个波形宽度所吸收，而不会集中在线路的某一局部。在长距离桥梁的伸缩间隙处设置电缆伸缩弧，或者采用能垂直和水平方向转动的万向铰链架，在这种场合的电缆固定均为挠性固定。

高压单芯电缆水平蛇形敷设施工竣工图如图 GYDL00204004-8 所示，垂直蛇形敷设施工竣工图如图 GYDL00204004-9 所示。

图 GYDL00204004-8 高压单芯电缆水平
蛇形敷设施工竣工图

图 GYDL00204004-9 高压单芯电缆垂直
蛇形敷设施工竣工图

（3）固定夹具安装。

1）选用。电缆的固定夹具一般采用两半组合结构，如图 GYDL00204004-10 所示。固定电缆用的夹具、扎带、捆绳或支托件等部件，应具有表面光滑、便于安装、足够的机械强度和适合使用环境的耐久性等性能。单芯电缆夹具不得以铁磁材料构成闭合磁路。

2）衬垫。在电缆和夹具之间，要加上衬垫。衬垫材料有橡皮、塑料、铅板和木质垫圈，也可用电缆上剥下的塑料护套作为衬垫。衬垫在电缆和夹具之间形成一个缓冲层，使得夹具既夹紧电缆，又不夹伤电缆。裸金属护套或裸铠装电缆以绝缘材料作衬垫，可使电缆护层对地绝缘，免受杂散电流或通过护层入地的短路电流的伤害。过桥电缆在夹具间加弹性衬垫，有防振作用。

3）安装。在电缆隧道、电缆沟的转弯处及电缆桥架的两端采用挠性固定方式时，应选用移动式电缆夹具。固定夹具应当由有经验的人员安装。所有夹具的松紧程度应基本一致，夹具两边的螺母应交替紧固，不能过紧或过松，以应用力矩扳手紧固为宜。

（4）电缆附件固定要求。35kV 及以下电缆明敷时，应适当设置固定的部位，并应符合下列规定：

1）水平敷设，应设置在电缆线路首、末端和转弯处以及接头的两侧，且宜在直线段每隔不少于100m 处；

2）垂直敷设，应设置在上、下端和中间适当数量位置处；

3）斜坡敷设，应遵照 1）、2）款，并因地制宜设置；

4）当电缆间需保持一定间隙时，宜设置在每隔 10m 处；

5）交流单芯电力电缆，还应满足按短路电动力确定所需予以固定的间距。

在 35kV 以上高压电缆的终端、接头与电缆连接部位，宜设置伸缩节。伸缩节应大于电缆容许弯曲半径，并应满足金属护层的应变不超出容许值的要求。未设置伸缩节的接头两侧，应采取刚性固定或在适当长度内将电缆实施蛇形敷设。

电缆支持及固定如图 GYDL00204004-11 所示。

图 GYDL00204004-10　电缆夹具图

图 GYDL00204004-11　电缆支持及固定图

（5）电缆支架的选用。电缆支架除支持工作电流大于 1500A 的交流系统单芯电缆外，宜选用钢制。

六、电缆线路标志牌

1. 标志牌装设要求

（1）电缆敷设排列固定后，及时装设标志牌。

（2）电缆线路标志牌装设应符合位置规定。

图 GYDL00204004-12　高压单芯电缆
排管敷设标志牌装设图

（3）标志牌上应注明线路编号。无编号时，应写明电缆型号、规格及起讫地点。

（4）并联使用的电缆线路应有顺序号。

（5）标志牌字迹应清晰不易脱落。

（6）标志牌规格宜统一。标志牌应能防腐，挂装应牢固。

高压单芯电缆排管敷设标志牌装设如图 GYDL00204004-12 所示。

2. 标志牌装设位置

（1）生产厂房或变电站内，应在电缆终端头和电缆接头处装设电缆标志牌。

（2）电力电网电缆线路，应在下列部位装设标志牌：

1）电缆终端头和电缆接头处；

2）电缆管两端电缆沟、电缆井等敞开处；

3）电缆隧道内转弯处、电缆分支处、直线段间隔 50～100m 处。

【思考与练习】

1. 不同牵引方式时，电缆最大允许牵引强度各是多少？

2. 橡皮和塑料绝缘电缆的最小弯曲半径各是多少？

3. 电缆的固定有哪几种方式，各有什么特点？

4. 电缆标志牌装设有哪些要求？

模块 5 交联聚乙烯绝缘电缆的热机械力（GYDL00204005）

【模块描述】 本模块包含交联聚乙烯绝缘电缆热机械力产生的原因和解决对策。通过要点讲解和图形解释，熟悉交联聚乙烯绝缘电缆热机械力产生的原因及对电缆和附件的影响，掌握消除电缆热机械力的方法。

【正文】

一、电缆热机械力

1. 热机械力概念

交联聚乙烯绝缘电缆在制造过程中滞留在绝缘内部的热应力会引起绝缘回缩，导致绝缘回缩释放热应力而产生的机械力，以及电缆线路在运行状态下因负载变动引起或环境温差变化引起导体热胀冷缩而产生的电缆内部机械力，统称为热机械力。

2. 产生的原因

热机械力产生的原因主要有以下两方面：

（1）电缆制造中。

1）电缆在制造过程中，交联电缆温度超过结晶融化温度，使得其压缩弹性模数大幅度下降。然而电缆生产线冷却过程较为迅速，使得电缆热应力没有释放，最终在电缆本体中形成热应力。

2）交联电缆绝缘和导体的热膨胀系数不同，相差 10～30 倍，相对金属导体而言，交联聚乙烯绝缘较容易回缩，因而产生热机械力。

（2）电缆运行中。电缆在运行中，对于较大的大截面电缆，负荷电流变化时，由于线芯温度的变化和环境温度变化引起的导体热胀冷缩所产生的机械力可能达到相当大的数值。据实验测试，导体截面为 $2000mm^2$ 的电缆，最大热机械力可达到 100kN 左右。

二、热机械力对电缆及电缆附件的影响

1. 热机械力对电缆的影响

（1）损坏固定金具，并可能导致电缆跌落。图 GYDL00204005-1 所示即为电缆受热机械力影响横向移动偏离电缆支架。

（2）电缆与金具、支架接触，机械压力过大可能损坏电缆外护套、金属护套，甚至造成电缆损坏。

（3）导体与绝缘、绝缘与电缆金属护套发生相对位移，在相互之间产生气隙，形成放电通道。

2. 热机械力对电缆附件的影响

（1）导体的热胀冷缩可使电缆附件受到挤压或脱离，导致附件机械性损坏故障。

（2）导体的热胀冷缩造成与绝缘之间产生气隙，放

图 GYDL00204005-1 电缆受热机械力作用
横向偏移电缆支架

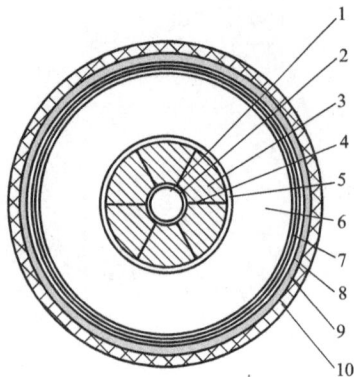

图 GYDL00204005-2　自容式充油电缆
单芯分裂导体结构图

1—油道；2—油道螺旋管；3—分裂导体；4—分隔纸带；

5—内屏蔽层；6—纸绝缘层；7—外屏蔽层；8—铅护套；

9—径向铜带加强层；10—聚氯乙烯外护套

电；或接头受到机械力发生位移；或接头受到机械拉力损坏。

（3）绝缘回缩可能在接头内造成绝缘与附件间产生气隙或脱离，产生局部放电或击穿。

三、防止热机械力损伤电缆及电缆附件的方法

1. 电缆设计防止热机械力

在电缆工程设计中，对大截面电缆必须预先对热机械力采取技术防范。通常采取以下措施：

（1）大截面电缆采用分裂导体结构（见图 GYDL00204005-2），以利于减少导体的热机械力。

（2）电缆终端和中间接头的导体连接应有足够的抗张强度和刚度要求。

（3）电缆中间接头应避免靠近电缆线路的转弯处。

（4）电缆蛇形敷设布置，按照环境条件选择正确的方法。

（5）电缆蛇形敷设节距、幅值（计算值）符合规定。

2. 防止热机械力损伤电缆的方法

在电缆安装敷设大截面电缆，必须预先对热机械力有适当防范措施。为了平衡热机械力，通常采取以下措施：

（1）排管敷设时，应在工井内的中间接头两端设置电缆垂直或水平"回弯"，靠接头近端的夹具采用刚性固定，靠接头远端的夹具采用挠性固定，以吸收由于温度变化所引起电缆的热胀冷缩，从而保护电缆和接头免受热机械力的影响。

（2）接头两端设置的电缆垂直或水平"回弯"，一般是将从排管口到接头之间的一段电缆弯曲成两个相切的半圆弧形状，其圆弧弯曲半径应不小于电缆的允许弯曲半径。

（3）在电缆沟、隧道、竖井内的电缆挠性固定，或水平蛇形，或垂直蛇形敷设，以此吸收电缆在运行时由于温度变化而产生的电缆热胀冷缩，从而减少固定夹具所需的紧固力。

（4）电缆蛇形敷设布置方法以及蛇形节距、幅值，应根据设计按图施工。

3. 防止热机械力损伤电缆附件的方法

在电缆安装接头中，为了平衡大截面电缆的热机械力，通常采取以下措施：

（1）导体与出线梗之间连接方式采用插入式的电缆终端，应允许导体有 3mm 的位移间隙。

（2）终端瓷套管应具有承受热机械力的抗张强度。

（3）交联聚乙烯绝缘电缆释放滞留在绝缘内部的热应力，方法有以下两种：

1）自然回缩：利用时间，让其自行回缩，消除绝缘热应力。

2）加热校直：电缆加热校直。对电缆绝缘加热，温度控制在（75±3）℃；加热持续时间，终端部位 3h，中间接头部位 6h。加热校直可减少安装后在绝缘末端产生气隙的可能性，确保绝缘热应力的消除与电缆的笔直度。

【思考与练习】

1. 何谓热机械力？

2. 交联聚乙烯绝缘电缆热机械力的产生与哪些因素有关？

3. 简述在安装电缆附件时应采取哪些措施消除热机械力影响。

模块 6　水底和桥梁上的电缆敷设（GYDL00204006）

【模块描述】本模块包含水底和桥梁上电缆敷设的要求和方法。通过要点讲解和图形解释，掌握水底和桥梁上电缆敷设的特点、施工方法、技术要求和注意事项。

【正文】

一、水底电缆敷设

水底电缆是指通过江、河、湖、海，敷设在水底的电力电缆。主要使用在海岛与大陆或海岛与海岛之间的电网连接，横跨大河、长江或港湾以连接陆上架空输电线路，陆地与海上石油平台以及海上石油平台之间的相互连接。

（一）水底电缆敷设的特点

水底电缆敷设因跨越水域不同，敷设方法也有较大差别，应根据电压等级、水域地质、跨度、水深、流速、潮汐、气象资料及埋设深度等综合情况，确定水底电缆敷设施工方案，选择敷设工程船吨位、主要装备以及相应的机动船只数量等。

（二）水底电缆敷设的施工方法

1. 水底电缆电缆敷设前的准备

（1）水下电缆路径的选择，应满足电缆不易受机械性损伤、能实施可靠防护、敷设作业方便、经济合理等要求，且应符合下列规定：

1）电缆宜敷设在河床稳定、流速较缓、岸边不易被冲刷、海底无石山或沉船等障碍、少有沉锚和拖网渔船活动的水域。

2）电缆不宜敷设在码头、渡口、水工构筑物附近，且不宜敷设在疏浚挖泥区和规划筑港地带。在码头、锚地、港湾及有船停泊处敷设电缆时，必须采取可靠的保护措施。当条件允许时，应深埋敷设。

3）水下电缆不得悬空于水中，应埋置于水底。在通航水道等需防范外部机械力损伤的水域，电缆应埋置于水底适当深度的沟槽中，并应加以稳固覆盖保护。浅水区的埋深不宜小于 0.5m；深水航道的埋深不宜小于 2m。

4）水下电缆严禁交叉、重叠。相邻的电缆应保持足够的安全间距，且应符合下列规定：

a）主航道内，电缆间距不宜小于平均最大水深的 2 倍，引至岸边间距可合适缩小；

b）在非通航的流速未超过 1m/s 的小河中，同回路单芯电缆间距不得小于 0.5m，不同回路电缆间距不得小于 5m；

c）除上述情况外，应按水的流速和电缆埋深等因素确定安全间距。

（2）水底电缆路径的调查。

1）两端登陆点的调查。应包括以下主要内容：

a）确定敷设路径长度，测量拟建终端的位置，并标注在路径平面图上，测量终端距高潮位和低潮位岸线的水平距离；

b）详细测量登陆点附近永久建筑设施、道路、桥梁、河沟等障碍物的位置、尺寸，并标注在路径平面图上；

c）了解和调查登陆点及浅水区有无对电缆安全运行构成威胁的各种因素。

2）水底地形的调查。测量船沿拟订的路径航行，同步测量船位和水深，了解水下地形和路径最大水深。用适当的比例，根据同步测得的船位和水深数据，分别绘出各测线的水下地形剖面图，剖面图应标出最低和最高水位或潮位线、登陆点位置的高程。

3）水底地质的调查。进行水底地质调查是为了进一步掌握和了解水底不同土质情况及其分布，以便采用较经济、可靠的方法保护电缆。

4）水底障碍物的调查。用旁视声纳的方法可扫测到路径水底两侧的障碍物，能较清晰地显示出诸如沉船、礁石等障碍物的性质、形状、大小和位置，为排除或绕开水下障碍物提供可靠的依据。

5）水文气象调查。主要项目包括潮汐特征、潮流或水流、风况、波浪、其他等。

6）其他项目的调查。内容包括：① 水域船舶航行情况，如船舶大小、吃水深度、船舶锚型等；② 渔业伸长方式，如插网或抛锚的深度等；③ 滩涂的海水养殖及青苗、绿化的赔偿等。

（3）在电缆敷设工程船上，应配备的主要机具设备有发电机、卷扬机、水泵、空气压缩机、潜水作业设备、电缆盘支架及轴、输送机、电缆盘制动装置、GPS 全球定位系统、电缆张力监视装置、尺码计、滚轮和入水槽等。

2. 水底电缆敷设的操作步骤

水底电缆敷设分始端登陆、中间水域敷设和末端登陆三个阶段。

（1）电缆的始端登陆。始端登陆宜选择登陆作业相对比较困难和复杂的一侧作为电缆的始端登陆点。

1）敷设船根据船只吃水深度，利用高潮位尽量向岸滩登陆点靠近，平底船型的敷设船甚至可以坐滩，然后用工作艇将事先抛在浅水处的锚或地锚上的钢缆系在船上绞车滚筒上。

2）测量和引导敷设船通过绞缆的方法将船定位在设计路径轴线上，锚泊固定；再次测量船位距电缆终端架的距离，根据设计余量计算出登陆所需缆长。

3）做好电缆牵引头。将电缆端头牵引至入水槽后，用置于岸上的牵引卷扬机的拖曳钢绳和防捻器与电缆牵引头连接在一起。

4）启动岸上卷扬机带动拖曳钢绳及电缆，将电缆不断地从船上输入水中。

5）登陆作业时，应从计米器测量登陆电缆的长度，观察和测量牵引卷扬机、地锚的受力和船位的变化。电缆穿越预留孔洞的地方应由专人看管，并防止沿途电缆滚轮发生移动。

6）浅滩或登陆点附近的电缆沟槽可用机械或人工开挖。可以先挖沟槽，后进行电缆登陆作业；也可以在电缆登陆作业完成后再挖沟槽。

（2）电缆在中间水域敷设。电缆在中间水域敷设作业必须连续进行，中途不允许停顿，更不允许发生施工船后退。

电缆在中间水域敷设施工时，根据敷设船的类型、尺度和动力配置情况及施工水域的自然条件，一般可采取以下五种敷设方法。

1）自航敷设船的敷设。在较开阔的施工水域、水较深及电缆较长的工况下进行电缆敷设，可使用操纵性能良好的机动船舶施工，如图 GYDL00204006-1 所示。这种方法船舶选型较方便，有时候将货轮或者车辆渡船稍加改造便可用于作业。

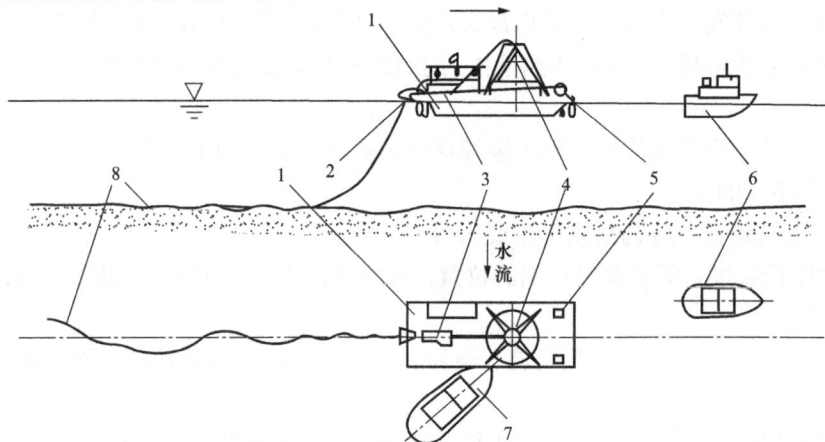

图 GYDL00204006-1　敷设船自航敷缆法

1—自航敷设船；2—驾驶舱；3—履带布缆机；4—退扭架；5—锚机；6—巡逻船；7—辅助拖轮；8—电缆

2）钢丝绳牵引平底船敷缆。该法如图 GYDL00204006-2 所示，适用于弯曲半径和盘绕半径较大、直径较粗的电缆敷设施工。其特点是敷设船不受水深限制，甚至坐滩也可进行作业。敷设速度平稳，容易控制，能原地保持船位处理突发事情，敷设质量易保证。

中间水域敷设作业前，用锚艇沿设计路径敷设一根钢丝绳，一端连接在终端水域的锚上或地锚上，另一端则绕在敷设船牵引卷扬机上。

3）敷设船移锚敷缆。该法适用于敷设路径很短，水深较浅、电缆自重大或先敷设后深埋的电缆工程。这种方法的特点是敷、埋设速度很平稳，船位控制精度很高，可长时间锚泊在水上进行电缆的接头安装作业等，也为潜水员下水作业提供极好的场所，但不适宜长距离电缆敷设施工。

敷设船一般为箱型非自航甲板驳，甲板上除设置敷缆机具外，还配置多台移船绞车。船舶前进依靠绞车分别绞入和放松前后八字锚缆进行，锚用锚艇进行起锚和抛锚作业，并不断重复上述移锚、绞缆过程，使敷设船沿设计路径前进。

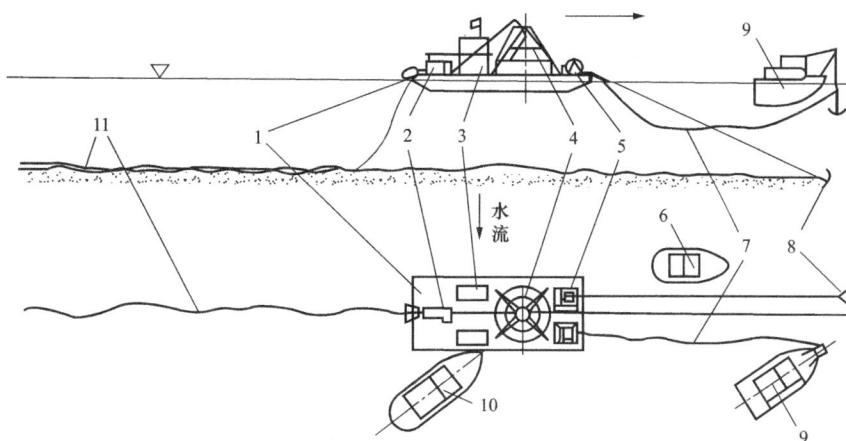

图 GYDL00204006-2 钢丝绳牵引平底船敷缆法

1—平底敷缆船；2—履带布缆机；3—发电机；4—退扭架；5—牵引卷扬机；6—巡逻船；

7—接力锚、锚缆；8—牵引锚、锚缆；9—锚艇；10—辅助拖轮；11—电缆

4）拖航敷缆。敷设船既无动力，亦无牵引机械，敷缆时的船舶移动靠拖轮吊拖或绑拖进行，因此，敷设船选择更为方便，一般的货驳、甲板驳稍加改造即可使用。拖轮或推轮可以是普通船只，施工造价低廉，敷缆速度较快。该法仅适用于对敷设路径允许偏差较大、规模较小的电缆敷设工程。

5）装盘电缆敷设。该法与陆上电缆的敷设方法相似，电缆直接从电缆盘退绕出来放入水中。有以下两种作业方法：

第一种：将绕有电缆的电缆盘固定在路径一端的登陆点上，电缆盘用放线支架托起，能转动自如。路径另一端设置一台卷扬机，卷扬机上的钢丝绳先由小船拖放至电缆一侧，并与电缆端头用网套连接。开动卷扬机，就可将电缆盘上的电缆牵引入水中至另一端岸上。由于受牵引力限制、河道通航影响和电缆盘可容电缆长度所限，该法一般仅局限于水域宽度 500m 以下的工程施工。

第二种：绕有电缆的电缆盘连同放线支架被固定在施工船上，施工船可通过自航、牵引或拖航前进，将电缆盘上的电缆敷设于水底。

（3）电缆末端登陆。电缆经过始端登陆作业、中间水域敷设作业后，敷设船抵达路径另一端浅水区，准备进行电缆的末端登陆作业。

1）敷设船敷缆至终端附近水域时，辅助船舶将事先抛设在水域中的锚缆或地锚上的钢缆递至敷设船，敷设船利用这些锚缆将船位锚泊在水面上。然后通过绞车调整这些锚缆的长度，将船体转向，将原来与路径平行方向的船体转至与路径垂直，入水槽朝向下游或与水流流向相同。

2）敷设船转向期间，电缆随船位移动，不断敷出，同时又保持适当张力，避免因电缆突然失去张力而打扭。

3）敷设船转向就位后，测量其位置距终端的距离，就能方便地求出末端登陆所用电缆的长度。然后在船上量取这段电缆长度，并作切割、封头工作。

4）敷设船用布缆机将电缆不断从缆舱内慢慢拉出，送至水面。由人工在入水槽下部把充过气的浮胎逐一绑扎在电缆下部。

5）布缆机送出预计长度电缆，其尾端被牵引至入水槽附近，套上牵引网套。由人工将电缆末端搁置在停泊于敷设船旁的小船上，并与之可靠绑扎。然后将牵引钢丝绳通过防捻器和电缆尾端连接，牵引钢丝绳的一段被绕在岸上卷扬机卷筒上。

6）启动安置在终端架旁的卷扬机，牵引电缆尾端连同小船一起向岸边靠拢。当牵引至岸边时，将搁置在小船上电缆尾端转放在预先设置在浅滩上的拖轮或其他设施上。继续启动卷扬机，并同时逐一拆除绑扎在电缆上的浮胎，直至将电缆全部牵引至末端。

7）电缆登陆至末端后，浮在水面上的电缆由人工在小船上将浮胎逐一拆除，使电缆全部沉入水底。

3. 水底电缆敷设的质量标准及注意事项

（1）水底电缆不应有接头，当整根电缆超过制造厂的制造能力时，可采用软接头连接。

（2）通过河流的电缆，应敷设于河床稳定及河岸很少受到冲损的地方。在码头、锚地、港湾、渡口及有船停泊处敷设电缆时，必须采取可靠的保护措施。当条件允许时，应深埋敷设。

（3）水底电缆的敷设必须平放水底，不得悬空。当条件允许时，宜埋入河床（海底）0.5m 以下。

（4）水底电缆平行敷设时的间距不宜小于最高水位水深的 2 倍；当埋入河床（海底）以下时，其间距按埋设方式或埋设机的工作活动能力确定。

（5）水底电缆引到岸上的部分应穿管或加保护盖板等保护措施，其保护范围，下端应为最低水位时船只搁浅及撑篙达不到之处；上端高于最高洪水位。在保护范围的下端，电缆应固定。

（6）电缆线路与小河或小溪交叉时，应穿管或埋在河床下足够深处。

（7）在岸边水底电缆与路上电缆连接的接头，应装有锚定装置。

（8）水底电缆的敷设方法、敷设船只的选择和施工组织的设计，应按电缆的敷设长度、外径、重量、水深、流速和河床地形等因素确定。

（9）水底电缆的敷设，当全线采用盘装电缆时，根据水域条件，电缆盘可放在岸上或船上，敷设时可用浮筒浮托，严禁使电缆在水底拖拉。

（10）水底电缆不能装盘时，应采用散装敷设法。其敷设程序是：先将电缆圈绕在敷设船舱内，再经仓顶高架、滑轮、制动装置至入水槽下水，用拖轮绑拖，自航敷设或用钢缆牵引敷设。

（11）敷设船的选择，应符合下列条件：

1）船舱的容积、甲板面积、稳定性等应满足电缆长度、重量、弯曲半径和作业场所等的要求。

2）敷设船应配有制动装置、张力计量、长度测量、入水角、水深和导航、定位等仪器，并配有通信设备。

（12）水底电缆敷设应在小潮汛、憩流或枯水期进行，并应视线清晰，风力小于 5 级。

（13）敷设船上的放线架应保持适当的退扭高度。敷设时，应根据水的深浅控制敷设张力，使其入水角为在 30°～60°。采用牵引顶推敷设时，其速度宜为 20～30m/min；采用拖轮或自航牵引敷设时，其速度宜为 90～150m/min。

（14）水底电缆敷设时，两岸应按设计设立导标。敷设时应定位测量，及时纠正航线和校核敷设长度。

（15）水底电缆引到岸上时，应将全线全部浮托在水面上，再牵引至陆上。浮托在水面上的电缆应按设计计路径沉入水底。

（16）水底电缆敷设后，应做潜水检查。电缆应放平，河床起伏处电缆不得悬空，并测量电缆的确切位置。在两岸必须设置标志牌。

二、桥梁上的电缆敷设

为跨越河道，将电缆敷设在交通桥梁或专用电缆桥上的电缆安装方式称为电缆桥梁敷设。

（一）桥梁上电缆敷设的特点

在短跨距的交通桥梁上敷设电缆，一般应将电缆穿入内壁光滑、耐燃的管子内，并在桥墩部位设过渡工井，以吸收过桥部分电缆的热伸缩量。电缆专用桥梁一般为箱型，其断面结构与电缆沟相似。

（二）桥梁上电缆敷设的施工方法

1. 桥梁上电缆敷设前的准备

桥梁上电缆敷设一般采用卷扬机钢丝绳牵引和电缆输送机牵引相结合的办法。在敷设电缆前，电缆端部应制作牵引头。将电缆盘和卷扬机分别安放在桥箱入口处，并搭建适当的滑轮、滚轮支架。在电缆盘处和隧道中转弯处设置电缆输送机，以减小电缆的牵引力和侧压力。在电缆桥箱内安放滑轮，清除桥箱内外杂物；检查支架预埋情况并修补；采用钢丝绳牵引电缆。电缆牵引完毕后，用人力将电缆定位在支架上。

电缆桥梁敷设，必须有可靠的通信联络设施。

2. 桥梁上电缆敷设的操作步骤

电缆桥梁敷设施工方法与电缆沟道或排管敷设方法相似。电缆桥梁敷设的最难点在于两个桥墩处。此位置电缆的弯曲和受力情况必须经过计算确认在电缆允许值范围内，并有严密的技术保证措施，以确保电缆施工质量。

短跨距交通桥梁，电缆应穿入内壁光滑、耐燃的管子内，在桥堍部位设电缆伸缩弧（见图GYDL00204006-3），以吸收过桥电缆的热伸缩量。

长跨距交通桥梁人行道下敷设电缆，为降低桥梁振动对电缆金属护套的影响，应在电缆下每隔 1～2m 加垫橡胶垫块。在两边桥堍建过渡井，设置电缆伸缩弧。高压大截面电缆应作蛇形敷设。

长跨距交通桥梁采用箱形电缆通道。当通过交通桥梁电缆根数较多，应按市政规划把电缆通道作为桥梁结构的一部分进行统一设计。这种过

图 GYDL00204006-3　电缆伸缩弧

桥电缆通道一般为箱形结构，类似电缆隧道，桥面应有临时供敷设电缆的人孔。在桥梁伸缩间隙部位，应按桥桁最大伸缩长度设置电缆伸缩弧。高压大截面电缆应作蛇形敷设。

在没有交通桥梁可通过电缆时，应建专用电缆桥。专用电缆桥一般为弓形，采用钢结构或钢筋混凝土结构，断面形状与电缆沟相似。

公路、铁道桥梁上的电缆，应采取防止振动、热伸缩以及风力影响下金属套因长期应力疲劳导致断裂的措施。

电缆桥梁敷设，除填砂和穿管外，应采取与电缆沟敷设相同的防火措施。

3. 桥梁上电缆敷设的质量标准及注意事项

（1）木桥上的电缆应穿管敷设。在其他结构的桥上敷设的电缆，应在人行道下设电缆沟或穿入由耐火材料制成的管道中。在人不易接触处，电缆可在桥上裸露敷设，但应采取避免太阳直接照射的措施。

（2）悬吊架设的电缆与桥梁架构之间的净距不应小于 0.5m。

（3）在经常受到振动的桥梁上敷设的电缆，应有防振措施。桥墩两端和伸缩缝处的电缆，应留有松弛部分。

（4）电缆在桥梁上敷设时，要求：

1）电缆及附件的质量在桥梁设计的允许承载范围之内；

2）在桥梁上敷设的电缆及附件，不得低于桥底距水面的高度；

3）在桥梁上敷设的电缆及附件，不得有损桥梁及外观。

（5）在长跨距桥桁内或桥梁人行道下敷设电缆时，应注意：

1）为降低桥梁振动对电缆金属护套的影响，在电缆下每隔 1～2m 加垫用弹性材料制成的衬垫；

2）在桥梁伸缩间隙部位的一端，应设置电缆伸缩弧，即把电缆敷设成圆弧形，以吸收由于桥梁主体热胀冷缩引起的电缆伸缩量；

3）电缆宜采用耐火槽盒保护，全长作蛇形敷设，在两边桥堍，电缆必须采用活动支架固定。

三、水底和桥梁上敷设的危险点分析与控制

1. 高处坠落

（1）水底和桥梁上敷设作业中，起吊电缆在高度超过 1.5m 的工作地点工作时，应系安全带，或采取其他可靠的措施。

（2）作业过程中起吊电缆时必须系好安全带，安全带必须绑在牢固物件上，转移作业位置时不得失去安全带保护，并应有专人监护。

（3）施工现场的所有孔洞应设可靠的围栏或盖板。

2. 高空落物

（1）沟道敷设作业中，起吊电缆遇到高处作业时必须使用工具包，以防掉东西。

（2）所用的工器具、材料等必须用绳索传递，不得乱扔。终端塔下应防止行人逗留。

（3）现场人员应按安规标准戴安全帽。

（4）起吊电缆时应避免上下交叉作业，上下交叉作业或多人一处作业时应相互照应、密切配合。

3．烫伤、烧伤

（1）封电缆牵引头和电缆帽头等动用明火作业时，火焰应远离易燃易爆品。工作人员应穿长袖工作服。

（2）不熟悉喷灯或喷枪使用方法的人员不得擅自使用喷灯或喷枪。

（3）使用喷枪应先检查本体是否漏气或堵塞，禁止在明火附近进行放气或点火。喷枪使用完毕应放置在安全地点，冷却后装运。

4．机械损伤

（1）在使用电锯锯电缆时，应使用合格的带有保护罩的电锯。

（2）不准使用无合格防护罩和有裂纹及其他不良情况的砂轮机和无齿锯。

5．触电

（1）现场施工和敷设船上使用电源应采用绝缘导线，并在开关箱的首端处装设合格的漏电保安器。

（2）使用的电动工具应按规定周期进行试验合格。

（3）移动式电动设备或电动工具应使用软橡胶电缆，电缆不得破损、漏电。

6．挤伤、砸伤

（1）电缆盘运输、电缆敷设船、敷设过程中应设专人监护，防止电缆盘倾倒。

（2）用滑轮敷设电缆时，不要在滑轮滚动时用手搬动滑轮，工作人员应站在滑轮前进方向。

7．落水

（1）在电缆敷设船上进行敷设作业时，应加强监护，做好安全措施，防止人员落水。作业人员应穿戴救生衣，并安排专门的救生人员和船只。

（2）需进行水下工作的潜水人员，应经专门训练并持有相关资质证书，潜水和供氧设备应经过定期检测并合格，且使用良好。

8．钢丝绳断裂

（1）用机械牵引电缆时，绳索应有足够的机械强度；工作人员应站在安全位置，不得站在钢丝绳内角侧等危险地段；电缆盘转动时，应用工具控制转速。

（2）牵引机需要装设保护罩。

9．现场勘察不清

（1）必须核对图纸，勘察现场，查明可能向作业点反送电的电源，并断开其断路器、隔离开关。

（2）对大型作业及较为复杂的施工项目，勘察现场后，制定"三措"，并报有关领导批准，方可实施。

10．任务不清

现场负责人要在作业前将工作人员的任务分工，危险点及控制措施予以明确并交代清楚。

11．人员安排不当

（1）选派的工作负责人应有一定的工作经验、较强的责任心和安全意识，并熟练掌握所承担工作的检修项目和质量标准。

（2）选派的工作班成员能安全、保质保量地完成所承担的工作任务。

（3）工作人员精神状态和身体条件能够任本职工作。

12．特种工作作业票不全

进行电焊、起重、动用明火等作业时，特殊工作现场作业票、动火票应齐全。

13．单人留在作业现场

起吊电缆盘及起吊电缆上终端构架时，工作人员不得单独留在作业现场。

14．违反监护制度

（1）被监护人在作业过程中，工作监护人的视线不得离开被监护人。

（2）专责监护人不得做其他工作。

15．违反现场作业纪律

（1）工作负责人应及时提醒和制止影响工作的安全行为。

（2）工作负责人应注意观察工作班成员的精神和身体状态，必要时可对作业人员进行适当的调整。

（3）工作中严禁喝酒、谈笑、打闹等。

16. 擅自变更现场安全措施

（1）不得随意变更现场安全措施。

（2）特殊情况下需要变更安全措施时，必须征得工作负责人同意，完成后及时恢复原安全措施。

17. 穿越临时遮栏

（1）临时遮栏的装设需在保证作业人员不能误登带电设备的前提下进行，方便作业人员进出现场和实施作业。

（2）严禁穿越和擅自移动临时遮栏。

18. 工作不协调

（1）多人同时进行工作时，应互相呼应，协同作业。

（2）多人同时进行工作，应设专人指挥，并明确指挥方式。使用通信工具应事先检查工具是否完好。

19. 交通安全

（1）工作负责人应提醒司机驾车、驾船安全。

（2）乘车及乘船人员应注意安全，严禁在车船上打闹嬉戏或将头、手伸出交通工具外，以免造成人身伤亡。

（3）注意防止随车、船装运的工器具挤、砸、碰伤乘坐人员。

20. 交通伤害

（1）在交通路口、人口密集地段工作时应设安全围栏、挂标示牌。

（2）在专门的水域管辖区域及航道内和水域、航道的两岸边应设警示标志。

【思考与练习】

1. 水底电缆路径选择时，应遵循哪些规定？

2. 水底电缆在中间水域敷设施工有哪几种方法？

3. 电缆在桥梁上敷设的注意事项有哪些？

第七章　敷设工器具和设备的使用

模块 1　电缆敷设的常用机具的使用及维护（GYDL00205001）

【模块描述】本模块介绍电缆敷设常用机具的类型、使用和维护方法。通过要点讲解和图形解释，熟悉电缆敷设常用挖掘、装卸运输、牵引机具和敷设专用工器具的用途和特点，掌握电缆敷设常用机具的配置使用和维护方法。

【正文】

电缆敷设施工需使用各种机械设备和工器具，包括挖掘与起重运输机械、牵引机械和其他专用敷设机械与器具。

一、挖掘与起重运输机械

1. 气镐和空气压缩机

气镐是以压缩空气为动力，用镐杆敲凿路面结构层的气动工具。除气镐外，挖掘路面的设备还有内燃凿岩机、象鼻式掘路机等机械。空气压缩机有螺杆式和活塞式两种，通常采用柴油发动机。螺杆式空气压缩机具有噪声较小的优点，较适宜城市道路的挖掘施工。

（1）气镐的工作原理。气镐由空气压缩机提供压缩空气，压缩空气经管状分配阀轮流进入缸体两端，在工作压力下，压缩空气做功，使锤体进行往复运动，冲击镐杆尾部，把镐杆打入路面的结构层中，实施路面开挖。

（2）气镐使用注意事项如下：

1）保持气镐内部清洁和气管接头接牢；

2）在软矿层工作时，勿使镐钎全部插入矿层，以防空击；

3）镐钎卡在岩缝中，不可猛力摇动气镐，以免缸体和连接套螺纹部分受损；

4）工作时应检查镐钎尾部和衬套配合情况，间隙不得过大、过小，以防镐钎偏歪和卡死。

（3）气镐维护要求如下：

1）气镐正常工作时，每隔 2～3h 应加注一次润滑油。注油时卸掉气管接头，斜置气镐，按压镐柄，由连接处注入。如滤网被污物堵塞，应及时排除，不得取掉滤网。

2）气镐在使用期间，每星期至少拆卸两次，用清洁的柴油洗清，吹干，并涂以润滑油，再行装配和试验。如发现有易损件严重磨损或失灵，应及时调换。

2. 水平导向钻机

水平导向钻机是一种能满足在不开挖地表的条件下完成管道埋设的施工机械，即通过它实现"非开挖施工技术"。水平导向钻机具有液压控制和电子跟踪装置，能够有效控制钻头的前进方向。

（1）水平导向钻机的使用方法。按经可视化探测设计的非开挖钻进轨迹路径，先钻定向导向孔，同时注入适量以膨润土加水调匀的钻进液，以保持管壁稳定，并根据当地土壤特性调整泥浆黏度、密度、固相含量等参数。在全线贯通后再回头扩孔，当孔径符合设计要求时拉入电缆管道。

（2）水平导向钻机的注意事项如下：在水平导向钻机开机后，要对定向钻头进行导向监控。一般每钻进 2m 用电子跟踪装置测一次钻头位置，以保证钻头不偏离设计轨迹。

3. 起重运输机械

起重运输机械包括汽车、吊车和自卸汽车等，用于电缆盘、各种管材、保护盖板和电缆附件的装卸和运输，以及电缆沟余土的外运。

二、牵引机械

1. 电动卷扬机

电动卷扬机（见图 GYDL00205001-1）是由电动机作为动力，通过驱动装置使卷筒回转的机械装置。在电缆敷设时，可以用来牵引电缆。

（1）工作原理。当卷扬机接通电源后，电动机逆时针方向转动，通过连接轴带动齿轮箱的输入轴转动，齿轮箱的输出轴上装的小齿轮带动大齿轮转动，大齿轮固定在卷筒上，卷筒和大齿轮一起转动卷进钢丝绳，使电缆前行。

图 GYDL00205001-1　电动卷扬机

（2）电动卷扬机的使用及注意事项如下：

1）卷扬机应选择合适的安装地点，并固定牢固；

2）开动卷扬机前应对卷扬机的各部分进行检查，应无松脱或损坏；

3）钢丝绳在卷扬机滚筒上的排列要整齐，工作时不能放尽，至少要留 5 圈；

4）卷扬机操作人员应与相关工作人员保持密切联系。

（3）日常维护工作内容如下：

1）工作中检查运转情况，有无噪声、振动等；

2）检查电动机、减速箱及其他连接部的紧固，制动器是否灵活可靠，弹性联轴器是否正常，传动防护是否良好；

3）检查电控箱各操作开关是否正常，阴雨天应特别注意检查电器的防潮情况；

4）定期清洁设备表面油污，对卷扬机开式齿轮、卷筒轴两端加油润滑，并对卷扬机钢丝绳进行润滑。

2. 电缆输送机

电缆输送机（见图 GYDL00205001-2）包括主机架、电机、变速装置、传动装置和输送轮，是一种电缆输送机械。

（1）工作原理。电缆输送机以电动机驱动，用凹型橡胶带夹紧电缆，并用预压弹簧调节对电缆的压力，使之对电缆产生一定的推力。

1）使用前应检查输送机各部分有无损坏，履带表面有无异物；

2）在电缆敷设施工时，如果同时使用多台输送机和牵引车，则必须要有联动控制装置，使各台输送机和牵引车的操作能集中控制，关停同步，速度一致。

图 GYDL00205001-2　电缆输送机

（2）日常维护工作内容如下：

1）输送机运行一段时间以后，链条可能会松弛，应自行调整，并在链条部位加机油润滑；

2）检查各个连接部位紧固件的连接是否松动，对出现异常的进行恢复，避免因零部件松动损坏设备；

3）检查履带的磨损状况，及时更换，以免在正常夹紧力情况下敷设电缆时输送力不够；夹紧力太大又损伤电缆的外护套。

三、其他专用敷设机械和器具

1. 电缆盘支承架、液压千斤顶和电缆盘制动装置

电缆盘支承架一般用钢管或型钢制作，要求坚固，有足够的稳定性和适用于多种电缆盘的通用性。电缆盘支承架上配有液压千斤顶，用以顶升电缆盘和调整电缆盘离地高度及盘轴的水平度。

为了防止由于电缆盘转动速度过快导致盘上外圈电缆松弛下垂，以及满足敷设过程中临时停车的需要，电缆盘应安装有效的制动装置。

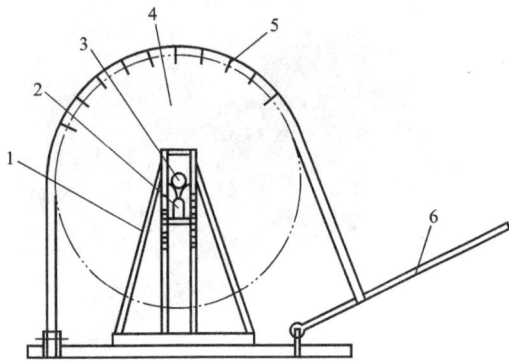

图 GYDL00205001-3 千斤顶和电缆盘制动装置

1—电缆盘支架；2—千斤顶；3—电缆盘轴；4—电缆盘；

5—制动带；6—制动手柄

千斤顶和电缆盘制动装置如图 GYDL00205001-3 所示。

2. 防捻器

防捻器（见图 GYDL00205001-4）是安装在电缆牵引头和牵引钢丝绳之间的连接器，是用钢丝绳牵引电缆时必备的重要器具之一。因为具有两侧可相对旋转，并有耐牵引的抗张强度的特性，所以用防捻器来消除牵引钢丝绳在受张力后的退扭力和电缆自身的扭转应力。

3. 电缆牵引头和牵引网套

（1）电缆牵引头。它是装在电缆端部用作牵引电缆的一种金具，能将牵引钢丝绳上的拉力传递到电缆的导体和金属套。电缆牵引头能承受电缆敷设时的拉力，又是电缆端部的密封套头，安装后，应具有与电缆金属套相同的密封性能。有的牵引头的拉环可以转动，牵引时有退扭作用；如果拉环不能转动，则需连接一个防捻器。

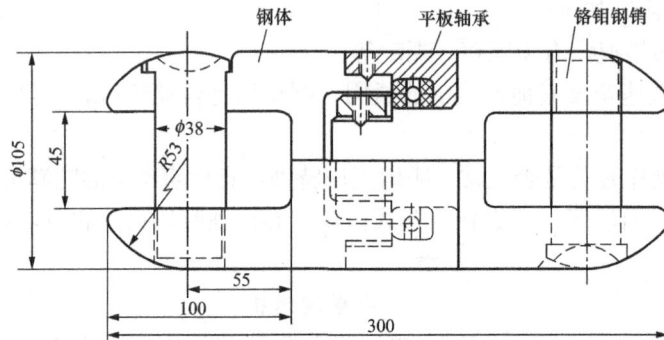

图 GYDL00205001-4 防捻器结构图

用于不同结构电缆的牵引头，有不同的设计和式样。在自容式充油电缆的牵引头上装有油嘴，便于在电缆敷设完毕之后装上临时压力箱。高压电缆的牵引头通常由制造厂在电缆出厂之前安装好，有的则需要在现场安装。

单芯充油电缆牵引头如图GYDL00205001-5所示，三芯交联电缆牵引头如图GYDL00205001-6所示。

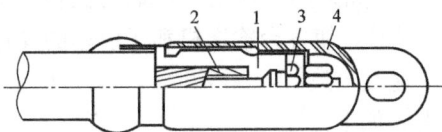

图 GYDL00205001-5 单芯充油电缆牵引头

1—牵引头主体；2—加强钢管；3—插塞；4—牵引头盖

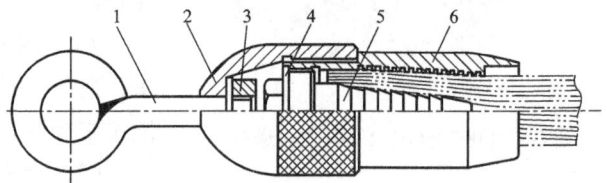

图 GYDL00205001-6 三芯交联电缆牵引头

1—拉梗；2—拉梗套；3—圆螺母；4—内螺塞；5—塞芯；6—牵引套

（2）牵引网套。牵引网套如图GYDL00205001-7所示，其用细钢丝绳、尼龙绳或麻绳经编结而成，用于牵引力较小或作辅助牵引。这时牵引力小于电缆护层的允许牵引力。

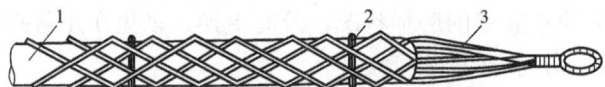

图 GYDL00205001-7 电缆牵引网套

1—电缆；2—铅（铜）扎线；3—钢丝网套

4. 电缆滚轮

正确使用电缆滚轮，可有效减小电缆的牵引力、侧压力，并避免电缆外护层遭到损伤。滚轮的轴与其支架之间，可采用耐磨轴套，也可采用滚动轴承。后者的摩擦力比前者小，但必须经常维护。为适应各种不同敷设现场的具体情况，电缆滚轮有普通型、加长型和 L 型等。一般在电缆敷设路径上每 2～3m 放置一个，以电缆不拖地为原则。

5. 电缆外护套防护用具

为防止电缆外护套在管孔口、工井口等处由于牵引时受力被刮破擦伤，应采用适当防护用具。通常在管孔口安装一副由两个半件组合的防护喇叭，在工井口、隧道、竖井口等处采用波纹聚乙烯管防护，将其套在电缆上。

6. 钢丝绳

在电缆敷设牵引或起吊重物时，通常使用钢丝绳作为连接。

（1）钢丝绳的使用及注意事项如下：

1）钢丝绳使用时不得超过允许最大使用拉力；

2）钢丝绳中有断股、磨损或腐蚀达到及超过原钢丝绳直径 40%时，或钢丝绳受过严重火灾或局部电火烧过时，应予报废；

3）钢丝绳在使用中断丝增加很快时，应予换新；

4）环绳或双头绳结合段长度不应小于钢丝绳直径的 20 倍，但最短不应小于 300mm；

5）当钢丝绳起吊有棱角的重物时，必须垫以麻袋或木板等物，以避免物件尖锐边缘割伤绳索。

（2）日常维护工作内容如下：

1）钢丝绳上的污垢应用抹布和煤油清除，不得使用钢丝刷及其他锐利的工具清除；

2）钢丝绳必须定期上油，并放置在通风良好的室内架上保管；

3）钢丝绳必须定期进行拉力试验。

【思考与练习】

1. 按牵引动力分，常用的卷扬机有几种？

2. 输送机应如何进行维护？

第四部分

电缆工程验收

第八章 工程竣工验收及资料管理

模块 1 电缆线路工程验收（GYDL00206001）

【模块描述】 本模块介绍电缆线路工程验收制度、验收项目及验收方法。通过要点讲解和方法介绍，熟悉电缆线路工程验收方法，掌握电缆线路敷设工程、接头和终端工程、附属设备验收及调试的内容、方法、标准、技术要求。

【正文】

电缆线路工程属于隐蔽工程，其验收应贯穿于施工全过程中。为保证电缆线路工程质量，运行部门必须严格按照验收标准对新建电缆线路进行全过程监控和投运前竣工验收。

一、电缆线路工程验收制度

电缆线路工程验收分自验收、预验收、过程验收、竣工验收四个阶段，每个阶段都必须填写验收记录单，并作好整改记录。

（1）自验收由施工部门自行组织进行，并填写验收记录单。自验收整改结束后，向本单位质量管理部门提交工程验收申请。

（2）预验收由施工单位质量管理部门组织进行，并填写预验收记录单。预验收整改结束后，填写工程竣工报告，并向上级工程质量监督站提交工程验收申请。

（3）过程验收是指在电缆线路施工工程中对土建项目、电缆敷设、电缆附件安装等隐蔽工程进行的中间验收。施工单位的质量管理部门和运行部门要根据工程施工情况列出检查项目，由验收人员根据验收标准在施工过程中逐项进行验收，填写工程验收单并签字确认。

（4）竣工验收由施工单位的上级工程质量监督站组织进行，并填写工程竣工验收签证书，对工程质量予以等级评定。在验收中个别不完善项目必须限期整改，由施工单位质量管理部门负责复验并作好记录。工程竣工后 1 个月内施工单位应向运行单位进行工程资料移交，运行单位对移交的资料进行验收。

二、电缆线路工程验收方法

1. 验收程序

施工部门在工程开工前应将施工设计书、工程进度计划交质监站和运行部门，以便对工程进行过程验收。工程完工后，施工部门应书面通知质监、运行部门进行竣工验收。同时施工部门应在工程竣工后 1 个月内将有关技术资料、工艺文件、施工安装记录（含工井、排管、电缆沟、电缆桥等土建资料）等一并移交运行部门整理归档。对资料不齐全的工程，运行部门可不予接收。

2. 电缆线路工程项目划分

电缆线路工程验收应按分部工程逐项进行。电缆线路工程可以分为电缆敷设、电缆接头、电缆终端、接地系统、信号系统、供油系统、调试七个分部工程（交联电缆线路无信号系统和供油系统）。每个分部工程又可分为几个分项工程，具体项目见表 GYDL00206001-1。

表 GYDL00206001-1　　　　　电缆线路工程项目划分一览表

序号	分部工程	分 项 工 程
1	电缆敷设	电缆通道（电缆沟槽开挖、排管、隧道建设）、电缆展放、电缆固定、孔洞封堵、回填掩埋、防火工程、分支箱安装等
2	电缆接头	直通接头、绝缘接头、塞止接头、过渡接头

续表

序号	分部工程	分 项 工 程
3	电缆终端	户外终端、户内终端、GIS终端、变压器终端
4	接地系统	终端接地、接头接地、护层交叉互联箱接地、分支箱接地、单芯电缆护层交叉互联系统
5	信号系统	信号屏、信号端子箱、控制电缆敷设和接头、自动排水泵
6	供油系统	压力箱、油管路、电触点压力表
7	调　试	绝缘测试（含耐压试验和电阻测试）、参数测量、信号系统测试、油压整定、护层试验、接地电阻测试、油样试验、油阻试验、相位校核、交叉互联系统试验

3. 验收报告的编写

验收报告的内容主要分工程概况说明、验收项目签证和验收综合评价三个方面。

（1）工程概况说明。内容包括工程名称、起讫地点、工程开竣工日期以及电缆型号、长度、敷设方式、接头型号、数量、接地方式、信号装置布置和工程设计、施工、监理、建设单位名称等。

（2）验收项目签证。验收部门在工程验收前应根据工程实际情况和施工验收规范，编制好项目验收检查表，作为验收评估的书面依据，并对照项目验收标准对施工项目逐项进行验收签证和评分。

（3）验收综合评价。验收部门应根据有关国家标准和企业标准制定验收标准，对照验收标准对工程质量作出综合评价，并对整个工程进行评分。成绩分为优、良、及格、不及格四种，所有验收项目均符合验收标准要求者为优；所有主要验收项目均符合验收标准，个别次要验收项目未达到验收标准，不影响设备正常运行者为良；个别主要验收项目不合格，不影响设备安全运行者为及格；多数主要验收项目不符合验收标准，将影响设备正常安全运行者为不及格。

三、电缆线路敷设工程验收

电缆敷设工程属于隐蔽工程，验收应在施工过程中进行，并且要求抽样率大于50%。

1. 电缆敷设验收的内容和重点

电缆线路敷设验收的主要内容包括电缆通道（电缆沟槽开挖、排管、隧道建设）、电缆展放、电缆固定、孔洞封堵、回填掩埋、防火工程、分支箱安装等，其中电缆通道、电缆展放和电缆固定为关键验收项目，应重点加以关注。

2. 电缆线路敷设验收的标准及技术规范

1）电力电缆敷设规程；

2）工程设计书和施工图；

3）工程施工大纲和敷设作业指导书；

4）电缆沟槽、排管、隧道等土建设施的质量检验和评定标准；

5）电缆线路运行规程和检修规程的有关规定。

3. 电缆线路敷设验收内容

（1）电缆沟槽、排管和隧道等土建设施验收内容包括：

1）施工许可文件齐全；

2）电缆路径符合设计书要求；

3）与地下管线距离符合设计要求；

4）开挖深度按通道环境及线路电压等级均应符合设计要求。

（2）电缆展放及固定验收内容包括：

1）电缆牵引车位置、人员配置、电缆输送机安放位置均符合作业指导书和施工大纲要求；

2）如使用网套牵引，其牵引力不能大于厂家提供的电缆护套所能承受的拉力；

3）如使用牵引头牵引，按导体截面计算牵引力，同时要满足电缆所能承受的侧压力；

4）施工时电缆弯曲半径符合作业指导书及施工大纲要求；

5）电缆终端、接头及在工井、竖井、隧道中必须固定牢固，蛇形敷设节距符合设计要求。

（3）孔洞封堵验收。变电站电缆穿墙（或楼板）孔洞、工井排管口、开关柜底板孔等都要求用封堵材料密实封堵，符合设计要求。

（4）对电缆直埋、排管、竖井与电缆沟敷设施工的基本要求如下：

1）摆放电缆盘的场地应坚实，防止电缆盘倾斜；

2）电缆敷设前完成校潮、牵引端制作、取油样等工作；

3）充油电缆油压应大于 0.15MPa；

4）电缆盘制动装置可靠；

5）110kV 及以上电缆外护层绝缘应符合规程规定；

6）敷设过程中电缆弯曲半径应符合设计要求；

7）电缆线路各种标志牌完整、字迹清晰，悬挂符合要求。

（5）对直埋、排管、竖井敷设方式的特殊要求如下：

1）对直埋敷设的特殊要求是：① 滑轮设置合理、整齐；② 电缆沟底平整，电缆上下各铺 100mm 的软土或细砂；③ 电缆保护盖板应覆盖在电缆正上方。

2）对排管敷设的特殊要求是：① 排管疏通工具应符合有关规定，并双向畅通；② 电缆在工井内固定应符合装置图要求，电缆在工井内排管口应有"伸缩弧"。

3）对竖井敷设的特殊要求是：① 竖井内电缆保护装置应符合设计要求；② 竖井内电缆固定应符合装置图要求。

（6）支架安装验收内容包括：

1）支架应排列整齐，横平直竖；

2）电缆固定和保护：在隧道、工井、电缆夹层内的电缆都应安装在支架上，电缆在支架上应固定良好，无法用支架固定时，应每隔 1m 间距用吊索固定，固定在金属支架上的电缆应有绝缘衬垫；

3）蛇形敷设应符合设计要求。

（7）电缆防火工程验收内容包括：

1）电缆防火槽盒应符合设计要求，上下两部分安装平直，接口整齐，接缝紧密，槽盒内金具安装牢固，间距符合设计要求，端部应采用防火材料封堵，密封完好；

2）电缆防火涂料厚度和长度应符合设计要求，涂刷应均匀，无漏刷；

3）防火带应半搭盖绕包平整，无明显突起；

4）电缆夹层内接头应加装防火保护盒，接头两侧 3m 内应绕包防火带；

5）其他防火措施应符合设计书及装置图要求。

（8）电缆分支箱验收内容包括：

1）分支箱基础的上平面应高于地面，箱体固定牢固，横平竖直，分支箱门开启方便；

2）内部电气安装和接地极安装应符合设计要求；

3）箱体防水密封良好，底部应铺以黄沙，然后用水泥抹平；

4）分支箱铭牌书写规范，字迹清晰，命名符合要求；

5）分支箱内相位标识正确、清晰。

四、电缆接头和终端工程验收

电缆接头及终端工程属于隐蔽工程，工程验收应在施工过程中进行。如采用抽样检查，抽样率应大于 50%。电缆接头有直通接头、绝缘接头、塞止接头、过渡接头等类型，电缆终端则有户外终端、户内终端、GIS 终端、变压器终端等类型。

1. 电缆接头和终端验收

（1）施工现场应做到环境清洁，有防尘、防雨措施，温度和湿度符合安装规范要求。

（2）电缆剥切、导体连接、绝缘及应力处理、密封防水保护层处理、相间和相对地距离应符合施工工艺、设计和运行规程要求。

（3）接头和终端铭牌、相色标志字迹清晰、安装规范。

（4）接头和终端应固定牢固，接头两侧及终端下方一定距离内保持平直，并做好接头的机械防护和阻燃防火措施。

（5）按设计要求做好电缆中间接头和终端的接地。

2. 电缆终端接地箱验收

（1）接地箱安装符合设计书及装置图要求。

（2）终端接地箱内电气安装符合设计要求，导体连接良好。护层保护器符合设计要求，完整无损伤。

（3）终端接地箱密封良好，接地线相色正确，标志清晰。

（4）接地箱箱体应采用不锈钢材料。

五、电缆线路附属设备验收

电缆线路附属设备验收主要是指接地系统、信号系统、供油系统的验收。

1. 接地系统验收

接地系统由终端接地、接头接地网、终端接地箱、护层交叉互联箱及分支箱接地网组成。接地系统主要验收以下项目：

（1）各接地点接地电阻符合设计要求。

（2）接地线与接地排连接良好，接线端子应采用压接方式。

（3）同轴电缆的截面应符合设计要求。

（4）护层交叉互联箱内接线正确，导体连接良好，相色标志正确清晰。

2. 信号保护系统验收

在对信号保护系统验收中，信号与控制电缆的敷设安装可参照电力电缆敷设安装规范来验收。信号屏、信号箱安装，以及自动排水装置安装等工程验收可按照二次回路施工工程验收标准进行。信号保护系统主要验收以下项目：

（1）控制电缆每对线芯核对无误且有明显标记。

（2）信号回路模拟试验正确，符合设计要求。

（3）信号屏安装符合设计要求，电器元件齐全，连接牢固，标志清晰。

（4）信号箱安装牢固，箱门和箱体由多股软线连接，接地良好。

（5）自动排水装置符合设计要求。

（6）低压接线连接可靠，绝缘符合要求，端部标志清晰。

（7）接地电阻符合设计要求。

（8）铭牌清晰，名称符合命名原则。

3. 供油系统验收

供油系统验收含压力箱、油管路和电触点压力表三个分项工程的验收。验收的主要内容包括：

（1）压力箱装置符合设计和装置图要求，表面无污迹和渗漏，各组压力箱有相位标识。压力箱支架采用热浸镀锌钢材。

（2）油管路及阀门。油管路采用塑包铜管，布置横平竖直，固定牢固，连接良好无渗漏。焊接点表面平整，管壁形变小于15%。

（3）压力表和电触点压力表应有检验记录和标识，连接良好无渗漏。

六、电缆线路调试

电缆线路调试由信号系统调试、油压整定、绝缘测试、电缆常数测试、护层试验、接地网测试、油阻试验、油样试验、相位校核、交叉互联系统试验等项目组成，其中绝缘测试包括直流或交流耐压试验和绝缘电阻测试。各调试结果均应符合电缆线路竣工交接试验规程和工程设计书要求。

【思考与练习】

1. 电缆线路验收报告的编写包含哪些内容？

2. 简述电缆线路敷设工程验收的重点内容。

3. 简述电缆接头和终端验收内容。

模块 2 电缆构筑物工程验收（GYDL00206002）

【模块描述】本模块包含电缆构筑物的种类及其工程验收的项目要求。通过要点讲解和方法介绍，掌握电缆构筑物土建工程、电缆排管、工井、电缆桥架、电缆沟、电缆隧道的验收内容、方法和要求。

【正文】

为适应现代城市建设和电力网发展，往往需要在同一路径上敷设多条电缆。当采用直埋敷设方式难以解决电缆通道时，就需要建造电缆线路构筑物设施。构筑物设施建成之后，在敷设新电缆或检修故障电缆时，可以避免重复挖掘路面，同时将电缆置于钢筋混凝土的土建设施之中，还能够有效避免发生机械外力损坏事故。

一、电缆线路构筑物的种类

电缆线路构筑物的主要种类及结构特点见表 GYDL00206002-1。

表 GYDL00206002-1　　　　　　　　　　电缆线路构筑物的主要种类及结构特点

种　类		主要适用场所	结 构 特 点
电缆管道	电缆排管管道	道路慢车道	钢筋混凝土加衬管并建工作井
	电缆非开挖管道	穿越河道、重要交通干道、地下管线、高层建筑	可视化定向非开挖钻进，全线贯通后回扩孔，拉入设计要求的电缆管道，两端建工作井
电缆沟		工厂区、变电站内（或周围）、人行道	钢筋混凝土或砖砌，内有支架
桥梁（市政桥、电缆专用桥）		跨越河道、铁路	钢构架、钢筋混凝土箱型，内有支架
电缆桥架		工厂区、高层建筑	钢构架
电缆隧道		发电厂、变电站出线、重要交通干道、穿越河道	钢筋混凝土、钢管，内有支架
电缆竖井		落差较大的水电站、电缆隧道出口、高层建筑	钢筋混凝土、在大型建筑物内，内有支架

二、电缆构筑物土建工程的验收

1. 土石方工程的验收

（1）土石方工程竣工后，应检查验收下列资料：

1）土石方竣工图；

2）有关设计变更和补充设计的图纸或文件；

3）施工记录和有关试验报告；

4）隐蔽工程验收记录；

5）永久性控制桩和水准点的测量结果；

6）质量检查和验收记录。

（2）土石方工程验收除检查验收相关资料外，还应验收挖方、填方、基坑、管沟等工程是否超过设计允许偏差。

2. 混凝土工程的验收

（1）钢筋混凝土工程竣工后，应检查验收下列资料：

1）原材料质量合格证件和试验报告；

2）设计变更和钢材代用证件；

3）混凝土试块的试验报告及质量评定记录；

4）混凝土工程施工和养护记录；

5）钢筋及焊接接头的试验数据和报告；

6）装配式结构构件的合格证和制作、安装验收记录；

7）预应力筋的冷拉和张拉记录；

8）隐蔽工程验收记录；

9）冬期施工热工计算及施工记录；

10）竣工图及其他文件。

（2）钢筋混凝土工程验收除检查验收相关资料外，尚应进行外观抽查。

3. 砖砌体工程的验收

（1）砖砌体工程竣工后，应检查验收下列资料：

1）材料的出厂合格证或试验检验资料；

2）砂浆试块强度试验报告；

3）砖石工程质量检验评定记录；

4）技术复核记录；

5）冬期施工记录；

6）重大技术问题的处理或修改设计等的技术文件。

（2）施工中对下列项目应作隐蔽验收：

1）基础砌体；

2）沉降缝、伸缩缝和防震缝；

3）砖体中的配筋；

4）其他隐蔽项目。

三、电缆排管和工井的验收

电缆排管是一种使用比较广泛的土建设施，对排管和与之相配套的工井，应检查验收以下内容：

1. 管道和工井的验收

（1）排管孔径和孔数。电缆排管的孔径和孔数应符合设计要求。

（2）衬管材质的验收。排管用的衬管应物理和化学性能稳定，有一定机械强度，对电缆外护层无腐蚀，内壁光滑无毛刺，遇电弧不延燃。

（3）工井接地的验收。工井内的金属支架和预埋铁件要可靠接地，接地方式要与设计相符，且接地电阻满足设计要求。

（4）工井尺寸的验收。工井尺寸应符合设计要求，检查其是否有集水坑，是否满足电缆敷设时弯曲半径的要求，工井内应无杂物、无积水。

（5）工井间距的验收。由于电缆工井是引入电缆，放置牵引、输送设备和安装电缆接头的场所，根据高压和中压电缆的允许牵引力和侧压力，考虑到敷设电缆和检修电缆制作接头的需要，两座电缆工井之间的间距应符合电缆牵引张力限制的间距，满足施工和运行要求。

2. 土建验收

典型的电缆排管结构包括基础、衬管和外包钢筋混凝土。

（1）基础。排管基础通常为道渣垫层和素混凝土基础两层。

1）道渣垫层：采用粒径为 30～80mm 的碎石或卵石，铺设厚度符合设计要求。垫层要夯实，其宽度要求比素混凝土基础宽一些。

2）素混凝土基础：在道渣垫层上铺素混凝土基础，厚度满足设计要求。素混凝土基础应浇捣密实，及时排除基坑积水。对一般排管的素混凝土基础，原则上应一次浇完。如需分段浇捣，应采取预留接头钢筋、毛面、刷浆等措施。浇注完成后要做好养护。

（2）排管。

1）排管施工，原则上应先建工井，再建排管，并从一座工井向另一座工井顺序铺设管材。排管间距要保持一致，应用特制的 U 形定位垫块将排管固定。垫块不得放在管子接头处，上下左右要错开，安装要符合设计要求。

2）排管的平面位置应尽可能保持平直。每节排管转角要满足产品使用说明书的要求，但相邻排管只能向一个方向转弯，不允许有 S 形转弯。

（3）外包钢筋混凝土。排管四周按设计图要求，以钢筋增强，外包混凝土。应使用小型手提式振荡器将混凝土浇捣密实。外包混凝土分段施工时，应留下阶梯形施工缝，每一施工段的长度应不少于 50m。

（4）排管与工井的连接。

1）在工井墙壁预留与排管断面相吻合的方孔，在方孔的上下口预留与排管相同规格的钢筋作为插铁。排管接入工井预留孔处，将排管上、下钢筋与工井预留插铁绑扎。

2）在浇捣排管外包混凝土之前，应将工井留孔的混凝土接触面凿毛（糙），并用水泥浆冲洗。在排管与工井接口处应设置变形缝。

（5）排管疏通检查。为了确保敷设时电缆护套不被损伤，在排管建好后，应对各孔管道进行疏通检查。管道内不得有因漏浆形成的水泥结块及其他残留物，衬管接头处应光滑，不得有尖突。疏通检查方式是用疏通器来回牵拉，应双向畅通。疏通器的管径和长度应符合表 GYDL00206002-2 的规定。

表 GYDL00206002-2　　　　　　疏 通 器 规 格　　　　　　　　　　mm

排管内径	150	175	200
疏通器外径	127	159	180
疏通器长度	600	700	800

在疏通检查中，如发现排管内有可能损伤电缆护套的异物，必须清除。清除方法是用钢丝刷、铁链和疏通器来回牵拉，必要时用管道内窥镜探测检查。只有当管道内异物排除，整条管道双向畅通后，才能敷设电缆。

四、电缆桥架和电缆沟的验收

电缆通过河道，在征得有关部门同意后，可从道路桥梁的人行道板下通过。电缆沟一般用于变配电站内或工厂区，不推荐用于市区道路。电缆沟采用钢筋混凝土或砖砌结构，用预制钢筋混凝土盖板或钢制盖板覆盖，盖板顶面与地面平齐。

对电缆桥架和电缆沟，应检查验收以下内容：

1. 尺寸和间距

电缆沟尺寸和支架间距应符合表 GYDL00206002-3 的规定。

表 GYDL00206002-3　　　　　　电缆沟内最小允许距离　　　　　　　　mm

名　称		电缆沟深度		
		≤600	600～1000	≥1000
两侧有电缆支架时的通道宽度		300	500	700
单侧有电缆支架时的通道宽度		300	450	600
电力电缆之间的水平净距		不小于电缆外径		
电缆支架的层间净距	电缆为10kV 及以下	200		
	电缆为20kV 及以上	250		
	电缆在防火槽盒内	槽盒外壳高度 $h+80$		

2. 支架和接地

电缆支架按结构分，有装配式和工厂分段制造的电缆托架等种类；按材质分，有金属支架和塑料支架。金属支架应采用热浸镀锌，并与接地网连接。用硬质塑料制成的塑料支架又称绝缘支架，具有一定的机械强度并耐腐蚀。支架相互间距为 1m。

电缆沟接地网的接地电阻应小于 4Ω。

3. 防火措施

（1）选用裸铠装或聚氯乙烯阻燃外护套电缆，不得选用纤维外被层的电缆。电缆排列间距应符合表 GYDL00206002-3 的规定。

（2）电缆接头以置于防火槽盒中为宜，或者用防火包带包绕两层。

（3）高压电缆应置于防火槽盒内，或敷设于沟底，并用沙子覆盖。

（4）防范可燃性气体渗入。

4. 电缆沟盖板

电缆沟盖板必须满足道路承载要求，钢筋混凝土盖板应用角钢包边。电缆沟的齿口也应用角钢保护。盖板尺寸要与齿口相吻合，不宜有过大间隙。

五、电缆隧道的验收

电缆隧道的验收，除需按照土建要求进行验收外，还需对其附属设施进行验收。其检查验收内容如下：

1. 照明

从两端引入低压照明电源，并间隔布置灯具，设双向控制开关。灯具应选用防潮、防爆型。

2. 通风

隧道通风有自然通风和强制排风两种方式。市区道路上的电缆隧道，可在有条件的绿化地带建设进、出风竖井，利用进、出风竖井高度差形成的气压，使空气自然流通。强制排风需安装送风机，根据隧道容积和通风要求进行通风计算，以确定送风机功率和自动开机与关机的时间。采用强制排风可以提高电缆载流量。

3. 排水

整条隧道应有排水沟道，且必须有自动排水装置。隧道中如有渗漏水，将集中到两端集水坑中，当达到一定水位时，自动排水装置启动，用排水泵将水排至城市下水道。

4. 消防设施

为了确保电缆安全，电缆隧道中必须有可靠的消防措施。

（1）隧道中不得采用有纤维绕包外层的电缆，应选用具有阻燃性能、不延燃的外护套电缆。在不阻燃电缆外护层上，应涂防火涂料或绕包防火包带。

（2）应用防火槽盒。高压电缆应该用耐火材料制成的防火槽盒全线覆盖，如果是单芯电缆，可呈品字形排列，三相罩在一组防火槽中。防火槽两端用耐火材料堵塞。

（3）安装火灾报警和自动灭火装置。

【思考与练习】

1. 电缆线路构筑物的种类有哪些？

2. 简述电缆沟的验收内容及要求。

3. 简述电缆隧道的验收内容及要求。

模块 3　电缆工程竣工技术资料（GYDL00206003）

【模块描述】 本模块介绍各类电缆线路工程竣工资料的内容。通过要点介绍，熟悉施工文件、技术文件和相关资料的具体内容要求。

【正文】

一、电缆线路竣工资料的种类

电缆线路工程竣工资料包括施工文件、技术文件和相关资料。

二、电缆工程施工文件

（1）电缆线路工程施工依据性文件，包括经规划部门批准的电缆路径图（简称规划路径批件）、施工图设计书等。

（2）土建及电缆构筑物相关资料。

（3）电缆线路安装的过程性文件，包括电缆敷设记录、接头安装记录、设计修改文件和修改图、电缆护层绝缘测试记录、油样试验报告，压力箱、信号箱、交叉互联箱和接地箱安装记录。

三、电缆工程技术文件

（1）由设计单位提供的整套设计图纸。

（2）由制造厂提供的技术资料，包括产品设计计算书、技术条件、技术标准、电缆附件安装工艺文件、产品合格证、产品出厂试验记录及订货合同。

（3）由设计单位和制造商签订的有关技术协议。

（4）电缆线路竣工试验报告。

四、电缆工程竣工验收相关资料

电缆线路工程属于隐蔽工程，电缆线路建设的全部文件和技术资料，是分析电缆线路在运行中出现的问题和需要采取措施的技术依据。电缆工程竣工验收相关资料主要包括以下内容：

（1）原始资料。电缆线路施工前的有关文件和图纸资料称为原始资料，主要包括工程计划任务书、线路设计书、管线执照、电缆及附件出厂质量保证书、有关施工协议书等。

（2）施工资料。电缆和附件在安装施工中的所有记录和有关图纸称为施工资料，主要包括电缆线路图、电缆接头和终端装配图、安装工艺和安装记录、电缆线路竣工试验报告。

1）电缆敷设后必须绘制详细的电缆线路走向图。直埋电缆线路走向图的比例一般为 1:500；地下管线密集地段应取 1:100，管线稀少地段可用 1:1000。平行敷设的线路应尽量合用一张图纸，但必须标明各条线路的相对位置，并绘出地下管线断面图。

2）原始装置情况，包括电缆额定电压、型号、长度、截面积、制造日期、安装日期、制造厂名，以及电缆接头与终端的规格型号、安装日期和制造厂名。

（3）共同性资料。与多条电缆线路相关的技术资料为共同性资料，主要包括电缆线路总图、电缆网络系统接线图、电缆在管沟中的排列位置图、电缆接头和终端的装配图、电缆线路土建设施的工程结构图等。

【思考与练习】

1. 电缆线路竣工资料的种类有哪些？

2. 电缆施工文件有哪些？

3. 电缆工程技术资料有哪些？

第五部分

电缆的运行维护

第九章　电缆的运行维护基础

模块 1　电缆线路运行维护的内容和要求 (GYDL00102001)

【模块描述】 本模块介绍电缆线路运行维护的基本知识。通过要点讲解，掌握电缆线路运行维护工作范围、主要内容和相关技术规程。

【正文】

一、电缆线路运行维护工作范围

为满足电网和用户不间断供电，以先进科学技术、经济高效手段，提高电缆线路的供电可靠率和电缆线路的可用率，确保电缆线路安全经济运行，应对电缆线路进行运行维护。其范围如下：

1. 电缆本体及电缆附件

各电压等级的电缆线路（电缆本体、控制电缆）、电缆附件（接头、终端）的日常运行维护。

2. 电缆线路的附属设施

（1）电缆线路附属设备（电缆接地线、交叉互联线、回流线、电缆支架、分支箱、交叉互联箱、接地箱、信号装置、通风装置、照明装置、排水装置、防火装置、供油装置）的日常巡查维护。

（2）电缆线路附属其他设备（环网柜、隔离开关、避雷器）的日常巡查维护。

（3）电缆线路构筑物（电缆沟、电缆管道、电缆井、电缆隧道、电缆竖井、电缆桥梁、电缆架）的日常巡查维护。

二、电缆线路运行维护基本内容

1. 电缆线路的巡查

（1）运行部门应根据《电力法》及有关电力设施保护条例，宣传保护电缆线路的重要性。了解和掌握电缆线路上的一切情况，做好保护电缆线路的反外力损坏工作。

（2）巡查各种电压等级的电缆线路，观察路面状态正常与否。

（3）巡查各种电压等级的电缆线路有无化学腐蚀、电化学腐蚀、虫害鼠害迹象。

（4）对运行电缆线路的绝缘（电缆油）进行事故预防监督工作：

1）电缆线路载流量应按《电力电缆运行规程》中规定，原则上不允许过负荷，每年夏季高温或冬、夏电网负荷高峰期，多根电缆并列运行的电缆线路载流量巡查及负荷电流监视；

2）电力电缆比较密集和重要的运行电缆线路，进行电缆表面温度测量；

3）电缆线路上，防止（交联电缆、油纸电缆）绝缘变质预防监视；

4）充油电缆内的电缆油，进行介质损耗 $\tan\delta$ 和击穿强度测量。

2. 电缆线路设备连接点的巡查

（1）户内电缆终端巡查和检修维护。

（2）户外电缆终端巡查和检修维护。

（3）单芯电缆保护器定期检查与检修维护。

（4）分支箱内终端定期检查与检修维护。

3. 电缆线路附属设备的巡查

（1）各类线架（电缆接地线、交叉互联线、回流线、电缆支架）定期巡查和检修维护。

（2）各类箱型（分支箱、交叉互联箱、接地箱）定期巡查和检修维护。

（3）各类装置（信号装置、通风装置、照明装置、排水装置、防火装置、供油装置）巡查：

1）装有自动信号控制设施的电缆井、隧道、竖井等场所，应定期检查和检修维护；

2）装有自动温控机械通风设施的隧道、竖井等场所，应定期检查和检修维护；

3）装有照明设施的隧道、竖井等场所，应定期检查和检修维护；

4）装有自动排水系统的电缆井、隧道等场所，应定期检查和检修维护；

5）装有自动防火系统的隧道、竖井等场所，应定期检查和检修维护；

6）装有油压监视信号、供油系统及装置的场所，应定期检查和检修维护。

（4）其他设备（环网柜、隔离开关、避雷器）的定期巡查和检修维护。

4. 电缆线路构筑物的巡查

（1）电缆管道和电缆井的定期检查与检修维护。

（2）电缆沟、电缆隧道和电缆竖井的定期检查与检修维护。

（3）电缆桥及过桥电缆、电缆桥架的定期检查与检修维护。

5. 水底电缆线路的监视

（1）按水域管辖部门的航运规定，划定一定宽度的防护区，禁止船只抛锚。

（2）按船只往来频繁情况，配置能引起船只注意的警示设施，必要时设置了望岗哨。

（3）收集电缆水底河床资料，并检查水底电缆线路状态变化情况。

三、电缆线路运行维护要求

1. 电缆线路运行维护分析

（1）电缆线路运行状况分析。

1）对有过负荷运行记录或经常处于满负荷或接近满负荷运行电缆线路，应加强电缆绝缘监测，并记录数据进行分析；

2）要重视电缆线路户内、户外终端及附属设备所处环境，检查电缆线路运行环境和有无机械外力存在，以及对电缆附件及附属设备有影响的因素；

3）积累电缆故障原因分析资料，调查故障的现场情况和检查故障实物，并收集安装和运行原始资料进行综合分析；

4）对电缆绝缘老化状况变化的监测，对油纸电缆和交联电缆线路运行中的在线监测，记录绝缘检测数据，进行寻找老化特征表现的分析。

（2）制定电缆线路反事故对策。

1）加强运行管理和完善管理机制，对电缆线路安装施工过程控制、电缆线路设备运行前验收把关、竣工各类电缆资料等均作到动态监视和全过程控制；

2）改善电缆线路运行环境，消除对电缆线路安全运行构成威胁的各种环境影响因素和其他影响因素；

3）使电缆线路安全经济运行，对电缆线路运行设备老化等状况，应有更新改造具体方案和实施计划；

4）使电缆线路适应电网和用户供电需求，对不适应电网和用户供电需求的电缆线路，应重新规划布局，实施调整。

2. 电缆线路运行技术资料管理

（1）电缆线路的技术资料管理是电缆运行管理的重要内容之一。电缆线路工程属于隐蔽工程，电缆线路建设和运行的全部文件和技术资料，是分析电缆线路在运行中出现的问题和确定采取措施的技术依据。

（2）建立电缆线路一线一档管理制度，每条线路技术资料档案包括以下四大类资料：

1）原始资料：电缆线路施工前的有关文件和图纸资料存档；

2）施工资料：电缆和附件在安装施工中的所有记录和有关图纸存档；

3）运行资料：电缆线路在运行期间逐年积累的各种技术资料存档；

4）共同性资料：与多条电缆线路相关的技术资料存档。

（3）电缆线路技术资料保管。由电力电缆运行管理部门根据国家档案法、国家质量技术监督局发布的《科学技术档案案卷构成的一般要求》（GB/T 11822—1989）等法规，制定电缆线路技术资料档案管理制度。

3. 电缆线路运行信息管理

（1）建立电缆线路运行维护信息计算机管理系统，做到信息共享，规范管理。

（2）运行部门管理人员和巡查人员应及时输入和修改电缆运行计算机管理系统中的数据和资料。

（3）建立电缆运行计算机管理的各项制度，做好运行管理和巡查人员计算机操作应用的培训工作。

（4）电缆运行信息计算机管理系统设有专人负责电缆运行计算机硬件和软件系统的日常维护工作。

四、电缆线路运行维护技术规程

1. 电缆线路基本技术规定

（1）电缆线路的最高点与最低点之间的最大允许高度差应符合电缆敷设技术规定。

（2）电缆的最小弯曲半径应符合电缆敷设技术规定。

（3）电缆在最大短路电流作用时间内产生的热效应，应满足热稳定条件。系统短路时，电缆导体的最高允许温度应符合《电力电缆运行规程》技术规定。

（4）电缆正常运行时的长期允许载流量，应根据电缆导体的工作温度、电缆各部分的损耗和热阻、敷设方式、并列条数、环境温度以及散热条件等加以计算确定。电缆在正常运行时不允许过负荷。

（5）电缆线路运行中，不允许将三芯电缆中的一芯接地运行。

（6）电缆线路的正常工作电压，一般不得超过电缆额定电压15%。电缆线路升压运行，必须按升压后的电压等级进行电气试验及技术鉴定，同时需经技术主管部门批准。

（7）电缆终端引出线应保持固定，其带电裸露相与相之间部分乃至相对地部分的距离应符合技术规定。

（8）运行中电缆线路接头，终端的铠装、金属护套、金属外壳应保持良好的电气连接，电缆及其附属设备的接地要求应符合《电气装置安装工程接地装置施工及验收规范》（GB 50169—2006）。

（9）充油电缆线路正常运行时，其线路上任一点的油压都应在规定值范围内。

（10）对运行电缆及其附属设备可能着火蔓延导致严重事故，以及容易受到外部影响波及火灾的电缆密集场所，必须采取防火和阻止延燃的措施。

（11）电缆线路及其附属设备、构筑物设施，应按周期性检修要求进行检修和维护。

2. 单芯电缆运行技术规定

（1）在三相系统中，采用单芯电缆时，三根单芯电缆之间距离的确定，要结合金属护套或外屏蔽层的感应电压和由其产生的损耗、一相对地击穿时危及邻相可能性、所占线路通道宽度及便于检修等各种因素，全面综合考虑。

除了充油电缆和水底电缆外，单芯电缆的排列应尽可能组成紧贴的正三角形。三相线路使用单芯电缆或分相铅包电缆时，每相周围应无紧靠铁件构成的铁磁闭合环路。

（3）单芯电缆金属护套上任一点非接地处的正常感应电压，无安全措施不得大于50V或有安全措施不得大于300V，电缆护层保护器应能承受系统故障情况下的过电压。

（4）单芯电缆线路当金属护套正常感应电压无安全措施大于50V或有安全措施大于300V时，应对金属护套层及与其相连设备设置遮蔽，或者采用将金属护套分段绝缘后三相互联方法。

（5）交流系统单芯电缆金属护套单点直接接地时，其接地保护和接地点选择应符合有关技术规定，并且沿电缆邻近平行敷设一根两端接地的绝缘回流线。

（6）单芯电缆若有加固的金属加强带，则加强带应和金属护套连接在一起，使两者处于同一电位。有铠装丝单芯电缆无可靠外护层时，在任何场合都应将金属护套和铠装丝两端接地。

（7）运行中的单芯电缆，一旦发生护层击穿而形成多点接地时，应尽快测寻故障点并予以修复。因客观原因无法修复时，应由上级主管部门批准后，通知有关调度降低电缆运行载流量。

3. 电缆线路安装技术规定

（1）电缆直接埋在地下，对电缆选型、路径选择、管线距离、直埋敷设等的技术要求。

（2）电缆安装在沟道及隧道内，对防火要求、允许间距、电缆固定、电缆接地、防锈、排水、通风、照明等的技术要求。

（3）电缆安装在桥梁构架上，对防振、防火、防胀缩、防腐蚀等的技术要求。

（4）电缆敷设在排管内，对电缆选型、排管材质、电缆工作井位置等的技术要求。

（5）电缆敷设在水底，对电缆铠装、埋设深度、电缆保护、平行间距、充油电缆油压整定等的技术要求。

（6）电缆安装的其他要求，如对气候低温电缆敷设、电缆防水、电缆终端相间及对地距离、电缆线路铭牌、安装环境等的技术要求。

4. 电缆线路运行故障预防技术规定

（1）电缆化学腐蚀是指电缆线路埋设在地下，因长期受到周围环境中的化学成分影响，逐渐使电缆的金属护套遭到破坏或交联聚乙烯电缆的绝缘产生化学树枝，最后导致电缆异常运行甚至发生故障。

（2）电缆电化学腐蚀是指电缆运行时，部分杂散电流流入电缆，沿电缆的外导电层（金属屏蔽层、金属护套、金属加强层）流向整流站的过程中，其外导电层逐步受到破坏，因长期受到周围环境中直流杂散电流的影响，最后导致电缆异常运行甚至发生故障。

（3）电缆线路应无固体、液体、气体化学物质引起的腐蚀生成物。

（4）电缆线路应无杂散（直流）电流引起的电化学腐蚀。

（5）为了监视有杂散（直流）电流作用地带的电缆腐蚀情况，必须测量沿电缆线路铅包（铝包）流入土壤内杂散电流密度。阳极地区的对地电位差不大于+1V 及阴极地区附近无碱性土壤存在时，可认为安全，但对阳极地区仍应严密监视。

（6）直接埋设在地下的电缆线路塑料外护套遭受白蚁、老鼠侵蚀情况，应及时报告当地相关部门采取灭治处理。

（7）电缆运行部门应了解有腐蚀危险的地区，必须对电缆线路上的各种腐蚀作分析，并有专档记载腐蚀分析资料。设法杜绝腐蚀的来源，及时采取防止对策，并会同有关单位，共同做好防腐蚀工作。

（8）对油纸电缆绝缘变质事故的预防巡查，黏性浸渍纸绝缘 15 年以上的上杆部分予以更换。

【思考与练习】

1. 电缆线路运行维护有哪些基本内容？

2. 电缆线路运行维护分析有哪几种方法？其意义何在？

3. 电缆线路技术资料有哪些内容？运行信息管理有哪些内容？

4. 电缆线路运行维护中单芯电缆运行技术有哪些规定？

第十章 电缆设备巡视

模块 1　电缆线路的巡查周期和内容（GYDL00301001）

【模块描述】本模块介绍电缆设备巡查的一般规定、周期、流程、项目及要求。通过要点讲解和示例介绍，掌握电缆线路巡查的专业技能。

【正文】

一、电缆线路巡查的一般规定

1. 电缆线路巡查目的

对电缆线路巡查目的是监视和掌握电缆线路和所有附属设备的运行情况，及时发现和消除电缆线路和所有附属设备异常和缺陷，预防事故发生，确保电缆线路安全运行。

2. 设备巡查的方法及要求

（1）巡查方法。巡查人员在巡查中一般通过察看、听嗅、检测等方法对电缆线路设备进行检查，见表 GYDL00301001-1。

表 GYDL00301001-1　　巡 视 检 查 基 本 方 法

方法	电 缆 设 备	正 常 状 态	异常状态及原因分析
察看	1）电缆设备外观。 2）电缆设备位置。 3）电缆线路压力或油位指示。 4）电缆线路信号指示	1）设备外观无变化，无移位。 2）电缆线路走向位置上无异物，电缆支架坚固，电缆位置无变化。 3）压力指示在上限和下限之间或油位高度指示在规定值范围内。 4）信号指示无闪烁和警示	1）终端设备外观渗漏、连接处松弛及风吹摇动、相间或相对地距离狭小等。 2）电缆走向位置上有打桩、挖掘痕迹等。支架腐蚀锈烂、脱落。电缆跌落移位等。 3）压力指示高于上限或低于下限，有油位指示低于规定值等。 4）信号闪烁，或出现警示，或信号熄灭等
听嗅	1）电缆终端设备运行声音。 2）电缆设备气味	1）均匀的嗡嗡声。 2）无塑料焦煳味	1）电缆终端处啪啪等异常声音，电缆终端对地放电或设备连接点松弛等。 2）有塑料焦煳味等异常气味，电缆绝缘过热熔化等
检测	1）测量：电缆设备温度（红外线测温仪、红外热成像仪、热电偶、压力式温度表）。 2）检测：单芯电缆接地电流	1）电缆设备温度小于电缆长期允许运行温度。 2）单芯电缆接地电流（环流）小于该电缆线路计算值	1）超过允许运行温度可能有以下原因：① 电缆终端设备连接点松弛；② 负荷骤然变化较大；③ 超负荷运行等。 2）接地电流（环流）大于该电缆线路计算值

（2）安全事项。

1）电缆线路设备巡查时，必须严格遵守《国家电网公司电力安全工作规程（线路部分）》和企业管理标准相关规定，做到不漏巡、错巡，不断提高电缆线路设备巡查质量，防止设备事故发生；

2）允许单独巡查高压电缆线路设备的人员名单应经安监部门审核批准，新进人员和实习人员不得单独巡查电缆高压设备；

3）巡查电缆线路户内设备时应随手关门，不得将食物带入室内，电站内禁止烟火，巡查高压电缆设备时，应戴安全帽并按规定着装，应按规定的路线、时间进行。

（3）巡查质量。

1）巡查人员应按规定认真巡查电缆线路设备，对电缆线路设备异常状态和缺陷做到及时发现，认真分析，正确处理，作好记录并按电缆运行管理程序进行汇报。

2）电缆线路设备巡查应按季节性预防事故特点，根据不同地区、不同季节的巡查项目检查侧重点不同进行。例如：电缆进入电站和构筑物内的防水、防火、防小动物；冬季的防暴风雪、防寒冻、防冰雹；夏季的雷雨迷雾和沙尘天气的防污闪、防渗水漏雨；以及构筑物内的照明通风设施、排水防火器材是否完善等。

3. 电缆线路巡查周期

（1）电缆线路及电缆线段巡查：

1）敷设在土中、隧道中以及沿桥梁架设的电缆，每 3 个月至少检查一次，根据季节及基建工程特点，应增加巡查次数；

2）电缆竖井内的电缆，每半年至少检查一次；

3）水底电缆线路，根据具体现场需要规定，如水底电缆直接敷于河床上，可每年检查一次水底路线情况，在潜水条件允许下，应派遣潜水员检查电缆情况，当潜水条件不允许时，可测量河床的变化情况；

4）发电厂、变电所的电缆沟、隧道、电缆井、电缆架及电缆线段等的巡查，至少每 3 个月一次；

5）对挖掘暴露的电缆，按工程情况，酌情加强巡视。

（2）电缆终端附件和附属设备巡查：

1）电缆终端头，由现场根据运行情况每 1～3 年停电检查一次；

2）装有油位指示的电线终端，应检视油位高度，每年冬、夏季节必须检查一次油位；

3）对于污秽地区的主设备户外电线终端，应根据污秽地区的定级情况及清扫维护要求巡查。

（3）电缆线路上构筑物巡查：

1）电缆线路上的电缆沟、电缆排管、电缆井、电缆隧道、电缆桥梁、电缆架应每 3 个月巡查一次；

2）电缆竖井应每半年巡查一次；

3）电缆构筑物中，电缆架包含电缆支架和电缆桥架。

（4）电缆线路巡查周期见表 GYDL00301001-2。

表 GYDL00301001-2　　　　　　　　电缆线路巡查周期表

巡 查 项 目	巡 查 周 期
电缆线路及电缆线段（敷设在土壤中、隧道中及桥梁架设）	≤3 个月
发电厂和变电所的电缆沟、电缆井、电缆架及电缆线段	≤3 个月
电缆竖井	≤6 个月
交联电缆、充油电缆终端供油装置油位指示	冬季、夏季
单芯电缆护层保护器	≤1 年
水底电缆线路	≤1 年
户内、户外电缆终端头	1～3 年

说明：电缆线路及附属设备巡查周期在《电力电缆运行规程》中无明确规定的，如分支箱、电缆排管、环网柜、隔离闸刀、避雷器等，各地可结合本地区的实际情况，制定相适应的巡查周期。

4. 电缆线路巡查分类

电缆线路设备巡查分为周期巡查，故障、缺陷的巡查，异常天气的特别巡查，电网保电特殊巡查等。

（1）周期巡查：

1）周期巡查是按规定周期和项目进行的电缆线路设备巡查；

2）周期巡查项目包括电缆线路本体、电缆终端附件、电缆线路附属设备、电缆线路上构筑物等；

3）周期巡查结果应记录在运行周期巡查日志中。

（2）故障、缺陷的巡查：

1）故障、缺陷的巡查是在电缆线路设备出现保护动作，或线路出现跳闸动作，或发现电缆线路设备有严重缺陷等情况下进行的电缆线路设备重点巡查；

2）故障、缺陷的巡查项目包括电缆线路本体、电缆终端附件、电缆线路附属设备等；

3）故障、缺陷的巡查结果应记录在运行重点巡查交接日志中。

（3）异常天气的特别巡查：

1）异常天气的特别巡查是在暴雨、雷电、狂风、大雪等异常气候条件下进行的电缆线路设备特别巡查；

2）异常天气的特别巡查项目包括电缆终端附件、电缆线路附属设备等；

3）异常天气的特别巡查结果应记录在运行特别巡查交接日志中。

（4）电网保电特殊巡查：

1）电网保电特殊巡查是在因电缆线路故障造成单电源供电运行方式状态、特殊运行方式、特殊保电任务、电网异常等特定情况下进行的电缆线路设备特殊巡查；

2）电网保电巡查项目包括电缆线路本体、电缆终端附件、电缆线路附属设备等；

3）电网保电巡查结果应记录在运行特殊巡查日志中。

二、电缆线路巡查流程

电缆线路巡查包括巡查安排、巡查准备、核对设备、检查设备、巡查汇报等部分内容。

1. 电缆线路巡查流程（见图 GYDL00301001-1）

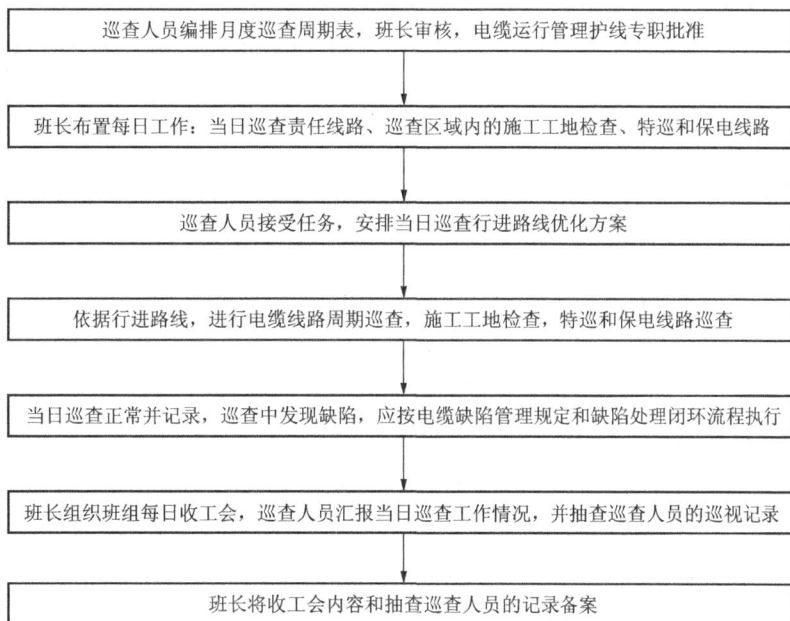

图 GYDL00301001-1　电缆线路巡查流程图

2. 电缆线路巡查的流程

（1）巡查安排。设备巡查工作安排，依据巡查人员管辖的责任设备和责任区域，明确巡查任务的性质（周期巡查、交接班巡查、特殊巡查），并根据现场情况提出安全注意事项。特殊巡查还应明确巡查的重点及对象。

（2）巡查准备。根据巡查性质，检查所需用使用的钥匙、工器具、照明器具以及测量仪器具是否正确、齐全；检查着装是否符合安全工作规程规定；检查巡查人员对巡查任务、注意事项和重点是否清楚。

（3）核对设备。开始巡查电缆设备，巡查人员记录巡查开始时间。设备巡查应按巡查性质、责任设备、项目内容进行，不得漏巡。到达巡查现场后，巡查人员根据巡查内容认真核对电缆设备铭牌。

（4）检查设备。设备巡查时，巡查人员根据巡查内容，逐一巡查电缆设备部位。依据巡查性质逐项检查设备状况，并将巡查结果作记录。巡查中发现紧急缺陷时，应立即终止其他设备巡查，仔细检查缺陷情况，详细记录在运行工作记录簿中。巡查中，巡查负责人应做好其他巡查人的安全监护工作。

（5）巡查汇报。全部设备巡查完毕后，由巡查责任人填写巡查结束时间，巡查性质，所有参加巡查人，分别签名。巡查发现的设备缺陷，应按照缺陷管理进行判断分类定性，并详细向上级（电缆设备运行专职、技术负责）汇报设备巡查结果。

三、电缆线路的巡查项目及要求

1. 电缆线路及线段的巡查

（1）巡查各种电压等级的电缆线路，观察路面状态正常与否。

1）对电缆线路及线段，察看路面正常，无挖掘痕迹、打桩及路线标志牌完整无缺等；

2）敷设在地下的直埋电缆线路上，不应堆置瓦砾、矿渣、建筑材料、笨重物件、酸碱性排泄物或砌堆石灰坑等；

3）在直埋电缆线路上的松土地段通行重车，除必须采取保护电缆措施外，应将该地段详细记入守护记录簿内。

（2）巡查各种电压等级的电缆线路有无化学腐蚀、电化学腐蚀、虫害鼠害迹象。

1）巡查电缆线路有被腐蚀状或嗅到电缆线路附近有腐蚀性气味时，采用 pH 值化学分析来判断土壤和地下水对电缆的侵蚀程度（如土壤和地下水中含有有机物、酸、碱等化学物质，酸与碱的 pH 值小于 6 或大于 8 等）；

2）巡查电缆线路时，发现电缆金属护套铅包（铝包）或铠装呈痘状及带淡黄或淡粉红的白色，一般可判定为化学腐蚀；

3）巡查电缆线路时，发现电缆被腐蚀的化合物呈褐色的过氧化铅时，一般可判定为阳极地区杂散电流（直流）电化学腐蚀，发现电缆被腐蚀的化合物呈鲜红色（也有呈绿色或黄色）的铅化合物时，一般可判定为阴极地区杂散电流（直流）电化学腐蚀；

4）当发现电缆线路有腐蚀现象时，应调查腐蚀来源，设法从源头上切断，同时采取适当防腐措施，并在电缆线路专档中记载发现腐蚀、化学分析、防腐处理的资料；

5）对已运行的电缆线路，巡查中发现沿线附近有白蚁繁殖，应立即报告当地白蚁防治部门灭蚁，采用集中诱杀和预防措施，以防运行电缆受到白蚁侵蚀；

6）巡查电缆线路时，发现电缆有鼠害咬坏痕迹，应立即报告当地卫生防疫部门灭鼠，并对已经遭受鼠害的电缆进行处理，亦可更换防鼠害的高硬度特殊护套电缆。

（3）电缆线路负荷监视巡查，运行部门在每年夏季高温或冬、夏电网负荷高峰期间，通过测量和记录手段，做好电缆线路负荷巡查及负荷电流监视工作。

目前较先进的运行部门与电力调度的计算机联网（也称为 PMS 系统），随时可监视电缆线路负荷实时曲线图，掌握电缆线路运行动态负荷。

电缆线路过负荷反映出来的损坏部件大体可分为下面五类：

1）造成导体接点的损坏，或是造成终端头外部接点的损坏；

2）因过热造成固体绝缘变形，降低绝缘水平，加速绝缘老化；

3）使金属铅护套发生龟裂现象，整条电缆铅包膨胀，在铠装隙缝处裂开；

4）电缆终端盒和中间接头盒胀裂，是因为灌注在盒内的沥青绝缘胶受热膨胀所致，在接头封铅和铠装切断处，其间露出的一段铅护套，可能由于膨胀而裂开；

5）电缆线路过负荷运行带来加速绝缘老化的后果，缩短电缆寿命和导致电缆金属护套的不可逆膨胀，并会在电缆护套内增加气隙。

（4）运行电缆要检查外皮的温度状况：

1）电缆线路温度监视巡查，在电力电缆比较密集和重要的电缆线路上，可在电缆表面装设热电偶测试电缆表面温度，确定电缆无过热现象；

2）应选择在负荷最大时和在散热条件最差的线段（长度一般不少于 10m）进行检查；

3）电缆线路温度测温点选择，在电缆密集和有外来热源的地域可设点监视，每个测量地点应装有两个测温点，检查该地区地温是否已超过规定温升；

4）运行电缆周围的土壤温度按指定地点定期进行测量，夏季一般每 2 周一次，冬、夏负荷高峰期间每周一次；

5）电缆的允许载流量在同一地区随着季节温度的变化而不同，运行部门在校核电缆线路的额定输送容量时，为了确保安全运行，按该地区的历史最高气温、地温和该地区的电缆分布情况，作出适当规定予以校正（系数）。

2. 电缆终端附件的巡查

（1）户内户外电缆终端巡查：

1）电缆终端无电晕放电痕迹，终端头引出线接触良好，无发热现象，电缆终端接地线良好；

2）电缆线路铭牌正确及相位颜色鲜明；

3）电缆终端盒内绝缘胶（油）无水分，绝缘胶（油）不满者应予以补充；

4）电缆终端盒壳体及套管有无裂纹，套管表面无放电痕迹；

5）电缆终端垂直保护管，靠近地面段电缆无被车辆撞碰痕迹；

6）装有油位指示器的电缆终端油位正常；

7）高压充油电缆取油样进行油试验，检查充油电缆的油压力，定期抄录油压；

8）单芯电缆保护器巡查，测量单芯电缆护层绝缘，检查安装有保护器的单芯电缆在通过短路电流后阀片或球间隙有无击穿或烧熔现象。

（2）电缆线路绝缘监督巡查：

1）对电缆终端盒进行巡查，发现终端盒因结构不密封有漏油和安装不良导致油纸电缆终端盒绝缘进水受潮、终端盒金属附件及瓷套管胀裂等问题时，应及时更换；

2）填有流质绝缘油的终端头，一般应在冬季补油；

3）需定期对黏性浸渍油纸电缆线路进行巡查，应针对不同敷设方式的特点，加强对电缆线路的机械保护，电缆和接头在支架上应有绝缘衬垫；

4）对充油电缆内的电缆油进行巡查，一般2～3年测量一次介质损失角正切值、室温下的击穿强度，试验油样取自远离油箱的一端，必要时可增加取样点；

5）为预防漏油失压事故，充油电缆线路只要安装完成后，不论是否投入运行，巡查其油压示警系统，如油压示警系统因检修需要较长时间退出运行，则必须加强对供油系统的监视巡查；

6）对交联电缆绝缘变质事故的预防巡查，采用在线检测等方法来探测交联聚乙烯电缆绝缘性能的变化；

7）对交联聚乙烯电缆在任何情况下密封部位巡查，防止水分进入电缆本体产生水树枝渗透现象；

8）对交联聚乙烯电缆线路运行故障的电缆绝缘进行外观辨色和切片检测。

3. 电缆线路附属设施的巡查

（1）对地面电缆分支箱巡查：

1）核对分支箱铭牌无误，检查周围地面环境无异常，如无挖掘痕迹、无地面沉降；

2）检查通风及防漏情况良好；

3）检查门锁及螺栓、铁件油漆状况；

4）分支箱内电缆终端的检查内容与户内终端相同。

（2）对电缆线路附属设备巡查：

1）装有自动温控机械通风设施的隧道、竖井等场所巡查，内容包括排风机的运转正常，排风进出口畅通，电动机绝缘电阻、控制系统继电器的动作准确，绝缘电阻数值正常，表计准确等；

2）装有自动排水系统的工井、隧道等的巡查，内容包括水泵运转正常，排水畅通，逆止阀正常，电动机绝缘电阻，控制系统继电器的动作准确，自动合闸装置的机械动作正常，表计准确等；

3）装有照明设施的隧道、竖井等场所巡查，内容包括照明装置完好无损坏，漏电保护器正常，控制系统继电器的动作准确，绝缘电阻数值正常，表计、开关准确并无损坏等；

4）装有自动防火系统的隧道、竖井等场所巡查，内容包括报警装置测试正常，控制系统继电器的动作准确，绝缘电阻数值正常，表计准确等；

5）装有油压监视信号装置的场所巡查，内容包括表计准确，阀门开闭位置正确、灵活，与构架绝缘部分的零件无放电现象，充油电缆线路油压正常，管道无渗漏油，油压系统的压力箱、管道、阀门、压力表完善，对于充油（或充气）电缆油压（气压）监视装置、电触点压力表进行油（气）压自

148

动记录和报警正常，通过正常巡查及时发现和消除产生油（气）压异常的因素和缺陷。

4. 电缆线路上构筑物巡查

（1）工井和排管内的积水无异常气味。电缆支架及挂钩等铁件无腐蚀现象。井盖和井内通风良好，井体无沉降、裂缝。工井内电缆位置正常，电缆无跌落，接头无漏油，接地良好。

（2）电缆沟、隧道和竖井的门锁正常，进出通道畅通。隧道内无渗水、积水。

（3）隧道内的电缆要检查电缆位置正常，电缆无跌落。电缆和接头的金属护套与支架间的绝缘垫层完好，在支架上无硌伤。支架无脱落。

（4）隧道内电缆防火包带、涂料、堵料及防火槽盒等完好，防火设备、通风设备完善正常，并记录室温。

（5）隧道内电缆接地良好，电缆和电缆接头有无漏油。隧道内照明设施完善。

（6）通过市政桥梁的电缆及专用电缆桥的两边电缆不受过大拉力。桥堍两边电缆无龟裂，漏油及腐蚀。

（7）通过市政桥梁的电缆及专用电缆桥的电缆保护管、槽未受撞击或外力损伤。电缆铠装护层完好。

5. 水底电缆线路的巡查

（1）水底电缆线路的河岸两端可视警告标志牌清晰，夜间灯光明亮。

（2）在水底电缆两岸设置了望岗哨，应有扩音设备和望远镜，了望清楚，随时监视来往船只，发现异常情况及早呼号阻止。

（3）未设置了望岗哨的水底电缆线路，应在水底电缆防护区内架设防护钢索链，减少违反航运规定所引起的电缆损坏事故。

（4）检查邻近河岸两侧的水底电缆无受潮水冲刷现象，电缆盖板无露出水面或移位。

（5）根据水文部门提供的测量数据资料，观察水底电缆线路区域内的河床变化情况。

6. 电缆线路上施工保护区的巡查

（1）运行部门和运行巡查人员必须了解和掌握全部运行电缆线路上的施工情况，宣传保护电缆线路的重要性，并督促和配合挖掘、钻探等有关单位切实执行《电力法》和当地政府所颁布的有关地下管线保护条例或规定，做好电缆线路反外力损坏防范工作。

（2）在高压电缆线路和郊区挖掘、钻探施工频繁的电缆线路上，应设立明显的警告标志牌。

（3）在电缆线路和保护区附近施工，护线人员应对施工所涉及范围内的电缆线路进行交底，认真办理"地下管线交底卡"，并提出保护电缆的措施。

（4）凡因施工必须挖掘而暴露的电缆，应由护线人员在场监护配合，并应告知施工人员有关施工注意事项和保护措施。配合工程结束前，护线人员应检查电缆外部情况是否完好无损，安放位置是否正确。待保护措施落实后，方可离开现场。

（5）在施工配合过程中，发现现场出现严重威胁电缆安全运行的施工，应立即制止，并落实防范措施，同时汇报有关领导。

（6）运行部门和运行巡查人员应定期对护线工作进行总结，分析护线工作动态，同时对发生的电缆线路外力损坏故障和各类事故进行分析，制定防范措施和处理对策。

四、危险点分析

巡查电缆线路时，防止人身、设备事故的危险点预控分析和预控措施见表 GYDL00301001-3。

表 GYDL00301001-3　　　　电缆线路设备巡查的危险点分析和预控措施

序号	危险点	预控措施
1	人身触电	1. 巡查时应与带电电缆设备保持足够的安全距离：10kV 及以下，0.7m；35kV，1m；110 kV，1.5m；220kV，3m；330kV，4m；500kV，5m。 2. 巡查时不得移开或越过有电电缆设备遮栏
2	有害气体燃爆中毒	1. 下电缆井巡查时，应配有可燃和有毒气体浓度显示的报警控制器。 2. 报警控制器的指示误差和报警误差应符合下列规定： （1）可燃气体的指示误差：指示范围为 0～100%LEL 时，±5%LEL。 （2）有毒气体的指示误差：指示范围为 0～3TLV 时，±10%指示值。 （3）可燃气体和有毒气体的报警误差：±25%设定值以内

续表

序号	危 险 点	预 控 措 施
3	摔伤或碰砸伤人	1. 巡查时注意行走安全，上下台阶、跨越沟道或配电室门口防鼠挡板时，防止摔伤、碰伤。 2. 巡查中需要搬动电缆沟盖板时，应防止砸伤和碰伤人。 3. 在电缆井、电缆隧道、电缆竖井内巡查中，应及时清理杂物，保持通道畅通，上下扶梯及行走时，防止绊倒摔伤
4	设备异常伤人	1. 电缆本体受到外力机械损伤或地面下陷倾斜等异常可能对人身安全构成威胁时，巡查人员远离现场，防止发生意外伤人。 2. 电缆终端设备放电或异常可能对人身安全构成威胁时，巡查人员应远离现场
5	意外伤人	1. 巡查人员巡查电缆设备时应戴好安全帽。 2. 进入电站巡查电缆设备时，一般应两人同时进行，注意保持与带电体的安全距离和行走安全，并严禁接触电气设备的外壳和构架。 3. 巡查人员巡查电缆设备时，应携带通信工具，随时保持联络。 4. 高压设备发生接地时，室内不得接近故障点4m以内，室外不得接近故障点8m以内。 5. 夜间巡查设备时携带照明器具，并两人同时进行，注意行走安全
6	保护及自动装置误动	1. 在电站内禁止使用移动通信工具，以免造成保护及自动装置误动。 2. 在电站内巡查行走应注意地面标志线，以免误入禁止标志线，造成保护及自动装置误动

【案例 GYDL00301001-1】

第 29 届奥运会 S 市电力公司对奥运期间供电线路的 S 市体育场特殊巡查。

第 29 届奥运会于 2008 年 8 月在北京隆重开幕，S 市作为 29 届奥运会比赛协办城市之一，S 市电力公司对奥运比赛所涉及的体育场馆和宾馆供电线路作了全面部署，8 月 7 日首场足球比赛在 S 市体育场（见图 GYDL00301001-2）举行。S 市电缆运行巡查人员担负 S 市体育场 35kV "瑞育 228" 供电电缆线路保电特巡任务。

图 GYDL00301001-2 S 市体育场全貌

2008 年 7 月中旬，S 市电力公司电缆运行部门就开始对 S 市体育场 35kV "瑞育 228" 供电电缆线路进行为期半个月的试巡查，检查保电特殊巡查的责任设备和责任区域内安全、保障工作。

一、S 市体育场电缆线路保电特殊巡查要求

（1）S 市体育场巡查项目：电缆线路本体、电缆终端附件、电缆线路附属设备等。

（2）S 市体育场电缆线路保电特殊巡查结果，记录在 "电缆值守记录簿" 中。

二、S 市体育场电缆线路保电特殊巡查流程

1. 巡查安排

设备巡查工作安排，依据巡查人员管辖的责任设备和责任区域，明确巡查任务的性质、巡查的重点，并提出巡查路段、安全注意事项，如图 GYDL00301001-3 和图 GYDL00301001-4 所示，制订 S 市体育场特殊巡查日安排表（见表 GYDL00301001-4）。

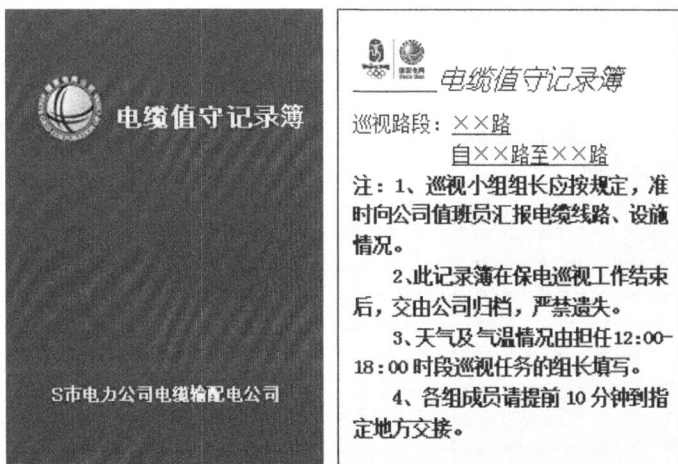

图 GYDL00301001-3 S 市体育场电缆线路特殊巡查路段

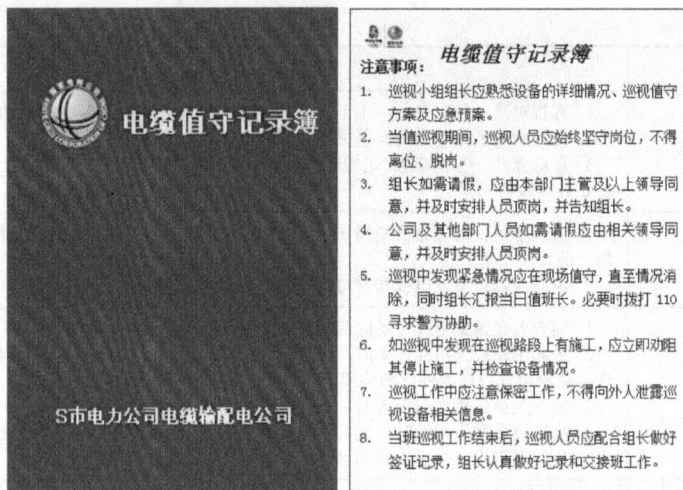

图 GYDL00301001-4   第 29 届奥运会 S 市电网保电电缆线路特殊巡查注意事项

表 GYDL00301001-4   电缆巡查人员管辖部分责任设备和责任区域（S 市体育场）日安排表

电缆线路名称	供电对象	开始时间	结束时间	巡视起点	巡视终点	线路负责人	组长姓名	第一组组员	第二组组员
35kV "瑞育 228"	S 市体育场	6:00	12:00	瑞金站	S 市体育场	朱××	沈 ×	王 ×	李××
		12:00	18:00				陆××	汪××	闵 ×
		18:00	0:00				王××	范××	蒋××
		0:00	6:00				姚××	谭××	杜 ×

2. 巡查准备

根据巡查性质，检查所需使用的钥匙、工器具、照明器具以及测量仪器具是否正确、齐全；检查着装是否符合《国家电网公司电力安全工作规程（线路部分）》规定；检查巡查人员对巡查任务、注意事项和重点是否清楚。

3. 核对设备

到达巡查现场后，开始巡查电缆设备，巡查人员根据巡查内容认真核对电缆设备铭牌。S 市体育场特殊巡查，应对照 35kV "瑞育 228" 电缆线路 GPS 图所示位置正确巡查。

图 GYDL00301001-5 所示为巡查人员在 S 市体育场 35kV "瑞育 228" 供电电缆线路走向通道上详细核对 35kV "瑞育 228" 电缆正确位置。

4. 检查设备

巡查人员根据巡查内容，巡查电缆设备部位，检查设备状况，并将巡查结果作好记录。巡查中，巡查负责人应做好其他巡查人的安全监护工作。图 GYDL00301001-6 所示为巡查人员在 S 市体育场 35kV "瑞育 228" 供电电缆线路上踏线巡查。

图 GYDL00301001-5   巡查人员在 S 市体育场 35kV
"瑞育 228" 电缆线路上核对位置

图 GYDL00301001-6   巡查人员在 S 市体育场 35kV
"瑞育 228" 电缆线路上踏线巡视

5. 巡查汇报

S市体育场 35kV"瑞育 228"电缆线路特巡要求：每天的每组值守来回巡查一般不少于 4 次。来回巡查一次完毕后，由巡查组长（交班人或接班人）填写巡查结束时间，所有参加巡查人，分别签名。每组当天巡查结束，组长（交班人或接班人）做好交接班手续和汇报上级工作。图 GYDL00301001-7 所示为巡查人员向检查人员汇报 S市体育场 35kV"瑞育 228"电缆线路上巡查情况，巡查小组值守详细记录如图 GYDL00301001-8 所示，值守交接记录如图 GYDL00301001-9 所示。

图 GYDL00301001-7　巡查人员在 S市体育场 35kV "瑞育 228"电缆线路上向检查人员汇报

图 GYDL00301001-8　巡查 S市体育场 35kV "瑞育 228"电缆线路巡查小组值守详细记录

图 GYDL00301001-9　巡查 S市体育场 35kV "瑞育 228"电缆线路值守交接记录

【思考与练习】

1. 电缆线路运行巡查有哪些周期要求？
2. 电缆线路巡查有哪些分类项目和内容？
3. 电缆线路反外力损坏工作重点在哪几个方面？
4. 电缆线路巡查的危险点分析和预控措施有哪些内容？

模块 2　红外测温仪的使用和应用（GYDL00301002）

【模块描述】本模块介绍红外测温仪的原理和使用方法。通过对测温原理、操作步骤讲解和示例介绍，熟悉红外测温仪的用途、基本原理与结构，掌握操作方法、操作步骤、注意事项和日常维护方法。

【正文】

一、用途

红外线测温被测目标点温度数字式技术采用：① 点测量，测定物体全部表面温度；② 温差测量，比较两个独立点的温度测量；③ 扫描测量，探测在宽的区域或连续区域目标变化。其检测得到的被测目标点的温度结果以数字形式在显示器上显示。

红外线测温技术是一项简便、快捷的设备状态在线检测技术。主要用来对各种户内、户外高压电气设备和输配电线路（包括电力电缆）运行温度进行带电检测，可以大大减少甚至从根本上杜绝由于电气设备异常发热而引起的设备损坏和系统停电事故。具有不停电、不取样、非接触、直观、准确、灵敏度高、快速、安全、应用范围广等特点，是保证电力设备安全、经济运行的重要技术措施。

二、基本原理与结构

1. 基本原理

红外线测温仪应用非电量的电测法原理，由光学系统、光电探测器、信号放大器及信号处理、显示输出等部分组成。通过接受被测目标物体发射、反射和传导的能量来测量其表面温度。测温仪内的探测元件将采集的能量信息输送到微处理器中进行处理，然后转换成温度由读数显示器显示。

2. 结构分类

红外测温仪根据原理分为单色测温仪和双色测温仪（又称辐射比色测温仪）。

（1）单色测温仪在进行测温时，被测目标面积应充满测温仪视场，被测目标尺寸超过视场大小50%为好。如果目标尺寸小于视场，背景辐射能量就会进入而干扰测温读数，容易造成误差。

（2）比色测温仪在进行测温时，其温度是由两个独立的波长带内辐射能量的比值来确定的，因此不会对测量结果产生重大影响。

三、操作步骤与缺陷判断

1. 操作步骤

（1）检测操作时，应充分利用红外测温仪的有关功能并进行修正，以达到检测最佳效果。

（2）红外测温仪在开机后，先进行内部温度数值显示稳定，然后进行功能修正步骤。

（3）红外测温仪的测温量程（所谓"光点尺寸"）宜设置修正至安全及合适范围内。

（4）为使红外测温仪的测量准确，测温前一般要根据被测物体材料发射率修正。

（5）发射率修正的方法是：根据不同物体的发射率（见表 GYDL00301002-1）调整红外测温仪放大器的放大倍数（放大器倍数=1/发射率），使具有某一温度的实际物体的辐射在系统中所产生的信号与具有同一温度的黑体所产生的信号相同。

表 GYDL00301002-1　　　　常用材料发射率的选择（推荐）

材　料	金　属	瓷　套	带漆金属
发射率（8～14μm）	0.80	0.85	0.90

（6）红外测温仪检测时，先对所有应测试部位进行激光瞄准器瞄准，检查有无过热异常部位，然后再对异常部位和重点被检测设备进行检测，获取温度值数据。

（7）检测时，应及时记录被测设备显示器显示的温度值数据。

2. 缺陷判断

（1）表面温度判断法。根据测得的设备表面温度值，对照《高压开关设备和控制设备标准的共用技术要求》（GB/T 11022—1999）中，高压开关设备和控制设备各种部件、材料和绝缘介质的温度和温升极限的有关规定，结合环境气候条件、负荷大小进行分析判断。

（2）同类比较判断法：

1）根据同组三相设备之间对应部位的温差进行比较分析；

2）一般情况下，对于电压致热的设备，当同类温差超过允许温升值的30%时，应定为重大缺陷。

（3）档案分析判断法。分析同一设备不同时期的检测数据，找出设备致热参数的变化，判断设备是否正常。

四、操作注意事项

（1）在检测时离被检设备以及周围带电运行设备应保持相应电压等级的安全距离。

（2）不应在有雷、雨、雾、雪的情况下进行，风速一般不大于 5m/s。

（3）在有噪声、电磁场、振动和难以接近的环境中，或其他恶劣条件下，宜选择双色测温仪。

（4）被检设备为带电运行设备，并尽量避开视线中的遮挡物。由于光学分辨率的作用，测温仪与测试目标之间的距离越近越好。

（5）检测不宜在温度高的环境中进行。检测时环境温度一般不低于 0℃，空气相对湿度不大于95%，检测同时记录环境温度。

（6）在户外检测时，晴天要避免阳光直接照射或反射的影响。

（7）在检测时，应避开附近热辐射源的干扰。

（8）防止激光对人眼的伤害。

五、日常维护事项

（1）仪器专人使用，专人保管。

（2）保持仪器表面的清洁。

（3）仪器长时间存放时，应间隔一段时间开机运行，以保持仪器性能稳定。

（4）电池充电完毕应停止充电，如果要延长充电时间，不要超过 30min，不能对电池进行长时间充电。仪器不使用时，应把电池取出。

（5）仪器应定期进行校验，每年校验或比对一次。

【案例 GYDL00301002-1】

使用 MX-2C 红外测温仪（见图 GYDL00301002-1）对电缆终端三相温差拍摄图像，采用同类比较判断法分析案例。

S 市电缆巡视人员于 2009 年 6 月 4 日上午 10 时 47 分，对某条 35kV 电缆线路户内终端使用 MX-2C 红外测温仪测温，环境温度为 28～29℃，距离 1.8m，图形曲线和数字显示温度值。检测结果：A 相 27.6℃，B 相 29℃，C 相 27.7℃。

红外测温仪拍摄的照片如图 GYDL00301002-2～图
GYDL00301002-4 所示。

图 GYDL00301002-1　MX-2C 红外测温仪

图 GYDL00301002-2　某条 35kV
电缆 A 相

图 GYDL00301002-3　某条 35kV
电缆 B 相

图 GYDL00301002-4　某条 35kV
电缆 C 相

案例分析

采用同类比较判断法，根据同组三相设备之间对应部位的温差进行比较分析。S 市该条 35kV 电缆线路户内终端 A、B 两相温度相差最大 1.4℃，温度相差最大百分比为 5%，说明运行温度正常。

【思考与练习】

1. 双色红外测温仪较之单色红外测温仪有什么优点？

2. 根据红外测温仪检测出的数据进行缺陷判断有哪些方法？

3. 红外测温仪日常维护应注意哪些事项？

模块 3　温度热像仪的使用和应用（GYDL00301003）

【模块描述】 本模块介绍温度热像仪的原理和使用方法。通过对测温原理、操作步骤讲解和示例介绍，熟悉温度热像仪的用途、基本原理与结构，掌握操作方法、操作步骤、注意事项和日常维护方法。

【正文】

一、用途

红外温度热成像仪被测目标点温度成像图技术是一项简便、快捷的设备状态在线检测技术，主要用来对各种户内、户外高压电气设备和输配电线路（包括电力电缆）运行温度进行带电检测，其结果在电视屏或监视器上成像显示。

红外温度热成像仪被测目标点温度成像图技术可以反映电力系统各种户内、户外高压电气设备和输配电线路（包括电力电缆）设备温度不均匀的图像，检测异常发热区域，及时发现设备存在的缺陷。具有不停电、不取样、非接触、直观、准确、灵敏度高、快速、安全、应用范围广等特点。大大减少由于电气设备异常发热而引起的设备损坏和系统停电事故，是保证电力设备安全、经济运行重要技术措施。

二、基本原理与结构

1. 工作原理

红外温度热成像仪是利用红外探测器、光学成像镜和光机扫描系统（目前先进的焦平面技术则省去了光机扫描系统）接受被测目标的红外辐射能量分布图形，反映到红外探测器的光敏元件上，在光学系统和红外探测器之间，有一个光扫描机构（焦平面热像仪无此机构）对被测物体的红外热像进行扫描，并聚焦在单元或多元分光探测器上，由探测器将红外辐射能转换成电信号，经过放大处理、转换或标准视频信号通过电视屏或监视器显示红外热成像图。

2. 结构分类

（1）红外热像仪一般分光机扫描成像系统和非光机扫描成像系统两类。

（2）光机扫描热像仪的成像系统采用单元或多元（元数有 8、10、16、23、48、55、60、120、180 甚至更多）光电导或光伏红外探测器。用单元探测器时速度慢，主要是帧幅响应的时间不够快，多元阵列探测器可做成高速实时热像仪。

（3）非光机扫描成像的热像仪。近几年推出的阵列式凝视成像的焦平面热成像仪，属新一代的热成像装置，在性能上大大优于光机扫描式热成像仪，有逐步取代光机扫描式热成像仪的趋势。

三、操作步骤与缺陷判断

1. 操作步骤

（1）红外热像仪在开机后，先进行内部温度校准，在图像稳定后进行功能设置修正。

（2）热像系统的测温量程宜设置修正在环境温度加温升（10～20K）之间进行检测。

（3）红外测温仪的测温辐射率，应正确选择被测物体材料的比辐射率（ε）（见表 GYDL00301003-1）进行修正。

（4）检测时应充分利用红外热像仪的有关功能（温度宽窄调节、电平值大小调节等）达到最佳检测效果，如图像均衡、自动跟踪等。

表 GYDL00301003-1　　　　　　　　常用材料比辐射率（ε）的选择（推荐）

材　　料	金　属	瓷　套	带 漆 金 属
比辐射率（ε）	0.90	0.92	0.94

（5）红外热像仪有大气条件的修正模型，可将大气温度、相对湿度、测量距离等补偿参数输入，进行修正并选择适当的测温范围。

（6）检测时先用红外热像仪对被检测设备所有应测试部位进行全面扫描，检查有无过热异常部位，然后对异常部位和重点部位进行准确检测。

2. 缺陷判断

（1）表面温度判断法。根据测得的设备表面温度值，对照 GB/T 11022—1999 中高压开关设备和控制设备各种部件、材料和绝缘介质的温度和温升极限的有关规定，结合环境气候条件、负荷大小进行分析判断。

（2）相对温度判断法：

1）两个对应测点之间的温差与其中较热点的温升之比的百分数；

2）对电流致热的设备，采用相对温差可减小设备小负荷下的缺陷漏判。

（3）同类比较判断法：

1）根据同组三相设备之间对应部位的温差进行比较分析；

2）一般情况下，对于电压致热的设备，当同类温差超过允许温升值的 30% 时，应定为重大缺陷。

（4）图像特征判断法。根据同类设备的正常状态和异常状态的热图像判断设备是否正常。当电气设备其他试验结果合格时，应排除各种干扰对图像的影响，才能得出结论。

（5）档案分析判断法。分析同一设备不同时期的检测数据，找出设备致热参数的变化，判断设备是否正常。

四、操作注意事项

（1）检测时离被检设备以及周围带电运行设备应保持相应电压等级的安全距离。

（2）被检设备为带电运行设备，应尽量避开视线中的遮挡物。

（3）检测时以阴天、多云气候为宜，晴天（除变电站外）尽量在日落后检测。在室内检测要避开灯光的直射，最好闭灯检测。

（4）不应在有雷、雨、雾、雪的情况下进行，风速一般不大于 5m/s。

（5）检测时，环境温度一般不低于 5℃，空气相对湿度不大于 85%。

（6）由于大气衰减的作用，检测距离应越近越好。

（7）检测电流致热的设备，宜在设备负荷高峰下进行，一般不低于设备负荷的 30%。

（8）在有电磁场的环境中，热像仪连续使用时，每隔 5～10min，或者图像出现不均衡现象时（如两侧测得的环境温度比中间高），应进行内部温度校准。

五、日常维护事项

（1）仪器专人使用，专人保管。

（2）保持仪器表面的清洁，镜头脏污可用镜头纸轻轻擦拭。不要用其他物品清洗或直接擦拭。

（3）避免镜头直接照射强辐射源，以免对探测器造成损伤。

（4）仪器长时间存放时，应间隔一段时间开机运行，以保持仪器性能稳定。

（5）电池充电完毕，应该停止充电，如果要延长充电时间，不要超过 30min，不能对电池进行长时间充电。仪器不使用时，应把电池取出。

（6）仪器应定期进行校验，每年校验或比对一次。

【案例 GYDL00301003-1】

使用 PM695 红外热成像仪（见图 GYDL00301003-1）对电缆终端三相温差拍摄图像，采用同类比较判断法进行分析和消除缺陷的案例。

　　S 市电缆巡视人员 2008 年 9 月 9 日上午 10 时 44 分 05 秒，对某条 35kV 交联聚乙烯绝缘电缆户外终端使用 PM695 红外热像仪（FOV11 镜头）拍摄图像（见图 GYDL00301003-2），环境温度为 30℃，距离 2.8m，辐射率 0.92，温度值范围 12~32℃。发现 A、B 两相电缆终端与架空线连接处温度在 22℃左右，而 C 相电缆终端与架空线连接处温度在 32℃，C 相温度超过 A、B 两相 10℃。

图 GYDL00301003-1　PM695 红外热成像仪

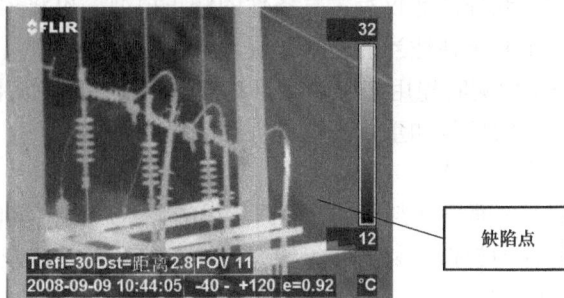

图 GYDL00301003-2　巡视中拍摄的某条
35kV 交联电缆缺陷热成像图

案例分析

　　采用同类比较判断法：根据同组三相设备之间对应部位的温差进行比较分析，当同类相温差超过允许温升值的 30% 时，应定为重大缺陷。该 35kV 电缆线路户外终端 C 相温度超过 A、B 两相 10℃，与同类相温差最大为 45%，C 相定为严重缺陷进行处理。

　　消除缺陷后于 2008 年 9 月 12 日上午 10 时 45 分 21 秒，对该 35kV 电缆线路户外终端，巡视人员在巡视中再次使用 PM695 红外热像仪拍摄图像（见图 GYDL00301003-3），环境温度 20℃，距离 2.8m，辐射率 0.9，温度值范围 6~34℃。发现 A、B、C 三相电缆终端与架空线连接处温度均在 25℃左右，说明运行温度正常。

【案例 GYDL00301003-2】

　　使用 PM695 红外热成像仪，环境条件对成像仪检测结果影响的内容案例。

　　（2-1）2009 年 12 月 9 日上午 10 时 02 分，S 市电缆巡视人员使用 PM695 红外热成像仪，对 35kV "泰肥 791" 电缆线路户外终端进行温度检测拍摄的成像图，见图 GYDL00301003-4 环境条件对成像仪检测 "泰肥 791" 电缆线路户外终端结果影响图。

案例分析

　　该电缆户外终端支架倚靠混凝土墙，电缆顺墙壁攀登至终端支架。由于钢筋混凝土建筑墙白昼易吸收大量的热量，造成红外热成像图不清楚，并无法调节至清晰状态。从拍摄的图中可以看到三相户外电缆终端颜色较之墙壁颜色深，导致背景墙壁淡色，对成像仪检测结果有影响。

图 GYDL00301003-3　消除缺陷后拍摄的某条
35kV 交联电缆热成像图

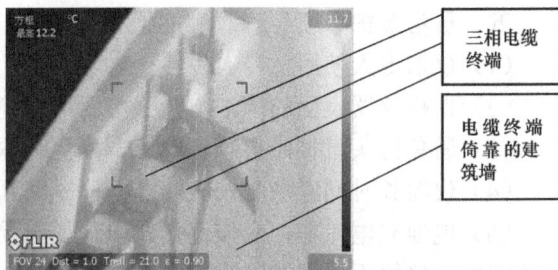

图 GYDL00301003-4　环境条件对成像仪检测
35kV "泰肥 791" 电缆户外终端结果影响图

　　（2-2）2010 年 2 月 25 日上午 9 时 51 分，S 市电缆巡视人员使用 PM695 红外热成像仪，大雨停后对 "郁家宅泵站" 电缆线路户外终端进行温度检测拍摄的成像图，见图 GYDL00301003-5 环境条件对成像仪检测"郁家宅泵站"电缆线路户外终端结果影响图。

案例分析

　　由于雨过天晴太阳的照射，空气中水蒸气影响，造成红外热成像图模糊不清晰，并无法调节至清晰状态。从图中可以看到雨后太阳照射水分蒸发，导致空气中水蒸气含量较高，对成像仪检测结果的影响非常大。

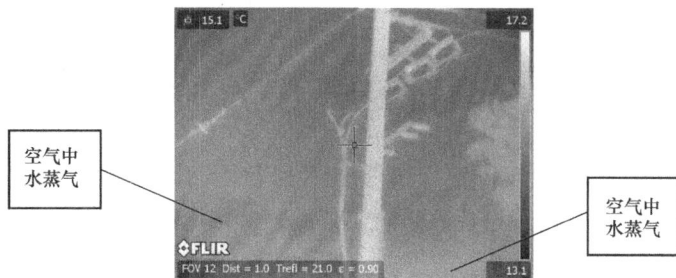

图 GYDL00301003-5　环境条件对成像仪检测"郁家宅泵站"电缆户外终端结果影响图

【案例 GYDL00301003-3】

　　使用 PM695 红外热成像仪，消除环境条件对成像仪检测结果影响，突显设备缺陷发热点放电的案例。

　　S 市电缆巡视人员 2008 年 12 月 19 日上午 11 时 09 分 10 秒，对某条交联聚乙烯绝缘电缆户外终端在巡视中，使用 PM695 红外热像仪（FOV11 镜头）拍摄的图像，环境温度为 15℃，距离 12.8m，比辐射率 0.9，温度值范围−2～21℃。图像见图 GYDL00301003-6 S 市某条 10kV 交联电缆户外终端缺陷成像图。

案例分析

　　从拍摄的成像图中发现，B 相电缆终端与架空线连接处温度在 21℃左右，而 A、C 两相电缆终端与架空线熔丝连接处温度在 10℃左右，B 相温度超过 A、C 两相 10℃。由于是白天，拍摄的图像不易察看到放电现象，巡视人员

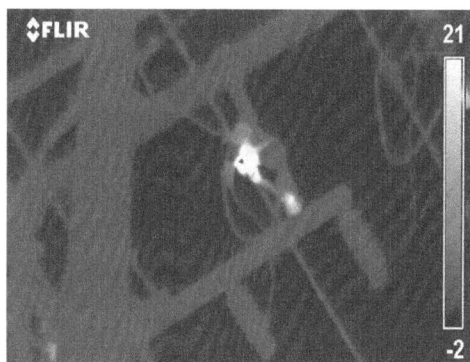

图 GYDL00301003-6　S 市某条 10kV
交联电缆户外终端缺陷成像图

采用手动模式，利用红外热像仪调节图像亮度的电平功能，将电平值向大调节，使成像仪图像背景逐渐变暗，直至可看到设备缺陷发热点突显电弧闪络放电光，见图 GYDL00301003-6。

【思考与练习】

　　1. 红外热成像仪结构分类及发展趋势是怎样的？不同结构的热成像仪工作原理上有哪些区别？

　　2. 红外热成像仪使用操作时应注意哪些问题？

　　3. 红外热成像仪检测时有哪些注意事项？

国家电网公司
生产技能人员职业能力培训专用教材

第十一章 设备运行分析及缺陷管理

模块 1 电缆缺陷管理（GYDL00302001）

【模块描述】本模块包含电缆线路缺陷管理的相关知识。通过要点、流程讲解和示例介绍，了解电缆缺陷性质，熟悉电缆线路及附属设备缺陷涉及范围，掌握电缆设备评级分类和缺陷管理技能。

【正文】

一、电缆缺陷管理范围

对于已投入运行或备用的各电压等级的电缆线路及附属设备有威胁安全运行的异常现象，必须进行处理。电缆线路及附属设备缺陷涉及范围包括电缆本体、电缆接头、接地设备，电缆线路附属设备，电缆线路上构筑物。

1. 电缆本体、电缆接头、接地设备

包括电缆本体、电缆连接头和电缆终端、接地装置和接地线（包括终端支架）。

2. 电缆线路附属设备

（1）电缆保护管、电缆分支箱、高压电缆交叉互联箱、接地箱、信号端子箱。

（2）电缆构筑物内电源和照明系统、排水系统、通风系统、防火系统、电缆支架等各种装置设备。

（3）充油电缆供油系统压力箱及所有表计，报警系统信号屏及报警设备。

（4）其他附属设备，包括环网柜、隔离开关、避雷器。

3. 电缆线路上构筑物

电缆线路上构筑物有电缆沟、电缆管道、电缆井、电缆隧道、电缆竖井、电缆桥架。

二、电缆缺陷性质分类

1. 电缆缺陷定义

运行中或备用的电缆线路（电缆本体、电缆附件、电缆附属设备、电缆构筑物）出现影响或威胁电力系统安全运行、危及人身和其他安全的异常情况，称为电缆线路缺陷。

2. 缺陷性质判断

根据缺陷性质，可分为一般、严重和紧急三种类型。其判断标准如下：

（1）一般缺陷性质判断标准：情况轻微，近期对电力系统安全运行影响不大的电缆设备缺陷，可判定为一般缺陷。

（2）严重缺陷性质判断标准：情况严重，虽可继续运行，但在短期内将影响电力系统正常运行的电缆设备缺陷，可判定为严重缺陷。

（3）紧急缺陷性质判断标准：情况危急，危及人身安全或造成电力系统设备故障甚至损毁电缆设备的缺陷，可判定为紧急缺陷。

三、电气设备评级分类

1. 电气设备绝缘定级原则

电气设备的绝缘定级，主要是根据设备的绝缘试验结果，结合运行和检修中发现的缺陷，权衡对安全运行的影响程度，确定其绝缘等级。绝缘等级分为三级：

（1）一级绝缘。符合下列指标的设备，其绝缘定为一级绝缘：

1）试验项目齐全，结果合格，并与历次试验结果比较无明显差别；

2）运行和检修中未发现（或已消除）绝缘缺陷。

（2）二级绝缘。凡有下列情况之一的设备，其绝缘定为二级绝缘：

1）主要试验项目齐全，但有某些项目处于缩短检测周期阶段；

2）一个及以上次要试验项目漏试或结果不合格；

3）运行和检修中发现暂不影响安全的缺陷。

（3）三级绝缘。凡有下列情况之一的设备，其绝缘定为三级绝缘：

1）一个及以上主要试验项目漏试或结果不合格。

2）预防性试验超过规定的期限：

a）需停电进行的项目为规定的周期加6个月；

b）不需停电进行的项目为规定的周期加1个月。

3）耐压试验因故障低于试验标准（规程中规定允许降低的除外）。

4）运行和检修中发现威胁安全运行的绝缘缺陷。

三级绝缘表示绝缘存在严重缺陷，威胁安全运行，应限期予以消除。

2. 电缆设备评级分类

电缆设备评级分类是电缆设备安全运行重要环节，也是电缆设备缺陷管理一项基础工作，运行人员应做到对分类电缆设备运行状态全面掌握。电缆设备评级分为以下三类：

（1）一类设备。是经过运行考验，技术状况良好，能保证在满负荷下安全供电的设备。

（2）二类设备。是基本完好的设备，能经常保证安全供电，但个别部件有一般缺陷。

（3）三类设备。是有重大缺陷的设备，不能保证安全供电，或出力降低，严重漏剂，外观很不整洁，锈烂严重。

电缆设备分类参考标准：

（1）一类设备：

1）规格能满足实际运行需要，无过热现象；

2）无机械损伤，接地正确可靠；

3）绝缘良好，各项试验符合规程要求，绝缘评为一级；

4）电缆终端无漏油、漏胶现象，绝缘套管完整无损；

5）电缆的固定和支架完好；

6）电缆的敷设途径及接头区位置有标志；

7）电缆终端分相颜色和标志铭牌正确清楚；

8）技术资料完整正确；

9）电缆线路附属设备（如供油箱及管路、装有油压监视、外护层绝缘、专用接地装置、换位装置、信号装置系统等）完好。

（2）二类设备：仅能达到一级设备1）～4）项标准的，绝缘评级为一级或二级。

（3）三类设备：达不到二级设备标准的［一级设备1）～4）项］，绝缘评级为三级者。

四、电缆缺陷闭环管理

1. 建立完善管理制度

（1）制定处理权限细则：

1）对电缆线路异常运行的电缆设备缺陷的处理，必须制定各级运行管理人员的权限和职责；

2）运行电缆缺陷处理批准权限，各地可结合本地区运行管理体制，制定相适应的电缆缺陷管理细则。

（2）规范电缆缺陷管理：

1）在巡查电缆线路中，巡线人员发现电缆线路有紧急缺陷，应立即报告运行管理人员，管理人员接到报告后根据巡线人员对缺陷描述，应采取对策立即消除缺陷；

2）在巡查电缆线路中，巡线人员发现电缆线路有严重缺陷，应迅速报告运行管理人员，并作好记录，填写严重缺陷通知单，运行管理人员接到报告后，应采取措施及时消除缺陷；

3）在巡查电缆线路中，巡线人员发现有一般缺陷，应记入缺陷记录簿内，据以编订月度、季度维护检修计划消除缺陷，或据以编制年度大修计划消除缺陷。

2. 制定电缆消缺流程

（1）建立电缆缺陷处理闭环管理系统，明确运行各个部门的职责。

（2）采用计算机消除缺陷流程信息管理，填写缺陷单，流转登录审核和检修消除缺陷。

（3）电缆缺陷消除后实行闭环，缺陷单应归档留存等规范化管理。

（4）运行部门每月应进行一次汇总和分析，作出处理安排。

（5）电缆缺陷闭环流程：设备周期巡查→巡查发现缺陷→汇报登录审核→流转检修消缺→定期复查闭环。

3. 规范电缆缺陷闭环操作（见图 GYDL00302001-1）

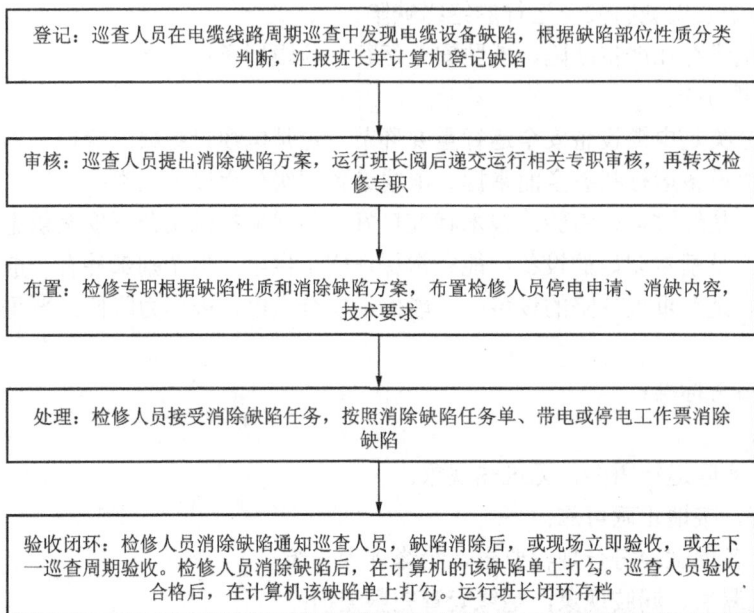

登记：巡查人员在电缆线路周期巡查中发现电缆设备缺陷，根据缺陷部位性质分类判断，汇报班长并计算机登记缺陷

↓

审核：巡查人员提出消除缺陷方案，运行班长阅后递交运行相关专职审核，再转交检修专职

↓

布置：检修专职根据缺陷性质和消除缺陷方案，布置检修人员停电申请、消缺内容，技术要求

↓

处理：检修人员接受消除缺陷任务，按照消除缺陷任务单、带电或停电工作票消除缺陷

↓

验收闭环：检修人员消除缺陷通知巡查人员，缺陷消除后，或现场立即验收，或在下一巡查周期验收。检修人员消除缺陷后，在计算机的该缺陷单上打勾。巡查人员验收合格后，在计算机该缺陷单上打勾。运行班长闭环存档

图 GYDL00302001-1　电缆线路缺陷闭环操作流程

【案例 GYDL00302001-1】

以巡查发现某条 35kV 电缆户外终端发热缺陷为例，说明《×××电力公司输配电生产管理系统》"电缆线路运行缺陷管理流程"整个执行过程。

电缆缺陷

S 市电缆巡视人员易某于 2008 年 9 月 9 日上午 10 时 44 分 05 秒，对某条 35kV 交联聚乙烯绝缘电缆户外终端，在巡视中使用 PM695 红外热像仪（FOV11 镜头）拍摄图像（见图 GYDL00302001-2），现场环境温度为 30℃，距离 2.8m，辐射率 0.92，温度值范围 12～32℃。发现 A、B 两相电缆终端与架空线连接处温度在 22℃左右，而 C 相电缆终端与架空线连接处温度在 32℃，C 相温度超过 A、B 两相 10℃，说明有发热缺陷。

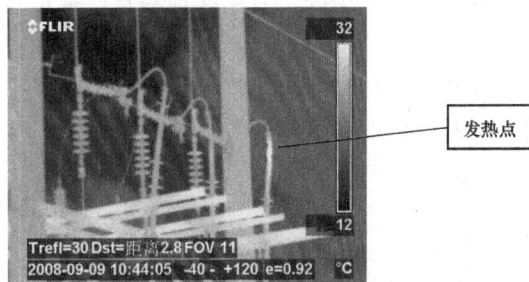

图 GYDL00302001-2　巡视中拍摄的某条 35kV 交联电缆发热缺陷热成像图

管理流程

《×××电力公司输配电生产管理系统》"电缆线路运行缺陷管理流程"执行操作步骤如下：

1. 打开软件 PMS 系统：进入"×××电力公司输配电生产管理系统"对话框，如图 GYDL00302001-3 所示。

2. 在"×××电力公司输配电生产管理系统"对话框选中右边齿轮图下拉箭头（会显示：系统），点击进入"中心工作"、"运行管理"、"缺陷管理"，如图 GYDL00302001-4 所示。

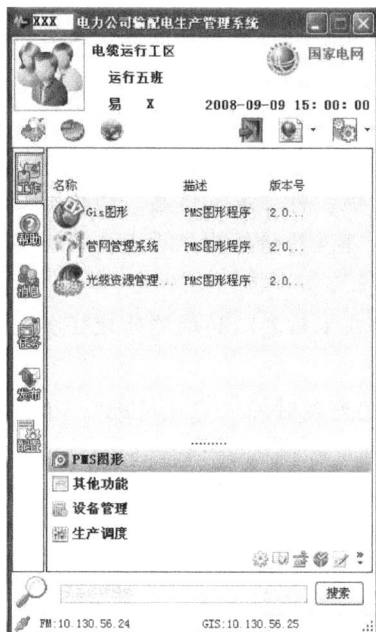

图 GYDL00302001-3　进入"×××电力
公司输配电生产管理系统"对话框图

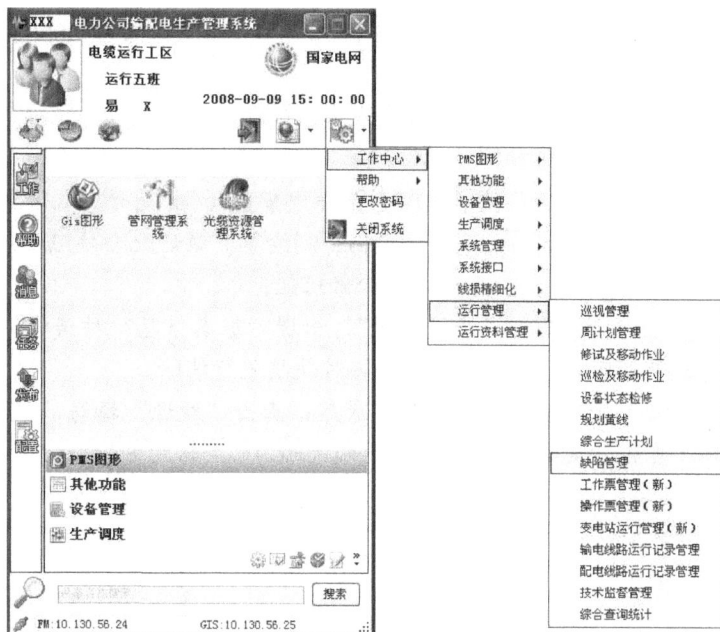

图 GYDL00302001-4　"×××电力公司输配电生产管理系统"对话框
打开缺陷管理图

3. 点击进入"中心工作"、"运行管理"、"缺陷管理"后，出现"缺陷管理—[登记]"对话框，如图 GYDL00302001-5 所示。

（1）点击进入"基本信息"，填写"编号、部门、所属调度、设备、设备类型、所属电站、所属线路、电压等级、设备型号、制造厂家、投运日期、设备相别、部位/部件、缺陷来源、缺陷现象、缺陷程度、缺陷定性、天气、温度、负荷、缺陷描述、备注、发现人、发现时间、发现地点、登记人、登记班组、登记时间"。

（2）"基本信息"填写完毕，交班长审阅，可点击"确定"保存，暂不"提交"。

（3）"基本信息"填写完毕，可直接点击"提交"，"缺陷登记"流转到审核。

图 GYDL00302001-5　"缺陷管理—[登记]"对话框"基本信息"填写图

4. 在"缺陷管理—[登记]"对话框，如图 GYDL00302001-6 所示，进行审核、布置、处理流转工作。

（1）运行专业技术管理者点击"审核"，出现"基本信息"对话框，审核通过后点击"提交"，"缺陷登记"流转到布置。

（2）检修专业技术管理者点击"布置"，出现"基本信息"对话框，将"基本信息"的缺陷处理工作通知相关部门（调度、车辆、测绘等）做好配合缺陷处理准备，布置给检修班组后点击"提交"，"缺陷管理—[登记]"流转到检修班组。

（3）检修班组点击"处理"，出现"基本信息"对话框，接受"基本信息"的缺陷处理任务，进行缺陷处理一系列准备工作，再对缺陷进行消除。

（4）检修班组消除缺陷完成后，点击"处理"填写，包括"缺陷处理时间、完成情况"，填写完毕，点击"提交"，"缺陷管理—[登记]"流转到运行班组。

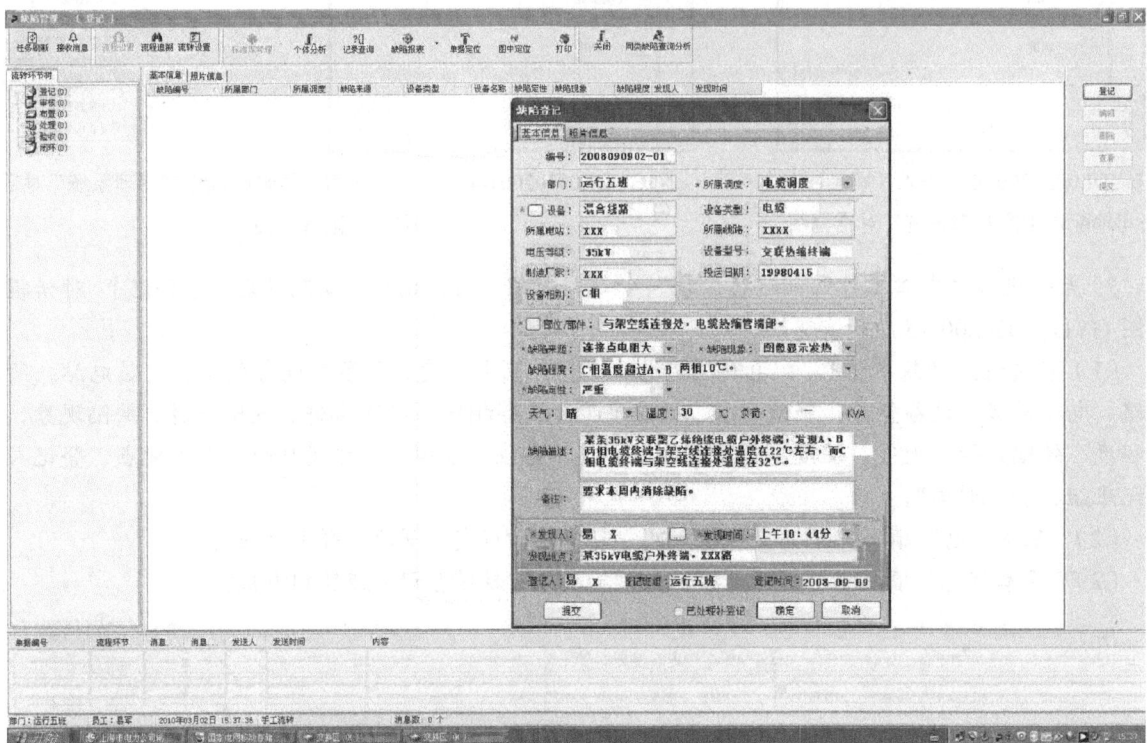

图 GYDL00302001-6　"缺陷管理—[登记]"对话框审核、布置、处理流转图

图 GYDL00302001-7　消除缺陷后拍摄的
某条 35kV 交联电缆热成像图

5. 运行班组点击"缺陷管理—[登记]"内"验收"，出现"缺陷查看"对话框。

（1）电缆运行巡查责任人对检修班组人员的缺陷消除进行现场验收。消除缺陷后，易某于 2008 年 9 月 12 日上午 10 时 45 分 21 秒，对该条 35kV 电缆线路户外终端再次使用 PM695 红外热像仪拍摄图像（见图 GYDL00302001-7），环境温度 20℃，距离 2.8m，辐射率 0.9，温度值范围 6～34℃。发现 A、B、C 三相电缆终端与架空线连接处温度均在 25℃ 左右，说明运行温度正常。

（2）根据验收合格结果，在"缺陷查看"对话框填写相关内容，如图 GYDL00302001-8 所示。

1）运行巡查人员易某填写："验收意见 [不合格应填原因分析]、验收人、验收时间"，"确定"。

2）运行班长曹某填写："验收登记人、验收登记时间、闭环人、闭环时间"，最后"确定"。

"电缆线路运行缺陷管理流程"整个执行过程结束。

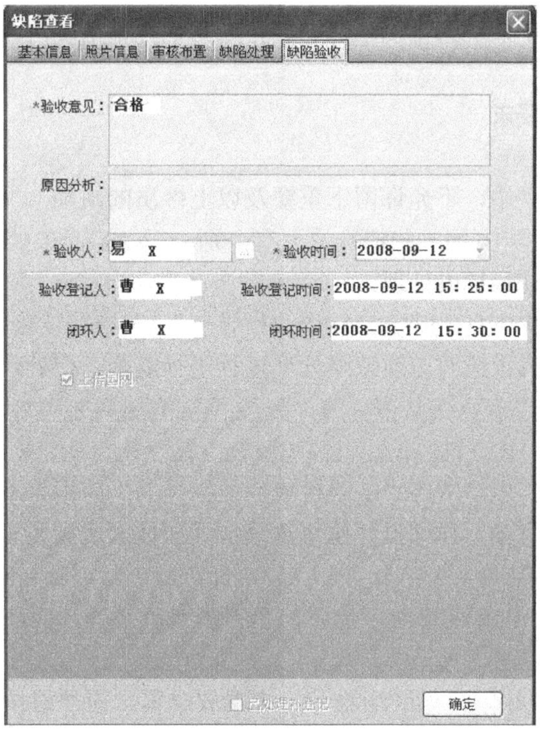

图 GYDL00302001-8 "缺陷查看"对话框验收、闭环图

【思考与练习】

1. 电缆线路缺陷管理范围有哪些？

2. 电缆线路缺陷性质有哪些判断标准？

3. 电缆设备评级分类参考标准包括哪些内容？

4. 电缆线路缺陷闭环管理包括哪些内容？

模块 2　电缆缺陷处理（GYDL00302002）

【模块描述】本模块介绍电缆线路缺陷分类、处理周期、处理原则及技术标准。通过要点讲解和示例介绍，掌握电缆线路缺陷处理技能。

【正文】

一、电缆线路缺陷处理周期

各类电缆线路缺陷从发现后到消缺处理的时间段称为周期，周期根据各类缺陷性质不同而定。

（1）电缆线路一般缺陷可列入月度检修计划消除处理。

（2）电缆线路严重缺陷应在 1 周内安排处理。

（3）电缆线路紧急缺陷必须在 24h 内进行处理。

二、电缆缺陷处理技术原则

1. 不同性质缺陷处理原则

（1）一般缺陷。如油纸电缆终端漏油、电缆金属护套和保护管严重腐蚀等，可在一个检修周期内消除。

（2）重要缺陷。如接点发热、电缆出线金具有裂纹、塑料电缆终端表面闪络开裂、金属壳体胀裂并严重漏剂等，必须及时消除。

（3）紧急缺陷。如接点过热发红、终端套管断裂、充油电缆失压等，必须立即消除。

2. 电缆缺陷处理遵循原则

（1）电缆缺陷处理，应贯彻"应修必修，修必修好"的原则。

（2）电缆缺陷处理时，应符合电力电缆各类相应的技术工艺规程要求。

（3）电缆缺陷处理过程中发现其电缆线路上还存在其他异常情况时，应在消除检修中一并处理，防止或减少事故发生。

三、电缆缺陷处理技术要求

1. 电缆缺陷处理要求

（1）在电缆设备事故处理中，不允许留下重要及以上性质的缺陷。

（2）在电缆线路缺陷处理中，因一些特殊原因有个别一般缺陷尚未处理的，必须填好设备缺陷单，作好记录，在规定的一个检修周期内处理。

（3）电缆缺陷处理应首先制订"缺陷检修作业指导书"，在电缆线路缺陷处理中应严格遵照执行。

（4）电缆设备运行责任人员应对电缆缺陷处理过程进行监督，在处理完毕后按照相关的技术规程和验收规范进行验收签证。

2. 电缆缺陷处理技术

（1）制订缺陷处理方案。电缆线路"缺陷检修作业指导书"应根据不同性质的电缆绝缘处理技术和各种类型的缺陷制订处理方案，详细拟订检修消缺步骤和技术质量要求。

（2）不同电缆处理技术：

1）油纸绝缘电缆缺陷，如终端渗油、金属护套膨胀或龟裂等，应严格按照相关技术规程规定进行检查处理。

2）交联聚乙烯绝缘电缆缺陷，如终端温升、终端放电等，应严格按照相关技术规程规定进行检查处理。

3）自容式充油电缆缺陷，如供油系统漏油、压力下降等，应严格按照相关技术规程规定进行检查处理。

（3）电缆缺陷带电处理：

1）充油电缆线路的油压调整：当油压偏低时，可将供油箱接到油管路系统进行补压；

2）在不加热的情况下，修补金属护套及外护层；

3）户内或户外电缆终端的带电清扫；

4）电缆终端引出线发热检修或更换。

【案例 GYDL00302002-1】

交联聚乙烯绝缘电缆线路终端放电缺陷及处理。

S 市电缆巡视人员易某在周期巡视中，在××电站发现某条 10kV 交联聚乙烯绝缘电缆线路终端高压柜内发出"啪、啪、啪"的异常响声。封闭式高压柜无法直观异常响声的状况（见图 GYDL00302002-1）。从探视窗窥视，隐约看到电缆终端中间 B 相的终端端子与电排的连接处随"啪、啪、啪"的响声伴有电弧闪光，就从高压柜后仓探视窗拍到的电缆终端（见图 GYDL00302002-2）。

图 GYDL00302002-1　某条 10kV 高压柜
后仓拍摄照片

图 GYDL00302002-2　某条 10kV 高压柜从后仓探视窗
拍摄电缆 B 相放电照片

巡视人员易某判断：电弧闪光处是终端放电点，并判定为紧急缺陷。立即电告班长，要求马上申请紧急停电处理。班长及时向运行专业技术管理者汇报，并进行以下流程的操作：

1. 首先打开软件 PMS 系统：进入"×××电力公司输配电生产管理系统"对话框，如图 GYDL00302002-3 所示。

2. 在"×××电力公司输配电生产管理系统"对话框，选中右边齿轮图下拉箭头（会显示：系统），点击进入"中心工作"、"运行管理"、"缺陷管理"，如图 GYDL00302002-4 所示。

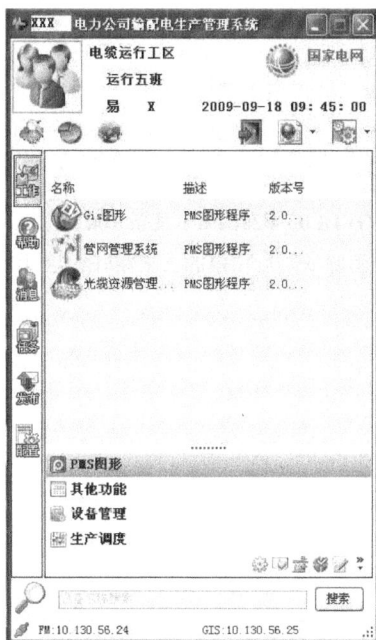

图 GYDL00302002-3　进入"×××电力
公司输配电生产管理系统"对话框图

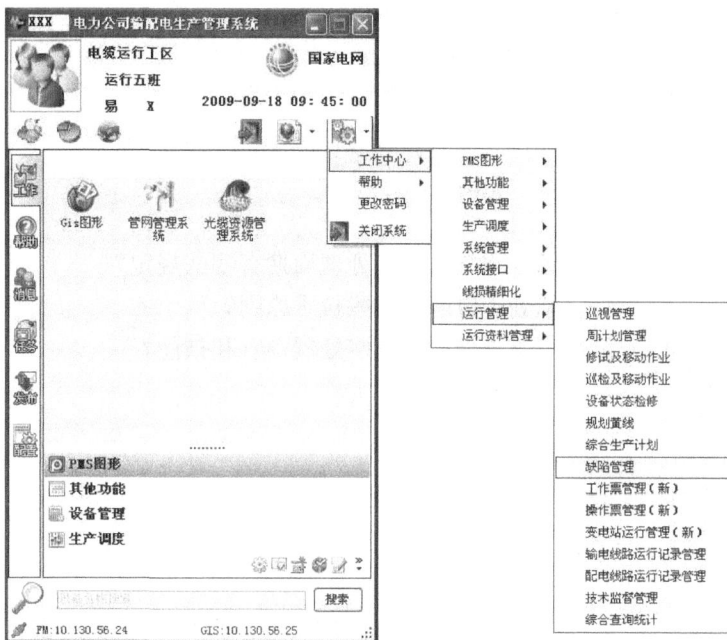

图 GYDL00302002-4　"×××电力公司输配电生产管理系统"
对话框打开缺陷管理图

3. 点击进入"中心工作"、"运行管理"、"缺陷管理"后，出现"缺陷管理—［登记］"对话框，如图 GYDL00302002-5 所示。

（1）点击进入"基本信息"填写："编号、部门、所属调度、设备、设备类型、所属电站、所属线路、电压等级、设备型号、制造厂家、投运日期、设备相别、部位/部件、缺陷来源、缺陷现象、缺陷程度、缺陷定性、天气、温度、负荷、缺陷描述、备注、发现人、发现时间、发现地点、登记人、登记班组、登记时间"。

（2）"基本信息"填写完毕，可直接点击"提交"，"缺陷登记"流转到审核。

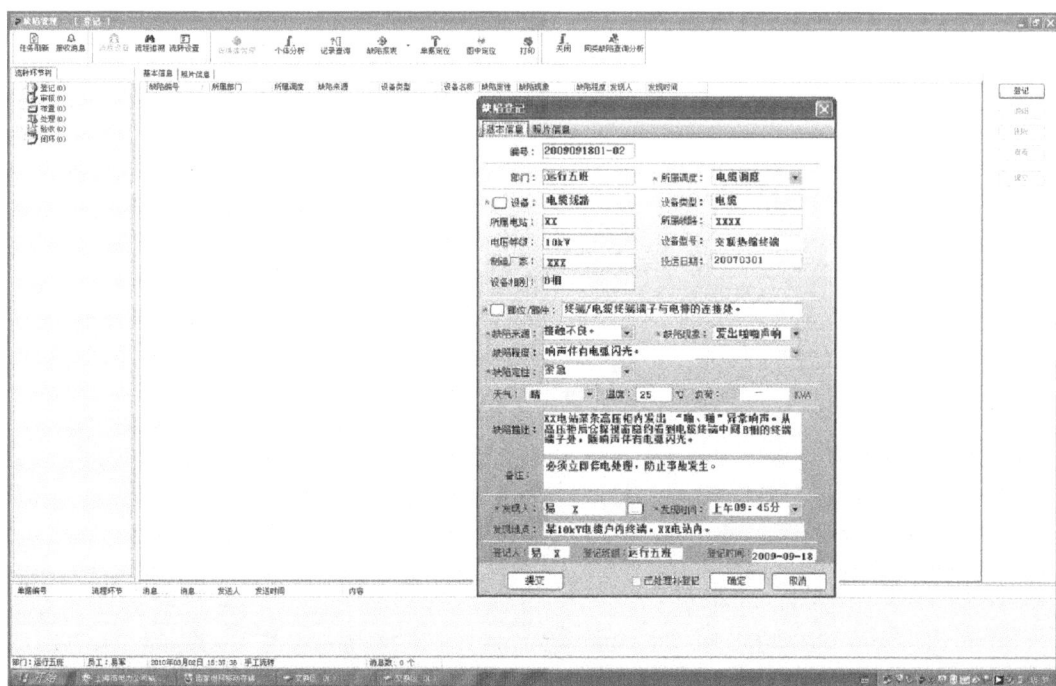

图 GYDL00302002-5　"缺陷管理—［登记］"对话框"基本信息"填写图

经检修人员对该条电缆终端的检查，"啪、啪、啪"的异常响声确实是该终端中间B相的终端端子与电排连接存在缺陷，将原连接点终端端子拆下，清除终端端子与电排上的放电碳结晶物，涂抹导电膏，使电缆终端端子与电排接触良好，再恢复原状。缺陷消除后，投入运行再未发现异常响声，A 相和 B 相照片如图GYDL00302002-6 所示。

图 GYDL00302002-6 某条 10kV
电缆终端消除缺陷后拍摄的 A 相和 B 相照片

【思考与练习】

1. 电缆线路各类性质缺陷处理周期有哪些规定？

2. 电缆缺陷处理应遵循哪些技术原则？

3. 电缆缺陷带电处理有哪些处理内容和技能？

第六部分

电缆故障测寻及试验

第十二章 电缆故障测寻及处理

模块 1 电缆线路常见故障诊断与分类 （GYDL00303001）

【模块描述】本模块介绍电缆线路故障分类及故障诊断方法。通过概念解释和要点介绍，掌握电缆线路试验击穿故障和运行中发生故障的诊断方法和步骤。

【正文】

在查找电缆故障点时，首先要进行电缆故障性质的诊断，即确定故障的类型及故障电阻阻值，以便于测试人员选择适当的故障测距与定点方法。

一、电缆故障性质的分类

电缆故障种类很多，可分为以下五种类型：

（1）接地故障：电缆一芯主绝缘对地击穿故障。

（2）短路故障：电缆两芯或三芯短路。

（3）断线故障：电缆一芯或数芯被故障电流烧断或受机械外力拉断，造成导体完全断开。

（4）闪络性故障：这类故障一般发生于电缆耐压试验击穿中，并多出现在电缆中间接头或终端头内。试验时绝缘被击穿，形成间隙性放电通道。当试验电压达到某一定值时，发生击穿放电；而当击穿后放电电压降至某一值时，绝缘又恢复而不发生击穿，这种故障称为开放性闪络故障。有时在特殊条件下，绝缘击穿后又恢复正常，即使提高试验电压，也不再击穿，这种故障称为封闭性闪络故障。以上两种现象均属于闪络性故障。

（5）混合性故障：同时具有上述接地、短路、断线、闪络性故障中两种以上性质的故障称为混合性故障。

二、电缆故障诊断方法

电缆发生故障后，除特殊情况（如电缆终端头的爆炸故障，当时发生的外力破坏故障）可直接观察到故障点外，一般均无法通过巡视发现，必须使用电缆故障测试设备进行测量，从而确定电缆故障点的位置。由于电缆故障类型很多，测寻方法也随故障性质的不同而异。因此在故障测寻工作开始之前，须准确地确定电缆故障的性质。

电缆故障按故障发生的直接原因可以分为两大类，一类为试验击穿故障，另一类为在运行中发生的故障。若按故障性质来分，又可分为接地故障、短路故降、断线故障、闪络故障及混合故障。现将电缆故障性质确定的方法和分类分述如下。

1. 试验击穿故障性质的确定

在试验过程中发生击穿的故障，其性质比较简单，一般为一相接地或两相短路，很少有三相同时在试验中接地或短路的情况，更不可能发生断线故障。其另一个特点是故障电阻均比较高，一般不能直接用绝缘电阻表测出，而需要借助耐压试验设备进行测试。其方法如下：

（1）在试验中发生击穿时，对于分相屏蔽型电缆均为一相接地。对于统包型电缆，则应将未试相地线拆除，再进行加压。如仍发生击穿，则为一相接地故障，如果将未试相地线拆除后不再发生击穿，则说明是相间故障，此时应将未试相分别接地后再分别加压，以查验是哪两相之间发生短路故障。

（2）在试验中，当电压升至某一定值时，电缆绝缘水平下降，发生击穿放电现象；当电压降低后，电缆绝缘恢复，击穿放电终止。这种故障即为闪络性故障。

2. 运行故障性质的确定

运行电缆故障的性质和试验击穿故障的性质相比，就比较复杂，除发生接地或短路故障外，还可能发生断线故障。因此，在测寻前，还应作电缆导体连续性的检查，以确定是否为断线故障。

确定电缆故障的性质，一般应用绝缘电阻表和万用表进行测量并作好记录。

（1）先在任意一端用绝缘电阻表测量 A—地、B—地及 C—地的绝缘电阻值，测量时另外两相不接地，以判断是否为接地故障。

（2）测量各相间 A—B、B—C 及 C—A 的绝缘电阻，以判断有无相间短路故障。

（3）分相屏蔽型电缆（如交联聚乙烯电缆和分相铅包电缆）一般均为单相接地故障，应分别测量每相对地的绝缘电阻。当发现两相短路时，可按照两个接地故障考虑。在小电流接地系统中，常发生不同两点同时发生接地的"相间"短路故障。

（4）如用绝缘电阻表测得电阻为零时，则应用万用表测出各相对地的绝缘电阻和各相间的绝缘电阻值。

（5）如用绝缘电阻表测得电阻很高，无法确定故障相时，应对电缆进行直流电压试验，判断电缆是否存在故障。

（6）因为运行电缆故障有发生断线的可能，所以还应作电缆导体连续性是否完好的检查。其方法是在一端将 A、B、C 三相短接（不接地），到另一端用万能表的低阻挡测量各相间电阻值是否为零，检查是否完全通路。

3. 电缆低阻、高阻故障的确定

所谓的电缆低阻、高阻故障的区分，不能简单用某个具体的电阻数值来界定，而是由所使用的电缆故障查找设备的灵敏度确定的。例如：低压脉冲设备理论上只能查找 100Ω 以下的电缆短路或接地故障，而电缆故障探伤仪理论上可查找 $10k\Omega$ 以下的一相接地或两相短路故障。

【思考与练习】

1. 电缆故障分哪五类？
2. 怎样确定电缆运行故障性质？

模块 2 电缆线路的识别（GYDL00303002）

【模块描述】本模块介绍电缆线路路径探测及电缆线路常用识别方法。通过概念解释和方法介绍，熟悉音频感应法探测电缆路径的方法、原理及其接线方式，掌握工频感应鉴别法和脉冲信号法进行电缆线路识别的原理和方法。

【正文】

电缆线路的识别是指电缆路径的探测和在多条电缆中鉴别出所需要的电缆。

一、电缆路径探测

1. 电缆路径探测方法

电缆路径探测一般采用音频感应法，即向被测电缆中加入特定频率的电流信号，在电缆的周围接收该电流信号产生的磁场信号，然后通过磁电转换，转换为人们容易识别的音频信号，从而探测出电缆路径。加入的电流信号的常见频率为 512Hz、1kHz、10kHz、15kHz 几种。接收这个音频磁场信号的工具是一个感应线圈，滤波后通过耳机或显示器有选择地把加入到电缆上的特定频率的电流信号用声音或波形的方式表现出来，以使人耳朵或眼睛能识别这个信号，从而确定被测电缆的路径。

（1）音谷法。给被测电缆加入音频信号，当感应线圈轴线垂直于地面时，在电缆的正上方线圈中穿过的磁力线最少，线圈中感应电动势也最小，通过耳机听到的音频声音也就最小；线圈往电缆左右方向移动时，音频声音增强，当移动到某一距离时，响声最大，再往远处移动，响声又逐渐减弱。在电缆附近声音强度与其位置关系形成一马鞍形曲线，如图 GYDL00303002-1 所示，曲线谷点所对应的线圈位置就是电缆的正上方，这就是音谷法查找电缆路径。

（2）音峰法。音峰法与音谷法原理一样，当感应线圈轴线平行于地面时（要垂直于电缆走向），在电缆的正上方线圈中穿过的磁力线最多，线圈中感应电动势也最大，通过耳机听到的音频声音也就最强；线圈往电缆左右方向移动时，音频声音逐渐减弱。这样声响最强的正下方就是电缆，如图 GYDL00303002-2 所示，这就是音峰法查找电缆的路径。

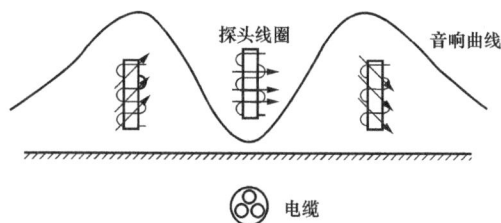

图 GYDL00303002-1　音谷法的音响曲线

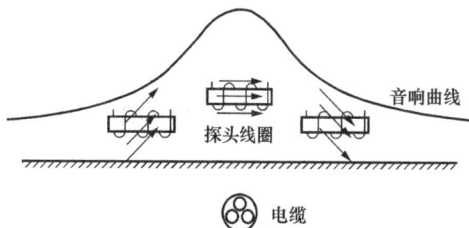

图 GYDL00303002-2　音峰法的音响曲线

（3）极大值法。当用两个感应线圈，一个垂直于地面，一个水平于地面。将垂直线圈负极性与水平线圈的感应电动势叠加，在电缆的正上方线圈中穿过的磁力线最多，线圈中感应电动势也最大，通过耳机听到的音频声音也就最强；线圈往电缆左右方向移动时，音频声音骤然减弱。这样声响最强的正下方就是电缆，如图 GYDL00303002-3 所示，这就是极大值法查找电缆路径。

2. 音频感应法的接线方式

音频感应法探测电缆路径时，其接线方式有相间

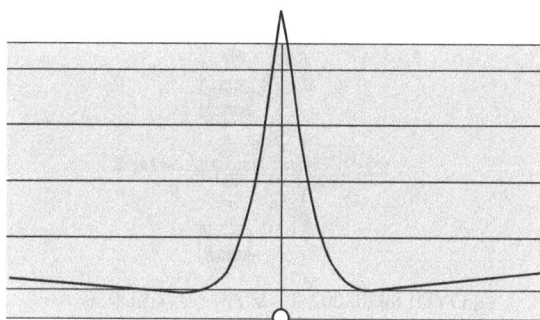

图 GYDL00303002-3　极大值法的音响曲线

接法、相铠接法、相地接法、铠地接法、利用耦合线圈感应间接注入信号法等多种。根据上面所述的电磁理论，要想在大地表面得到比较强的磁场信号，必须使大地上有部分电流通过，否则磁场信号可能会比较弱。下面的接线方式中前三种接法比较有效，后两种接法感应到的信号会比较弱，能测试的距离比较近。在测量时，要根据实际情况、使用效果来选择不同的接线方法，以达到最快探测电缆路径的目的。

（1）相铠接法（铠接工作地）。如图 GYDL00303002-4 所示，将被测电缆线芯一根或几根并接后接信号发生器的输出端正极，负极接钢铠，钢铠两端接地。相铠之间加入音频电流信号。这种接线方法电缆周围磁场信号较强，可探测埋设较深的电缆，且探测距离较长。

（2）相地接法。如图 GYDL00303002-5 所示，以大地作为回路，将被测电缆线芯一根或几根并接后接信号发生器的输出端正极，负极接大地。电缆另一端线芯接地，并将被测电缆两端接地线拆开。这种方法信号发生器输出电流很小，但感应线圈得到的磁场信号却较大，测试的距离也较远。

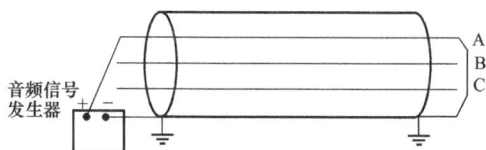

图 GYDL00303002-4　相铠接线示意图

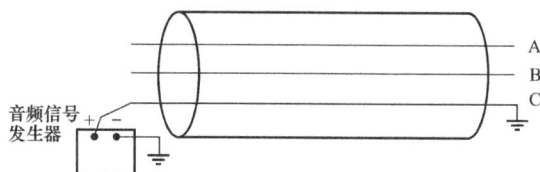

图 GYDL00303002-5　相地接线示意图

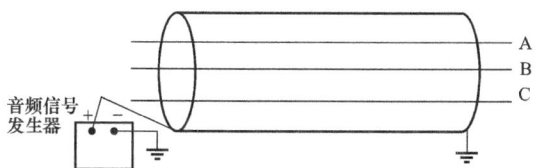

图 GYDL00303002-6　铠地接线示意图

（3）铠地接法。如图 GYDL00303002-6 所示，以大地作为回路，将电缆钢铠接信号发生器的输出端正极，负极接大地，解开钢铠近端接地线。在有些情况下，铠地接法的测试效果比相地接法要好，但要求被测电缆外护套具有良好的绝缘。

（4）耦合线圈感应法。将信号发生器的正负端直接连接至卡钳式耦合线圈上，在运行电缆露出部分（终端头附近）位置用卡钳夹住，把音频信号耦合到电缆上，要求电缆两端接地线良好。这种方法测试效果一般，能测试的距离很短。但其可在不停电的情况下查找电缆路径。

二、电缆的鉴别

在几条并列敷设的电缆中正确判断出已停电的需要检修或切改的电缆线路，首先应核对电缆路径

图。通常根据路径图上电缆和接头所标注的尺寸，在现场按建筑物边线等测量参考点为基准，实地进行测量，与图纸核对，一般可以初步判断需要检修的电缆。为了对电缆线路作出准确鉴别，可采用两种方法，即工频感应鉴别法和脉冲信号法。

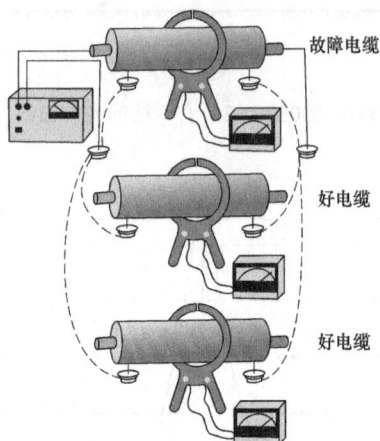

图 GYDL00303002-7　脉冲信号法原理图

1. 工频感应鉴别法

工频感应鉴别法也叫感应线圈法，当绕制在开口铁芯上的感应线圈贴在运行电缆外皮上时，其线圈中将产生交流电信号，接通耳机则可收听到。且沿电缆纵向移动线圈，可听出电缆线芯的节距。若将感应线圈贴在待检修的停运电缆外皮上，由于其导体中没有电流通过，因而听不到声音。而将感应线圈贴在邻近运行的电缆外皮上，则能从耳机中听到交流电信号。这种方法操作简单，缺点是只能区分出停电电缆；同时，当并列电缆条数较多时，由于相邻电缆之间的工频信号相互感应，会使信号强度难以区别。

2. 脉冲信号法

脉冲信号法所用设备有脉冲信号发生器、感应夹钳及识别接收器等。脉冲信号法的原理如图 GYDL00303002-7 所示，脉冲信号发生器发射锯齿形脉冲电流至电缆，这个脉冲电流在被测电缆周围产生脉冲磁场，通过夹在电缆上的感应夹钳拾取，传输到识别接收器。识别接收器可以显示出脉冲电流的幅值和方向，从而确定被选电缆（故障电缆或被切改电缆）。

【思考与练习】

1. 怎样使用音谷法确定电缆埋设路径？
2. 如何从几条并列敷设的电缆中鉴别出所需要的电缆？

模块 3　常用电缆故障测寻方法（GYDL00303003）

【模块描述】 本模块包含电缆线路常见故障测距和精确定点。通过方法介绍，掌握利用电桥法和脉冲法进行电缆线路常见故障测距的原理、方法和步骤，掌握电缆故障点精确定点方法。

【正文】

电缆线路的故障寻测一般包括初测和精确定点两步，电缆故障的初测是指故障点的测距，而精确定点是指确定故障点的准确位置。

一、电缆故障初测

根据仪器和设备的测试原理，电缆故障初测方法可分为电桥法和脉冲法两大类。

（一）电桥法

用直流电桥测量电缆故障是测试方法中最早的一种，目前仍广泛应用。尤其在较短电缆的故障测试中，其准确度仍是最高的。测试准确度除与仪器精度等级有关外，还与测量的接线方法和被测电缆的原始数据正确与否有很大的关系。电桥法适用于低阻单相接地和两相短路故障的测量。

1. 单相接地故障的测量

接线如图 GYDL00303003-1 所示。

当电桥平衡时（同种规格电缆导体的直流电阻与长度成正比），有

$$\frac{1-R_k}{R_k}=\frac{2L-L_x}{L_x} \qquad (\text{GYDL00303003-1})$$

简化后得　　$L_x=R_k \times 2L$　　（GYDL00303003-2）

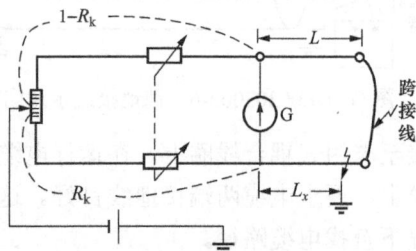

图 GYDL00303003-1　测试单相
接地故障原理接线图

式中　L_x——测量端至故障点的距离，m；

　　　L——电缆全长，m；

　　　R_k——电桥读数。

2. 两相短路故障的测量

在三芯电缆中测量两相短路故障，基本上和测量单相接地故障一样。其接线如图 GYDL00303003-2 所示。

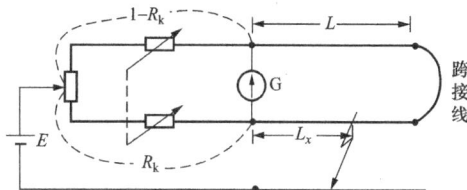

图 GYDL00303003-2　测量两相短路故障原理接线图

与测量接地故障不同之处，就是利用两短路相中的一相作为单相接地故障测量中的地线，以接通电桥的电源回路。如为单纯的短路故障，电桥可不接地；当故障为短路且接地故障时，则应将电桥接地。其测量方法和计算方法与单相接地故障完全相同。

（二）脉冲法

脉冲法是应用行波信号进行电缆故障测距的测试方法。它分为低压脉冲法、闪络法（直闪法、冲闪法）和二次脉冲法三种。

1. 测试原理

在测试时，从测试端向电缆中输入一个脉冲行波信号，该信号沿着电缆传播，当遇到电缆中的阻抗不匹配点（如开路点、短路点、低阻故障点和接头点等）时，会产生波反射，反射波将传回测试端，被仪器记录下来。假设从仪器发射出脉冲信号到仪器接收到反射脉冲信号的时间差为Δt，也就是脉冲信号从测试端到阻抗不匹配点往返一次的时间为Δt，如果已知脉冲行波在电缆中传播的速度是 v，那么根据公式 $L=v \cdot \Delta t /2$ 即可计算出阻抗不匹配点距测试端的距离 L 的数值。

行波在电缆中传播的速度 v，简称为波速度。理论分析表明，波速度只与电缆的绝缘介质材质有关，而与电缆的线径、线芯材料以及绝缘厚度等几乎无关。油浸纸绝缘电缆的波速度一般为 160m/μs；而对于交联电缆，其波速度一般在 170～172m/μs 之间。

2. 低压脉冲法

（1）适用范围。低压脉冲法主要用于测量电缆断线、短路和低阻接地故障的距离，还可用于测量电缆的长度、波速度和识别定位电缆的中间头、T 形接头与终端头等。

（2）开路、短路和低阻接地故障波形。

1）开路故障波形。

a）开路故障的反射脉冲与发射脉冲极性相同，如图 GYDL00303003-3 所示；

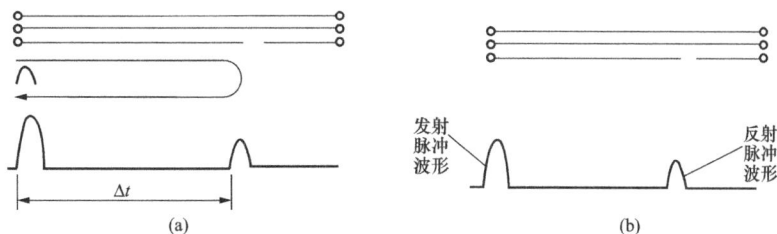

图 GYDL00303003-3　开路故障的低压脉冲反射原理

（a）反射原理；（b）开路故障

b）当电缆近距离开路，若仪器选择的测量范围为几倍的开路故障距离时，示波器就会显示多次反射波形，每个反射脉冲波形的极性都和发射脉冲相同，如图 GYDL00303003-4 所示。

2）短路或低阻接地故障波形。

a）短路或低阻接地故障的反射脉冲与发射脉冲极性相反，如图 GYDL00303003-5 所示；

b）当电缆发生近距离短路或低阻接地故障时，若仪器选择的测量范围为几倍的低阻短路故障距离，示波器就会显示多次反射波形。其中第一、三等奇数次反射脉冲的极性与发射脉冲相反，而二、四等偶数次反射脉冲的极性则与发射脉冲相同，如图 GYDL00303003-6 所示。

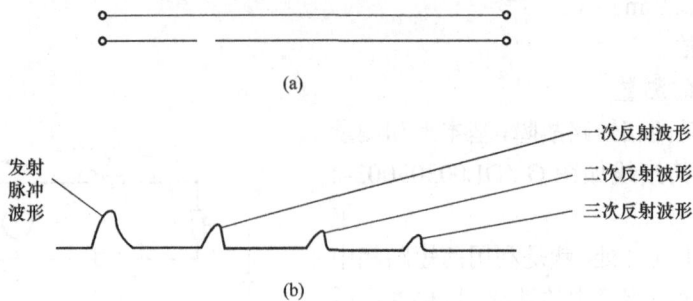

图 GYDL00303003-4 开路波形的多次反射
（a）电缆；（b）波形

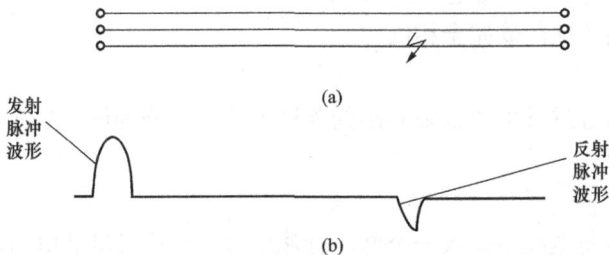

图 GYDL00303003-5 短路或低阻接地故障波形
（a）电缆；（b）波形

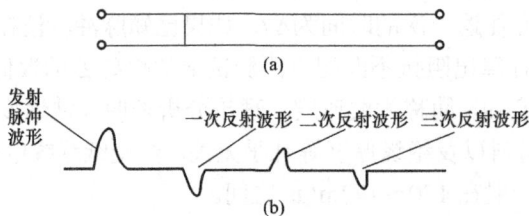

图 GYDL00303003-6 近距离低阻短路故障的多次反射波形
（a）电缆；（b）波形

（3）低压脉冲法测试示例。

1）图 GYDL00303003-7 所示的是低压脉冲法侧得的典型故障波形。这里需要注意的是，当电缆发生低阻故障时，如果选择的范围大于全长，一般存在全长开路波形；如果电缆发生了开路故障，全长开路波形就不存在了。

2）图 GYDL00303003-8 所示的是采用低压脉冲法的一个实测波形。从波形上可以看到，在实际测试中发射脉冲是比较乱的，其主要原因是仪器的导引线和电缆连接处是一阻抗不匹配点，看到的发射脉冲是原始发射脉冲和该不匹配点反射脉冲的叠加。

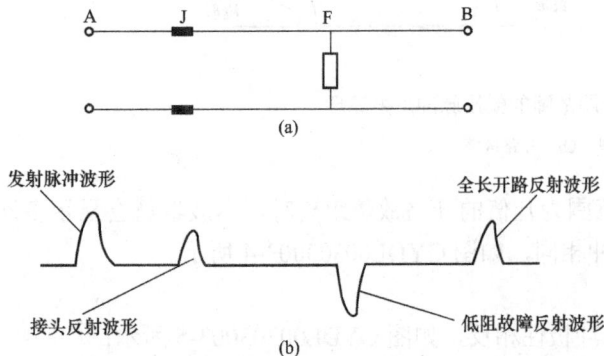

图 GYDL00303003-7 典型的低压脉冲反射波形
（a）电缆结构；（b）波形

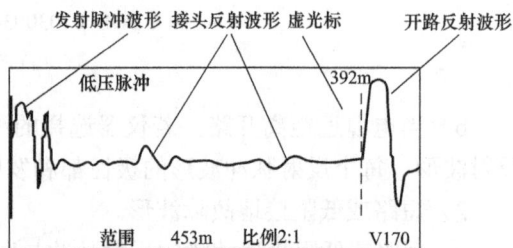

图 GYDL00303003-8 低压脉冲法实测波形

3）标定反射脉冲的起始点。如图 GYDL00303003-8 所示，在测试仪器的屏幕上有两个光标：一个是实光标，一般把它放在屏幕的最左边（测试端），设定为零点；另一个是虚光标，把它放在阻抗不匹配点反射脉冲的起始点处。这样在屏幕的右上角，就会自动显示出该阻抗不匹配点距测试端的距离。

一般的低压脉冲反射仪器依靠操作人员移动标尺或电子光标，来测量故障距离。由于每个故障点反射脉冲波形的陡度不同，有的波形比较平滑，实际测试时，人们往往因不能准确地标定反射脉冲的起始点而增加故障测距的误差，所以准确地标定反射脉冲的起始点非常重要。

在测试时，应选波形上反射脉冲造成的拐点作为反射脉冲的起始点，如图 GYDL00303003-9（a）虚线所标定处；也可从反射脉冲前沿作一切线，与波形水平线相交点，将该点作为反射脉冲起始点，如图 GYDL00303003-9（b）所示。

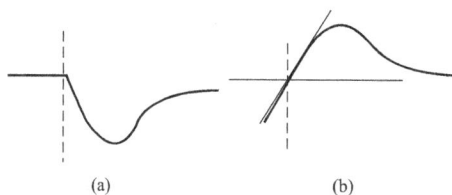

(a) (b)

图 GYDL00303003-9　反射脉冲起始点的标定

（4）低压脉冲比较测量法。在实际测量时，电缆线路结构可能比较复杂，存在着接头点、分支点或低阻故障点等，特别是低阻故障点的电阻相对较大时，反射波形相对比较平滑，其大小可能还不如接头反射，更使得脉冲反射波形不太容易理解，波形起始点不好标定。对于这种情况，可以用低压脉冲比较测量法测试。如图 GYDL00303003-10（a）所示，这是一条带中间接头的电缆，发生了单相低阻接地故障。首先通过故障线芯对地（金属护层）测量得一低压脉冲反射波形，如图 GYDL00303003-10（b）所示；然后在测量范围与波形增益都不变的情况下，再用良好的线芯对地测得一个低压脉冲反射波形，如图 GYDL00303003-10（c）所示；最后把两个波形进行重叠比较，会出现了一个明显的差异点，这是由于故障点反射脉冲所造成的，如图 GYDL00303003-10（d）所示，该点所代表的距离即是故障点位置。

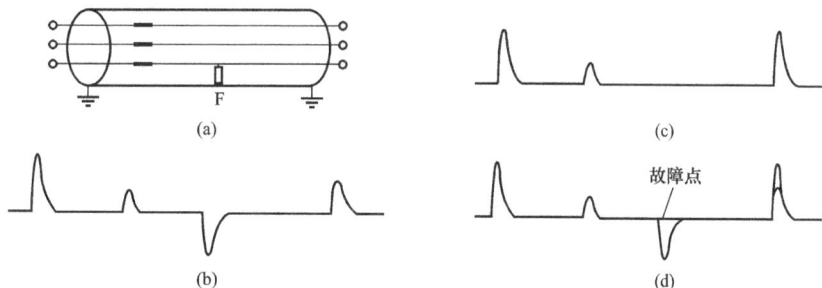

(a)

(b)

(c)

故障点

(d)

图 GYDL00303003-10　波形比较法测量单相对地故障

（a）故障电缆；（b）故障导体的测量波形；（c）良好导体的测量波形；（d）良好与故障导体测量波形相比较的波形

现代微机化低压脉冲反射仪具有波形记忆功能，即以数字的形式把波形保存起来，同时，可以把最新测量波形与记忆波形同时显示。利用这一特点，操作人员可以通过比较电缆良好线芯与故障线芯脉冲反射波形的差异，来寻找故障点，避免了理解复杂脉冲反射波形的困难，故障点容易识别，灵敏度高。在实际中，电力电缆三相均有故障的可能性很小，绝大部分情况下有良好的线芯存在，可方便地利用波形比较法来测量故障点的距离。

图 GYDL00303003-11 所示是用低压脉冲比较法实际测量的低阻故障波形，虚光标所在的两个波形分叉的位置，就是低阻故障点位置，距离为 94m。

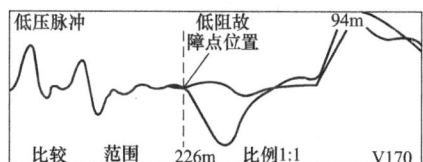

图 GYDL00303003-11　低压脉冲比较法实际测量的低阻故障波形

利用波形比较法，可精确地测定电缆长度或校正波速度。由于脉冲在传播过程中存在损耗，电缆终端的反射脉冲传回到测试点后，波形上升沿比较圆滑，不好精确地标定出反射脉冲到达时间，特别当电缆距离较长时，这一现象更突出。而把终端头开路与短路的波形同时显示时，二者的分叉点比较明显，容易识别，如图 GYDL00303003-12 所示。

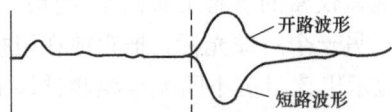

图 GYDL00303003-12 电缆终端开路
与短路脉冲反射波形比较

3. 闪络法

对于闪络性故障和高阻故障，采用闪络法测量电缆故障，可以不必经过烧穿过程，而直接用电缆故障闪络测试仪（简称闪测仪）进行测量，从而缩短了电缆故障的测量时间。

闪络法基本原理和低压脉冲法相似，也是利用电波在电缆内传播时在故障点产生反射的原理，记录下电波在故障电缆测试端和故障之间往返一次的时间，再根据波速来计算电缆故障点位置。由于电缆的故障电阻很高，低压脉冲不可能在故障点产生反射，因此在电缆上加上一直流高压（或冲击高压），使故障点放电而形成一突跳电压波。此突跳电压波在电缆测试端和故障点之间来回反射。用闪测仪记录下两次反射波之间的时间，用 $L=v \cdot \Delta t/2$ 这一公式来计算故障点位置。

电缆故障闪络测试仪具有三种测试功能：① 用低压脉冲测试断线故障和低阻接地、短路故障；② 测闪络性故障；③ 能测高阻接地故障。下面对其后两种功能作一简单介绍。

（1）直流高压闪络法，简称直闪法。这种方法能测量闪络性故障及一切在直流电压下能产生突然放电（闪络）的故障。采用如图 GYDL00303003-13 所示的接线进行测试。在电缆的一端加上直流高压，当电压达到某一值时，电缆被击穿而形成短路电弧，使故障点电压瞬间突变到零，产生一个与所加直流负高压极性相反的正突跳电压波。此突跳电压波在测试端至故障点间来回传播反射。在测试端可测得如图 GYDL00303003-14 所示的波形，反映了此突跳电压波在电缆中传播、反射的全貌。图 GYDL00303003-15 为闪测仪开始工作后的第一个反射波形，其中 t_0-t_1 为电波沿电缆从测量端到故障点来回传播一次的时间，根据这一时间间隔可算出故障点位置（在油纸电缆中 $v=160$m/s）。即

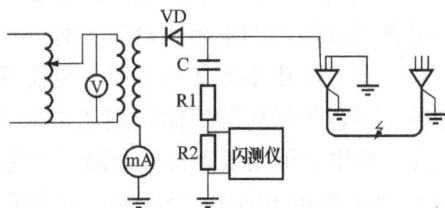

图 GYDL00303003-13 直流高压闪络法测量接线图

$$L_x = v\Delta t/2 = 160 \times 10/2 = 800 \text{（m）}$$

式中 v——波速，为 160m/μs；

t——电波沿电缆从测量端到故障点来回传播一次的时间，$t=t_0-t_1=10$μs。

图 GYDL00303003-13 中，C 为隔直电容，其值为 $\geqslant 1$μF，可使用 6～10kV 移相电容器；R1 为分压电阻，为 15～40kΩ水阻；R2 为分压电阻，阻值为 200～560Ω。图中所示接线仅适于测量闪络性故障，且比冲击高压闪络法准确。当出现闪络性故障时，应尽量利用此法进行测量。一旦故障性质由闪络变为高阻时，测量将比较困难。

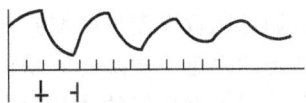

图 GYDL00303003-14 直闪法波形全貌

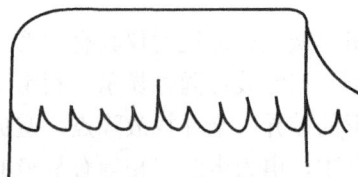

图 GYDL00303003-15 直闪法波形

（2）冲击高压闪络法，简称冲闪法。这种方法能用于测量高阻接地或短路故障。其测量时的接线如图 GYDL00303003-16 所示。图中：C 为储能电容，其值为 2～4μF，可采用 6～10kV 移相电容器；L 为阻波电感，其值为 5～20μH；R1 为分压电阻，其值为 20～40kΩ；R2 为分压电阻，其值为 200～560Ω；G 为放电间隙。

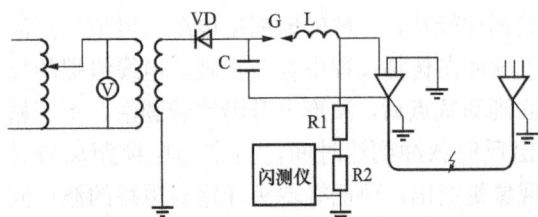

图 GYDL00303003-16 冲击高压闪络法测量接线图

由于电缆是高阻接地或短路故障，因此采用图 GYDL00303003-16 所示的接线，用高压直流设备向储能电容器充电。当电容器充电到一定电压后（此电

压由放电间隙的距离决定），间隙击穿放电，向故障电缆加一冲击高压脉冲，使故障点放电，电弧短路，把所加高压脉冲电压波反射回来。此电波在测量端和故障点之间来回反射，其波形如图GYDL00303003-17 所示，测量两次反射波之间的时间间隔（图中 a、b 两点间的时间差），即可算出测试端到故障点的距离为

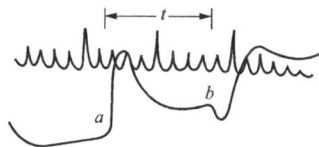

图 GYDL00303003-17　冲闪法波形

$$L_x = \frac{1}{2}vt = \frac{1}{2} \times 160 \times 7 = 560 \ (\text{m})$$

图 GYDL00303003-16 中的阻波电感用来防止反射脉冲信号被储能电容短路，以便闪测仪从中取出反射回来的突跳电压波形。

4. 二次脉冲法

二次脉冲法是近几年来出现的比较先进的一种测试方法，是基于低压脉冲波形容易分析、测试精度高的情况下开发出的一种新的测距方法。其基本原理是：通过高压发生器给存在高阻或闪络性故障的电缆施加高压脉冲，使故障点出现弧光放电。由于弧光电阻很小，在燃弧期间，原本高阻或闪络性的故障就变成了低阻短路故障。此时，通过耦合装置向故障电缆中注入一个低压脉冲信号，记录下此时的低压脉冲反射波形（称为带电弧波形），则可明显地观察到故障点的低阻反射脉冲；在故障电弧熄灭后，再向故障电缆中注入一个低压脉冲信号，记录下此时的低压脉冲反射波形（称为无电弧波形），此时因故障电阻恢复为高阻，低压脉冲信号在故障点没有反射或反射很小。把带电弧波形和无电弧波形进行比较，两个波形在相应的故障点位上将明显不同，波形的明显分歧点离测试端的距离就是故障距离。

二次脉冲法的原理如图 GYDL00303003-18 所示，其效果如图 GYDL00303003-19 所示，实例波形如图 GYDL00303003-20 所示。

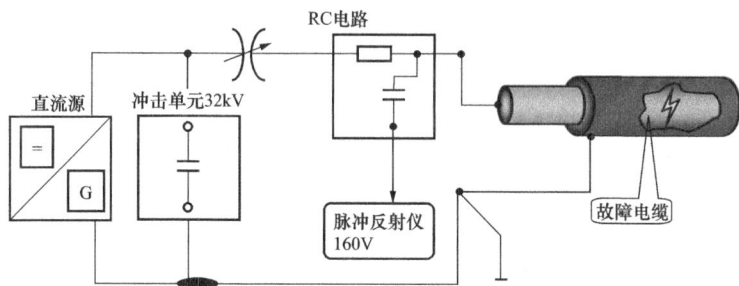

图 GYDL00303003-18　二次脉冲原理图

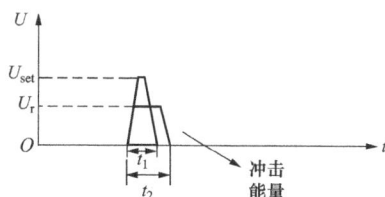

图 GYDL00303003-19　二次脉冲效果图

U_{set}—设定电压；U_r—实际冲击电压；

t_1—燃弧时间；t_2—延长后燃弧时间

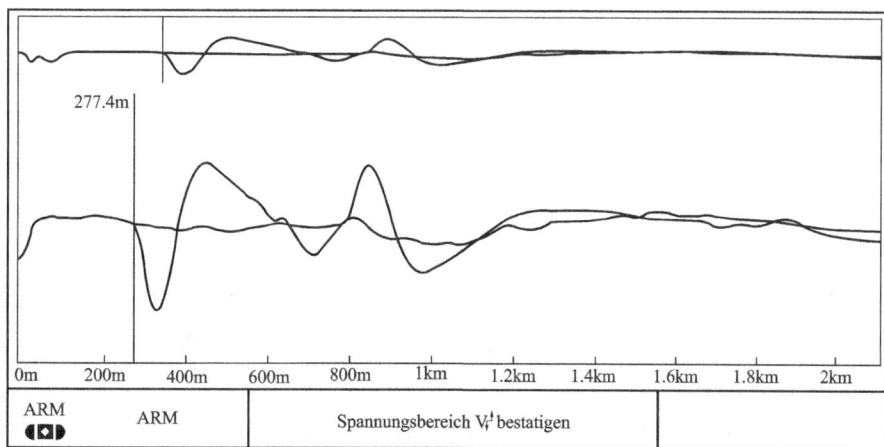

图 GYDL00303003-20　二次脉冲测试实例波形图

注：故障电缆运行电压为 20kV，电缆长度约 740m。

使用二次脉冲法测试电缆故障距离需要满足如下条件：① 故障点处能在高电压的作用下发生弧光放电；② 测量装置能够对故障点加入延长弧光放电的能量；③ 测距仪能在弧光放电的时间内发出并能接收到低压脉冲反射信号。在实际工作中，一般是通过在放电的瞬间投入一个低电压大电容量的电容器来延长故障点的弧光放电时间，或者精确检测到起弧时刻，再注入低压脉冲信号，来保证得到故障点弧光放电时的低压脉冲反射波形。

这种方法主要用来测试高阻及闪络性故障的故障距离，这类故障一般能产生弧光放电，而低阻故障本身就可以用低压脉冲法测试，不需再考虑用二次脉冲法测试。

二、电缆故障精确定点

电缆故障的精确定点是故障探测的重要环节，目前比较常用的方法是冲击放电声测法、声磁信号同步接收定点法、跨步电压法及主要用于低阻故障定点的音频感应法。实际应用中，往往因电缆故障点环境因素复杂，如振动噪声过大、电缆埋设深度过深等，造成定点困难，成为快速找到故障点的主要矛盾。

1. 冲击放电声测法

冲击放电声测法（简称声测法）是利用直流高压试验设备向电容器充电、储能，当电压达到某一数值时，球间隙击穿，高压试验设备和电容器上的能量经球间隙向电缆故障点放电，产生机械振动声波，用人耳的听觉予以区别。声波的强弱，决定于击穿放电时的能量。能量较大的放电，可以在地坪表面辨别，能量小的就需要用灵敏度较高的拾音器（或"听棒"）沿初测确定的范围加以辨认。

声测试验的接线图，按故障类型不同而有所差别。图 GYDL00303003-21 所示为短路（接地）、断线不接地和闪络三种类型故障的声测接线图。

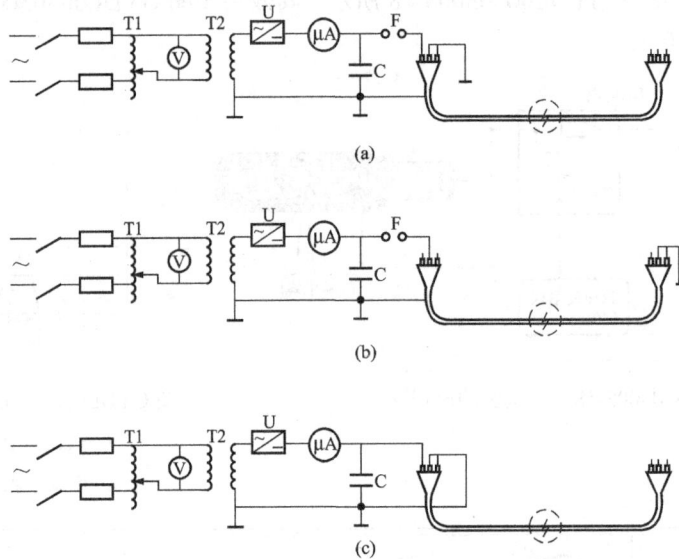

图 GYDL00303003-21 声测试验接线图

（a）短路（接地）故障；（b）断线不接地故障；（c）闪络故障

T1—调压器；T2—试验变压器；U—硅整流器；F—球间隙；C—电容器

声测试验主要设备及其容量为：调压器和试验变容量 1.5kVA，高压硅整流器额定反峰电压 100kV，额定整流电流 200mA，球间隙直径 10～20mm，电力电容器容量 2～10μF。

2. 声磁信号同步接收定点法

声磁信号同步接收定点法（简称声磁同步法）的基本原理是：向电缆施加冲击直流高压使故障点放电，在放电瞬间电缆金属护套与大地构成的回路中形成感应环流，从而在电缆周围产生脉冲磁场。应用感应接收仪器接收脉冲磁场信号和从故障点发出的放电声信号。仪器根据探头检测到的声、磁两种信号时间间隔为最小的点即为故障点。

声磁同步检测法提高了抗振动噪声干扰的能力，通过检测接收到的磁声信号的时间差，可以估计故障点距离探头的位置。通过比较在电缆两侧接收到脉冲磁场的初始极性，也可以在进行故障定点的同时寻找电缆路径。用这种方法定点的最大优点是，在故障点放电时，仪器有一个明确直观的指示，从而易于排除环境干扰，同时这种方法定点的精度较高，信号易于理解、辨别。

声磁同步法与声测法相比较，前者的抗干扰性较好。图 GYDL00303003-22 所示为电缆故障点放电产生的典型磁场波形图。

3. 音频信号法

此方法主要是用来探测电缆的路径走向。在电缆两相间或者相和金属护层之间（在对端短路的情况下）加入一个音频电流信号，用音频信号接收器接收这个音频电流产生的音频磁场信号，就能找出电缆的敷设路径；在电缆中间有金属性短路故障时，对端就不需短路，在发生金属性短路的两者之间加入音频电流信号后，音频信号接收器在故障点正上方接收到的信号会突然增强，过了故障点后音频信号会明显减弱或者消失，用这种方法可以找到故障点。

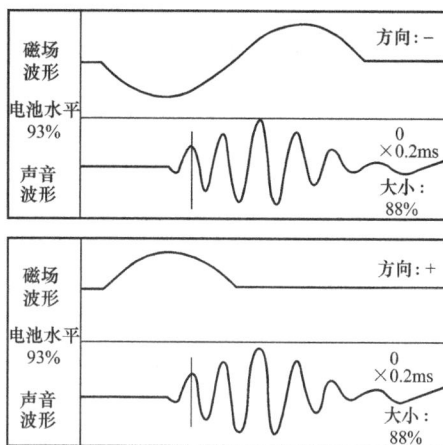

图 GYDL00303003-22　电缆故障点放电
产生的典型磁场波形图

这种方法主要用于查找金属性短路故障或距离比较近的开路故障的故障点，而对于故障电阻大于几十欧姆以上的短路故障或距离比较远的开路故障则不适用。

4. 跨步电压法

通过向故障相和大地之间加入一个直流高压脉冲信号，在故障点附近用电压表检测放电时两点间跨步电压突变的大小和方向来找到故障点的方法，称为跨步电压法。

这种方法的优点是可以指示故障点的方向，对测试人员的指导性较强。但此方法只能查找直埋电缆外皮破损的开放性故障，不适用于查找封闭性的故障或非直埋电缆的故障。同时，对于直埋电缆的开放性故障，如果在非故障点的地方有金属护层外的绝缘护层被破坏，使金属护层对大地之间形成多点放电通道时，用跨步电压法可能会找到很多跨步电压突变的点，这种情况在 10kV 及以下等级的电缆中比较常见。

【思考与练习】

1. 为什么断线故障用低压脉冲法进行初测最简单？

2. 什么情况适用跨步电压法？

第十三章 电缆交接、预防性试验

模块 1 电缆交接试验的要求和内容（GYDL00304001）

【模块描述】本模块介绍电缆线路交接试验内容和要求。通过要点讲解，掌握电缆交接试验的项目、标准和要求。

【正文】

电缆线路交接试验应按照《电气装置安装工程电气设备交接试验标准》（GB 50150—2006）进行。

一、电缆交接试验项目

1. 橡塑绝缘电力电缆试验项目

1）测量绝缘电阻；

2）交流耐压试验；

3）测量金属屏蔽层电阻和导体电阻比；

4）检查电缆线路两端的相位；

5）交叉互联系统试验。

2. 纸绝缘电缆试验项目

1）测量绝缘电阻；

2）直流耐压试验及泄漏电流测量；

3）检查电缆线路两端的相位。

3. 自容式充油电缆试验项目

1）测量绝缘电阻；

2）直流耐压试验及泄漏电流测量；

3）检查电缆线路两端的相位；

4）充油电缆的绝缘油试验；

5）交叉互联系统试验。

二、电缆线路交接试验的一般规定

（1）对电缆的主绝缘作耐压试验或测量绝缘电阻时，应分别在每一相上进行。对一相进行试验或测量时，其他两相导体、金属屏蔽或金属套和铠装层一起接地。

（2）对金属屏蔽或金属套一端接地，另一端装有护层过电压保护器的单芯电缆主绝缘作耐压试验时，必须将护层过电压保护器短接，使这一端的电缆金属屏蔽或金属套临时接地。

（3）对额定电压为 0.6/1kV 的电缆线路应用 2500V 绝缘电阻表测量导体对地绝缘电阻代替耐压试验，试验时间 1min。

三、绝缘电阻测量

测量各电缆导体对地或对金属屏蔽层间和各导体间的绝缘电阻，应符合下列规定：

（1）耐压试验前后，绝缘电阻测量应无明显变化。

（2）橡塑电缆外护套、内衬套的绝缘电阻不低于 0.5MΩ/km。

（3）测量电缆主绝缘用绝缘电阻表的额定电压，宜采用如下等级：

1）0.6/1kV 电缆用 1000V 绝缘电阻表。

2）0.6/1kV 以上电缆用 2500V 绝缘电阻表；6/6kV 及以上电缆也可用 5000V 绝缘电阻表。

（4）橡塑电缆外护套、内衬套的测量一般用 500V 绝缘电阻表。

四、直流耐压试验及泄漏电流测量

（1）直流耐压试验电压标准。

1）纸绝缘电缆直流耐压试验电压 U_t 可采用式（GYDL00304001-1）和式（GYDL00304001-2）来计算，试验电压见表 GYDL00304001-1 的规定。

对于统包绝缘

$$U_t = \frac{5 \times (U_0 + U)}{2}$$ （GYDL00304001-1）

对于分相屏蔽绝缘

$$U_t = 5 \times U_0$$ （GYDL00304001-2）

上两式中　U_0——相电压；

U——线电压。

表 GYDL00304001-1　　　　纸绝缘电缆直流耐压试验电压标准　　　　kV

电缆额定电压 U_0/U	1.8/3	3/3.6	3.6/6	6/6	6/10	8.7/10	21/35	26/35
直流试验电压	12	17	24	30	40	47	105	130

2）充油绝缘电缆直流耐压试验电压，应符合表 GYDL00304001-2 的规定。

表 GYDL00304001-2　　　　充油绝缘电缆直流耐压试验电压标准　　　　kV

电缆额定电压 U_0/U	雷电冲击耐受电压	直流试验电压
48/66	325	165
	350	175
64/110	450	225
	550	275
127/220	850	425
	950	475
	1050	510
200/330	1175	585
	1300	650
290/500	1425	710
	1550	775
	1675	835

（2）试验时，试验电压可分 4～6 阶段均匀升压，每阶段停留 1min，并读取泄漏电流值。试验电压升至规定值后维持 15min，其间读取 1min 和 15min 时泄漏电流。测量时应消除杂散电流的影响。

（3）纸绝缘电缆泄漏电流的三相不平衡系数（最大值与最小值之比）不应大于 2；当 6/10kV 及以上电缆的泄漏电流小于 20μA 和 6kV 及以下电压等级电缆泄漏电流小于 10μA 时，其不平衡系数不作规定。泄漏电流值和不平衡系数只作为判断绝缘状况的参考，不作为是否能投入运行的判据。其他电缆泄漏电流值不作规定。

（4）电缆的泄漏电流具有下列情况之一者，电缆绝缘可能有缺陷，应找出缺陷部位，并予以处理：

1）泄漏电流很不稳定；

2）泄漏电流随试验电压升高急剧上升；

3）泄漏电流随试验时间延长有上升现象。

五、交流耐压试验

（1）橡塑电缆采用 20～300Hz 交流耐压试验。20～300Hz 交流耐压试验电压及时间见表 GYDL00304001-3。

表 GYDL00304001-3　　　　　橡塑电缆 20～300Hz 交流耐压试验电压、时间

额定电压 U_0/U（kV）	试验电压	时间（min）	额定电压 U_0/U（kV）	试验电压	时间（min）
18/30 及以下	$2.5U_0$（或 $2U_0$）	5（或 60）	190/330	$1.7U_0$（或 $1.3U_0$）	60
21/35～64/110	$2U_0$	60	290/500	$1.7U_0$（或 $1.1U_0$）	60
127/220	$1.7U_0$（或 $1.4U_0$）	60			

（2）不具备上述试验条件或有特殊规定时，可采用施加正常系统相对地电压 24h 方法代替交流耐压。

六、测量金属屏蔽层电阻和导体电阻比

测量在相同温度下的金属屏蔽层和导体的直流电阻。

七、检查电缆线路的两端相位

两端相位应一致，并与电网相位相符合。

八、充油电缆的绝缘油试验

应符合表 GYDL00304001-4 的规定。

表 GYDL00304001-4　　　　　充油电缆使用的绝缘油试验项目和标准

项　目		要　　求	试 验 方 法
击穿电压	电缆及附件内	对于 64/110～190/330kV，不低于 50kV；对于 290/500kV，不低于 60kV	按《绝缘油击穿电压测定法》（GB/T 507—2002）中的有关要求进行试验
	压力箱中	不低于 50kV	
介质损耗因数	电缆及附件内	对于 64/110～127/220kV，不大于 0.005；对于 190/330kV，不大于 0.003	按《电力设备预防性试验规程》（DL/T 596—1996）中的有关要求进行试验
	压力箱中	不大于 0.003	

九、交叉互联系统试验

1. 交叉互联系统对地绝缘的直流耐压试验

试验时必须将护层过电压保护器断开。在互联箱中将两侧的三相电缆金属套都接地，使绝缘接头的绝缘环也能结合在一起进行试验，然后分别在每段电缆金属屏蔽或金属套与地之间施加 10kV 直流电压，加压时间 1min，不应击穿。

2. 非线性电阻型护层过电压保护器

（1）氧化锌电阻片。对电阻片施加直流参考电流后测量其压降，即直流参考电压，其值应在产品标准规定的范围之内。

（2）非线性电阻片及其引线的对地绝缘电阻。将非线性电阻片的全部引线并联在一起与接地的外壳绝缘后，用 1000V 绝缘电阻表测量引线与外壳之间的绝缘电阻，其值不应小于 10MΩ。

3. 交叉互联正确性检查试验

本方法为推荐采用的方式，如采用本方法时，应作为特殊试验项目。

使所有互联箱连接片处于正常工作位置，在每相电缆导体中通以大约 100A 的三相平衡试验电流。在保持试验电流不变的情况下，测量最靠近交叉互联箱处的金属套电流和对地电压。测量完后将试验电流降至零，切断电源。然后将最靠近的交叉互联箱内的连接片重新连接成模拟错误连接的情况，再次将试验电流升至 100A，并再测量该交叉互联箱处的金属套电流和对地电压。测量完后将试验电流降至零，切断电源，将该交叉互联箱中的连接片复原至正确的连接位置。最后将试验电流升至 100A，测量电缆线路上所有其他交叉互联箱处的金属套电流和对地电压。

试验结果符合下述要求，则认为交叉互联系统的性能是令人满意的：

1）在连接片做错误连接时，试验能明显出现异乎寻常的大金属套电流；

2）在连接片正确连接时，将测得的任何一个金属套电流乘以一个系数（其值等于电缆的额定电流除以上述的试验电流）后所得的电流值不会使电缆额定电流的降低量超过 3%；

3）将测得的金属套对地电压乘以上述 2）项中的系数，不超过电缆在负载额定电流时规定的感应电压的最大值。

4. 互联箱

（1）接触电阻。本试验在做完护层过电压保护器的上述试验后进行。将闸刀（或连接片）恢复到正常工作位置后，用双臂电桥测量闸刀（或连接片）的接触电阻，其值不应大于20μΩ。

（2）闸刀（或连接片）连接位置。本试验在以上交叉互联系统的试验合格后密封互联箱之前进行。连接位置应正确。如发现连接错误而重新连接后，则必须重测闸刀（连接片）的接触电阻。

【思考与练习】

1. 橡塑绝缘电力电缆交接试验项目有哪些？

2. 电缆线路交接试验的一般规定有哪些？

3. 高压单芯电缆交叉互联系统试验应做哪些项目？

模块 2　电缆预防性试验要求和内容（GYDL00304002）

【模块描述】本模块介绍电缆线路预防性试验内容和要求。通过要点讲解，掌握纸绝缘电缆、橡塑绝缘电缆和自容式充油电缆线路预防性试验项目、周期、标准和要求。

【正文】

电缆线路预防性试验应按照《电力设备预防性试验规程》（DL/T 596—1996）进行。

一、电缆预防性试验的项目

1. 纸绝缘电缆试验项目

1）绝缘电阻测量；

2）直流耐压试验。

2. 橡塑绝缘电缆试验项目

1）主绝缘绝缘电阻；

2）外护套绝缘电阻；

3）内衬层绝缘电阻；

4）铜屏蔽层电阻和导体电阻比；

5）主绝缘直流耐压试验；

6）交叉互联系统试验。

二、电缆预防性试验的一般规定

（1）对电缆的主绝缘作直流耐压试验或测量绝缘电阻时，应分别在每一相上进行。对一相进行试验或测量时，其他两相导体、金属屏蔽或金属套和铠装层一起接地。

（2）新敷设的电缆线路投入运行3～12个月，一般应作1次直流耐压试验，以后再按正常周期试验。

（3）试验结果异常，但根据综合判断允许在监视条件下继续运行的电缆线路，其试验周期应缩短，如在不少于6个月时间内经连续3次以上试验，试验结果不变坏，则以后可以按正常周期试验。

（4）对金属屏蔽或金属套一端接地，另一端装有护层过电压保护器的单芯电缆主绝缘作直流耐压试验时，必须将护层过电压保护器短接，使这一端的电缆金属屏蔽或金属套均临时接地。

（5）耐压试验后，使导体放电时，必须通过每千伏约 80kΩ的限流电阻反复几次放电直至无火花后，才允许直接接地放电。

（6）除自容式充油电缆线路外，其他电缆线路在停电后投运之前，必须确认电缆的绝缘状况良好。凡停电超过1星期但不满1个月的电缆线路，应用绝缘电阻表测量该电缆导体对地绝缘电阻，如有疑问时，必须用低于预防性试验规程直流耐压试验电压的直流电压进行试验，加压时间1min；停电超过1个月但不满 1 年的电缆线路，必须作 50%预防性试验规程试验电压值的直流耐压试验，加压时间1min；停电超过1年的电缆线路，必须作预防性试验。

（7）对额定电压 0.6/1kV 的电缆线路，可用 1000V 绝缘电阻表测量导体对地绝缘电阻代替直流耐压试验。

（8）直流耐压试验时，应在试验电压升至规定值后 1min 以及加压时间达到规定时测量泄漏电流。

泄漏电流值和不平衡系数（最大值与最小值之比）只作为判断绝缘状况的参考，不作为是否能继续运行的判据。但如发现泄漏电流与上次试验值相比有很大变化，或泄漏电流不稳定，随试验电压的升高或加压时间的增加而急剧上升时，应查明原因。如系终端头表面泄漏电流或对地杂散电流等因素的影响，则应加以消除；如怀疑电缆线路绝缘不良，则可提高试验电压（以不超过产品标准规定的出厂试验直流电压为宜）或延长试验时间，确定能否继续运行。

（9）运行部门根据电缆线路的运行情况和历年的试验报告，可以适当延长试验周期。

三、纸绝缘电力电缆线路

本条规定适用于黏性油纸绝缘电力电缆和不滴流油纸绝缘电力电缆线路。纸绝缘电力电缆线路的试验项目、周期和要求见表 GYDL00304002-1。

表 GYDL00304002-1　　　　纸绝缘电力电缆线路的试验项目、周期和要求

序号	项　目	周　期	要　求	说　明
1	绝缘电阻	在直流耐压试验之前进行	自行规定	额定电压 0.6/1kV 电缆用 1000V 绝缘电阻表；0.6/1kV 以上电缆用 2500V 绝缘电阻表（6/6kV 及以上电缆也可用 5000V 绝缘电阻表）
2	直流耐压试验	1）1～3 年。2）新作终端或接头后进行	1）试验电压值按表 GYDL00304002-2 规定，加压时间 5min，不击穿。2）耐压 5min 时的泄漏电流值不应大于耐压 1min 时的泄漏电流值。3）三相之间的泄漏电流不平衡系数不应大于 2	6/6kV 及以下电缆的泄漏电流小于 10μA、8.7/10kV 电缆的泄漏电流小于 20μA 时；对不平衡系数不作规定

表 GYDL00304002-2　　　　纸绝缘电力电缆的直流耐压试验电压　　　　kV

电缆额定电压 U_0/U	直流试验电压	电缆额定电压 U_0/U	直流试验电压
1.0/3	12	6/10	40
3.6/6	17	8.7/10	47
3.6/6	24	21/35	105
6/6	30	26/35	130

四、橡塑绝缘电力电缆线路

橡塑绝缘电力电缆是指聚氯乙烯绝缘、交联聚乙烯绝缘和乙丙橡皮绝缘电力电缆。橡塑绝缘电力电缆线路的试验项目、周期和要求见表 GYDL00304002-3。

表 GYDL00304002-3　　　　橡塑绝缘电力电缆线路的试验项目、周期和要求

序号	项　目	周　期	要　求	说　明
1	主绝缘绝缘电阻	1）重要电缆：1 年。2）一般电缆：a）3.6/6kV 及以上 3 年；b）3.6/6kV 以下 5 年	自行规定	0.6/1kV 电缆用 1000V 绝缘电阻表；0.6/1kV 以上电缆用 2500V 绝缘电阻表（6/6kV 及以上电缆也可用 5000V 绝缘电阻表）
2	外护套绝缘电阻	1）重要电缆：1 年。2）一般电缆：a）3.6/6kV 及以上 3 年；b）3.6/6kV 以下 5 年	每千米绝缘电阻值不应低于 0.5MΩ	用 500V 绝缘电阻表
3	内衬层绝缘电阻	1）重要电缆：1 年。2）一般电缆：a）3.6/6kV 及以上 3 年；b）3.6/6kV 以下 5 年	每千米绝缘电阻值不应低于 0.5MΩ	用 500V 绝缘电阻表
4	铜屏蔽层电阻和导体电阻比	1）投运前；2）重作终端或接头后；3）内衬层破损进水后	对照投运前测量数据自行规定。当前者与后者之比与投运前相比增加时，表明铜屏蔽层的直流电阻增大，铜屏蔽层有可能被腐蚀；当该比值与投运前相比减少时，表明附件中的导体连接点的接触电阻有增大的可能	用双臂电桥测量在相同温度下的铜屏蔽层和导体的直流电阻

续表

序号	项　目	周　期	要　求	说　明
5	主绝缘直流耐压试验	新作终端或接头后	耐压试验可以是交流或直流试验： 1）直流试验电压值按表 GYDL00304002-4 规定，加压时间 5min，不击穿；交流试验电压值按表 GYDL00304002-5 规定，加压时间 5min，不击穿 2）耐压 5min 时的泄漏电流不应大于耐压 1min 时的泄漏电流	
6	交叉互联系统	2～3 年	试验方法见表 GYDL00304002-6。交叉互联系统除进行定期试验外，如在交叉互联大段内发生故障，则也应对该大段进行试验。如交叉互联系统内直接接地的接头发生故障，则与该接头连接的相邻两个大段都应进行试验	

表 GYDL00304002-4　　　　　　橡塑绝缘电力电缆的直流耐压试验电压　　　　　　kV

电缆额定电压 U_0/U	直流试验电压	电缆额定电压 U_0/U	直流试验电压
1.8/3	11	21/35	63
3.6/6	18	26/35	78
6/6	25	48/66	144
6/10	25	64/110	192
8.7/10	37	127/220	305

表 GYDL00304002-5　　　　　　橡塑绝缘电力电缆的交流耐压试验电压　　　　　　kV

电缆额定电压 U_0/U	交流试验电压	电缆额定电压 U_0/U	交流试验电压
8.7/10	$2.0U_0$	64/110	$1.6U_0$
26/35	$1.6U_0$	127/220	$1.36U_0$

表 GYDL00304002-6　　　　　　交叉互联系统试验方法和要求

试 验 项 目	试验方法和要求
电缆外护套、绝缘接头外护套与绝缘夹板的直流耐压试验	试验时必须将护层过电压保护器断开。在互联箱中将另一侧的三段电缆金属套都接地，使绝缘接头的绝缘夹板也能结合在一起试验，然后在每段电缆金属屏蔽或金属套与地之间施加直流电压 5kV，加压时间 1min，不应击穿
非线性电阻型护层过电压保护器	（1）碳化硅电阻片：将连接线拆开后，分别对三组电阻片施加产品标准规定的直流电压，测量流过电阻片的电流值。这三组电阻片的直流电流值应在产品标准规定的最小和最大值之间。如试验时的温度不是 20℃，则被测电流值应乘以修正系数（120−t）/100（t 为电阻片的温度，℃）。 （2）氧化锌电阻片：对电阻片施加直流参考电流后测量其压降，即直流参考电压，其值应在产品标准规定的范围之内。 （3）非线性电阻片及其引线的对地绝缘电阻：将非线性电阻片的全部引线并联在一起与接地的外壳绝缘后，用 1000V 绝缘电阻表测量引线与外壳之间的绝缘电阻，其值不应小于 10MΩ
互联箱	（1）接触电阻：本试验在作完护层过电压保护器的上述试验后进行。将闸刀（或连接片）恢复到正常工作位置后，用双臂电桥测量闸刀（或连接片）的接触电阻，其值不应大于 20μΩ。 （2）闸刀（或连接片）连接位置：本试验在以上交叉互联系统的试验合格后密封互联箱之前进行。连接位置应正确。如发现连接错误而重新连接后，则必须重测闸刀（或连接片）的接触电阻

五、自容式充油电缆线路

自容式充油电缆线路的试验项目、周期和要求见表 GYDL00304002-7。

表 GYDL00304002-7　　　　　　自容式充油电缆线路的试验项目、周期和要求

序号	项　目	周　期	要　求	说　明
1	电缆主绝缘直流耐压试验	1）电缆失去油压并导致受潮或进气经修复后； 2）新作终端或接头后	试验电压值按表 GYDL00304002-8 规定，加压时间 5min，不击穿	
2	电缆外护套和接头外护套的直流耐压试验	2～3 年	试验电压 6kV，试验时间 1min，不击穿	1）根据以往的试验成绩，积累经验后，可以用测量绝缘电阻代替，有疑问时再作直流耐压试验。 2）本试验可与交叉互联系统中绝缘接头外护套的直流耐压试验结合在一起进行

续表

序号	项 目		周 期	要 求	说 明
3	压力箱	a）供油特性	与其直接连接的终端或塞止接头发生故障后	压力箱的供油量不应小于压力箱供油特性曲线所代表的标称供油量的90%	试验按 GB 9326.5 进行
		b）电缆油击穿电压		不低于 50kV	试验按 GB/T 507 规定进行。在室温下测量油击穿电压
		c）电缆油的 $\tan\delta$		不大于 0.005（100℃时）	试验方法同电缆及附件内电缆油 $\tan\delta$
4	油压示警系统	a）信号指示	6 个月	能正确发出相应的示警信号	合上示警信号装置的试验开关,应能正确发出相应的声、光示警信号
		b）控制电缆线芯对地绝缘	1～2 年	每千米绝缘电阻不小于 1MΩ	采用 1000V 或 2500V 绝缘电阻表测量
5	交叉互联系统		2～3 年	试验方法见表 GYDL00304002-6。交叉互联系统除进行定期试验外,如在交叉互联大段内发生故障,则也应对该大段进行试验。如交叉互联系统内直接接地的接头发生故障,则与该接头连接的相邻两个大段都应进行试验	
6	电缆及附件内的电缆油	a）击穿电压	2～3 年	不低于 45kV	试验按 GB/T 507 规定进行。在室温下测量油的击穿电压
		b）$\tan\delta$	2～3 年	电缆油在温度（100±1）℃和场强 1MV/m 下的 $\tan\delta$ 不应大于下列数值：53/66～127/220kV　0.03　190/330kV　0.01	采用电桥以及带有加热套能自动控温的专用油杯进行测量。电桥的灵敏度不得低于 $1×10^{-5}$,准确度不得低于 1.5%,油杯的固有 $\tan\delta$ 不得大于 $5×10^{-5}$,在 100℃ 及以下的电容变化率不得大于 2%。加热套控温的控温灵敏度为 0.5℃ 或更小,升温至试验温度 100℃ 的时间不得超过 1h
		c）油中溶解气体	怀疑电缆绝缘过热老化或终端或塞止接头存在严重局部放电时	电缆油中溶解的各气体组分含量的注意值见表 GYDL00304002-9	油中溶解气体分析的试验方法和要求按 GB 7252 规定。注意值不是判断充油电缆有无故障的唯一指标,当气体含量达到注意值时,应进行追踪分析查明原因,试验和判断方法参照 GB 7252 进行

表 GYDL00304002-8　　　　自容式充油电缆主绝缘直流耐压试验电压　　　　kV

电缆额定电压 U_0/U	GB 311.1 规定的雷电冲击耐受电压	直流试验电压	电缆额定电压 U_0/U	GB 311.1 规定的雷电冲击耐受电压	直流试验电压
48/66	325	163	190/330	1050	525
	350	175		1175	590
				1300	650
64/110	450	225	290/500	1425	715
	550	275		1550	775
				1675	840
127/220	850	425			
	950	475			
	1050	510			

表 GYDL00304002-9　　　　电缆油中溶解气体组分含量的注意值

电缆油中溶解气体的组分	注意值×10^{-6}（体积分数）	电缆油中溶解气体的组分	注意值×10^{-6}（体积分数）
可燃气体总量	1500	CO_2	1000
H_2	500	CH_4	200
C_2H_2	痕量	C_2H_6	200
CO	100	C_2H_4	200

【思考与练习】

1. 电缆预防性试验的一般规定有哪些？

2. 橡塑绝缘电缆预防性试验包括哪些项目？

模块 3　电力电缆试验操作（GYDL00304003）

【模块描述】本模块介绍电缆线路主要试验项目及试验操作方法。通过操作步骤及注意事项介绍，熟悉电缆绝缘电阻、直流耐压、交流耐压试验和相位检查等试验项目的接线、操作步骤及注意事项，掌握测试结果分析方法和试验报告编写内容。

【正文】

一、电缆试验的项目

电缆的交接和预防性试验项目有很多，但最主要的是主绝缘及外护套绝缘电阻试验、直流耐压试验、交流耐压试验和相位检查等项目，本模块主要介绍这些项目的试验方法。

二、电缆试验操作危险点分析及控制措施

（1）挂接地线时，应使用合格的验电器验电，确认无电后再挂接地线。严禁使用不合格验电器验电，禁止不戴绝缘手套强行盲目挂接地线。

（2）接地线截面、接地棒绝缘电阻应符合被测电缆电压等级要求；装设接地线时，应先接接地端，后接导线端；接地线连接可靠，不准缠绕；拆接地线时的程序与此相反。

（3）连接试验引线时，应做好防风措施，保证足够的安全距离，防止其漂浮到带电侧。

（4）电缆及避雷器试验前非试验相要可靠接地，避免感应触电。

（5）所有移动电气设备外壳必须可靠接地，认真检查施工电源，防止漏电伤人，按设备额定电压正确装设漏电保护器。

（6）电气试验设备应轻搬轻放，往杆、塔上传递物件时，禁止抛递抛接。

（7）杆、塔上试验使用斗臂车拆搭火时，现场应设监护人，斗臂车起重臂下严禁站人，服从统一指挥，保证与带电设备保持安全距离。

（8）杆、塔上工作必须穿绝缘鞋、戴安全帽（安全帽系带）、系腰绳。

（9）认真核对现场停电设备与工作范围。

（10）被试电缆与架空线连接断开后，应将架空引下线固定绑牢，防止随风飘动，并保证试验安全距离。

三、测试前的准备工作

1. 了解被试设备现场情况及试验条件

查勘现场，查阅相关技术资料，包括该电缆历年试验数据及相关规程，掌握该电缆运行及缺陷情况等。

2. 试验仪器、设备准备

选择合适的绝缘电阻表、高压直流发生器、串联谐振装置、测试用屏蔽线、直流电压表、电池、温（湿）度计、放电棒、接地线、梯子、安全带、安全帽、电工常用工具、试验临时安全遮栏、标示牌等，并查阅测试仪器、设备及绝缘工器具的检定证书有效期。

3. 办理工作票并做好试验现场安全和技术措施

向试验人员交代工作内容、带电部位、现场安全措施、现场作业危险点，明确人员分工及试验程序。

四、现场试验步骤及要求

（一）电缆绝缘电阻试验

1. 三相电缆芯线对地及相间绝缘电阻试验

（1）试验接线。试验应分别在每一相上进行，对一相进行试验时，其他两相芯线、金属屏蔽或金属护套（铠装层）接地。试验接线如图 GYDL00304003-1 所示。

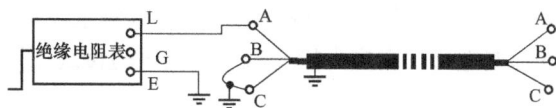

图 GYDL00304003-1　三相电缆芯线绝缘电阻试验接线

（2）操作步骤：

1）拉开电缆两端的线路和接地刀闸，将电缆与其他设备连接完全断开，对电缆进行充分放电，对端三相电缆悬空。检验绝缘电阻表完好后，将测量线一端接绝缘电阻表"L"端，另一端接绝缘杆，绝缘电阻表"E"端接地。

2）通知对端试验人员准备开始试验，试验人员驱动绝缘电阻表，用绝缘杆将测量线与电缆被试相搭接，待绝缘电阻表指针稳定后读取 1min 绝缘电阻值并记录。试验完毕后，用绝缘杆将连接线与电缆被试相脱离，再关停绝缘电阻表，对被试相电缆进行充分放电。

按上述步骤进行其他两相绝缘电阻试验。

2. 电缆外护套绝缘电阻试验

（1）试验接线。电缆外护套（绝缘护套）的绝缘电阻试验接线如图 GYDL00304003-2 所示。

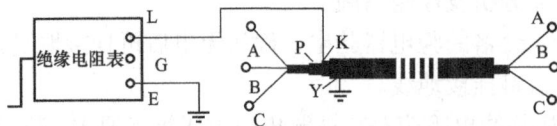

图 GYDL00304003-2 电缆外护套绝缘电阻试验

P—金属屏蔽层；K—金属护层（铠装层）；Y—绝缘外护套

（2）操作步骤：测量外护套的对地绝缘电阻时，将"金属护层"、"金属屏蔽层"接地解开。将测试线一端接绝缘电阻表"L"端，另一端接绝缘杆，绝缘电阻表"E"端接地。检验绝缘电阻表完好后，驱动绝缘电阻表，将绝缘杆搭接"金属护层"，读取 1min 绝缘电阻值并记录。测试完毕后，将绝缘杆脱离"金属护层"，再停止绝缘电阻表，并对"金属护层"进行放电。

试验完毕后，恢复金属护层、金属屏蔽层接地。

3. 试验注意事项

（1）在测量电缆线路绝缘电阻时，必须进行感应电压测量。

（2）当电缆线路感应电压超过绝缘电阻表输出电压时，应选用输出电压等级更高的绝缘电阻表。

（3）在测量过程必须保证通信畅通，对侧配合的试验人员必须听从试验负责人指挥。

（4）绝缘电阻测试过程应有明显充电现象。

（5）电缆电容量大，充电时间较长，试验时必须给予足够的充电时间，待绝缘电阻表指针完全稳定后方可读数。

（6）电缆两端都与 GIS 相连，在试验时若连接有电磁式电压互感器，则应将电压互感器的一次绕组末端接地解开，恢复时必须检查。

（二）油纸绝缘电力电缆直流耐压和泄漏电流测试

电力电缆直流耐压和泄漏电流测试主要用来反映油纸绝缘电缆的耐压特性和泄漏特性。直流耐压主要考验电缆的绝缘强度，是检查油纸电缆绝缘干枯、气泡、纸绝缘中的机械损伤和工艺包缠缺陷的有效办法；直流泄漏电流测试可灵敏地反映电缆绝缘受潮与劣化的状况。

1. 试验接线

（1）微安表接在高压侧的试验接线。微安表接在高压侧，微安表外壳屏蔽，高压引线采用屏蔽线，将会屏蔽掉高压对地杂散电流。同时对电缆终端头采取屏蔽措施，将屏蔽掉电缆表面泄漏电流的影响，此时的测试电流等于电缆的泄漏电流，测量结果较准确。试验接线如图 GYDL00304003-3 所示。

（2）微安表接在低压侧的试验接线。微安表接在低压侧时，存在高压对地杂散电流及高压电源本身对地杂散电流的影响，测试电流（微安表电流）是杂散电流及电缆泄漏电流以及高压电源本身对地杂散电流之和。高压对地杂散电流及高压电源本身对地杂散电流的影响较大，使测量结果偏大，电缆较长时可使用此接线，同时这种接线便于短接电流表。实际应用中可分别测量未接入电缆及接入电缆时的电流，然后将两者相减计算出电缆的泄漏电流。微安表接在低压侧的试验接线如图 GYDL00304003-4 所示。

2. 操作步骤

对被试电缆进行充分放电，拆除电缆两侧终端头与其他设备的连接。

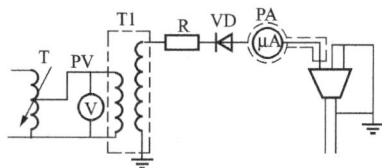

图 GYDL00304003-3　微安表接在高压侧的试验接线图

T—调压器；PV—电压表；T1—升压变压器；

R—保护电阻；VD—整流二极管；PA—微安表

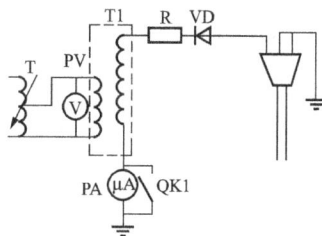

图 GYDL00304003-4　微安表在低压侧的试验接线

T—调压器；PV—电压表；T1—升压变压器；R—保护电阻；

VD—整流二极管；PA—微安表；QK1—短路开关

直流高压发生器高压端引出线与电缆被试相连接，被试相对地保持足够距离。三相依次施加电压，电缆金属铠甲、铅护套和非被试相导体均可靠接地。

直流耐压试验和泄漏电流测试一般结合起来进行，即在直流耐压试验的过程中随着电压的升高，分段读取泄漏电流值，最后进行直流耐压试验。试验时，试验电压可分 4～6 阶段均匀升压，每阶段停留 1min，打开微安表短路开关，读取各点泄漏电流值。如电缆较长电容较大时，可取 3～10min。试验电压升至规定值后持续相应耐压时间。

试验结束后，应迅速均匀地降低电压，不可突然切断电源。调压器退到零后方可切断电源，试验完毕必须使用放电棒经放电电阻放电，多次放电至无火花时，再直接通过地线放电并接地。

3. 测试注意事项

（1）试验宜在干燥的天气条件下进行，电缆终端头脏污时应擦拭干净，以减少泄漏电流。温度对泄漏电流测试结果的影响较为显著，环境温度应不低于 5℃，空气相对湿度一般不高于 80%。

（2）试验场地应保持清洁，电缆终端头和周围的物体必须有足够的放电距离，防止被试品的杂散电流对试验结果产生影响。

（3）电缆直流耐压和泄漏电流测试应在绝缘电阻和其他测试项目测试合格后进行。

（4）高压微安表应固定牢靠，注意倍率选择和固定支撑物的影响。

（5）试验设备布置应紧凑，直流高压端及引线与周围接地体之间应保持足够的安全距离，与直流高压端邻近的易感应电荷的设备均应可靠接地。

（三）橡塑绝缘电力电缆变频谐振耐压试验

1. 试验接线

工频谐振耐压试验装置体积大和重量大，结构复杂，调节困难，难于满足现场试验要求。而变频串联谐振装置具有重量轻、体积小、结构相对简单、调节灵便、自动化水平高等特点，在现场试验中得到广泛应用。

试验时，将试验设备外壳接地。变频电源输出与励磁变压器输入端相连，励磁变压器高压侧尾端接地，高压输出与电抗器尾端连接。如电抗器两节串联使用，注意上下节首尾连接。电抗器高压端采用大截面软引线与分压器和电缆被试芯线相连，非试验相、电缆屏蔽层及铠装层或外护套接地。

电缆变频串联谐振试验接线如图 GYDL00304003-5 所示。

2. 试验步骤

试验前充分对被试电缆放电，拆除被试电缆两侧引线，测试电缆绝缘电阻。检查并核实电缆两侧满足试验条件。按图 GYDL00304003-5 接线。检查接线无误后开始试验。

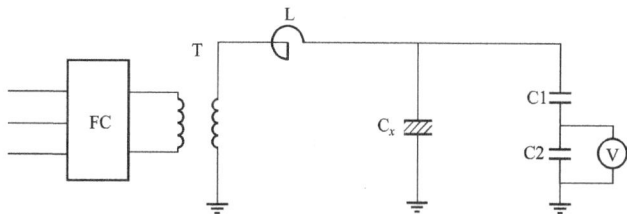

图 GYDL00304003-5　电缆变频串联谐振试验接线

FC—变频电源；T—励磁变压器；L—串联电抗器；

C_x—被试电缆等效电容；C1、C2—分压器高、低压臂电容

首先合上电源开关，再合上变频电源控制开关和工作电源开关，整定过电压保护动作值为试验电压值的 1.1～1.2 倍，检查变频电源各仪表挡位和指示是否正常。合上变频电源主回路开关，旋转电压旋钮，调节电压至试验电压的 3%～5%，然后调节频率旋钮，观察励磁电压和试验电压。当

励磁电压最小，输出的试验电压最高时，则回路发生谐振，此时应根据励磁电压和输出的试验电压的比值计算出系统谐振时的 Q 值，根据 Q 值估算出励磁电压能否满足耐压试验值。若励磁电压不能满足试验要求，应停电后改变励磁变压器高压绕组接线，提高励磁电压。若励磁电压满足试验要求，按升压速度要求升压至耐压值，记录电压和时间。升压过程中注意观察电压表和电流表及其他异常现象，到达试验时间后，降压，依次切断变频电源主回路开关、工作电源开关、控制电源开关和电源开关，对电缆进行充分放电并接地后，拆改接线，重复上述操作步骤进行其他相试验。

3. 试验注意事项

（1）试验应在干燥良好的天气情况下进行。

（2）为减小电晕损失，提高试验回路 Q 值，高压引线宜采用大直径金属软管。

（3）合理布置试验设备，尽量缩小试验装置与试品之间的接线距离。

（4）试验时必须在较低电压下调整谐振频率，然后才可以升压进行试验。

（四）相位检查

电缆敷设完毕在制作电缆终端头前，应核对相位；终端头制作后应进行相位检查。这项工作对于单个设备关系不大，但对于输电网络、双电源系统和有备用电源的重要用户以及有并联电缆运行的系统有重要意义。

1. 试验接线

核对相位的方法较多，比较简单的方法有电池法及绝缘电阻表法等。核对三相电缆相位电池法和绝缘电阻表法接线如图 GYDL00304003-6（a）和 GYDL00304003-6（b）所示。

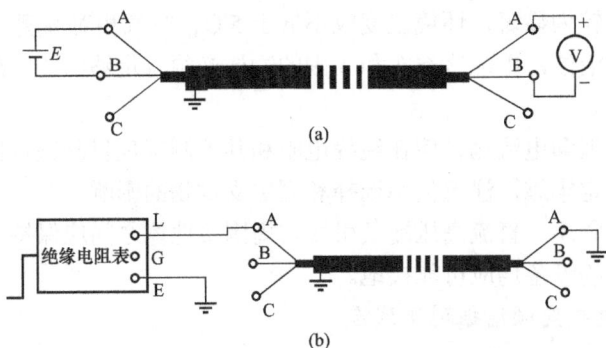

图 GYDL00304003-6 核对三相电缆相位试验接线

（a）电池法；（b）绝缘电阻表法

双缆并联运行时，核对电缆相位试验接线如图 GYDL00304003-7 所示。

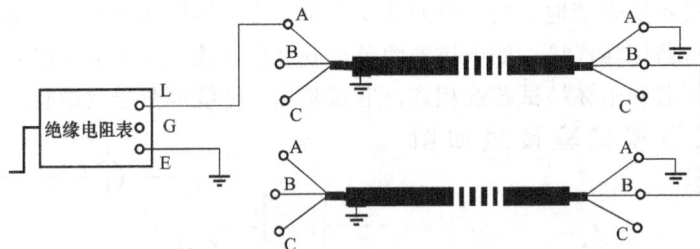

图 GYDL00304003-7 双缆并联核对电缆相位的试验接线

2. 操作步骤

采用电池法核对相位时，将电缆两端的线路接地刀闸拉开，对电缆进行充分放电。对侧三相全部悬空。在电缆的一端，A 相接电池组正极，B 相接电池组负极；在电缆的另一端，用直流电压表测量任意二相芯线，当直流电压表正起时，直流电压表正极为 A 相，负极为 B 相，剩下一相则为 C 相。电池组为 2～4 节干电池串联使用。

采用绝缘电阻表法核对相位时，将电缆两端的线路接地刀闸拉开，对电缆进行充分放电，对侧三相全部悬空，将测量线一端接绝缘电阻表"L"端，另一端接绝缘杆，绝缘电阻表"E"端接地。通知对侧人员将电缆其中一相接地（以 A 相为例），另两相空开。试验人员驱动绝缘电阻表，将绝缘杆分别搭接电缆三相芯线，绝缘电阻为零时的芯线为 A 相。试验完毕后，将绝缘杆脱离电缆 A 相，再停止绝缘电阻表。对被试电缆放电并记录。完成上述操作后，通知对侧试验人员将接地线接在线路另一相，重复上述操作，直至对侧三相均有一次接地。

　　核对双缆并联运行电缆相位时，试验人员在电缆一端将两根电缆 A 相接地，B 相短接，C 相"悬空"，如图 GYDL00304003-7 所示。试验人员再在电缆的另一端用绝缘电阻表分别测量六相导体对地及相间的绝缘情况，将出现下列情况：① 绝缘电阻为零，判定是 A 相；② 绝缘电阻不为零，且两根电缆相通相，判定是 B 相；③ 绝缘电阻不为零，且两根电缆也不通的相，判定是 C 相。

　　3. 测试中注意事项

　　（1）试验前后必须对被试电缆充分放电。

　　（2）在核对电缆线路相序之前，必须进行感应电压测量。

五、测试结果分析及报告编写

（一）测试结果分析

1. 电缆的绝缘电阻

（1）测试标准及要求。根据《电气装置安装工程电气设备交接试验标准》（GB 50150—2006）规定：

1）电缆线路绝缘电阻应在进行交流或直流耐压前后分别进行测量，耐压试验前后绝缘电阻测量值应无明显变化。

2）橡塑电缆外护套、内衬套的绝缘电阻不低于 0.5MΩ/km。

（2）测试结果分析。

1）直埋橡塑电缆的外护套，特别是聚氯乙烯外护套，受地下水的长期浸泡吸水后，或者受到外力破坏而又未完全破损时，其绝缘电阻均有可能下降至规定值以下。

2）35kV 及以下电压等级的三相电缆（双护层）外护套破损不一定要立即修理，但内衬层破损进水后，水分直接与电缆芯接触，并可能腐蚀铜屏蔽层，一般应尽快检修。35kV 及以上电压等级的单相或三相电缆（单护层）外护套破损一定要立即修复，以免造成金属护层多点接地，形成环流。

3）由于电缆电容量大，在绝缘电阻测试过程如测量时间过短，"充电"还未完成就读数，易引起对试验结果的误判断。

4）测得的芯线及护层绝缘电阻都应达到上述规定值，在测量过程中还应注意是否有明显的充电过程，以及试验完毕后的放电是否明显。若无明显充电及放电现象，而绝缘电阻值却正常，则应怀疑被试品未接入试验回路。

2. 油纸绝缘电力电缆直流耐压和泄漏电流测试

（1）测试标准及要求。新敷设的电缆线路投入运行 3～12 个月，一般应作 1 次直流耐压试验，以后再按正常周期试验。

试验结果异常，但根据综合判断允许在监视条件下继续运行的电缆线路，其试验周期应缩短。如在不少于 6 个月时间内，经连续 3 次以上试验，试验结果无明显变化，则可以按正常周期试验。

油纸绝缘电缆直流试验电压可用式（GYDL00304003-1）和式（GYDL00304003-2）计算。

对于统包绝缘电缆

$$U_t = 5 \times \frac{U_0 + U}{2} \qquad (\text{GYDL00304003-1})$$

对于分相屏蔽绝缘电缆

$$U_t = 5 \times U_0 \qquad (\text{GYDL00304003-2})$$

上两式中　　U_t——直流耐压试验电压，kV；

U_0——电缆导体对地额定电压，kV；

U——电缆额定线电压，kV。

现场试验时，试验电压值按表 GYDL00304003-1 的规定选择。

表 GYDL00304003-1 试 验 电 压 值

电缆额定电压 U_0/U	1.8/3	3/3.6	3.6/6	6/6	6/10	8.7/10	21/35	26/35
直流试验电压（kV）	12	17	24	30	40	47	105	130

充油绝缘电缆直流试验电压按表 GYDL00304003-2 的规定选择。

表 GYDL00304003-2 充油绝缘电缆直流试验电压

电缆额定电压 U_0/U	直流试验电压（kV）
48/66	165
	175
64/110	225
	275
127/220	425
	475
	510
190/330	585
	650
	710
290/500	775
	835

直流耐压试验标准与 U_0 有关，测试中不但要考虑相间绝缘，还要考虑相对地绝缘是否合乎要求，以免损伤电缆绝缘。特别应注意 U_0/U 的值，如 35kV 电缆额定电压分为 21/35kV 和 26/35kV 等。

交接试验耐压时间为 15min；预防性试验耐压时间为 5min。耐压 15min 或 5min 时的泄漏电流值不应大于耐压 1min 时的泄漏电流值。

油纸绝缘电缆泄漏电流的三相不平衡系数（最大值与最小值之比）不应大于 2。

当 6/10kV 及以上电压等级电缆的泄漏电流小于 20μA 和 6kV 及以下电压等级电缆泄漏电流小于 10μA 时，其不平衡系数不作规定。电缆泄漏电流值见表 GYDL00304003-3。

表 GYDL00304003-3 油纸绝缘电缆泄漏电流值

系统额定电压（kV）	泄漏电流值（μA/km）
6 及以下	20
10 及以上	10～60

（2）测试结果分析。

1）如果在试验期间出现电流急剧增加，甚至直流高压发生器的保护装置跳闸，或被试电缆不能再次耐受所规定的试验电压，则可认为被试电缆已击穿。

2）泄漏电流三相不平衡系数，系指电缆三相中泄漏电流最大一相的泄漏值与最小一相泄漏值的比值。电缆线路三相的泄漏电流应基本平衡，如果在试验中发现某一相的泄漏电流特别大，应首先分析泄漏电流大的原因，消除外界因素的影响。当确实证明是电缆内部绝缘的泄漏电流过大时，可将耐压时间延长至 10min，若泄漏电流无上升现象，则应根据泄漏值过大的情况，决定 3 月或半年再作一次监视性试验。如果泄漏电流的绝对值很小，即最大一相的泄漏电流：对于 10kV 及以上电压等级的电缆小于 20μA，对于 6kV 及以下电压等级的电缆小于 10μA 时，可按试验合格对待，不必再作监视性试验。

3）泄漏电流值和不平衡系数只作为判断绝缘状况的参考，不作为是否能投入运行的判据，应结合其他测试参数综合判断。

4）如电缆的泄漏电流属于下列情况中的一种，电缆绝缘则可能有缺陷，应找出缺陷部位，并予以处理：

a）泄漏电流很不稳定；

b）泄漏电流随试验电压升高急剧上升；

c）泄漏电流随试验时间延长有上升现象。

5）测试结果不仅要看试验数据合格与否，还要注意数值变化速率和变化趋势。应与相同类型电缆的试验数据和被试电缆原始试验数据进行比较，掌握试验数据的变化规律。

6）在一定测试电压下，泄漏电流作周期性摆动，说明电缆可能存在局部孔隙性缺陷或电缆终端头脏污滑闪。应处理后复试，以确定电缆绝缘的状况。

7）如果电流在升压的每一阶段不随时间下降反而上升，说明电缆整体受潮。泄漏电流随时间的延长有上升现象，是绝缘缺陷发展的迹象。绝缘良好的电缆，在试验电压下的稳态泄漏电流值随时间的延长保持不变，电压稳定后应略有下降。如果所测泄漏电流值随试验电压值的升高或加压时间的增加而上升较快，或与相同类型电缆比较数值增大较多，或者和被试电缆历史数据比较呈明显的上升趋势，应检查接线和试验方法，综合分析后，判断被试电缆是否能够继续运行。

3. 橡塑绝缘电力电缆变频谐振耐压试验

（1）试验标准及要求。电力电缆的交流耐压试验应符合下列规定：

1）对电缆的主绝缘进行耐压试验时，应分别在每一相上进行，对一相电缆进行试验时，其他两相导体、屏蔽层及铠装层或金属护层一起接地；

2）电缆主绝缘进行耐压试验时，如金属护层接有过电压保护器，必须将护层过电压保护器短接；

3）耐压试验前后，绝缘电阻测量应无明显变化；

4）橡塑电缆优先采用 20～300Hz 交流耐压试验。根据《电气装置安装工程电气设备交接试验标准》（GB 50150—2006）的规定，20～300Hz 交流耐压试验电压和时间见表 GYDL00304003-4。

表 GYDL00304003-4　　　　　　20～300Hz 交流耐压试验电压和时间

额定电压 U_0/U（kV）	试验电压（kV）	试验时间（min）	额定电压 U_0/U（kV）	试验电压（kV）	试验时间（min）
18/30 及以下	$2.5U_0$（或 $2U_0$）	5（或 60）	190/330	$1.7U_0$（或 $1.3U_0$）	60
21/35～64/110	$2U_0$	60	290/500	$1.7U_0$（或 $1.1U_0$）	60
127/220	$1.7U_0$（或 $1.4U_0$）	60			

（2）试验结果分析。试验中如无破坏性放电发生，则认为通过耐压试验。

4. 相位检查

（1）试验标准及要求。相位核对应与电缆两端所接系统相序准确无误。

（2）试验结果分析。试验结果应与电缆相位标志相符。

（二）试验报告编写

试验报告编写应包括以下项目：被试电缆运行编号、试验时间、试验人员、天气情况、环境温度、湿度、被试电缆参数、运行编号、使用地点、试验结果、试验结论、试验性质（交接、预防性试验、检查、实行状态检修的应填明例行试验或诊断试验）、试验装置名称、型号、出厂编号，备注栏写明其他需要注意的内容，如是否拆除引线等。

【思考与练习】

1. 微安表接在高压侧和微安表接在低压侧对泄漏电流测量有什么影响？

2. 直流耐压试验中不平衡系数的意义是什么？

3. 核对相位的意义是什么？

第七部分

电缆附件安装

第十四章 电力电缆附件种类和安装工艺要求

模块 1 35kV 及以下电缆附件的种类 （ZY0600101001）

【模块描述】本模块包含 35kV 及以下常用电缆附件的分类及型式。通过概念描述、功能介绍，了解 35kV 及以下常用电缆附件的种类和基本特性。

【正文】

电缆附件通常是电缆终端和电缆中间接头（简称电缆接头）的统称，是电缆线路不可缺少的组成部分。

一、按照附件在电缆线路中安装位置分类

1. 电缆终端

电缆终端是安装在电缆线路末端，具有一定的绝缘和密封性能，使电缆与该系统其他部分的电气连接并保持绝缘至连接点的装置。终端按使用场所不同又可分为以下几类：

（1）户内终端。在既不受阳光直射又不暴露在气候环境下使用的终端。

（2）户外终端。在受阳光直射或暴露在气候环境下或二者都存在情况下使用的终端。

（3）设备终端。被连接的电气设备上带有与电缆相连接的相应结构或部件，以使电缆导体与设备的连接处于全绝缘状态。如 GIS 终端、插入变压器的象鼻式终端和用于中压电缆的可分离连接器等。

2. 电缆中间接头

电缆中间接头是安装在电缆与电缆之间，使两段及以上电缆导体连通，并具有一定绝缘、密封性能的装置。电缆接头除连通导体外，还具有其他功能。

电缆中间接头有以下种类：

（1）直通接头。连接两根电缆形成连续电路的附件。

（2）分支接头。将分支电缆连接到主干电缆上的附件。

（3）过渡接头。把两根不同种类挤包绝缘电缆连接起来的直通接头或分支接头。

二、按照附件制作原材料分类

（1）预制式附件。应用乙丙橡胶、三元乙丙橡胶或硅橡胶材料，在工厂经过挤塑、模塑或铸造成型后，再经过硫化工艺制成的预制件，在现场进行装配的附件。

（2）热缩式附件。应用高分子聚合物的基料加工成绝缘管、应力管、分支套和伞裙等部件，在现场经装配、加热，紧缩在电缆绝缘线芯上的附件。

（3）冷缩式附件。应用乙丙橡胶、三元乙丙橡胶或硅橡胶加工成型，经扩张后用螺旋形尼龙条支撑，安装时按照逆时针方向抽去支撑尼龙条，绝缘管靠橡胶收缩特性紧缩在电缆线芯上的附件。

【思考与练习】

1. 35kV 及以下电缆终端按其使用场所分哪几种？

2. 35kV 及以下中间接头按其功能有哪几种？

模块 2 35kV 及以下电缆附件的安装工艺要求 （ZY0600101002）

【模块描述】本模块包含 35kV 及以下常用电缆附件安装的技术要求。通过要点介绍，掌握 35kV

及以下常用电缆附件安装的环境要求和基本技术要求。

【正文】

电缆由导体、绝缘和护层等结构层组成。作为电缆线路组成部分的电缆终端、电缆接头，必须使电缆的各结构层分别得到延续。在电缆线路的故障统计中，电缆终端和电缆接头的故障次数往往占据了相当大的比例。为了电缆输配电线路的安全运行，从附件安装的方面考虑，应做到以下几点。

一、35kV 及以下电缆附件的环境要求

（1）电缆附件安装应避免在雨天、雾天、大风天气进行。如遇紧急情况（如故障抢修），应采取必要的防护措施。在灰尘较多或污秽地区作业，要搭建防尘棚，施工人员宜穿防尘服。

（2）施工环境温度应该高于 0℃，温度低时，应采取防寒措施。

（3）施工环境相对湿度应低于 70%，否则应采取相应措施。

（4）施工现场应保持通风。在电缆夹层、工井中施工，应增加强制通风。

二、35kV 及以上电缆附件的技术要求

1. 35kV 及以上电缆附件的基本技术要求

（1）导体连接良好。

1）电缆导体必须和出线接梗、接线端子或连接管有良好的连接。连接点的接触电阻要求小而稳定。与相同长度、相同截面的电缆导体相比，连接点的电阻比值应不大于 1，经运行后，其比值应不大于 1.2。

2）电缆终端和电缆接头的导体连接试样，应能通过导体温度比电缆允许最高工作温度高 5℃的负荷循环试验，并通过 1s 短路热稳定试验。

（2）绝缘可靠。

1）要有满足电缆线路在各种状态下长期安全运行的绝缘结构，并有一定的裕度。

2）电缆终端和电缆接头的试样，应能通过交、直流耐压试验及冲击耐压、局部放电等电气试验。户外终端还要能承受淋雨和盐雾条件下的耐压试验。

（3）密封良好。要能有效地防止外界水分或有害物质侵入绝缘，并能防止绝缘剂流失。终端和接头的密封结构，包括壳体、密封垫圈、搪铅和热缩管等，在安装过程中，必须仔细检查，做到一丝不苟。

（4）足够的机械强度。电缆终端和接头，应能承受在各种运行条件下所产生的机械应力。终端的瓷套管和各种金具，包括上下屏蔽罩、紧固件、底板及尾管等，都应有足够的机械强度。对于固定敷设的电力电缆，其连接点的抗拉强度应不低于电缆导体本身抗拉强度的 60%。

2. 35kV 及以下电缆附件的其他技术要求

（1）35kV 及以下常用电缆终端在电气装置方面的规定。电缆终端在电气装置方面应符合《电气装置安装工程施工及验收规范》的有关规定，主要有以下几方面。

1）电缆终端相位色别。电缆终端应清晰地标注相位色别，即 A 相黄色，B 相绿色，C 相红色，并与系统的相位一致。

2）安全净距。电缆终端的端部金属部件（含屏蔽罩）在不同相导体之间和各相带电部分对地之间，应符合室内、外配电装置安全净距的规定值（见表 ZY0600101002-1）。

表 ZY0600101002-1　　　　　　室内、外配电装置的安全净距　　　　　　mm

运行电压（kV）		0.4	6	10	20	35
室内	相—相	20	100	125	180	300
	带电部位—地					
室外	相—相	75	200	200	300	400
	带电部位—地					

（2）35kV 及以下常用电缆附件接地线的规定。当电缆发生绝缘击穿或系统短路时，电缆导体中通过故障电流，将在电缆金属护套中产生感应电压，为了人身和设备的安全，在电缆终端和接头处必须

按规定装设接地线。在电缆终端和接头处，应依据《接地装置施工及验收规范》的规定，将电缆终端和接头的金属外壳、电缆金属护套、铠装层、电缆与接头的金属支架以及金属保护管，采用接地线或接地排接地。三相终端和接头的金属外壳和电缆金属护套，需用等位连接线联通，等位连接线应满足通过电缆护层的循环电流的需要。

电缆终端和接头的接地线和等位连接线，一般采用 25mm² 镀锡软铜线。截面在 120mm² 及以下的电缆，也可用 16mm² 的镀锡软铜线。

在 6～10kV 的电缆线路中，当采用零序保护时，电缆应穿过零序电流互感器，当接地线连接点在零序电流互感器与终端之间时，该接地线应采用绝缘线并穿过零序电流互感器。

（3）35kV 及以下常用电缆中间接头的防腐蚀和机械保护。在制作电缆接头时，由于工艺方面的需要，必须剥去一段电缆外护层，在接头外壳和电缆金属护套上，应有适当材料替代原电缆外护层，作为防蚀和机械保护结构。

1）常用防腐蚀材料有热涂沥青加塑料带或桑皮纸涂包两层。还有一种方法是套热收缩管，两端用防水带正搭盖绕包两层，再包自粘性橡胶带一层。

2）电缆接头的机械保护。直埋电缆常用的接头机械保护材料是钢筋混凝土保护盒，盒内空隙填充细黏土或沙。新型的接头保护盒以硬质塑料或环氧玻璃钢制造，其结构紧凑、质量轻，受到使用者欢迎。

【思考与练习】

1. 35kV 及以下电缆终端在电气装置方面有何规定？

2. 35kV 及以下常用电缆附件安装接地线有何规定？

模块 2

ZY0600101002

第十五章　电缆附件安装的基本操作

模块1　油纸绝缘电缆剖铅、胀铅和封铅操作（GYDL00201001）

【模块描述】本模块介绍油纸绝缘电缆剖铅、胀铅和封铅的操作。通过介绍操作所需工器具、材料、操作方法及注意事项，掌握油纸绝缘电缆剖铅、胀铅和封铅操作方法及工艺要求。

【正文】

一、作业内容

在油纸电缆附件制作过程中，不可避免地要将电缆的部分铅护套剥除。同时，为了改善铅护套断口处的电场分布，恢复电缆附件的整体密封性能，保证电缆线路长期安全运行，对油纸绝缘电缆金属护套需采用剖铅、胀铅和封铅等操作。

二、工器具材料

1. 剖铅时所用工器具材料

1）剖铅刀（电工刀）；

2）手锯；

3）新型工具。

近年来随着施工机具种类的增多，市场上出现了一些可用于剖切电缆铅护套的新型工具，如割管材的转刀等。

2. 胀铅时所用工器具材料

1）胀铅楔；

2）锤子。

3. 封铅时所用工器具材料

（1）硬脂酸。这是一种化工产品，在接头密封时用于消除密封部位的污物和氧化膜，并使该部位迅速冷却。

（2）封铅焊条。

1）封铅焊条成分。电缆封铅用的封铅焊条是铅锡合金。以65%的铅和35%的锡配制成的铅锡合金，在180～250℃温度范围内呈半固体状态，也就是类似糊状。这种配比的铅锡合金有较宽的可操作温度范围，较适合进行搪铅操作。如果含锡量太少，搪铅时不容易揩搪成型；如果含锡量太多，焊料可操作温度范围小，不利于搪铅操作。

2）封铅焊条的配制方法。将纯铅和纯锡按65:35的质量比秤好，先将铅块放在铁制的铅缸中加热熔化，然后加入锡，待锡全部熔化后，将温度维持在260℃左右。将铅锡料舀到特制模具中浇成封铅焊条。

在封铅焊条配制过程中，要注意搅拌充分，使铅锡均匀混合，要避免两者分层。向液态铅中投入的锡块和进入铅锡溶液中的搅拌棒、铁勺等物，表面要烘干，不能沾有水分。否则，当水分遇到液态铅锡时突然汽化，会引起铅锡液飞溅，有烫伤周围人的危险。

（3）抹布。抹布也叫揩布，是一种自制的电缆施工专用工具，在搪铅操作时，作隔热、抹平和抹光封焊部用，市场上无专售店。自行制作的方法是用棉的卡其布，根据封焊部位的大小，将布按左右和上下各4～8次折叠，折成略大于封焊部位的方块。布料毛边应折在内部，用线缝几处定型防止散开，然后放入100℃左右的牛脂等混合油（或电缆油）中浸渍透，即可使用。浸渍时需注意切不可使棉布损伤，否则将无法使用。

（4）喷灯（或喷枪）。封铅操作中使用的喷灯采用容量为 1L 的汽油喷灯，喷灯的火焰温度可大于 900℃，适合封铅密封时用。近年来发展了液化气喷枪，其特点是重量轻、不需预热、火焰温度高，大有取代喷灯的趋势。

三、操作方法及要求

1. 剖铅

剖铅一般采用双线式破铅法或切线式破铅法。双线式破铅法首先将铅表面加热，擦去沥青绝缘物，用电工刀在要保留的铅护套断口处划一道环痕，其深度为铅包厚度的 2/3，然后从环痕处向电缆端部划两道间距为 10mm 的平行线，从电缆端部开始用钳子夹住铅包，将这 10mm 宽的铅条撕下，再撕掉其余铅包。切线式破铅法先清洁铅包表面，用电工刀在要保留的铅包断口划一环痕，将电工刀与电缆呈 30°～45°从电缆端部向环形痕破切，然后将铅包整体剥下。

2. 胀铅

对于统包型油纸绝缘电缆的终端和接头，在制作时采用胀铅法改善其铅护套口的电场分布。所谓胀铅，是用胀铅楔把铅护套胀成喇叭口形状，使剖铅口直径胀到原来的 1.2 倍。经过胀铅之后，铅护套口纸绝缘沿面场强比胀铅前减小。胀喇叭口时，要用胀铅楔顺电缆绝缘纸缠绕方向将铅包口胀成喇叭形，胀铅角度为 30°～45°；然后将尖角毛刺打光，不得损伤统包绝缘纸；喇叭口内不得有金属屑，要求光滑、对称。

3. 封铅

封铅常称为搪铅。封铅是用喷灯（或喷枪）火焰将电缆终端或接头的金属外壳和电缆金属护套局部加热，在封铅焊料呈半固体状态下，通过手工加工成形，从而形成金属密封结构。封铅工艺应用于电缆终端或接头的金属外壳和电缆金属护套之间的密封。

（1）封铅部位处理。铜套管或铜尾管的封铅部位应先用钢丝刷或砂布清除表面污垢和氧化层，然后用喷灯（或喷枪）加热，以焊锡膏为助焊剂，均匀地涂上一层焊锡。铅套管和电缆铅护套，在封铅前应用硬脂酸清除封铅部位的表面氧化层和污垢，并用抹布揩净。必要时可用刀背将表面氧化层刮净。

（2）封铅操作方法。封铅操作方法有触铅法和浇铅法两种。

1）触铅的操作方法：将封铅焊条靠近封铅部位，用喷灯（或喷枪）同时加热封铅部位和封铅焊条，先将封铅部位和电缆尾管均匀地涂上一层，将封铅烤成糊状，用揩布来回揉，形成后用硬脂酸冷却，要求表面光滑，均匀，无砂眼。

2）浇铅的操作方法：将封铅焊条在铅缸中加热熔化，掌握适当温度（一般可用白纸插入铅缸，取出后纸呈焦黄色为宜），将浇好的封铅均匀泼到铅管的圆锥上，泼到一定量后，将封铅烤成糊状，用揩布来回揉，形成后用硬脂酸冷却，要求表面光滑、均匀，无砂眼。

用铁勺舀取熔化了的封铅焊料倒在揩布上，用揩布包住封铅块料来回揉搓，然后将其涂敷在封铅部位。待封铅部位全部涂满后，用喷灯加热封铅，用揩布涂抹使其成形。与触铅法相比，浇铅法有成形速度快和搪铅时间短的优点。

（3）封铅操作注意事项如下：

1）为了使电缆绝缘层不因过热损伤，要求封铅时间不得超过 15min；

2）铝护套封铅时，应先涂擦铝焊料；

3）充油电缆的铅封应分两层进行，以增加铅封的密封性，铅封和铅套均应加固；

4）在铅封未完全冷却前，不得撬动电缆，以防止封铅裂开而造成密封失效；

5）充油电缆封铅不应用焊锡膏。

（4）封铅操作的质量标准：① 铅包电缆铅封时应擦去表面氧化物；② 封铅时间不宜过长，铅封必须密实无气孔；③ 充油电缆的铅封应分两次进行，第一次封堵油，第二次成形和加强；④ 高位差铅封应用环氧树脂加固。

【思考与练习】

1. 封铅所需的材料和工具有哪些？

202

2. 封铅焊条的配制方法是什么？

3. 剖铅的步骤有哪些？

4. 封铅的部位需要先做哪些处理？

5. 封铅的方法有哪些？每种方法的操作步骤是什么？

模块 2 电缆线芯的连接 （GYDL00201002）

【模块描述】本模块介绍电缆线芯连接的方法和工艺要求。通过流程介绍、操作工艺讲解，熟悉电缆线芯的一般连接方法，掌握电缆线芯压缩连接（压接）的原理、方法、工器具、材料、工艺要求及相关注意事项。

【正文】

电缆附件安装工艺的基本要求之一是导体连接良好，主要包括中间接头安装中的接管与电缆线芯的连接和终端安装中的接线端子与电缆线芯的连接。

一、电缆线芯连接方法

电缆线芯的连接一般采用压缩连接、机械连接、锡焊连接和熔焊连接等方法。

1. 压缩连接

压缩连接简称压接，它是以专用工具对连接金具和导体施加径向压力，靠压应力产生塑性变形，使导体和连接金具的压缩部位紧密接触，形成导电通路。压缩连接是一种不可拆卸的连接方法。

按压接模具形状不同，压缩连接分局部压接和整体压接两类。局部压接又叫点压或坑压；整体压接又叫围压或环压。这两种压接方法的特点比较见表 GYDL00201002-1。

表 GYDL00201002-1　　　　　　　　　　两种压接方式的特点比较

压接方式	局部压接	整体压接
所需压力	较小	较大
压接部位延伸率	较小	较大
压接部位变形情况	不均匀	较均匀

2. 机械连接

机械连接是靠旋紧螺栓、扭力弹簧或金具本身的楔形产生的压力，使导体和连接金具相连接的方法。这种连接方法是可拆卸的。机械连接的优点是工艺比较简单，适用于低压电缆的导体连接。

机械连接的一种常用形式是应用连接线夹。这种连接金具通过拧紧螺栓对线夹和导体的接触面施加一定压力，以增加接触面积，减小接触电阻。

线夹和导体的接触面有时采用螺纹状结构，在拧紧螺栓时，能够使其紧紧"咬住"导体表面，以达到良好的导电和机械性能。拧紧线夹螺栓，应使用力矩扳手，使连接线夹与导体之间达到合适的紧固力。螺栓紧固力矩应符合《电气装置安装工程　母线装置施工及验收规范》（GBJ 149—1990）的规定。

3. 锡焊连接

使用开口或有浇注孔的镀锡金具（连接管或出线梗），将熔化的焊锡（成分是锡、铅各 50%）填注在导体和金具之间，从而完成导体和金具连接的方法，称为锡焊连接。锡焊是"钎焊"的一种，是古老的铜导体连接方法。

用于锡焊连接的连接管，通常称为弱背式连接管。连接管有轴向开口槽，在管壁内有与开口槽对应的槽沟，焊接时可将接管拉开，以利焊料流布填充。锡焊连接要求焊料填充饱满，避免在连接管内形成空隙。

锡焊连接的缺点是其短路允许温度只有 160℃，如温度过高，有引起焊锡熔化流失以至接点脱焊的危险。所以，短路允许温度比较高的交联聚乙烯电缆不宜采用锡焊连接。

4. 熔焊连接

应用焊接设备或焊料燃烧反应产生高温将导体熔化，使导体相互熔融连接，这种连接方法称为熔焊连接。熔焊连接包括利用电焊机的电弧焊、利用棒状焊料对接的摩擦焊（可用于铜铝过渡连接）以及铝热剂焊。应用于大截面铝导体的氩弧焊，也是一种熔焊连接技术。

铝热剂熔焊是一种比较简便的熔焊连接方法。这种熔焊方法又称"药包焊"，不需要专用焊接设备，而是利用置于特制模具中的粒状氧化铜和铝，经点燃后产生激烈化学反应，生成铜和氧化铝，同时放出大量的热，使特制模具中的温度迅速上升到 2500℃左右，从而产生液态铜，使电缆铜导体完成焊接，氧化铝渣则浮在表面。铝热剂熔焊操作时，会产生一股呛人的烟雾，必须采用强制排风将其驱散。

5. 触头插拔连接方法

随着城市电网电缆化进程的快速发展，电力电缆线路安全运行是保障供电可靠性的关键。由于电缆线路运行中的突发故障，需要在电缆线路完全停电的状况下，用较长的时间测寻和修复故障，恢复供电的时间难以有效控制，最终造成停电时间长、电网供电可靠性下降。因此，有必要探讨带电作业旁路系统，能够在很短的时间内构建一套临时供电系统，在不间断供电状态下，确保故障段电缆线路安全快捷完成抢修工作。该旁路系统必须安全、可靠，且安装简单、方便。在很短时间内，通过现场带电作业，安装积木式组件，快速调整旁路线路长度和供电分支数量，有效跨接故障线路段，保证对用户临时用电的安全可靠性。

带电作业旁路系统最早应用于 10kV 架空绝缘线路故障抢修。它是一种由旁路电缆、旁路接头、旁路开关以及相关辅助器材和设备组成的临时输电系统。该系统在韩国、日本和我国上海、浙江等地得到应用。这种旁路作业系统应用于电缆线路不停电故障抢修、缺陷处理、例行维护的条件已基本具备。

电缆线路旁路作业系统暴露在大气环境中运行，且因为其敷设方式的临时性，经常会影响邻近人口密集和交通密集区域，其安全、可靠性能显得尤为重要。基于插拔式快速终端和接头位置的电场严重畸变，是绝缘性能最为薄弱的环节。因此，其绝缘结构设计、界面压强和电场控制以及制造质量，直接关系到线路旁路作业系统安全、可靠运行。

线路旁路作业系统中插拔式终端和接头，要求具有插拔 1000 次的使用寿命。在 1000 次插拔过程中，接头材料会产生大量磨损。这种磨损会使界面配合尺寸发生变化，使界面压强减小，所以沿面放电的电压值也随之降低，产品轴向沿面击穿的几率升高。

电缆插拔式快速终端和接头绝缘结构是典型的固体复合介质绝缘结构，界面沿面放电与界面压强和界面状态密切相关。设计插拔式快速终端和接头绝缘组件，以消除或减少材料界面损耗，应首选锥形（俗称推拔形）主绝缘结构，以减小插拔阻力，利用斜面力学原理提高界面正压强，同时在插拔过程中快捷地排除界面气隙。提高模具的配合精度和表面光洁度，保证产品表面平整光滑，界面配合准确完好。每次插拔时均应涂抹润滑剂，以降低界面摩擦因数，避免表面磨损，使得产品经历 1000 次插拔后仍具有足够的过盈量，保证界面始终保持足够的界面压强。

插拔式快速终端和接头的触头可采用表带触头设计。表带触头的特点是：① 体积小，结构简单，不需要压紧弹簧；② 接触点多，导电能力强，额定电流可达到 500A；③ 动稳定性及热稳定性都非常高；④ 在插拔多次后仍能保证接触良好，不会出现发热现象。

二、电缆线芯的压缩连接（压接）

压缩连接（压接）是目前应用最广泛的电缆线芯连接方法。

（一）压接方法和原理

压接方法和原理是：将要连接的电缆线芯穿进压接金具（接管或接线端子），在压接金具外套上压接模具，使用与压接模具配套的压接钳，应用杠杆或液压原理，施加一定的机械压力于压接模具，使电缆线芯和压接金具在连接部位产生塑性变形，在界面上构成导电通路，并具有足够机械强度。

（二）压接工具及材料

1. 压接钳

压接钳主要有机械压接钳、油压钳和电动油压钳等种类。对压接钳的要求是：① 应有足够的压力，以使压接金具和电缆线芯有足够的变形；② 应轻便，容易携带，操作维修方便；③ 要求模具齐全，一钳多用。

（1）机械压接钳。机械压接钳是利用杠杆原理的导体压接机具。机械压接钳操作方便，压力传递稳定可靠，适用于小截面的导体压接。图 GYDL00201002-1 所示为机械压接钳的外形，其特点是通过操作手柄直接在钳头形成机械压力。

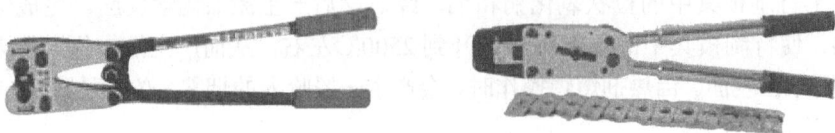

图 GYDL00201002-1 机械压接钳外形

（2）油压钳。油压钳是利用液压原理的导体压接机具。常用油压钳有手动油压钳和脚踏式油压钳两种，如图 GYDL00201002-2 所示。

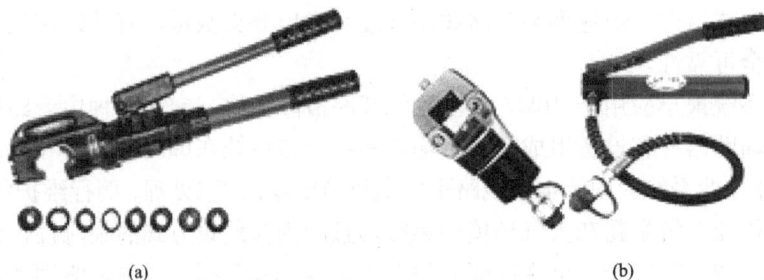

(a)   (b)

图 GYDL00201002-2 油压钳
（a）手动油压钳；（b）脚踏式油压钳

油压钳中装有活塞自动返回装置，即在活塞内有压力弹簧。在压接过程中，压力弹簧受压，当压接完毕，打开回油阀门，压力弹簧迫使活塞返回，而油缸中的油经回油阀回到储油器中。

手动油压钳比较轻巧，使用方便，适用于中、小截面的导体压接。脚踏式油压钳钳头和泵体分离，以高压耐油橡胶管或紫铜管连接来传递油压。这种压接钳的钳头可灵活转动，出力较大，适用于较大截面的导体连接。

（3）电动油压钳。电动油压钳包括充电式手提油压钳和分离式电动油压钳两种。

充电式手提电动油压钳具有重量轻、使用方便的优点，但是价格较贵，压力不会太大。图 GYDL00201002-3 所示为充电式手提电动油压钳。

分离式电动油压钳由高压泵站与钳头组成，通过高压耐油橡胶管将压力传递到与泵体相分离的钳头。适用于高压大截面电缆的导体压接。这种压接钳出力较大，有 60、100、125、200t 等系列产品，其模具一般用围压膜，形状有六角行、圆形和椭圆形。图 GYDL00201002-4 所示即为分离式电动油压钳。

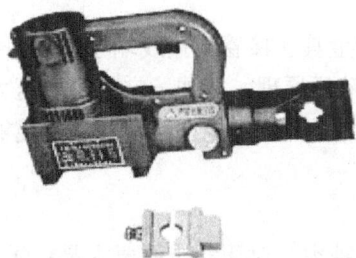

图 GYDL00201002-3 充电式手提电动油压钳

图 GYDL00201002-4 分离式电动油压钳

2. 压接模具

压接模具的作用是：在压接钳的工作压力下促使导电金具和电缆导体的连接部位产生塑性变形，在界面上构成导电通路并具有足够机械强度。当压模宽度及压接钳压力一次不能满足压接需要时，可分多次压接。

压接模具有围压模和点压模两个系列，并且按电缆导体材料不同，可选用不同的模具。压接模具的型号以其适用的导体材料和导体标称截面表示；模具材料应采用模具钢，经热处理后其表面硬度不小于 HRC40，其工作面需经防锈处理。

3. 压接金具

压接金具主要分三类：35kV 及以下电缆可参考《电力电缆导体用压接型铜、铝接线端子和连接管》（GB 14315）选用；66kV 及以上交联聚乙烯绝缘电缆要根据电缆终端、接头规格型号单独设计；充油电缆要根据油道设计特殊结构，满足绝缘油的流动或塞止的要求。

（1）压接型接线端子。压接型接线端子是使电缆末端导体和电气装置连接的导电金具。它与电缆末端导体连接部位是管状；与电气装置连接部位是特定的平板，平板中央有与螺栓直径配合的端孔。压接型接线端子按连接的导体不同，有铜、铝和铜铝过渡端子之分；按结构特征不同，有密封式和非密封式之分。

接线端子规格尺寸依其适用的电缆截面积确定，应符合接触电阻和抗拉强度的要求。管状部位的内径要与电缆导体的外径相配合。相同截面导体适用的端子，紧压型的内径要比非紧压型略小一些。

（2）压接型连接管。压接型连接管是将两根及以上电缆导体在线路中间互相连接的管状导电金具。连接管按连接的导体不同，有铜、铝和铜铝过渡连接管之分；按结构特征不同，有直通式和堵油式之分。连接管的规格尺寸依其适用的电缆截面积确定，应符合接触电阻和抗拉强度的要求。连接管的内径要与电缆导体的外径相配合。相同截面导体的连接管，紧压型的内径要比非紧压型稍小些。

（三）线芯压接工艺要求

（1）压接前要检查核对连接金具和压模，必须与电缆导体标称截面、导体材料、导体结构种类（紧压或非紧压）相符。

（2）压接前按连接长度需要剥除绝缘，清除导体表面油污和导丝间半导电残物，铝导体要用钢丝刷除去表面氧化膜，使导体表面出现金属光泽。

（3）导体经整圆后插入连接管或接线端子，对端子要插到孔底，对连接管两侧导体要对接上。

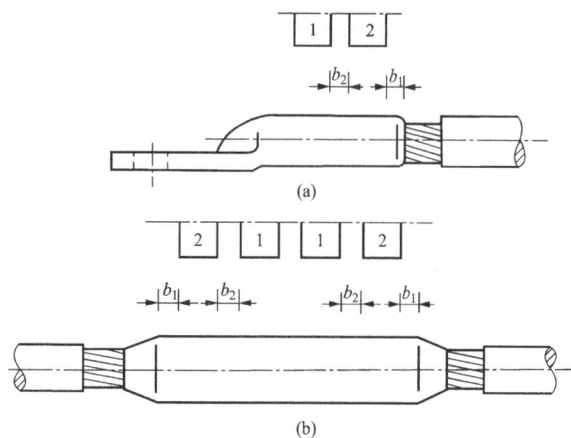

图 GYDL00201002-5　压接顺序

（a）电缆终端头接线端子压接；（b）电缆中间连接头压接

（4）围压法压接的顺序应符合图 GYDL00201002-5 的规定。每道压痕间的距离及其与端部的距离应符合表 GYDL00201002-2 的规定。在压接部位，围压形成棱线或点压的压坑中心线应成一条直线。

表 GYDL00201002-2　　　　　压痕间距和其离管端的距离　　　　　　　　　　　　mm

导体标称截面积（mm²）	铜 压 接		铝 压 接	
	离管端距离 b_1	压痕间距离 b_2	离管端距离 b_1	压痕间距离 b_2
10	3	3	3	3
16	3	4	3	3
25	3	4	3	3
35	3	4	3	3
50	3	4	5	3
70	3	5	5	3
95	3	5	5	3

续表

导体标称截面积 (mm²)	铜 压 接		铝 压 接	
	离管端距离 b_1	压痕间距离 b_2	离管端距离 b_1	压痕间距离 b_2
120	3	5	5	4
150	4	6	5	4
185	4	6	5	5
240	4	6	6	5
300	5	7	7	6
400	5	7	7	6

（5）当压模合拢到位，应停留 10～15s 后再松模，以使压接部位金属塑性变形达到基本稳定。

（6）压接后，不应有裂纹，压接部位表面应打磨光滑，无毛刺和尖端。点压的压坑深度应与阳模的压入部位高度一致，坑底应平坦，无裂纹。

（7）6kV 及以上电缆接头，当采用点压法时，应将压坑填实，并覆盖金属屏蔽，以消除因压坑引起的电场畸变。

（四）电缆线芯压接注意事项

（1）压接钳的选用。在电缆施工中，应根据导体截面大小、工艺要求，并考虑应用环境，选用适当的压接钳。

（2）由于油压钳的吨位不同，其所能压接的导体截面和导体材料也不相同。另外，有的油压钳没有保险阀门，因此在使用中不应超出油压钳本身所能承受的压力范围，以免损坏油压钳。

（3）手动液压钳一般均按一人操作进行压接设计，使用时应由一人进行压接，不应多人合力强压，以免超出油压钳允许的吨位。

（4）压接过程中，当上下模接触时，应停止施加压力，以免损坏压钳、压模。

（5）油压钳应按要求注入规定型号的液压油，以保证油压钳在不同季节能正常使用。

（6）注油时应注意机油清洁，带有杂质的油会引起油阀开闭不严，使油压钳失灵或达不到应有压力。

【思考与练习】

1. 使用油压钳应注意什么？
2. 电缆导体连接方法有哪些？
3. 局部压接和整体压接方法的特点是什么？
4. 电缆导体压接工艺要点有哪些？
5. 电缆接线端子和连接管的压接顺序是什么？

模块 3　电缆的剥切（GYDL00201003）

【模块描述】本模块介绍塑料电缆剥切操作工艺及要求。通过工艺流程及操作方法介绍，掌握塑料电缆剥切常用工具使用和电缆剥切方法及工艺要求。

【正文】

一、电缆剥切的内容

电缆的剥切是电力电缆附件安装的重要步骤，电缆附件安装之前，需要按照规定的尺寸剥切电缆的护套、铠装（铝护套）、绝缘屏蔽、绝缘等部分。

二、电缆剥切专用工器具

电缆剥切专用工器具一般适用于 66kV 及以上的电力电缆，制作塑料电缆接头或终端。当剥除塑料外护套时，不得伤及金属护套；当剥除电缆绝缘屏蔽时，不能损伤主绝缘；当切削绝缘层或削制反应力锥时，不能损伤电缆导体。以上切削操作，需使用一些专用工具。

1. 剖塑刀

剥切电缆塑料外护套，除用一般刀具剥切外，还可用专用工具，即剖塑刀，也称钩刀或护套剥切刀。剖塑刀如图 GYDL00201003-1 所示。剖塑刀的下端有一底托，使用时将底托压在护套内，用力拉手柄，以刀刃切割塑料外护套。

2. 切削刀

切削刀也称绝缘屏蔽剥切刀，它是用来切削交联聚乙烯绝缘和绝缘屏蔽层的专用工具，有可调切削刀和不可调切削刀两种，如图 GYDL00201003-2 和图 GYDL00201003-3 所示。可调切削刀可切除电缆的绝缘屏蔽、绝缘，制作反应力锥，绝缘开槽；不可调切削刀只能切除电缆的绝缘。使用切削刀时，要先根据电缆绝缘厚度和导体外径对刀片进行调节，切削绝缘层应使刀片旋转直径略大于电缆导体外径；切削绝缘屏蔽层，应略大于电缆绝缘外径。在切削绝缘层时，将绝缘层和内半导电层同时切削，再调节刀具，以保留此段内半导电层。为了防止损伤电缆导体，应嵌入内衬管，对导体加以保护。

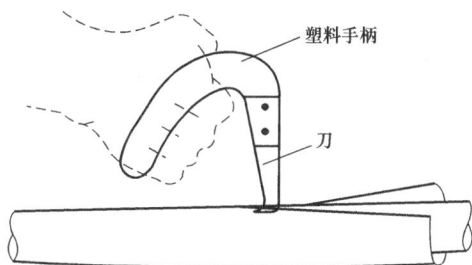

图 GYDL00201003-1 剖塑刀

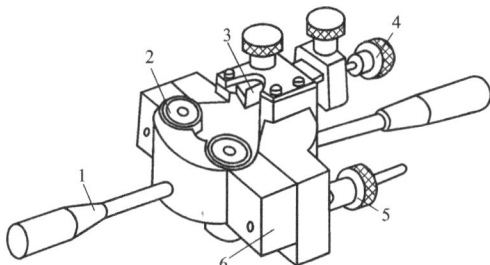

图 GYDL00201003-2 可调切削刀

1—手柄；2—轴承；3—刀片；4—刀片调节钮；5—绝缘直径调节钮；6—本体

3. 切削反应力锥卷刀

切削反应力锥的专用卷刀如图 GYDL00201003-4 所示。这种工具实际上是仿照削铅笔的卷刀制成的。使用时，为了避免在切削过程中损伤导体和内半导电层，应在导体外套装一根钢套管，并根据电缆截面积和绝缘厚度，调节好刀片的位置，然后以螺钉固定之。反应力锥切削好后，再用玻璃片修整，并用细砂纸对其表面进行打磨处理。

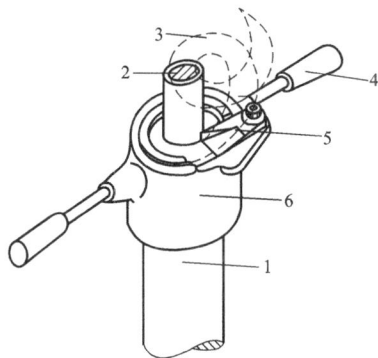

图 GYDL00201003-3 不可调切削刀

1—电缆；2—导体；3—绝缘；4—手柄；5—刀片；6—本体

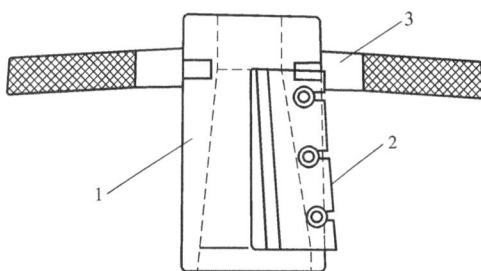

图 GYDL00201003-4 切削反应力锥卷刀

1—本体；2—刀片；3—手柄

三、电缆剥切方法及工艺要求

1. 剥切工艺一般要求

（1）严格按照工艺尺寸剥切，每一步剥切，均需用直尺量好尺寸，并做好标记，尺寸误差控制在允许的公差范围内。

（2）剥切过程层次要分明，在剥切外层时，切莫划伤内层结构，特别是不能损伤绝缘屏蔽、绝缘层和导体。

（3）剥铠装层或金属屏蔽层时，先在剥切起点用铜绑线扎 2 圈，以防铠装层或金属屏蔽层松散。

2. 剥切顺序

剥切电缆是终端和接头安装中非常重要的步骤。剥切顺序应由表及里、逐层剥切。从剥去电缆外护层开始，依次剥去铠装层（或金属护套）、内衬层、填料、金属屏蔽层、外半导电层、绝缘层及内半导电层。对于绝缘屏蔽层为不可剥的交联聚乙烯电缆，应用玻璃片或可调切削刀小心地刮去外半导电层。在电缆端部，为完成导体连接，应在剥切绝缘层后，再按工艺尺寸制作反应力锥。

3. 电缆剥切方法

（1）剥切外护套。剥除塑料外护套，先将电缆末端钢甲用铜线绑扎，或将电缆末端外护套保留100mm，防止钢甲松散。然后按规定尺寸剥除外护套，要求断口平整。

（2）剥切钢带铠装（铝护套）。按规定尺寸在钢甲上绑扎铜线，绑线的缠绕方向应与钢甲的缠绕方向一致，使钢甲越绑越紧，不致松散。绑线用ϕ2.0mm的铜线，每道3～4匝。锯钢铠时，其圆周锯痕深度应均匀，不得锯透并损伤内护套。剥钢带时，应先沿锯痕将钢带卷断，钢带断开后再向电缆端头剥除。禁止从末端往扎绑线处剥除钢甲，以防钢甲松散。

对于高压单芯电缆的铝护套，应从剥切点开始沿铝护套的圆周小心环切铝护套，并去掉切除的铝护套，要求不得损伤内衬层。然后打磨铝护套口，去除毛刺，以防损伤绝缘。

（3）剥除内护套及填料。在应剥除内护套处用刀子横向切一环形痕，深度不超过内护套厚度的一半，纵向剥除内护套。刀子切口应在两芯之间，防止切伤金属屏蔽层。剥除内护套后，应将金属屏蔽带末端用聚氯乙烯粘带扎牢，防止松散。切除填料时刀口应向外，防止损伤金属屏蔽层及外半导电层。

（4）剥切金属屏蔽层应按接头工艺图纸的要求进行如下操作：

1）在应保留的铜屏蔽带断口处用焊锡点焊；

2）用ϕ1.0mm铜线在应剥除金属屏蔽层处临时绑两匝；

3）轻轻撕下铜屏蔽带，断口要整齐，无尖刺或裂口；

4）暂时保留铜绑线，在热缩应力控制管或包缠半导电屏蔽带前再拆除，以防止铜屏蔽带松散；

5）当保留的铜屏蔽带裸露部分较长时，应隔一定的距离用焊锡点焊，以防止铜屏蔽带松散。

（5）剥切半导电层。半导电屏蔽层分为可剥离和不可剥离两种。35kV及以下电缆为可剥离型（35kV根据用户要求也可为不可剥离型），110kV及以上电缆必须为不可剥离型。

1）剥除可剥离的挤包半导电层。用聚氯乙烯粘带在应保留的半导电层上临时包缠一圈做标记，用刀横向划一环痕，再纵向从环痕处向末端用刀划两道或多道竖痕，间距约10mm（注意不应伤及绝缘层）。用钳子从末端撕下一条或多条半导电层，然后全部剥除，并拆除临时包带。半导电层切断口应平整，且不应损伤绝缘层。

2）剥除不可剥离的挤包半导电层。用聚氯乙烯粘带在应保留的半导电层上临时包缠一圈做标记，用玻璃片或可调切削刀将应剥除的半导电层刮除，注意不应损伤绝缘层，并按工艺要求在屏蔽断口处形成一带坡度的过渡段。

（6）剥切绝缘层。对于小截面电缆，可使用电工刀按要求的尺寸进行剥切；对于大截面电缆，需使用专用的电缆绝缘切割工具，如切削刀。不可调切削刀剥切绝缘的步骤如下：

1）在要保留的绝缘端部做一标记；

2）按电缆绝缘外径选用适当的切削刀；

3）将刀刃移开，套入内衬管；

4）将刀刃放下，用深度调节螺钉调节深度；

5）将切削刀安装在电缆末端，将刀刃平滑地放置在电缆断面上，刀刃应距离电缆导体0.8mm，转动切削刀，应不伤及电缆导体及屏蔽，将内衬管向前移动，仔细调节深度螺钉，以达到合适的位置；

6）沿着电缆向前转动切削刀，开始切削电缆绝缘，直至要保留的绝缘端部为止。

（7）清洁绝缘表面。对可剥离型半导电层的电缆绝缘层表面，用浸有清洁剂的不掉纤维的细布或清洁纸清除绝缘层表面上的污垢和炭痕。清洁时，应从绝缘端口向半导电方向擦抹，不能反复擦，严禁用带有炭痕的布或纸擦抹。擦净后，用一块干净的布或纸再次擦抹绝缘表面，检查布或纸上无炭痕时方可继续下一步操作。而对不可剥离型半导电层的电缆绝缘表面，应先用200～400号砂纸打磨光滑平整，不应留有半导电痕迹，然后再用上述方法清洁绝缘层。

【思考与练习】

1. 电缆剥切的工艺要求有哪些？

2. 电缆剥切专用的剥切工具有哪些？

3. 电缆剥切的顺序是什么？

模块 4 火器的使用（GYDL00201004）

【模块描述】本模块介绍火器使用操作及相关安全注意事项。通过常用火器结构介绍、要点讲解，掌握汽油喷灯、丙烷液化气喷枪等火器的结构、使用方法及安全注意事项。

【正文】

一、火器的种类和用途

在电缆附件制作过程的封铅和热缩管材时，都要用到火器（燃烧器）。常用的火器有汽油喷灯和丙烷液化气喷枪两种。

二、汽油喷灯

1. 汽油喷灯结构

汽油喷灯的结构如图 GYDL00201004-1 所示。

2. 汽油喷灯使用方法

（1）加油。旋下加油阀上的螺栓，倒入适量的汽油，一般以不超过筒体的 3/4 为宜，保留一部分空间储存压缩空气，以维持必要的空气压力。加完油后应旋紧加油口的螺栓，关闭放油阀杆，擦净洒在外部的汽油，并检查喷灯各处是否有渗漏现象。

（2）预热。在预热燃烧盘中倒入汽油，用火柴点燃，预热火焰喷头。

（3）喷火。待火焰喷头烧热后，燃烧盘中汽油烧完之前，打气 3～5 次，将放油阀杆开启，喷出油雾，喷灯即点燃喷火。而后继续打气，直到火焰正常时为止。

（4）熄火。如需熄灭喷灯，应先关闭放油调节阀，直到火焰熄灭，待冷却后再慢慢旋松加油口螺栓，放出筒体内的压缩空气。

图 GYDL00201004-1 汽油喷灯结构示意图

3. 喷灯使用中常见故障及排除

喷灯使用中常见故障是喷油不畅或漏气，喷油不畅又包括不喷油或断续喷油。其原因是打气筒故障或管道堵塞。如系打气筒故障，可先检查皮碗是否与筒壁密合，如果过松，应调换皮碗。然后检查止回阀出气小孔是否堵塞，止回阀中的软垫经压力弹簧应能压紧气孔。管道阻塞可对阻塞部位进行疏通。如喷嘴孔阻塞，可通针疏通；汽化管路堵塞可用钢丝疏通；吸油管铜丝网圈含有杂质导致油路不通时，可用汽油清洗。

喷灯漏气故障一般发生在阀杆或打气筒丝口处。如果阀杆处漏气，可拧紧阀杆丝帽；如果拧紧后仍然漏气，应更换石棉绳；如果打气筒丝口处漏气，可更换石棉垫；如丝口本身损坏，应设法修理或更换；当油筒本体漏气时，可用电焊修补。筒体修补后，应进行 0.7MPa 水压试验，合格才能使用。

4. 喷灯使用注意事项

（1）喷灯必须符合下列条件后方可点火：

1）油筒不漏油，喷火嘴不堵塞，丝扣不漏气；

2）油筒内油的容量不超过油筒容量的 3/4；

3）加油的螺钉塞已拧紧，并将油筒外表的油污擦干净。

（2）喷灯附近不得有易燃物。

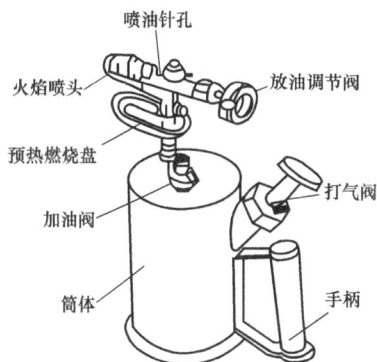

（3）尽可能在空气流通的地方使用喷灯。

（4）喷灯不宜使用时间过长，筒体过热应停止使用。

（5）喷灯口不准对人。

（6）汽油喷灯在加汽油时，应先熄火，再将加油阀上螺栓旋松。听见放气声后不要再旋出，以免汽油喷出，待气放尽后，方可开盖加油。

（7）在加汽油时，周围不得有明火。

（8）打气压力不可过高，打完气后，应将打气柄卡牢在泵盖上。

（9）使用过程中应经常检查油筒内的油量是否少于1/4，以防筒体过热发生危险。

（10）经常检查油路密封圈零件配合处是否有渗漏跑气现象。

（11）使用完毕应将剩气放掉。

（12）使用喷灯应办理动火工作票，现场应配备灭火器。

三、丙烷液化气喷枪

1. 丙烷液化气喷枪组成及特点

丙烷液化气喷枪由液化气储气罐、减压阀、橡胶管与喷枪头组成。与喷灯相比，燃料储备罐和燃烧器喷枪分离，具有轻巧、火力充足、火焰中不含炭粒等优点，有利于保证搪铅和热缩管材的施工质量。

2. 丙烷液化气喷枪使用方法

（1）检查。连接好喷枪各部件，旋紧燃气管夹头（或使用专用的管子卡箍拧紧液化气瓶接头），关闭喷枪开关，松开液化气罐阀门，检查各部件是否漏气。

（2）点火。先开气罐角阀，然后在喷嘴出口点火等待，稍微打开喷枪开关，喷出火焰后调整火焰大小。稍微松开喷枪开关，在喷嘴处直接点火即可，调节喷枪开关使其达到所需火力。

（3）关闭。先调小火焰，关闭喷枪开关至火焰熄灭，再关闭气罐角阀。首先关好液化气瓶阀门，待熄火后，再关闭喷枪开关，管内不得留有残余气体。

3. 丙烷液化气喷枪使用注意事项

（1）使用喷枪时注意不要将喷枪对人。

（2）发现燃气管有烫伤、老化、磨损，应及时更换。

（3）使用时离开液化气罐2m以上。

（4）经常检查各部件密封是否完好。

（5）不要使用劣质气体。若发现气孔堵塞，可松开开关前螺母或喷嘴与导气管间螺母。

（6）为了安全起见，在使用液化喷枪时，施工现场应具备灭火器并办理动火工作票。液化气罐应存放在危险品仓库。

【思考与练习】

1. 使用喷灯的注意事项有哪些？

2. 使用丙烷液化气喷枪的注意事项有哪些？

3. 喷灯必须符合哪些条件后方可点火？

4. 汽油喷灯的使用方法是什么？

5. 丙烷液化气喷枪的使用方法是什么？

模块 5　常用带材的绕包（GYDL00201005）

【模块描述】本模块内容包括常用带材的种类、绕包基本要求和绕包方法。通过知识要点讲解、工艺介绍，熟悉常用带材的种类及性能，掌握带材绕包操作方法及工艺要求、带材绕包注意事项。

【正文】

一、常用带材的种类及性能

电力电缆附件安装中经常用到的带材有绝缘带、半导电带、防水带和防火带等。

1. 绝缘带

绝缘带材是制作电缆终端和接头的辅助材料，用作增绕和填充绝缘。

（1）自粘性绝缘带是以硫化或局部硫化的合成橡胶（丁基橡胶或乙丙橡胶）为主体材料，加入其他配合剂制成的带材，主要用于挤包绝缘电缆接头和终端的绝缘包带。使用时，一般应拉伸100%后包绕，使其紧密地贴附在电缆上，产生足够的黏附力，并成为一个整体。由于层间不存在间隙，因而也具有良好的密封性能。自粘性橡胶绝缘带一般厚度为0.7mm，宽20mm，每卷长约5m，产品储存期为2年。

（2）沥青醇酸玻璃丝漆布带。沥青醇酸玻璃丝漆布带是用无碱玻璃纤维布浸沥青醇酸漆，经烘干后沿径向45°角斜切而成的带材，可作为35kV及以下油纸绝缘电缆接头和终端的绝缘包带。沥青醇酸玻璃丝漆布带一般厚0.15～0.24mm，宽为20mm或25mm，每段长不少于2m，每卷长度不少于40m，每卷中各段带材采用缝合或粘合方法连接。

沥青醇酸玻璃丝漆布带用作油纸电缆的绝缘包带时，需经油浸处理。其油浸处理方法是：把绝缘带散开，浸入120～130℃的电缆油中，为防止漆膜因过热而脱落，一般浸泡1～2min取出，隔几分钟后再浸入热油中浸泡，直到无泡沫泛起为止。经过油浸处理的绝缘带应浸没在油中（常温）保存。使用前需用热电缆油浇透，以除去潮气。

（3）聚乙烯辐照带。以模塑法工艺制作35kV及以下交联聚乙烯绝缘电缆接头和终端应力锥时，可用聚乙烯辐照带作为绕包材料。该带材一般厚度为0.1mm，宽度为25mm。聚乙烯辐照带在绕包后经加热成形，具有较高的绝缘强度和耐热性能。这种带材有较强的吸附性，必须存放于清洁干燥的场所，使用时操作者要戴尼龙手套。

（4）聚四氟乙烯带。聚四氟乙烯带具有优良的电气性能，它是将定向聚四氟乙烯薄膜加工成厚0.02～0.1mm、宽20～25mm的带材，可用作35kV及以下油纸电缆接头的增绕绝缘包带。与沥青醇酸玻璃丝漆布带相比，聚四氟乙烯可使电缆接头尺寸明显缩小。当包绕聚四氟乙烯带时，其层间需涂抹硅油，以消除气隙。

特别值得注意的是，当温度超过180℃时，聚四氟乙烯将会分解产生有毒氟化物。因此，这种带材切忌碰及火焰，施工中余料必须回收集中处理。

（5）PVC绝缘胶带。PVC绝缘胶带是以软质聚氯乙烯（PVC）薄膜为基材，涂橡胶型压敏胶制造而成，具有良好的绝缘、耐燃、耐电压、耐寒等特性，适用于绝缘保护等。

在电缆中间接头制作时，为减少气隙的存在，在复合管两端包绕密封胶后回填填充物，将凹陷处填平，使整个接头呈现一个整齐的外观，使用PVC胶带缠绕扎紧。

PVC绝缘胶带使用前，应清洁被保护部位表面并磨砂处理。再去掉隔离纸，充分拉伸复合带，涂胶层面朝被包覆表面，以半搭盖式绕包。一般PVC绝缘胶带正常情况下，储存期为5年。

2. 半导电带

（1）半导电自粘带。半导电自粘带的主要特点是电阻系数很低，要求不超过$10^3\Omega \cdot m$，在6～35kV电缆接头和终端中可调整电场分布而不使场强局部集中。一般是在橡胶类弹性体中掺入大量的导电炭黑，并辅以其他相应组分而形成。

（2）电应力控制带。电应力控制带是一种可以显著简化6～35kV电缆附件结构，简化制作程序，节约成本和工时的材料。电应力控制带使用在电缆终端和接头上时，由于其自身独特的电性能参数，即特别大的介电常数和适中的体积电阻率，只要在电缆终端或接头的外半导电层断口形成一定长度的管状，就可以明显改善电缆终端或接头的局部电场集中现象，不再需要借助应力锥的作用。

电应力控制带是在适当的高分子主体材料中（满足自粘带性能基本要求），掺入大量能调整材料介电常数和体积电阻率的特种组分而构成的。

3. 防水带

防水带用于交联电缆附件制作中，起绝缘、填充、防水和密封作用。防水带具有高度黏着性和优异的防水密封性能，同时还具有耐碱、酸、盐等化学腐蚀性。防水带材质较软，不能单独使用，外面还需用其他带材进行加强保护。

4. 防火包带

防火包带分两类：① 耐火包带，其除具有阻燃性外，还具有耐火性，即在火焰直接燃烧下能保持电绝缘性，用于制作耐火电线电缆的耐火绝缘层，如耐火云母带；② 阻燃包带，具有阻止火焰蔓延的性能，但在火焰中可能被烧坏或绝缘性能受损，用作电线电缆的绕包层，以提高其阻燃性能，如玻璃丝带、石棉带或添加阻燃剂的高聚物带、阻燃玻璃丝带、阻燃布带等。

5. 铠装带

铠装带又称铠甲带、装甲带，是一种高科技产品，其系用高分子材料和无机材料复合而成的高强度结构材料，适用于电力电缆、通信电缆接头铠装保护、电力电缆护套的修补、通信充气电缆或非充气电缆护套损坏的修复，也适合各类管道的修复。

铠装带的技术特点如下：

1）电气绝缘性能好；

2）机械强度高，固化后可形成极佳的、像钢铁一般坚硬韧的铠装层；

3）单组分包装，可操作性好，适应各种形状的成形；

4）室温固化，无需明火。

二、带材绕包方法及工艺要求

1. 绕包沥青醇酸玻璃丝漆布带

（1）绝缘带加工处理。沥青醇酸玻璃丝漆布带用做油纸电缆的绝缘包带时，需要用油浸泡处理。在使用油浸沥青醇酸玻璃丝漆布带之前要进行除潮，即将包带放置于桶中，再将加热到120～130℃的电缆油倒入桶内，并将包带全部浸没，数分钟后将油倒出，需重复一次。

（2）带材绕包方法。在油纸电缆上绕包绝缘带前，应对电缆剥切部分用加热到120～130℃的电缆油冲洗之，以去除表面的潮气和脏污。

（3）油浸沥青醇酸玻璃丝漆布带应采用半重叠法绕包，层间适当涂抹电缆油，要求各层绕包紧密。

2. 绕包自粘性橡胶带

（1）绕包前将电缆绕包部位清洁干净，避免有杂质存在而影响胶带的操作与效果。

（2）要求均匀拉伸100%，使其层间产生足够的粘合力，并消除层间气隙。

（3）采用半重叠法绕包。

（4）绕包厚度按照附件安装工艺要求执行。

（5）绕包结束后，用双手挤压绕包部位，直至完全自粘。

三、带材绕包注意事项

（1）绕包绝缘带时，应保持环境清洁。

（2）室外施工现场应有工作棚，防止灰尘或水分落入绝缘内。

（3）绕包绝缘带的操作者应戴乳胶或尼龙手套，以避免汗水沾到绝缘上。

（4）自粘性绝缘带使用前，应检查外观是否完好。

（5）有质量保证期限规定的自粘性绝缘带，应注意是否超过保质期。

（6）注意湿度、温度等要求。

【思考与练习】

1. 绝缘带绕包的环境要求有哪些？

2. 常用带材的种类有哪些？它们各有什么特点？

3. 绝缘带加工处理的方法是什么？

4. 绕包自粘性橡胶带绕包的方法是什么？

5. 自粘性橡胶带绕包时为什么要求均匀拉伸100%？

模块 6　登高作业（GYDL00201006）

【模块描述】本模块介绍登杆塔作业。通过要点讲解，掌握正确的登杆塔的作业方法、安全措施及注意事项。

【正文】

一、作业内容

在电力生产中，很多工作要在高处进行。凡在 2m（含 2m）以上有坠落可能的高处进行的作业，均称为高处作业。高处作业按高度不同分为四个等级：高度在 2～5m，称为一级高度作业；高度在 5～15m，称为二级高处作业；高度在 15～30m，称为三级高处作业；高度在 30m 以上，称为特级高处作业。

二、危险点分析与控制措施

1. 一般安全注意事项

（1）凡能在地面上预先做好的工作，都必须在地面上做，尽量减少高处作业。

（2）高处作业的工作现场要有足够的照明。

（3）高处作业场所的栏杆、护板、井、坑、孔、洞、沟道的盖板必须完好，损坏的应立即修复。高处作业场所的孔洞要使用牢固的专用盖板，不得用石棉瓦等不结实的板材加盖。高处作业中如果需要取掉孔洞盖板，或者临时割开孔洞时，必须装设临时围栏和悬挂标志牌。工作结束后，必须立即恢复原状，以防造成事故。

（4）在气温低于 −10℃ 进行露天高处作业时，施工场所附近应设取暖休息室。在气温高于 35℃ 进行露天高处作业时，施工场所应设凉棚并配备适当的防暑降温设施和饮料。

（5）遇有 6 级以上大风或恶劣气候时，应停止露天高处作业。在霜冻或雨雪天气进行露天作业时，应采取防滑措施。

（6）在杆、塔上工作，必须戴安全帽，使用安全带。安全带应系在牢固的构件上，应防止安全带从杆顶脱出或被锋利物品割断，系好安全带后应检查扣环是否扣牢。杆塔上作业转位时，不得失去安全带保护。杆塔上有人工作时，不准调整或拆除拉线。

（7）杆上人员应防止物品脱落，使用的工具、材料应用绳索传递，严禁抛掷。禁止非工作人员逗留杆下或进入施工现场。高处作业区附近有带电体时，传递绳索应使用干燥的麻绳或尼龙绳，严禁使用金属线。

（8）高处作业人员应衣着灵便，衣袖、裤脚应扎紧，穿软底防滑鞋。

（9）高处作业时，不得坐在平台、孔洞边缘，不得骑在栏杆上，不得站在栏杆外工作。

（10）不得躺在高处作业场所走道地板上或在安全网内休息。

（11）当发现工作人员精神不振时，应禁止其登高作业。严禁酒后从事高处作业。

（12）经医师诊断，患有精神病、癫痫病、高血压、心脏病等病症的人员，不准参加高处作业。

2. 电缆工作人员登杆作业其他注意事项

（1）上、下杆过程中不得攀拉电缆，在杆上工作不得站靠在电缆终端套管上。

（2）在城市道路上使用梯子，应用红白带遮栏围好，并派人看守。

（3）在光杆上吊装电缆终端，必须做好临时拉绳等安全措施。

三、登高作业前准备

1. 登高作业前检查项目

（1）上杆前应先检查杆根是否牢固。新立电杆在杆基未完全牢固以前严禁攀登。遇有冲刷、起土、上拔的电杆，应先培土加固或打临时拉线后，再行上杆。凡松动导线、地线、拉线的电杆，应先检查杆脚，并打好临时拉线后，再行上杆。

（2）上杆前应先检查登杆工具，如脚扣、安全带、梯子等是否完整牢固。

（3）攀登杆塔脚钉时，应检查脚钉是否牢固。

214

2. 登高作业工具

常用的登高作业工具有安全带、安全腰绳、升降（三脚）板、脚扣和竹（木）梯，这些工具应按表 GYDL00201006-1 的规定进行定期检查和试验。

表 GYDL00201006-1　　　　　　　登高工具及检查试验标准表

名　　称		试验周期（月）	外表检查周期（月）	试荷时间（min）	试验静拉力（荷重，N）
安全带	围杆带	6	1	5	2205
	围腰带	6	1	5	1470
安全腰绳		6	1	5	2205
升降（三脚）板		6	1	5	2205
脚　扣		6	1	5	980
竹（木）梯		6	1	5	1765

四、登高作业的方法和安全要求

1. 登杆塔作业方法和安全要求

（1）攀登电杆一般使用脚扣或升降板。如果杆塔带有脚钉，应通过脚钉攀登。

（2）使用脚扣前，先应检查脚扣有无断裂或腐蚀，脚扣皮带是否完好。然后将脚扣扣在电杆上距地面 0.5m 左右处，分别对两只脚扣进行冲击试验。一只脚站在脚扣上，双手抱杆，借人体质量用力向下踩蹬，检查脚扣有无变形或损坏，不合格者严禁使用。

（3）在登杆时，脚扣皮带的松紧要适当，以防脚扣在脚上转动或脱落。

（4）在刮风天气，应从上风侧攀登。在倒换脚扣时，不得相互碰撞。

（5）站在脚扣上进行高处作业时，脚扣必须与电杆扣稳。两个脚扣不能互相交叉，以防滑脱。

（6）使用升降板时，先应检查脚踏板有无断裂、腐朽，绳索有无断股。然后进行人体冲击试验，不合格者严禁使用。

（7）用升降板登杆时，升降板的挂钩应朝上，并用拇指顶住挂钩，以防松脱。在倒换升降板时，应保持身体平衡，两板间距不宜过大。

（8）新立电杆必须将杆基回填土填满夯实后，方可登杆工作。当发现电杆杆基被雨水冲刷或者有取土时，应先培土加固，或支好叉杆后，方可登杆。

（9）登木杆前，必须先检查杆根是否牢固。发现腐朽时，应支好叉杆或采取其他加固措施后，方可登杆。

2. 登梯作业方法和安全要求

（1）高处作业使用的各种梯子，在使用前应进行认真检查，确保梯子完整牢靠。

（2）为了防止梯子倒落，登梯作业时应有人监护并扶梯。

（3）在水泥或光滑的地面上，应使用梯脚装有防滑胶套或胶垫的梯子；在泥土地面上，应使用梯脚带有铁尖的梯子。

（4）禁止把梯子放在木箱等不稳固的支持物上使用。

（5）靠墙使用梯子时，梯子与墙面之间的距离不能过长或过短，以防滑落或翻倒。

（6）在梯上工作时，一脚踩在梯阶上，另一脚跨过梯阶踩在或用脚面钩住比站立梯阶高出一阶的梯阶上，距梯顶不应小于 1m，以保持人体稳定。

（7）使用中的梯子禁止移动，以防造成高处坠落。

（8）靠在管道上使用梯子时，梯顶需有挂钩，或用绳索将梯子与管道捆绑牢靠。

（9）在门前使用梯子，应派人看守或者采取防止门突然开启的措施。

（10）使用人字梯前，应检查梯子的铰链和限制开度的拉链是否完好。

（11）在人字梯上工作，不能采取骑马或站立，以防梯脚自动展开造成事故。

【思考与练习】

1. 登高作业前检查工作有哪些？

2. 登高工作常使用哪些工具？

3. 常用的登高工具定期检查和试验标准是什么？

4. 杆塔上工作有哪些安全注意事项？

国家电网公司
生产技能人员职业能力培训专用教材

第十六章　1kV 及以下电力电缆终端制作

模块 1　1kV 及以下各类电力电缆终端制作
程序及工艺要求（ZY0600102001）

【模块描述】本模块包含 1kV 及以下热缩式电力电缆终端制作程序及工艺要求。通过图解示意、流程介绍和工艺要点归纳，掌握 1kV 及以下热缩式电力电缆终端制作工艺流程和各操作步骤工艺质量控制要点。

【正文】

一、1kV 及以下热缩式电力电缆终端制作工艺流程（见图 ZY0600102001-1）

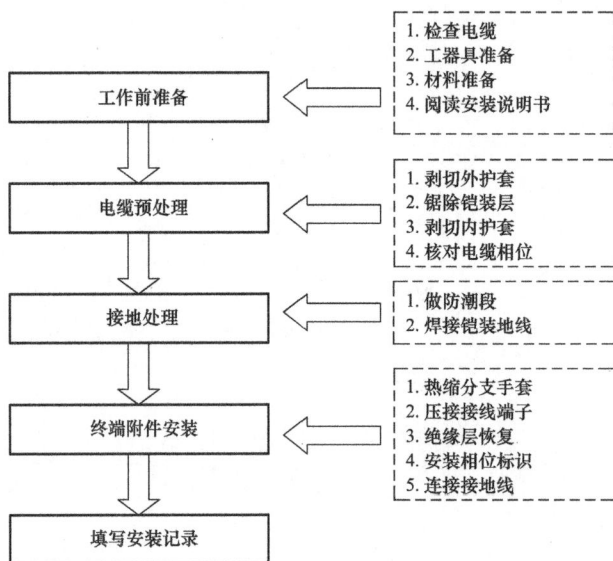

图 ZY0600102001-1　1kV 及以下热缩式电力电缆终端制作工艺流程

二、1kV 及以下热缩式电力电缆终端制作工艺质量控制要点

1. 剥除外护套、铠装、内护套及填料

（1）剥除外护套。应分两次进行，以避免电缆铠装层铠装松散。先将电缆末端外护套保留 100mm，然后按规定尺寸剥除外护套，要求断口平整。外护套断口以下 100mm 部分用砂纸打毛并清洗干净，以保证分支手套定位后密封性能可靠。

（2）剥除铠装。按规定尺寸在铠装上绑扎铜线，绑线的缠绕方向应与铠装的缠绕方向一致，使铠装越绑越紧不致松散。绑线用 $\phi2.0$mm 的铜线，每道 3～4 匝。锯铠装时，其圆周锯痕深度应均匀，不得锯透，以防损伤内护套。剥铠装时，应先沿锯痕将铠装卷断，铠装断开后再向电缆端头剥除。

（3）剥除内护套及填料。在应剥除内护套处用刀子横向切一环形痕，深度不超过内护套厚度的一半。纵向剥除内护套时，刀子切口应在两芯之间，防止切伤绝缘层。切除填料时刀口应向外，防止损伤绝缘层。

2. 焊接地线，绕包密封填充胶

（1）接地铜编织带必须焊牢在铠装的两层钢带上。焊面上的尖角毛刺必须打磨平整，并在外面绕包几层 PVC 胶带。

（2）自外护套断口向下 40mm 范围内的接地铜编织带必须用焊锡做 20～30mm 的防潮段。同时在防潮段下端电缆上绕包两层密封胶，将接地编织带埋入其中，以提高密封防水性能。

（3）在电缆内、外护套断口绕包密封填充胶，必须严实紧密，分叉部位空间应填实；绕包体表面应平整；绕包后外径必须小于分支手套内径。

3. 热缩分支手套，调整线芯

（1）将分支手套套入电缆分叉部位，必须压紧到位。由中间向两端加热收缩，注意火焰不得过猛，应环绕加热，均匀收缩，收缩后不得有空隙存在。并在分支手套下端口部位绕包几层密封胶，加强密封。

（2）根据系统相色排列及布置形式，适当调整排列好线芯。

4. 切除相绝缘，压接接线端子

（1）剥除末端绝缘时，注意不要伤及线芯。

（2）压接时，接线端子与导体必须紧密接触，按先上后下顺序进行压接。端子表面尖端和毛刺必须打磨平整。

5. 热缩绝缘管

（1）热缩绝缘管时火焰不得过猛，必须由下向上缓慢、环绕加热，将管中气体全部排出，使其均匀收缩。

（2）在冬季环境温度较低时施工，热缩绝缘管前，应先将金属端子预热，以使绝缘管与金属端子有更紧密的接触。对绝缘管进行二次加热收缩，效果更好。

6. 热缩相色管

按系统相色，将相色管分别套入各相绝缘管上端部，环绕加热收缩。

【思考与练习】

1. 试述 1kV 及以下热缩式电力电缆终端头制作工艺流程。

2. 焊接接地线有哪些要求？

模块 2　1kV 电力电缆终端安装（ZY0600102002）

【模块描述】本模块包含 1kV 热缩式电力电缆终端安装步骤及基本要求。通过示例介绍、图解示意，掌握 1kV 热缩式电力电缆终端安装所需的工器具材料、安装作业条件、操作步骤及工艺要求。

【正文】

一、作业内容

本模块主要讲述 1kV 热缩式电力电缆终端安装所需工器具和材料、附件安装的基本要求、步骤以及安全注意事项等。

二、危险点分析与控制措施

（1）为防止触电，挂接地线前，应使用合格验电器及绝缘手套验电，确认无电后再挂接地线。

（2）使用移动电气设备时，必须装设漏电保护器。

（3）搬运电缆附件人员应相互配合，轻搬轻放，不得抛接。

（4）用刀或其他切割工具时，应正确控制切割方向。

（5）使用液化气枪应先检查液化气瓶、减压阀、液化喷枪，点火时火头不准对人，以免人员烫伤，其他工作人员应与火头保持一定距离，用后及时关闭阀门。

（6）吊装电缆终端时，应保证与带电设备的安全距离。

三、作业前准备

1. 工器具和材料准备

1kV 热缩式电力电缆终端安装所需工器具及材料分别见表 ZY0600102002-1 和表 ZY0600102002-2。

表 ZY0600102002-1　　　　1kV 热缩式电力电缆终端安装所需工器具

序号	名　称	规　格	单位	数量	备　注
1	常用工具		套	1	电工刀、克丝钳、螺钉旋具（俗称螺丝刀、改锥）、卷尺
2	绝缘电阻表	1000V	块	1	
3	万用表		块	1	
4	验电器	1kV	个	1	
5	绝缘手套	1kV	副	1	
6	发电机	2kW	台	1	
7	电锯		把	1	
8	手动压钳		把	1	
9	手锯		把	1	
10	液化气罐	50L	瓶	1	
11	喷枪头		把	1	
12	电烙铁	1kW	把	1	
13	锉刀	平锉/圆锉	把	1/1	
14	电源轴		卷	1	
15	灭火器		个	2	

表 ZY0600102002-2　　　　1kV 热缩式电力电缆终端安装所需材料

序号	名　称	规　格	单位	数量	备　注
1	热缩交联终端头	根据需要选用	套	1	分支手套、绝缘管、相色管
2	酒精	95%	瓶	1	
3	清洁布		kg	2	
4	清洁纸		包	1	
5	铜绑线	ϕ2mm	kg	1	
6	焊锡膏		盒	1	
7	焊锡丝		卷	1	
8	铜编织带	25mm^2	根	1	
9	接线端子	根据需要选用	支	3	
10	砂布	180/240 号	张	2/2	

2. 电缆附件安装作业条件

（1）室外作业时，应避免在雨天、雾天、大风天气及湿度 70%以上的环境下进行。遇紧急故障处理，应做好防护措施并经上级主管领导批准才能作业。在尘土较多及重灰污染区，应搭临时帐篷。

（2）冬季施工气温低于 0℃时，电缆应预先加热。

四、操作步骤及工艺要求

由于不同生产厂家的附件安装工艺尺寸会略有不同，本模块所介绍的工艺尺寸仅供参考。

（1）确定安装位置，量好电缆尺寸，锯掉多余电缆。

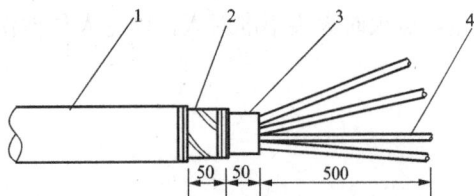

图 ZY0600102002-1　1kV 热缩式电力电缆
终端剥切尺寸图

1—外护套；2—铠装；3—内护套；4—线芯

（2）按图 ZY0600102002-1 所示尺寸剥除电缆外

护套、铠装、内护套及填料。

（3）焊接铠装接地线。

1）用锉刀打毛铠装表面，用铜绑线将一根铜编织带端头临时扎紧在铠装上，用锡焊牢后去掉临时铜绑线，再在外面绕包几层 PVC 胶带。

2）自外护套断口以下 40mm 长范围内的铜编织带均需进行渗锡处理，使焊锡渗透铜编织带间隙，形成防潮段。

（4）热缩分支手套。

1）在电缆内、外护套端口上绕包两层填充胶，将铜编织带压入其中，在外面绕包几层填充胶，再分别绕包三叉口，绕包后的外径应小于分支手套内径。

2）套入分支手套，并尽量拉向三芯根部。

3）取出手套内的隔离纸，从分支手套中间开始向下端热缩，然后向手指方向热缩。

（5）剥除绝缘层，压接接线端子。将电缆端部接线端子孔深加 5mm 长的绝缘剥除，擦净导体，套入接线端子进行压接。压接后将接线端子表面用砂纸打磨光滑、平整。

（6）热缩绝缘管。每相套入绝缘管，与分支手套搭接不少于 30mm，从根部向上加热收缩，绝缘管收缩后应平整、光滑，无皱纹、气泡。

（7）热缩相色管。将相色管按相位颜色分别套入各相，环绕加热收缩。

（8）连接接地线。如图 ZY0600102002-2 所示。将电缆接地线与电杆的接地引线连接。户内终端接地线应与变电站内接地网连通。

（9）与其他电气设备连接。将电缆终端导体端子与架空线或开关柜连接，确保接触良好。

（10）清理现场。施工结束后，工作负责人依据施工验收规范对施工工艺、质量进行自查验收，按要求清理施工现场，整理工具、材料，办理工作终结手续。

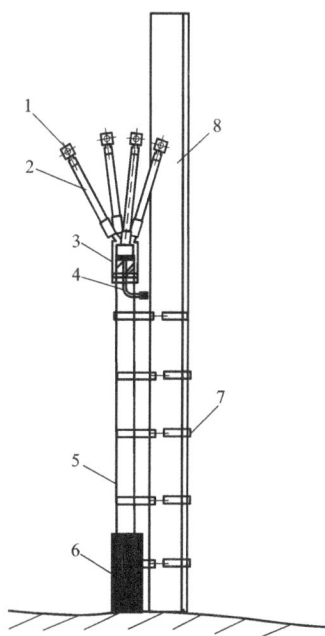

图 ZY0600102002-2　1kV 及以下橡塑电缆
户外终端示意图

1—接线端子；2—热缩绝缘管；3—分支手套；4—地线；
5—电缆；6—保护钢管；7—卡具；8—电杆

五、注意事项

为了保证 1kV 热缩式电力电缆终端安装过程中的施工安全和施工质量，应在工作之前熟悉并掌握《国家电网公司电力安全工作规程（电力线路部分）》、1kV 热缩式电力电缆终端安装工艺文件、《电气装置安装工程电缆线路施工及验收规范》等规程、规范的相关要求。

【思考与练习】

1. 1kV 及以下热缩式电力电缆终端制作需要哪些工器具？

2. 简述 1kV 及以下热缩式电力电缆终端制作的操作步骤及要求。

第十七章 10kV 电力电缆
各种类型终端制作

模块 1 10kV 电力电缆各种类型终端头制作程序及工艺要求（ZY0600103001）

【模块描述】本模块包含 10kV 常用电力电缆终端制作程序及工艺要求。通过图解示意、流程介绍和工艺要点归纳，掌握 10kV 常用电力电缆终端制作工艺流程和各操作步骤工艺质量控制要点。

【正文】

一、10kV 热缩式电力电缆终端头制作工艺流程及工艺质量控制要点

（一）10kV 热缩式电力电缆终端头制作工艺流程（见图 ZY0600103001-1）

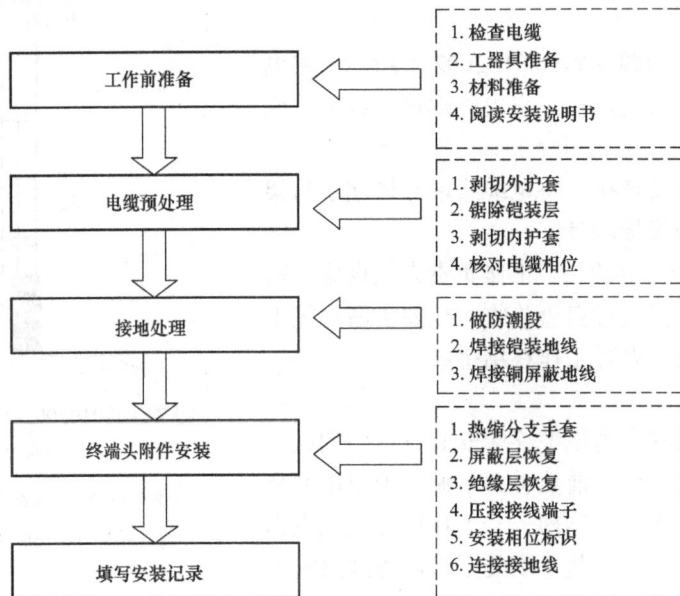

图 ZY0600103001-1 10kV 热缩式电力电缆终端头制作工艺流程

（二）10kV 热缩式电力电缆终端头制作工艺质量控制要点

1. 剥除外护套、铠装、内护套及填料

（1）安装电缆终端头时，应尽量垂直固定。对于大截面电缆终端头，建议在杆塔上进行制作，以免在地面制作后吊装时造成线芯伸缩错位，三相长短不一，使分支手套局部受力损坏。

（2）剥除外护套。应分两次进行，以避免电缆铠装层铠装松散。先将电缆末端外护套保留 100mm。然后按规定尺寸剥除外护套，要求断口平整。外护套断口以下 100mm 部分用砂纸打毛并清洗干净，以保证分支手套定位后，密封性能可靠。

（3）剥除铠装。按规定尺寸在铠装上绑扎铜线，绑线的缠绕方向应与铠装的缠绕方向一致，使铠装越绑越紧不致松散。绑线用 ϕ2.0mm 的铜线，每道 3～4 匝。锯铠装时，其圆周锯痕深度应均匀，不得锯透，不得损伤内护套。剥铠装时，应首先沿锯痕将铠装卷断，铠装断开后再向电缆终端头剥除。

（4）剥除内护套及填料。在应剥除内护套处用刀子横向切一环形痕，深度不超过内护套厚度的一

半。纵向剥除内护套时，刀子切口应在两芯之间，防止切伤金属屏蔽层。剥除内护套后应将金属屏蔽带末端用聚氯乙烯粘带扎牢，防止松散。切除填料时刀口应向外，防止损伤金属屏蔽层。

（5）分开三相线芯时，不可硬行弯曲，以免铜屏蔽层褶皱、变形。

2. 焊接地线，绕包密封填充胶

（1）两条接地编织带必须分别焊牢在铠装的两层钢带和三相铜屏蔽层上。焊面上的尖角毛刺必须打磨平整，并在外面绕包几层 PVC 胶带。也可用恒力弹簧扎紧，但在恒力弹簧外面也必须绕包几层 PVC 胶带加强固定。

（2）自外护套断口向下 40mm 范围内的两条铜编织带必须用焊锡做 20～30mm 的防潮段，同时在防潮段下端电缆上绕包两层密封胶，将接地编织带埋入其中，以提高密封防水性能。两条编织带之间必须用绝缘分开，安装时错开一定距离。

（3）电缆内、外护套断口绕包密封胶必须严实紧密，三相分叉部位空间应填实，绕包体表面应平整，绕包后外径必须小于分支手套内径。

3. 热缩分支手套，调整三相线芯

（1）将分支手套套入电缆三叉部位，必须压紧到位，由中间向两端加热收缩，注意火焰不得过猛，应环绕加热，均匀收缩。收缩后不得有空隙存在，并在分支手套下端口部位绕包几层密封胶加强密封。

（2）根据系统相序排列及布置形式，适当调整排列好三相线芯。

4. 剥切铜屏蔽层、外半导电层，缠绕应力控制胶

（1）铜屏蔽层剥切时，应用 $\phi1.0$mm 镀锡铜绑线扎紧或用恒力弹簧固定。切割时，只能环切一刀痕，不能切透，以免损伤外半导电层。剥除时，应从刀痕处撕剥，断开后向线芯端部剥除。

（2）外半导电层剥除后，绝缘表面必须用细砂纸打磨，去除嵌入在绝缘表面的半导电颗粒。

（3）外半导电层端部切削打磨斜坡时，注意不得损伤绝缘层。打磨后，外半导电层端口应平齐，坡面应平整光洁，与绝缘层圆滑过渡。

（4）用浸有清洁剂且不掉纤维的细布或清洁纸清除绝缘层表面上的污垢和炭痕。清洁时应从绝缘端口向外半导电层方向擦抹，不能反复擦，严禁用带有炭痕的布或纸擦抹。擦净后用一块干净的布或纸再次擦抹绝缘表面，检查布或纸上无炭痕方为合格。

（5）缠绕应力控制胶，必须拉薄拉窄，将外半导电层与绝缘之间台阶绕包填平，再搭盖外半导电层和绝缘层，绕包的应力控制胶应均匀圆整，端口平齐。

（6）涂硅脂时，注意不要涂在应力控制胶上。

5. 热缩应力控制管

（1）根据安装工艺图纸要求，将应力控制管套在适当的位置。

（2）加热收缩应力控制管时，火焰不得过猛，应温火均匀加热，使其自然收缩到位。

6. 热缩绝缘管

（1）在分支手套指管端口部位绕包一层密封胶。密封胶一定要绕包严实紧密。

（2）套入绝缘管时，应注意将涂有热溶胶的一端套至分支手套三指管根部；热缩绝缘管时，火焰不得过猛，必须由下向上缓慢、环绕加热，将管中气体全部排出，使其均匀收缩。

（3）在冬季环境温度较低时施工，绝缘管做二次加热，收缩效果会更好。

7. 剥除绝缘层，压接接线端子

（1）剥除末端绝缘时，注意不要伤到线芯。绝缘端部应力处理前，用 PVC 胶带黏面朝外将电缆三相线芯端头包扎好，以防切削反应力锥时伤到导体。

（2）压接接线端子时，接线端子与导体必须紧密接触，按先上后下顺序进行压接。压接后，端子表面的尖端和毛刺必须打磨光滑。

8. 热缩密封管和相色管

（1）在绝缘管与接线端子间用填充胶和密封胶将台阶填平，使其表面平整。

（2）热缩密封管时，其上端不宜搭接到接线端子孔的顶端，以免形成豁口进水。

（3）热缩相色管时，按系统相色，将相色管分别套入各相绝缘管上端部，环绕加热收缩。

9. 户外安装时固定防雨裙

（1）防雨裙固定应符合图纸尺寸要求，并与线芯、绝缘管垂直。

（2）热缩防雨裙时，应对防雨裙上端直管部位圆周进行加热。加热时应用温火，火焰不得集中，以免防雨裙变形和损坏。

（3）防雨裙加热收缩中，应及时对水平、垂直方向进行调整和对防雨裙边进行整形。

（4）防雨裙加热收缩只能一次性定位，收缩后不得移动和调整，以免防雨裙上端直管内壁密封胶脱落，固定不牢，失去防雨功能。

10. 连接接地线

（1）压接接地端子，并与地网连接牢靠。

（2）固定三相，应保证相间（接线端子之间）距离满足：户外≥200mm，户内≥125mm。

二、10kV 预制式电力电缆终端头制作工艺流程及工艺质量控制要点

（一）10kV 预制式电缆终端头制作工艺流程（见图 ZY0600103001-2）

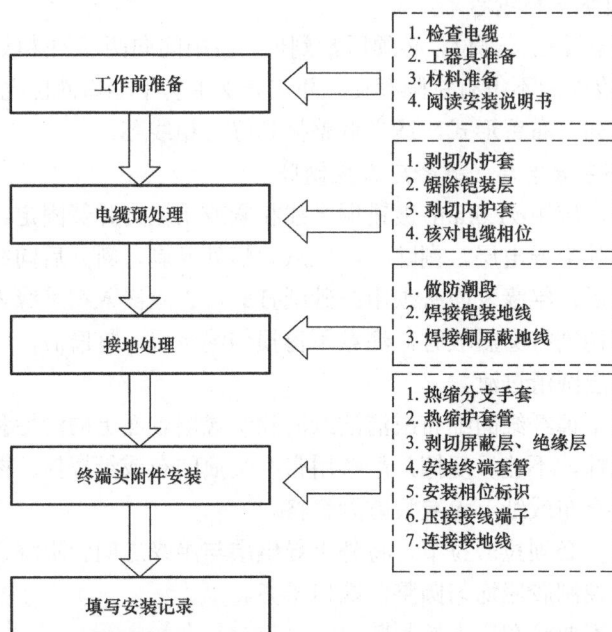

图 ZY0600103001-2　10kV 预制式电缆终端头制作工艺流程

（二）10kV 预制式电力电缆终端头制作工艺质量控制要点

1～3 项内容与 10kV 热缩式电力电缆终端头制作工艺质量控制要点中 1～3 项相同。

4. 热缩护套管

（1）套入护套管时，应注意将涂有热溶胶的一端套至分支手套三指管根部。热缩护套管时，应由下端分支手套指管处开始向上端加热收缩。应缓慢、均匀加热，使管中的气体完全排出。

（2）切割多余护套管时，必须绕包两层 PVC 胶带固定，圆周环切后，才能纵向割切，剥切时不得损伤铜屏蔽层，严禁无包扎切割。

5. 剥切铜屏蔽层、外半导电层

（1）铜屏蔽层剥切时，应用φ1.0mm 镀锡铜绑线扎紧或用恒力弹簧固定。切割时，只能环切一刀痕，不能切透，避免损伤外半导电层。剥除时，应从刀痕处撕剥，断开后向线芯端部剥除。

（2）外半导电层剥除后，绝缘表面必须用细砂纸打磨，去除嵌入在绝缘表面的半导电颗粒。

（3）外半导电层端部切削打磨斜坡时，注意不得损伤绝缘层。打磨后，外半导电层端口应平齐，坡面应平整光洁，与绝缘层圆滑过渡。

6. 剥切线芯绝缘层、内半导电层

（1）割切线芯绝缘层时，注意不得损伤线芯导体，剥除绝缘层时，应顺着导线绞合方向进行，不得使导体松散变形。

（2）内半导电层应剥除干净，不得留有残迹。

（3）绝缘端部处理前，用PVC胶带黏面朝外将电缆三相线芯端头包好，以防倒角时伤到导体。

（4）清洁绝缘层时，必须用清洁纸从绝缘层端部向外半导电层端部一次性清洁，以免把半导电粉质带到绝缘上。

（5）仔细检查绝缘层，如发现有半导电粉质、颗粒或较深的凹槽等，必须用细砂纸打磨，再用新的清洁纸擦净。

7. 绕包半导电带台阶

将半导电带拉伸200%，绕包成圆柱形台阶，其上平面应和线芯垂直，圆周应平整，不得绕包成圆锥形或鼓形。

8. 安装终端套管

（1）套入终端时，应注意先把塑料护帽套在线芯导体上，防止导体边缘刮伤终端套管。

（2）整个套入过程不宜过长，应一次性推到位。

（3）在终端头底部电缆上绕包一圈密封胶，将底部翻起的裙边复原，装上卡带并紧固。

（4）按系统相色包缠相色带。

9. 压接接线端子和连接接地线

（1）把接线端子套到导体上，使接线端子下端防雨罩罩在终端头顶部裙边上。

（2）压接时保证接线端子和导体紧密接触，按先上后下顺序进行压接。端子表面的尖端和毛刺必须打磨光洁。

（3）压接接地端子，并与地网连接牢靠。

（4）固定三相，应保证相间（接线端子之间）距离满足：户外≥200mm，户内≥125mm。

三、10kV预制式肘型电缆终端头制作工艺流程及工艺质量控制要点

（一）10kV预制式肘型电缆终端头制作工艺流程（见图ZY0600103001-3）

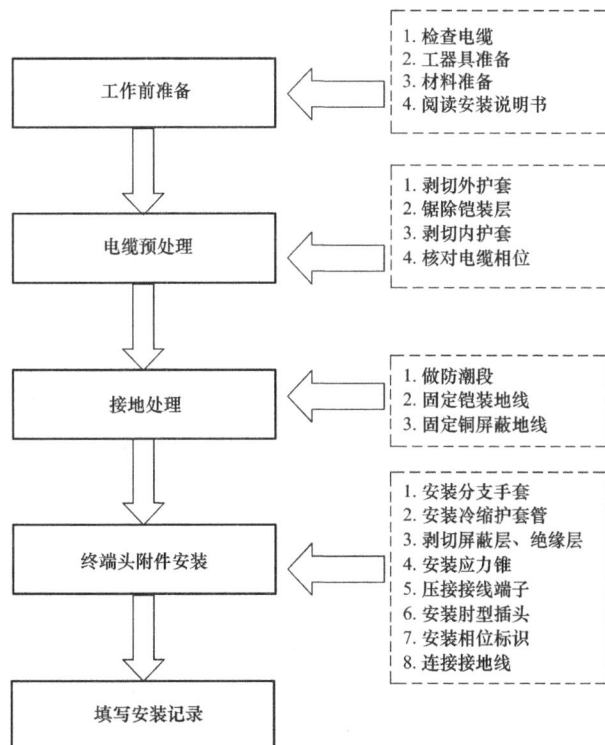

图 ZY0600103001-3　10kV预制式肘型电缆终端头制作工艺流程

（二）10kV预制式肘型电力电缆终端头制作工艺质量控制要点

1. 剥除外护套、铠装、内护套及填料

本项内容与10kV热缩式电力电缆终端头制作工艺质量控制要点中1项相同。

2. 固定接地线，绕包密封填充胶

（1）用恒力弹簧将两条接地编织带分别固定在铠装层的两层钢带和三相铜屏蔽层上。在恒力弹簧外面必须绕包几层 PVC 胶带，以保证铠装与金属屏蔽层的绝缘。

（2）自外护套断口向下 40mm 范围内的铜编织带必须做 20～30mm 的防潮段，同时在防潮段下端电缆上绕包两层密封胶，将接地编织带埋入其中，提高密封防水性能。两编织带之间必须用绝缘分开，安装时错开一定距离。

（3）电缆内、外护套断口处要绕包填充胶，三相分叉部位空间应填实，绕包体表面应平整，绕包后外径必须小于分支手套内径。

3. 安装分支手套

（1）电缆三叉部位用填充胶绕包后，根据实际情况，上半部分可半搭盖绕包一层 PVC 胶带，以防止内部粘连和抽塑料衬管条时将填充胶带出。但填充胶绕包体上不能全部绕包 PVC 胶带。

（2）冷缩分支手套套入电缆前应先检查三指管内塑料衬管条内口预留是否过多，注意抽衬管条时，应谨慎小心，缓慢进行，以避免衬管条弹出。

（3）分支手套应套至电缆三叉部位填充胶上，必须压紧到位。检查三指管根部，不得有空隙存在。

4. 安装冷缩护套管

（1）安装冷缩护套管，抽出衬管条时，速度应均匀缓慢，两手应协调配合，以防冷缩护套管收缩不均匀造成拉伸和反弹。

（2）护套管切割时，必须绕包两层 PVC 胶带固定，圆周环切后，才能纵向剖切。剥切时不得损伤铜屏蔽层，严禁无包扎切割。

5. 剥切铜屏蔽层、外半导电层

（1）铜屏蔽层剥切时，应用 ϕ 1.0mm 镀锡铜绑线扎紧或用恒力弹簧固定。切割时，只能环切一刀痕，不能切透，损伤外半导电层。剥除时，应从刀痕处撕剥，断开后向线芯端部剥除。

（2）外半导电层剥除后，绝缘表面必须用细砂纸打磨，去除嵌入在绝缘表面的半导电颗粒。

（3）外半导电层端部切削打磨斜坡时，注意不得损伤绝缘层。打磨后，外半导电层端口应平齐，坡面应平整光洁，与绝缘层圆滑过渡。

6. 剥切线芯绝缘层、内半导电层

（1）割切线芯绝缘层时，注意不得损伤线芯导体，剥除绝缘时，应顺着导线绞合方向进行，不得使导体松散。

（2）内半导电层应剥除干净，不得留有残迹。

（3）绝缘端部应力处理前，用 PVC 胶带黏面朝外将电缆三相线芯端头包扎好，以防倒角时伤到导体。

（4）清洁绝缘层时，必须用清洁纸，从绝缘层端部向外半导电层端部一次性清洁，以免把半导电粉末带到绝缘上。

（5）仔细检查绝缘层，如有半导电粉末、颗粒或较深的凹槽等，必须再用细砂纸打磨干净，再用新的清洁纸擦净。

7. 绕包半导电带台阶

半导电带必须拉伸 200%，绕包成圆柱形台阶，其上平面应和线芯垂直，圆周应平整，不得绕包成圆锥形或鼓形。

8. 安装应力锥

（1）将硅脂均匀涂抹在电缆绝缘表面和应力锥内表面，注意不要涂在半导电层上。

（2）将应力锥套入电缆绝缘上，直到应力锥下端的台阶与绕包的半导电带圆柱形凸台紧密接触。

9. 压接接线端子

压接时，必须保证接线端子和导体紧密接触，按先上后下顺序进行压接。端子表面的尖端和毛刺必须打磨光洁。

10. 安装肘型插头，连接接地线

（1）将肘型头套在电缆端部，并推到底，从肘型头端部可见压接端子螺栓孔。

（2）按系统相色包缠相色带。

（3）将螺栓拧紧在环网柜套管上，确保螺纹对位。

（4）将肘型头套入环网柜套管上，确保电缆端子孔正对螺栓，用螺母将电缆端子压紧在套管端部的铜导体上。

（5）用接地线在肘型头耳部将外屏蔽接地。

四、10kV冷缩式电力电缆终端头制作工艺流程及工艺质量控制要点

（一）10kV冷缩式电力电缆终端头制作工艺流程（见图 ZY0600103001-4）

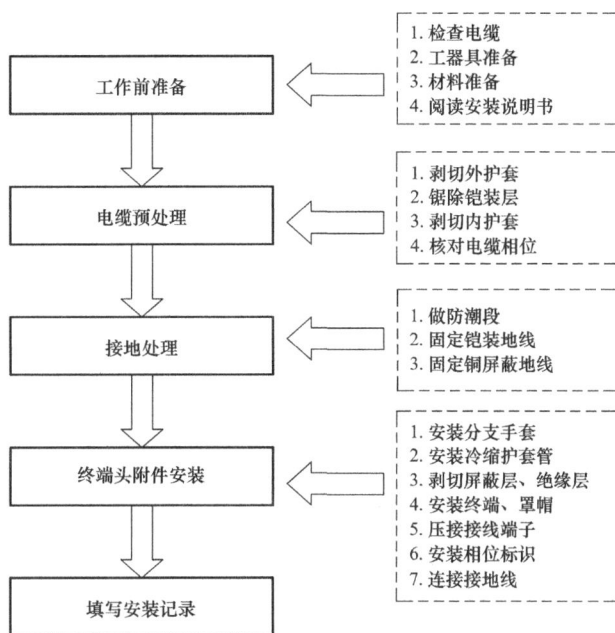

图 ZY0600103001-4　10kV冷缩式电力电缆终端头制作工艺流程

（二）10kV冷缩式电力电缆终端头制作工艺质量控制要点

1. 剥除电缆外护套、铠装、内护套及填料

本项内容与10kV热缩式电力电缆终端头制作工艺质量控制要点中1项相同。

2. 固定接地线，绕包密封填充胶

（1）用恒力弹簧将两条接地编织带分别固定在铠装层的两层钢带和三相铜屏蔽层上。在恒力弹簧外面必须绕包几层PVC胶带，以保证铠装与金属屏蔽层的绝缘。

（2）自外护套断口向下40mm范围内的铜编织带必须做20～30mm的防潮段，同时在防潮段下端电缆上绕包两层密封胶，将接地编织带埋入其中，提高密封防水性能。两编织带之间必须用绝缘分开，安装时错开一定距离。

（3）电缆内、外护套断口处要绕包填充胶，三相分叉部位空间应填实，绕包体表面应平整，绕包后外径必须小于分支手套内径。

3. 安装分支手套

（1）电缆三叉部位用填充胶绕包后，根据实际情况，上半部分可半搭盖绕包一层PVC胶带，以防止内部粘连和抽塑料衬管条时将填充胶带出。但填充胶绕包体上不能全部绕包PVC胶带。

（2）冷缩分支手套套入电缆前应先检查三指管内塑料衬管条内口预留是否过多，注意抽衬管条时，应谨慎小心，缓慢进行，以避免衬管条弹出。

（3）分支手套应套至电缆三叉部位填充胶上，必须压紧到位。检查三指管根部，不得有空隙存在。

4. 安装冷缩护套管

（1）安装冷缩护套管，抽出衬管条时，速度应均匀缓慢，两手应协调配合，以防冷缩护套管收缩不均匀造成拉伸和反弹。

（2）护套管切割时，必须绕包两层 PVC 胶带固定，圆周环切后，才能纵向剖切。剥切时不得损伤铜屏蔽层，严禁无包扎切割。

5. 剥切铜屏蔽层、外半导电层

（1）铜屏蔽层剥切时，应用 $\phi 1.0$mm 镀锡铜绑线扎紧或用恒力弹簧固定。切割时，只能环切一刀痕，不能切透，损伤外半导电层。剥除时，应从刀痕处撕剥，断开后向线芯端部剥除。

（2）外半导电层剥除后，绝缘表面必须用细砂纸打磨，去除嵌入在绝缘表面的半导电颗粒。

（3）外半导电层端部切削打磨斜坡时，注意不得损伤绝缘层。打磨后，外半导电层端口应平齐，坡面应平整光洁，与绝缘层圆滑过渡。

6. 剥切线芯绝缘层、内半导电层

（1）割切线芯绝缘层时，注意不得损伤线芯导体，剥除绝缘层时，应顺着导线绞合方向进行，不得使导体松散。

（2）内半导电层应剥除干净，不得留有残迹。

（3）绝缘端部应力处理前，用 PVC 胶带黏面朝外将电缆三相线芯端头包扎好，以防倒角时伤到导体。

（4）清洁绝缘层时，必须用清洁纸，从绝缘层端部向外半导电层端部方向一次性清洁绝缘层和外半导电层，以免把半导电粉末带到绝缘上。

（5）仔细检查绝缘层，如有半导电粉末、颗粒或较深的凹槽等必须用细砂纸打磨干净，再用新的清洁纸擦净。

7. 安装终端、罩帽

（1）安装终端头时，用力将终端套入，直至终端下端口与标记对齐为止，注意不能超出标记。

（2）在终端与冷缩护套管搭界处，必须绕包几层 PVC 胶带，加强密封。

（3）套入罩帽时，将罩帽大端向外翻开，必须待罩帽内腔台阶顶住绝缘后，方可将罩帽大端复原罩住终端。

8. 压接接线端子，连接接地线

（1）把接线端子套到导体上，必须将接线端子下端防雨罩罩在终端头顶部裙边上。

（2）压接时，接线端子必须和导体紧密接触，按先上后下顺序进行压接。

（3）按系统相色包缠相色带。

（4）压接接地端子，并与地网连接牢靠。

（5）固定三相，应保证相与相（接线端子之间）的距离满足：户外 $\geqslant 200$mm，户内 $\geqslant 125$mm。

【思考与练习】

1. 试述 10kV 各种类型电力电缆终端头制作工艺流程。

2. 10kV 冷缩式电缆终端安装主要工艺要点有哪些？

模块 2　10kV 电力电缆终端头安装（ZY0600103002）

【模块描述】 本模块包含 10kV 常用电力电缆终端安装步骤和基本要求。通过示例介绍、图形示意，掌握 10kV 常用电力电缆终端安装所需的工器具材料、安装作业条件、操作步骤及工艺要求。

【正文】

一、作业内容

本模块主要讲述 10kV 常用电力电缆终端头安装所需工器具和材料的选择、附件安装的基本要求、步骤以及安全注意事项等。

二、危险点分析与控制措施

（1）为防止触电，挂接地线前，应使用合格验电笔及绝缘手套验电，确认无电后再挂接地线。

（2）使用移动电气设备时，必须装设漏电保护器。

（3）搬运电缆附件时，施工人员应相互配合，轻搬轻放，不得抛接。

（4）用刀或其他切割工具时，正确控制切割方向。

（5）使用液化气枪应先检查液化气瓶、减压阀，液化气喷枪点火时火头不准对人，以免人员烫伤，其他工作人员应对火头保持一定距离，用后及时关闭阀门。

（6）吊装电缆终端头时，应保证与带电设备安全距离。

三、作业前准备

1. 工器具和材料准备

10kV 常用电力电缆终端安装所需工器具和材料分别见表 ZY0600103002-1 和表 ZY0600103002-2。

表 ZY0600103002-1　　　　10kV 常用电力电缆终端安装所需工器具

序号	名　称	规　格	单位	数量	备　注
1	常用工具		套	1	电工刀、克丝钳、螺钉旋具、卷尺
2	绝缘电阻表	500/2500V	块	1/1	
3	万用表		块	1	
4	验电器	10kV	个	1	
5	绝缘手套	10kV	副	1	
6	发电机	2kW	台	1	
7	电锯		把	1	
8	电压钳		把	1	
9	手锯		把	1	
10	液化气罐	50L	瓶	1	
11	喷枪头		把	1	
12	电烙铁	1kW	把	1	
13	锉刀	平锉/圆锉	把	1/1	
14	电源轴		卷	2	
15	铰刀		把	2	
16	工作灯	200W	盏	4	
17	活动扳手	10/12in（寸）	把	2/2	
18	棘轮扳手	17/19/22/24	把	2/2/2/2	
19	力矩扳手		套	1	
20	手电		把	2	
21	灭火器		个	2	

表 ZY0600103002-2　　　　10kV 常用电力电缆终端安装所需材料

序号	名　称	规　格	单位	数　量	备　注
1	热缩（预制、冷缩）交联终端头	根据需要选用	组	1	手套、应力管、绝缘管、预制或冷缩绝缘终端、相色管等
2	酒精	95%	瓶	1	
3	PVC 粘带	黄、绿、红	卷	3	
4	清洁布		kg	2	
5	清洁纸		包	1	
6	铜绑线	$\phi 2mm$	kg	1	
7	镀锡铜绑线	$\phi 1mm$	kg	1	
8	焊锡膏		盒	1	
9	焊锡丝		卷	1	
10	铜编织带	$25mm^2$	根	2	
11	接线端子	根据需要选用	支	3	
12	砂布	180/240 号	张	2/2	

2. 电缆附件安装作业条件

（1）室外作业应避免在雨天、雾天、大风天气及湿度在70%以上的环境下进行。遇紧急故障处理时，应做好防护措施并经上级主管领导批准才能作业。在尘土较多及重灰污染区，应搭临时帐篷。

（2）冬季施工气温低于0℃时，电缆应预先加热。

四、10kV常用电力电缆终端头安装的操作步骤及工艺要求

由于不同生产厂家的附件安装工艺尺寸会略有不同，本模块所介绍的工艺尺寸仅供参考。

（一）10kV热缩式电力电缆终端头安装步骤及工艺要求

（1）固定电缆。根据终端头的安装位置，将电缆固定在终端头支持卡子上。为防止损伤外护套，卡子与电缆间应加衬垫。将支持卡子至末端1m以外的多余电缆锯除。

（2）按图 ZY0600103002-1 所示尺寸剥除外护套，锯铠装，剥除内护套及填料。

（3）焊接铠装和铜屏蔽层接地线：

1）用锉刀打毛铠装表面，用铜绑线将一根铜编织带端头扎紧在铠装上，用锡焊牢或用恒力弹簧卡紧。将另一根铜编织带一端分成三股，分别用铜绑线扎紧在内护套以上30mm处的三相铜屏蔽层上，用锡焊牢或用恒力弹簧卡紧，再在外面绕包几层PVC胶带。

2）自外护套断口以下40mm长范围内的铜编织带均需进行渗锡处理，使焊锡渗透铜编织带间隙，形成防潮段。

（4）热缩分支手套：

1）将两条铜编织带撩起，在防潮段处的外护套上包缠一层密封胶，再将铜编织带放回，在铜编织带和外护层上再包两层密封胶带，使两条铜编织带相互绝缘。

2）套入分支手套，并尽量拉向三芯根部。

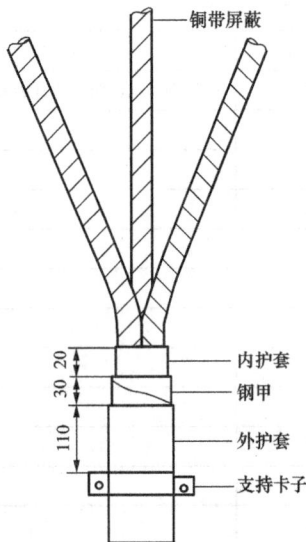

图 ZY0600103002-1　10kV热缩式电力电缆
终端头剥切尺寸图

3）取出手套内的隔离纸，从分支手套中间开始向下端热缩，然后向手指方向热缩。

（5）剥切铜屏蔽层、外半导电层：

1）在距分支手套手指端口55mm处将铜屏蔽层剥除。

2）在距铜屏蔽端口20mm处剥除外半导电层。

（6）清洁绝缘表面。用清洁纸将绝缘表面擦净，清洁时应从绝缘端口向外半导电层方向擦抹，不能反复擦。

（7）包应力控制胶。将应力控制胶拉薄，包在半导电层断口将断口填平，各压绝缘和半导电层5～10mm。

（8）热缩应力控制管。按图 ZY0600103002-2 所示，将应力控制管套在铜屏蔽层上，与铜屏蔽层重叠20mm，从下端开始向电缆末端热缩。

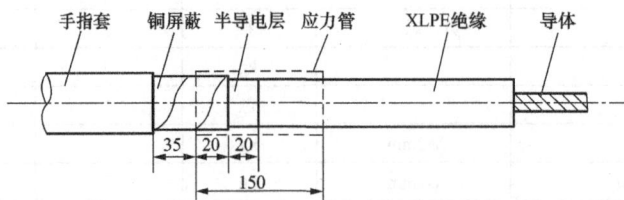

图 ZY0600103002-2　10kV热缩式电力电缆终端头电缆芯剥切尺寸图

（9）热缩绝缘管：

1）在线芯裸露部分包密封胶，并与绝缘搭接10mm，然后在接线端子的圆管部位包两层，在分支手套的手指上各包一层密封胶。

2）在三相上分别套入耐气候绝缘管，套至三叉根部，从三叉根部向电缆末端热缩。

（10）剥除绝缘层、压接接线端子。核对相色，按系统相色摆好三相线芯，户外终端头引线从内护套端口至绝缘端部不小于 700mm，户内不小于 500mm，再留端子孔深加 5mm，将多余电缆芯锯除。将电缆端部接线端子孔深加 5mm 长的绝缘剥除，绝缘层端口倒角。擦净导体，套入接线端子进行压接，压接后将接线端子表面用砂纸打磨光滑、平整。

（11）热缩密封管和相色管：

1）在接线端子和相邻的绝缘端部包缠密封胶，然后热缩密封管。

2）按系统相色在三相接线端子上套入相色管并热缩。

（12）对户外终端头，还需按图 ZY0600103002-3 所示安装防雨裙。

（13）终端头的铜屏蔽层接地线及铠装接地线均应与接地网连接良好。

（14）清理现场。施工作业结束后，工作负责人依据施工验收规范对施工工艺、质量进行自查验收，按要求清理施工现场，整理工具、材料，办理工作终结手续。

（二）10kV 预制式电力电缆终端头安装步骤及工艺要求

（1）固定电缆。根据终端头的安装位置，将电缆固定在终端头支持卡子上。为防止损伤外护套，卡子与电缆间应加衬垫。将支持卡子至末端 1m 以外的多余电缆锯除。

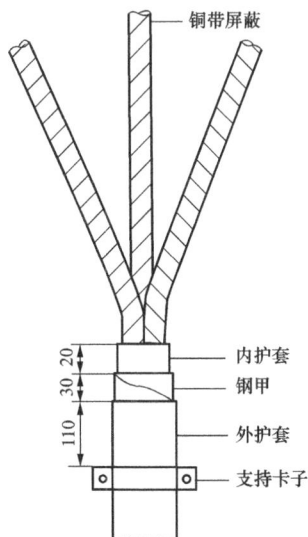

图 ZY0600103002-3　10kV 热缩式电力电缆户外终端头防雨裙安装位置图

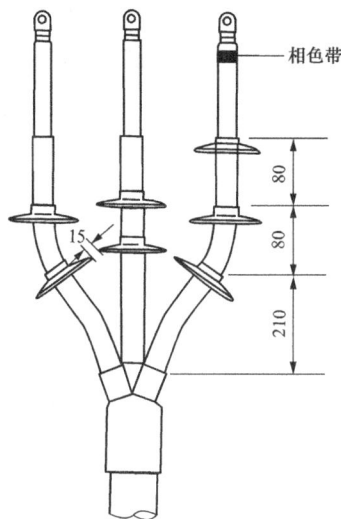

图 ZY0600103002-4　10kV XLPE 电缆预制式终端头剥切尺寸图

（2）按图 ZY0600103002-4 所示尺寸剥除外护套，锯铠装，剥除内护套及填料。

（3）焊接铠装和铜屏蔽层接地线：

1）用锉刀打毛铠装表面，用铜绑线将一根铜编织带端头扎紧在铠装上，用锡焊牢或用恒力弹簧卡紧。将另一根铜编织带一端分成三股，分别用铜绑线扎紧在内护套以上 30mm 处的三相铜屏蔽层上，用锡焊牢或用恒力弹簧卡紧，再在外面绕包几层 PVC 胶带。

2）自外护套断口以下 40mm 长范围内的铜编织带均需进行渗锡处理，使焊锡渗透铜编织带间隙，形成防潮段。

（4）热缩分支手套：

1）将两条铜编织带撩起，在防潮段处的外护套上包缠一层密封胶，再将铜编织带放回，在铜编织带和外护层上再包两层密封胶带，使两条铜编织带相互绝缘。

2）套入分支手套，并尽量拉向三芯根部。

3）取出手套内的隔离纸，从分支手套中间开始向下端热缩，然后向手指方向热缩。

（5）安装绝缘保护管。清洁分支手套的手指部分，分别包缠红色密封胶；将三根绝缘保护管分别套在三相铜屏蔽层上，下端盖住分支手套的手指；从下端开始向上加热，使其均匀收缩。

（6）剥除多余保护管：

1）将三相线芯按各相终端预定的位置排列好，用 PVC 粘带在三相线芯上标出接线端子下端面的位置。

2）将标志线以下 185mm（户外为 225mm）电缆线芯上的热缩保护管剥除。

（7）剥除铜屏蔽带及外半导电层。按图 ZY0600103002-5 所示，将距保护管末端 15mm 以外的铜屏蔽带剥除，将距保护管末端 35mm 以外的外半导电层剥除。

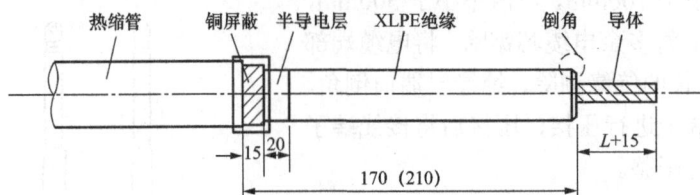

图 ZY0600103002-5　10kV XLPE 电缆预制式终端头缆芯剥切尺寸图

L—接线端子孔深

（8）包缠半导电带。在铜屏蔽带上包缠圆柱状半导电带，长 25mm，即分别压半导电层和保护管各 5mm，其直径 D 符合表 ZY0600103002-3 所给尺寸。包缠时应从压 5mm 外半导电层开始。

表 ZY0600103002-3　　　　　　　　　包缠半导电带尺寸

电缆截面积（mm²）	150	240
D（mm）	35	38

（9）锯除多余电缆线芯。按图 ZY0600103002-5 所示尺寸，将多余电缆线芯锯除。

（10）剥除绝缘层。按图 ZY0600103002-5 所示尺寸，将电缆线芯端部接线端子孔深加 15mm 长的绝缘剥除，绝缘端部倒角 3mm×45°。

（11）安装终端头：

1）擦净线芯、绝缘及半导电层表面。

2）在导电线芯端部包两层 PVC 粘带，防止套入终端头时刺伤内部绝缘。

3）在线芯绝缘、半导电层表面及终端头内侧底部均匀地涂上一层硅脂。

4）套入终端头，使线芯导体从终端头上端露出，直到终端头应力锥套至电缆上的半导电带缠绕体为止。

5）擦净挤出的硅脂，检查确认终端头下部与半导电带有良好的接触和密封，并在底部装上卡带，包缠相色带。

（12）压接接线端子。拆除导电线芯上的 PVC 粘带，将接线端子套至线芯上并与终端头顶部接触，用压接钳进行压接。

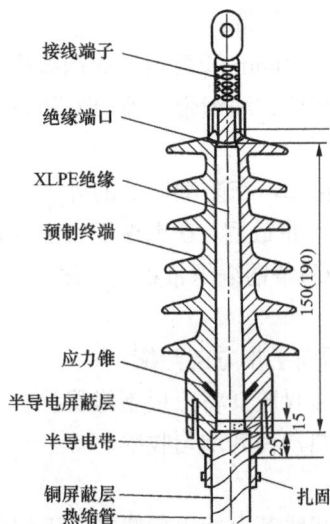

图 ZY0600103002-6　10kV XLPE 电缆
预制式终端头整体结构图

（13）连接接地线。将电缆终端头的铜屏蔽接地线及铠装接地线与地网良好连接。

（14）10kV XLPE 电缆预制式终端头的整体结构如图 ZY0600103002-6 所示。

（15）清理现场。施工作业结束后，工作负责人依据施工验收规范对施工工艺、质量进行自查验收，按要求清理施工现场，整理工具、材料，办理工作终结手续。

（三）10kV 预制式肘型电缆终端头安装步骤及工艺要求

（1）固定电缆。根据终端头的安装位置，将电缆固定在终端头支持卡子上。为防止损伤外护套，卡子与电缆间应加衬垫。将支持卡子至末端 1m 以外的多余电缆锯除。

（2）按图 ZY0600103002-7 所示尺寸剥除外护套，锯铠装，剥除内护套及填料。

1）自电缆端头量取 A+B（A 为现场实际尺寸，B 为接线端子孔深）剥除电缆外护套。外护套端口以下 100mm 部分用清洁纸擦洗干净。

2）从电缆外护套端口量取铠装 25mm 用铜绑线扎紧，锯除其余铠装。

3）保留 10mm 内护套，其余部分剥除。

4）剥除纤维色带，切割填充料，用 PVC 粘带把三相铜屏蔽端头临时包好，将三相线芯分开。

（3）铠装及铜屏蔽接地线的安装。对铠装接地处进行打磨，去除氧化层，然后用两个恒力弹簧将两根地线分别固定在铜屏蔽和铠装上。顺序是先安装铠装接地线，安装完用绝缘胶带缠绕两层。再安装铜屏蔽接地线，三相要求接触良好，并且用绝缘胶带缠绕两层。铠装接地线与铜屏蔽接地线分别安装在电缆两侧。

（4）填充绕包处理。用填充胶将接地线处绕包充实，并在接地线与外护套间及地线上面各绕包一层填充胶，将地线包在中间，以起到防潮和避免突出异物损伤分支手套的作用。

（5）安装冷缩三相分支手套。将分支手套套入电缆分叉处，先抽出下端内部塑料螺旋条，再抽出三个指管内部的塑料螺旋条。注意收缩要均匀，不能用蛮力，以免造成附件损坏。

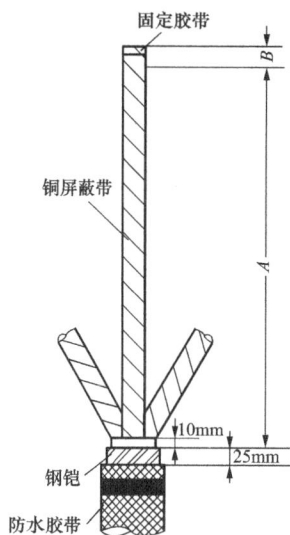

图 ZY0600103002-7　10kV XLPE 电缆
预制式肘型终端头剥切尺寸图

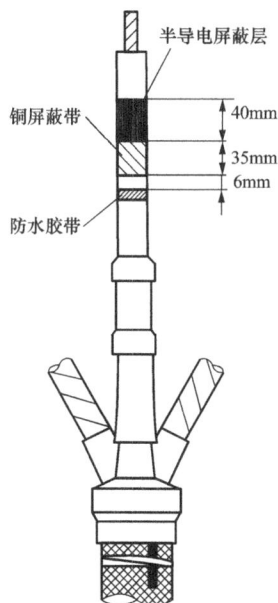

图 ZY0600103002-8　10kV XLPE 电缆
预制式肘型终端头铜屏蔽层、
外半导电层剥切尺寸图

（6）安装冷缩护套管：

1）将冷缩护套管分别套入电缆各芯，绝缘管要套入根部，与分支手套搭接符合要求。

2）调整电缆，按照开关柜实际尺寸将电缆多余部分去除。

（7）按图 ZY0600103002-8 所示尺寸，剥除铜屏蔽层、外半导电层。

1）从冷缩护套管端口向上量取 35m 铜屏蔽层，用镀锡铜绑线扎紧或用恒力弹簧固定，将以上部分铜屏蔽层剥除。

2）自铜屏蔽层端口向上量取 40mm 半导电层，将其余半导电层剥除。

3）用细砂纸将绝缘层表面吸附的半导电粉尘打磨干净，并使绝缘层表面平整光洁。

4）将外半导电层端口切削成约 4mm 的小斜坡并打磨光洁，与绝缘圆滑过渡。绕包两层半导电带将铜屏蔽层与外半导电层之间的台阶盖住。

5）在冷缩套管管口往下 6mm 的地方绕包一层防水胶粘条。

（8）切除相绝缘。根据接线端子孔深加 5mm 来确定切除绝缘的长度。

（9）打磨并清洁电缆绝缘表面。用细砂纸打磨主绝缘表面（不能用打磨过半导电层的砂纸打磨主绝缘），并用清洁纸由绝缘向外半导电层擦拭。

（10）绕包半导电层圆柱形凸台。在铜屏蔽层断口用半导电带绕包一宽 20mm、厚 3mm 的圆柱形凸台，分别压半导电层和保护管各 5mm。

（11）将硅脂均匀涂抹在电缆绝缘表面和应力锥内表面上（不要涂在半导电层上）。

（12）将应力锥边转动边用力套至电缆绝缘上，直到应力锥下端的台阶与绕包的半导体圆柱形凸台紧密接触，如图 ZY0600103002-9 所示。

（13）压接接线端子。根据电缆的规格选择相对应的模具，压接的顺序为先上后下。压接后打磨毛刺、飞边。

（14）在肘型插头的内表面均匀涂上一层硅脂。

（15）用螺钉旋具（螺丝刀）将双头螺杆旋入环网开关柜套管的螺孔内，如图 ZY0600103002-10 所示。

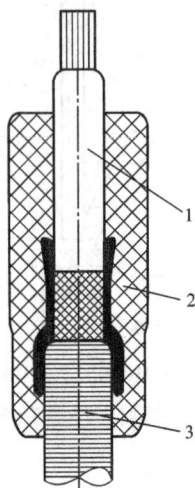

图 ZY0600103002-9　10kV XLPE 电缆预制式
肘型终端头应力锥安装图

1—线芯绝缘；2—应力锥；3—半导电带

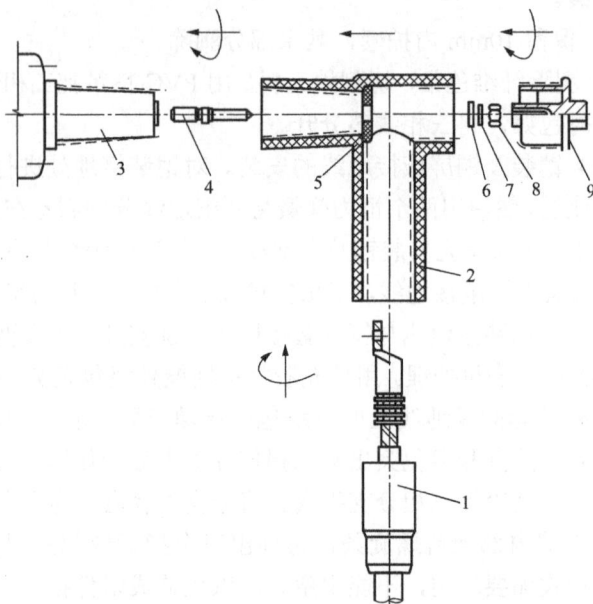

图 ZY0600103002-10　10kV XLPE 电缆预制式
肘型终端头安装图

1—应力锥；2—肘型插头；3—插座；4—双头螺杆；5—压缩连接器；
6—弹簧垫圈；7—垫圈；8—螺母；9—绝缘塞

（16）将肘型插头以单向不停顿运动方式套入到压好接线端子的电缆头上，直到与接线端子孔对准为止。

（17）将肘型插头以同样的方式套至环网开关柜套管上。

（18）按顺序套入平垫圈、弹簧垫圈和螺母，再用专用套筒扳子拧紧螺母。

（19）最后套上绝缘塞，并用专用套筒拧紧。

（20）清理现场。施工作业结束后，工作负责人依据施工验收规范对施工工艺、质量进行自查验收，按要求清理施工现场，整理工具、材料，办理工作终结手续。

（四）10kV 冷缩式电力电缆终端头安装步骤及工艺要求

（1）固定电缆。根据终端头的安装位置，将电缆固定在终端头支持卡子上。为防止损伤外护套，卡子与电缆间应加衬垫。将支持卡子至末端 1m 以外的多余电缆锯除。

（2）按图 ZY0600103002-11 所示尺寸剥除外护套，锯铠装，剥除内护套及填料。

1）剥除电缆外护套 800mm，保留 30mm 铠装及 10mm 内护套，其余剥去。

2）用胶粘带将每相铜屏蔽带端头临时包好，清理填充物，将三相分开。

（3）固定接地线，绕包密封填充胶：

1）对铠装接地处进行打磨，去除氧化层，然后用两个恒力弹簧将两根地线分别固定在铜屏蔽和铠装上。顺序是先安装铠装接地线，安装完用绝缘胶带缠绕两层。再安装铜屏蔽接地线，三相要求接触良好，并且用绝缘胶带缠绕两层。

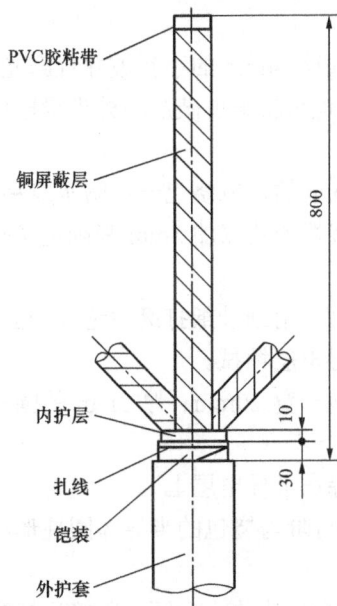

图 ZY0600103002-11　10kV XLPE 电缆
冷缩式终端头剥切尺寸图

2）掀起两铜编织带，在电缆外护套断口上绕两层填充胶，将做好防潮段的两条铜编织带压入其中，在其上绕几层填充胶，再分别绕包三叉口，在绕包的填充胶外表面再包绕一层胶粘带。绕包后的外径应小于扩后分支手套内径。

（4）安装冷缩三相分支手套：

1）将冷缩分支手套套至三叉口的根部，沿逆时针方向均匀抽掉衬管条。先抽掉尾管部分，然后再分别抽掉指套部分，使冷缩分支手套收缩。

2）收缩后在手套下端用绝缘带包绕 4 层，再加绕 2 层胶粘带，加强密封。

（5）按图 ZY0600103002-12 所示安装冷缩护套管，确定安装尺寸：

1）将一根冷缩管套入电缆一相（衬管条伸出的一端后入电缆），沿逆时针方向均匀抽掉衬管条，收缩该冷缩管，使之与分支手套指管搭接 20mm。

2）在距电缆端头 $L+217$mm（L 为端子孔深，含雨罩深度）处用胶粘带作好标记。除掉标记处以上的冷缩管，使冷缩管断口与标记齐平。按此工艺处理其他两相。

（6）按图 ZY0600103002-13 所示尺寸剥除铜屏蔽层、外半导电层。

1）自冷缩管端口向上量取 15mm 长铜屏蔽层，其余铜屏蔽层去掉。

2）自铜屏蔽断口向上量取 15mm 长半导电层，其余半导电层去掉。

3）将绝缘表面用细砂纸打磨以去除吸附在绝缘表面的半导电粉尘，外半导电层端口切削成约 4mm 的小斜坡并用砂纸打磨光洁，与绝缘圆滑过渡。

4）绕包 2 层半导电带，将铜屏蔽层与外半导电层之间的台阶盖住。

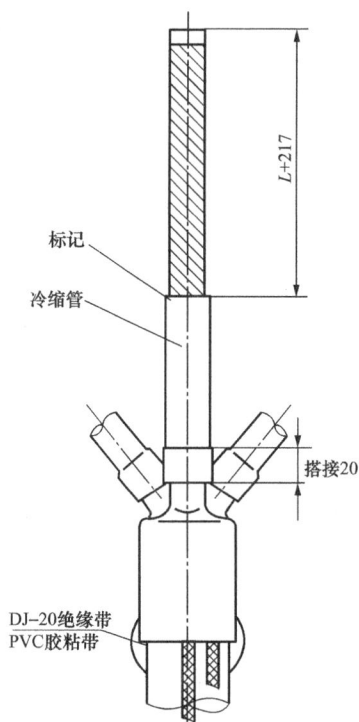

图 ZY0600103002-12　10kV XLPE 电缆冷缩式
终端头冷缩护套管安装尺寸图

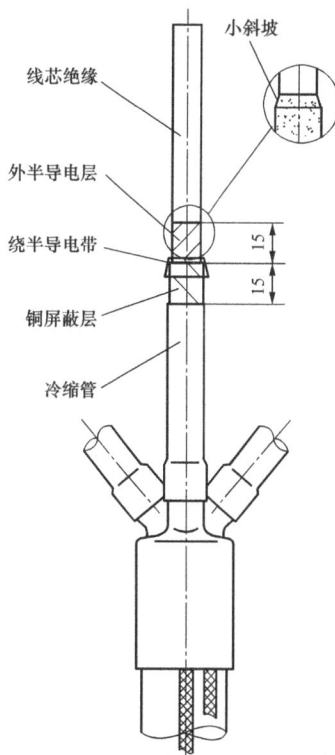

图 ZY0600103002-13　10kV XLPE 电缆冷缩式
终端头铜屏蔽层、半导电层剥切尺寸图

（7）按图 ZY0600103002-14 所示尺寸剥切线芯绝缘：

1）自电缆末端剥去线芯绝缘及内屏蔽层 L（L 为端子孔深，含雨罩深度）。

2）将绝缘层端头倒角 3mm×45°。

3）在半导电层端口以下 45mm 处用胶粘带作好标记。

（8）安装终端绝缘主体：

1）用清洁纸从上至下把各相清洁干净，待清洁剂挥发后，在绝缘层表面均匀地涂上硅脂。

234

2）将冷缩终端绝缘主体套入电缆，衬管条伸出的一端后入电缆，沿逆时针方向均匀地抽掉衬管条使终端绝缘主体收缩（注意：终端绝缘主体收缩好后，其下端与标记齐平），然后用扎带将终端绝缘主体尾部扎紧。

（9）按图 ZY0600103002-15 所示安装罩帽，压接接线端子：

1）将罩帽穿过线芯套上接线端子（注意：必须将接线端子雨罩罩过罩帽端头），压接接线端子。

2）将相色带绕在各相终端下方。

3）将接地铜编织带与地网连接好，安装完毕。

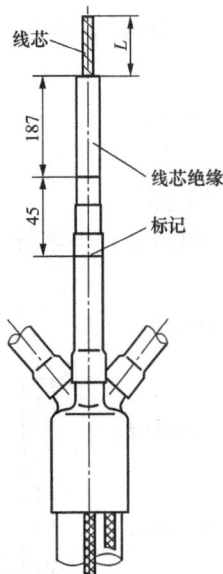

图 ZY0600103002-14　10kV XLPE 电缆冷缩式
终端头线芯绝缘剥切尺寸图

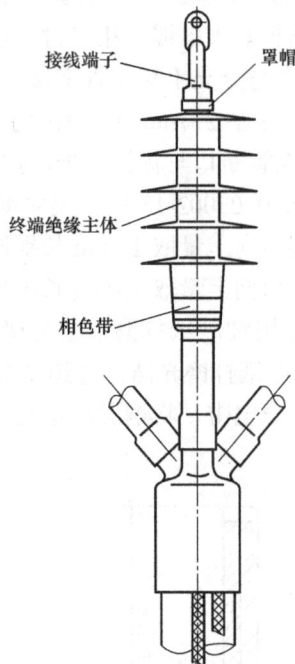

图 ZY0600103002-15　10kV XLPE 电缆
冷缩式终端头结构图

（10）清理现场。施工作业结束后，工作负责人依据施工验收规范对施工工艺、质量进行自查验收，按要求清理施工现场，整理工具、材料，办理工作终结手续。

五、注意事项

为了保证 10kV 常用电力电缆终端安装过程中的施工安全和施工质量，应在工作之前熟悉掌握《国家电网公司电力安全工作规程（线路部分）》、10kV 热缩式（预制式、冷缩式）电力电缆终端安装工艺文件、《电气装置安装工程电缆线路施工及验收规范》等规程、规范的相关要求。

【思考与练习】

1. 10kV 常用电力电缆终端头制作需要哪些工器具？

2. 10kV 预制式肘型电力电缆终端头制作应注意哪些方面？

3. 10kV 冷缩式电力电缆终端头制作如何做好密封？

第十八章　35kV 电力电缆各种类型终端制作

模块 1　35kV 电力电缆各种类型终端头制作程序及工艺要求（ZY0600104001）

【模块描述】本模块包含 35kV 常用电力电缆终端制作程序及工艺要求。通过图解示意、流程介绍和工艺要点归纳，掌握 35kV 常用电力电缆终端制作工艺流程和各操作步骤工艺质量控制要点。

【正文】

一、35kV 热缩式电力电缆终端头制作工艺流程及工艺质量控制要点

（一）35kV 热缩式电力电缆终端头制作工艺流程（见图 ZY0600104001-1）

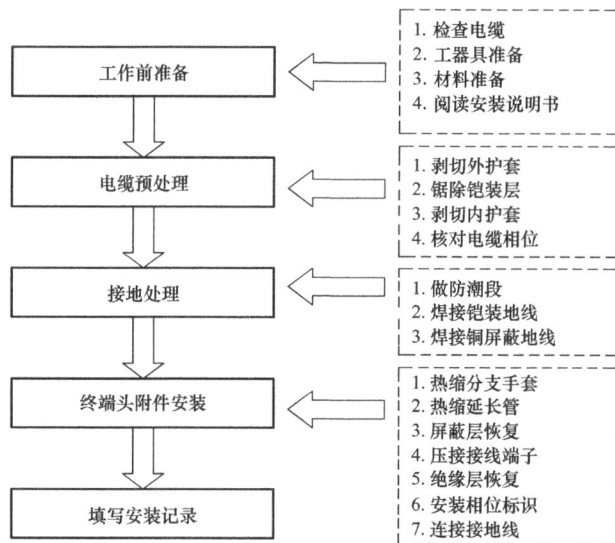

图 ZY0600104001-1　35kV 热缩式电力电缆终端头制作工艺流程

（二）35kV 热缩式电力电缆终端头制作工艺质量控制要点

1. 剥除外护套、铠装、内护套

（1）安装电缆终端头时，应尽量垂直固定，对于大截面电缆终端头，建议在杆塔上进行制作，以免在地面制作后吊装时造成线芯伸缩错位，三相长短不一，使分支手套局部受力损坏。

（2）剥除外护套。应分两次进行，以避免电缆铠装层铠装松散。先将电缆末端外护套保留 100mm。然后按规定尺寸剥除外护套，要求断口平整。外护套断口以下 100mm 部分用砂纸打毛并清洁干净，以保证分支手套定位后，密封性能可靠。

（3）剥除铠装。按规定尺寸在铠装上绑扎铜线，绑线的缠绕方向应与铠装的缠绕方向一致，使铠装越绑越紧不致松散。绑线用 ϕ2.0mm 的铜线，每道 3～4 匝。锯铠装时，其圆周锯痕深度应均匀，不得锯透，不得损伤内护套。剥铠装时，应首先沿锯痕将铠装卷断，铠装断开后再向电缆端头剥除。

（4）剥除内护套及填料。在应剥除内护套处用刀子横向切一环形痕，深度不超过内护套厚度的一半。纵向剥除内护套时，刀子切口应在两芯之间，防止切伤金属屏蔽层。剥除内护套后应将金属屏蔽

带末端用聚氯乙烯粘带扎牢，防止松散。切除填料时刀口应向外，防止损伤金属屏蔽层。

（5）分开三相线芯时，不可硬行弯曲，以免铜屏蔽层褶皱、变形。

2. 焊接铠装及铜屏蔽接地线

（1）自外护套断口向下 40mm 范围内的两条铜编织带必须用焊锡做 20～30mm 的防潮段，同时在防潮段下端电缆上绕包两层密封胶，以提高密封防水性能。两条接地线之间必须用绝缘分开，焊接时错开一定距离。

（2）两条接地编织带必须分别焊牢在铠装的两层钢带和三相铜屏蔽层上。焊面上的尖角毛刺，必须打磨平整，并在铠装外面绕包几层 PVC 胶带，以保证铠装与金属屏蔽层的绝缘。也可用恒力弹簧扎紧，但在恒力弹簧外面也必须绕包几层 PVC 胶带。

（3）电缆内、外护套断口处要绕包填充胶，必须严实紧密。三相分叉部位空间应填实，绕包体表面应平整。绕包后外径必须小于分支手套内径。

3. 热缩分支手套

（1）分支手套套入电缆三叉部位，必须压紧到位。由中间向两端加热收缩，注意火焰不得过猛，应环绕加热，均匀收缩，收缩后不得有空隙存在。并在分支手套下端口部位，绕包几层密封胶加强密封。

（2）根据系统相序排列及布置形式，适当调整排列好三相线芯。

4. 热缩延长管

（1）在分支手套手指上缠绕一层红色密封胶，将黑色延长管收缩到线芯的铜屏蔽层上，并将其尽量推向电缆分叉处。

（2）热收缩顺序应从分支手套处向上收缩。

5. 剥切铜屏蔽层、外半导电层，缠绕应力控制胶

（1）铜屏蔽层剥切时，应用 ϕ1.0mm 镀锡铜绑线扎紧或用恒力弹簧固定。切割时，只能环切一刀痕，不能切透，以免损伤外半导电层。剥除时，应从刀痕处撕剥，断开后向线芯端部剥除。

（2）外半导电层剥除后，绝缘表面必须用细砂纸打磨，去除嵌入在绝缘表面的半导电颗粒。

（3）外半导电层端部切削打磨斜坡时，注意不得损伤绝缘层。打磨后，外半导电层端口应平齐，坡面应平整光洁，与绝缘层圆滑过渡。

（4）清洁绝缘层时，用浸有清洁剂的不掉纤维的细布或清洁纸清除绝缘层表面上的污垢和炭痕。清洁时应从绝缘端口向半导电层方向擦抹，不能反复擦，严禁用带有炭痕的布或纸擦抹。擦净后用一块干净的布或纸再次擦抹绝缘表面，检查布或纸上无炭痕时方为合格。

（5）缠绕应力控制胶，必须拉薄拉窄，将外半导电层与绝缘层之间台阶绕包填平，再搭接外半导电层和绝缘层。绕包的应力控制胶应圆整，端口应平齐。

（6）涂硅脂时，注意不要涂在应力控制胶上。

6. 热缩应力控制管

（1）固定应力控制管，应根据图纸尺寸和工艺要求进行操作，不得随意改变结构和尺寸。

（2）应力控制管加热时，火焰不得过猛，应温火均匀加热，使其自然收缩到位。

7. 剥除绝缘层、压接接线端子

（1）剥除线芯末端绝缘层时，注意不要伤到线芯。绝缘端部应力处理前，用 PVC 胶带粘面朝外将电缆三相线芯端头包扎好，以防倒角时伤到导体。

（2）压接接线端子。压接时，接线端子必须和导体紧密接触，按先上，后下顺序进行压接。端子表面尖端和毛刺必须打磨光洁。

8. 热缩绝缘管

（1）热缩绝缘管，火焰不得过猛，必须由下向上缓慢、环绕加热，将管中气体全部排出，使其均匀收缩。

（2）冬季施工，环境温度较低，绝缘管做二次加热收缩效果更好。

9. 热缩密封管和相色管

（1）在绝缘管与接线端子之间用绕包的密封胶和填充胶将台阶填平，使其表面尽量平整。绕包时

应注意严实紧密。

（2）密封管固定时，其位置应调整适当，密封管的上端不宜搭接到接线端子孔的顶端，以免形成槽口，长期积水渗透，影响密封结构。

（3）按系统相色，在三相密封管上套入相色管并热缩。

10. 户外安装时固定防雨裙

（1）防雨裙固定应符合图纸尺寸要求，并与线芯、绝缘管垂直。

（2）热缩防雨裙时，应对防雨裙上端直管部位圆周加热，加热时应用温火，火焰不得集中，以免防雨裙变形和损坏。

（3）防雨裙加热收缩中，应及时对水平、垂直方向进行调整和对防雨裙边进行整形。

（4）防雨裙加热收缩只能一次性定位，收缩后不得移动和调整，以免防雨裙上端直管内壁密封胶脱落，固定不牢，失去防雨功能。

11. 连接接地线

（1）压接接地端子，并与地网连接牢靠。

（2）固定三相，应保证相间（接线端子之间）距离满足：户外≥400mm，户内≥300mm。

二、35kV 预制式电力电缆终端头制作工艺流程及工艺质量控制要点

（一）35kV 预制式电缆终端头制作工艺流程（见图 ZY0600104001-2）

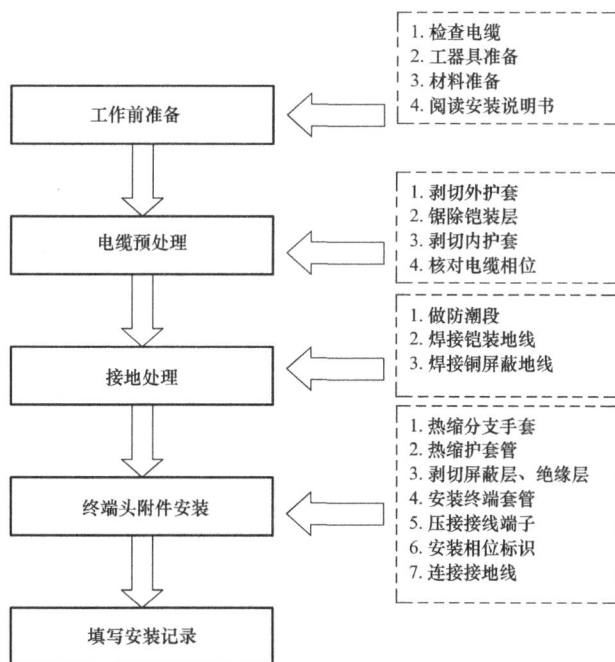

图 ZY0600104001-2　35kV 预制式电缆终端头制作工艺流程

（二）35kV 预制式电力电缆终端头制作工艺质量控制要点

1～3 项内容与 35kV 热缩式电力电缆终端头制作工艺质量控制要点中 1～3 项相同。

4. 热缩护套管

（1）套入护套管时，应注意将涂有热溶胶的一端套至分支手套三指管根部。热缩护套管时，应由下端分支手套指管处开始向上端加热收缩。应缓慢、均匀加热，使管中的气体完全排出。

（2）切割多余护套管时，必须绕包两层 PVC 胶带固定，圆周环切后，才能纵向割切，剥切时不得损伤铜屏蔽层，严禁无包扎切割。

5. 剥切铜屏蔽层、外半导电层

（1）铜屏蔽层剥切时，应用 ϕ1.0mm 镀锡铜绑线扎紧或用恒力弹簧固定。切割时，只能环切一刀痕，不能切透，以免损伤外半导电层。剥除时，应从刀痕处撕剥，断开后向线芯端部剥除。

（2）外半导电层剥除后，绝缘表面必须用细砂纸打磨，去除嵌入在绝缘表面的半导电颗粒。

（3）外半导电层端部切削打磨斜坡时，注意不得损伤绝缘层。打磨后，外半导电层端口应平齐，坡面应平整光洁，与绝缘层圆滑过渡。

6. 剥切线芯绝缘层、内半导电层

（1）割切线芯绝缘层时，注意不得损伤线芯导体。剥除绝缘层时，应顺着导线绞合方向进行，不得使导体松散变形。

（2）内半导电层应剥除干净，不得留有残迹。

（3）绝缘端部处理前，用 PVC 胶带黏面朝外将电缆三相线芯端头包好，以防倒角时伤到导体。

（4）清洁绝缘层时，必须用清洁纸，从绝缘层端部向外半导电层端部一次性清洁，以免把半导电粉质带到绝缘上。

（5）仔细检查绝缘层，如发现有半导电粉质、颗粒或较深的凹槽等，则必须用细砂纸打磨或用玻璃片刮干净，再用新的清洁纸擦净。

7. 绕包半导电带台阶

将半导电带拉伸 200%，绕包成圆柱形台阶，其上平面应和线芯垂直，圆周应平整，不得绕包成圆锥形或鼓形。

8. 安装终端套管

（1）套入终端时，应注意先把塑料护帽套在线芯导体上，防止导体边缘刮伤终端套管。

（2）整个套入过程不宜过长，应一次性推到位。

（3）在终端头底部电缆上绕包一圈密封胶，将底部翻起的裙边复原，装上卡带并紧固。

9. 压接接线端子和连接接地线

（1）把接线端子套到导体上，使接线端子下端防雨罩罩在终端头顶部裙边上。

（2）压接时保证接线端子和导体紧密接触，按先上后下顺序进行压接。端子表面的尖端和毛刺必须打磨光洁。

（3）按系统相色包缠相色带。

（4）压接接地端子，并与地网连接牢靠。

（5）固定三相，应保证相间（接线端子之间）距离满足：户外≥400mm，户内≥300mm。

三、35kV 冷缩式电力电缆终端头制作工艺流程及工艺质量控制要点

（一）35kV 冷缩式电力电缆终端头制作工艺流程（见图 ZY0600104001-3）

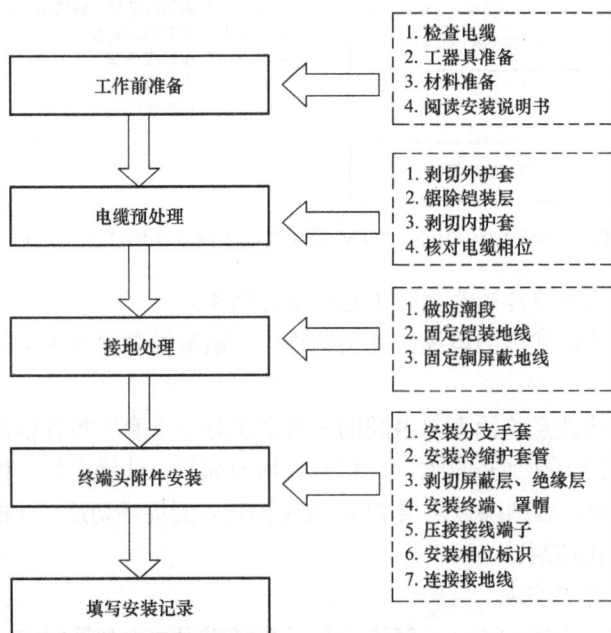

图 ZY0600104001-3 35kV 冷缩式电力电缆终端头制作工艺流程

（二）35kV 冷缩式电力电缆终端头制作工艺质量控制要点

1. 剥除外护套、铠装、内护套及填料

本项内容与 35kV 热缩式电力电缆终端头制作工艺质量控制要点中 1 项相同。

2. 固定接地线，绕包密封填充胶

（1）接地编织带必须分别固定在铠装层的两层钢带和三相铜屏蔽层上。在恒力弹簧外面必须绕包几层 PVC 胶带，以保证铠装与金属屏蔽层的绝缘。

（2）自外护套断口向下 40mm 范围内的铜编织带必须做 20~30mm 的防潮段，同时在防潮段下端电缆上，绕包两层密封胶，将接地编织带埋入其中，提高密封防水性能。两编织带之间必须用绝缘分开，安装时错开一定距离。

（3）电缆内、外护套断口处要绕包填充胶，三相分叉部位空间应填实，绕包体表面应平整，绕包后外径必须小于分支手套内径。

3. 安装分支手套

（1）电缆三叉部位用填充胶绕包后，根据实际情况，上半部分可半搭盖绕包一层 PVC 胶带，以防止内部粘连，抽塑料衬管条时，将填充胶带出。但填充胶绕包体上不能全部绕包 PVC 胶带。

（2）冷缩分支手套套入电缆前应先检查三指管内塑料衬管条内口预留是否过多，注意抽衬管条时，应谨慎小心，缓慢进行，以避免衬管条弹出。

（3）分支手套应套至电缆三叉部位填充胶上，必须压紧到位。检查三指管根部，不得有空隙存在。

4. 安装冷缩护套管

（1）安装冷缩护套管，抽出衬管条时，速度应均匀缓慢，两手应协调配合，以防冷缩护套管收缩不均匀易造成拉伸和反弹。

（2）护套管切割时，必须绕包两层 PVC 胶带固定，圆周环切后，才能纵向剖切，剥切时不得损伤铜屏蔽层，严禁无包扎切割。

5. 剥除铜屏蔽层、外半导电层

（1）铜屏蔽层剥切时，应用 ϕ1.0mm 镀锡铜绑线扎紧或用恒力弹簧固定。切割时，只能环切一刀痕，不能切透，以免损伤外半导电层。剥除时，应从刀痕处撕剥，断开后向线芯端部剥除。

（2）外半导电层剥除后，绝缘表面必须用细砂纸打磨，去除嵌入在绝缘表面的半导电颗粒。

（3）外半导电层端部切削打磨斜坡时，注意不得损伤绝缘层。打磨后，外半导电层端口应平齐，坡面应平整光洁，与绝缘层圆滑过渡。

6. 剥切线芯绝缘层、内半导电层

（1）割切线芯绝缘层时，注意不得损伤线芯导体。剥除绝缘层时，应顺着导线绞合方向进行，不得使导体松散。

（2）内半导电层应剥除干净，不得留有残迹。

（3）绝缘端部应力处理前，用 PVC 胶带黏面朝外将电缆三相线芯端头包扎好，以防倒角时伤到导体。

（4）清洁绝缘层时，必须用清洁纸，从绝缘层端部向外半导电层端部方向一次性清洁绝缘和外半导电，以免把半导电粉末带到绝缘上。

（5）仔细检查绝缘层，如有半导电粉末、颗粒或较深的凹槽等，则必须再用细砂纸打磨干净，再用新的清洁纸擦净。

7. 安装终端、罩帽

（1）安装终端头时，用力将终端套入，直至终端下端口与标记对齐为止，注意不能超出标记。

（2）在终端与冷缩护套管搭界处，必须绕包几层 PVC 胶带，加强密封。

（3）套入罩帽时，将罩帽大端向外翻开，必须待罩帽内腔台阶顶住绝缘后，方可将罩帽大端复原罩住终端。

8. 压接接线端子，连接接地线

（1）把接线端子套到导体上，必须将接线端子下端防雨罩罩在终端头顶部裙边上。

（2）压接时，接线端子必须和导体紧密接触，按先上后下顺序进行压接。

（3）按系统相色包缠相色带。

（4）压接接地端子，并与地网连接牢靠。

（5）固定三相，应保证相间（接线端子之间）距离满足：户外≥400mm，户内≥300mm。

【思考与练习】

1. 试述 35kV 冷缩式电缆终端安装工艺流程。

2. 35kV 热缩式终端安装工艺要点有哪些？

模块2　35kV 电力电缆终端头安装（ZY0600104002）

【模块描述】 本模块包含 35kV 常用电力电缆终端安装步骤和基本要求。通过示例介绍、图形示意，掌握 35kV 常用电力电缆终端安装所需的工器具材料、安装作业条件、操作步骤及工艺要求。

【正文】

一、作业内容

本模块主要讲述 35kV 常用电力电缆终端安装所需工器具和材料的选择、附件安装的基本要求、步骤以及安全注意事项等。

二、危险点分析与控制措施

（1）为防止触电，挂接地线前，应使用合格验电笔及绝缘手套，确认无电后再挂接地线。

（2）使用移动电气设备时，必须装设漏电保护器。

（3）搬运电缆附件时，施工人员应相互配合，轻搬轻放，不得抛接。

（4）用刀或其他切割工具时，正确控制切割方向。

（5）使用液化气枪应先检查液化气瓶、减压阀，液化气喷枪点火时火头不准对人，以免人员烫伤。其他工作人员应对火头保持一定距离，用后及时关闭阀门。

（6）吊装电缆终端头时，应保证与带电设备安全距离。

三、作业前准备

1. 工器具和材料准备

35kV 常用电力电缆终端安装所需工器具和材料分别见表 ZY0600104002-1 和表 ZY0600104002-2。

表 ZY0600104002-1　　　　35kV 常用电力电缆终端安装所需工器具

序号	名　称	规　格	单位	数　量	备　注
1	常用工具		套	1	电工刀、克丝钳、螺钉旋具、卷尺
2	绝缘电阻表	500/2500V	块	1/1	
3	万用表		块	1	
4	验电器	35kV	个	1	
5	绝缘手套	35kV	副	1	
6	发电机	2kW	台	1	
7	电锯		把	1	
8	电压钳		把	1	
9	手锯		把	1	
10	液化气罐	50L	瓶	1	
11	喷枪头		把	1	
12	电烙铁	1kW	把	1	
13	锉刀	平锉/圆锉	把	1/1	
14	电源轴		卷	2	

续表

序号	名 称	规 格	单位	数量	备 注
15	铰刀		把	2	
16	工作灯	200W	盏	4	
17	活动扳手	10/12in	把	2/2	
18	棘轮扳手	17/19/22/24	把	2/2/2/2	
19	力矩扳手		套	1	
20	手电		把	2	
21	灭火器		个	2	

表 ZY0600104002-2　　　　　　　35kV 常用电力电缆终端安装所需材料

序号	名 称	规 格	单位	数量	备 注
1	热缩（预制、冷缩）交联终端头	根据需要选用	组	1	手套、应力管、绝缘管、预制或冷缩绝缘终端、相色管等
2	酒精	95%	瓶	1	
3	PVC 粘带	黄、绿、红	卷	3	
4	清洁布		kg	2	
5	清洁纸		包	1	
6	铜绑线	$\phi 2mm$	kg	1	
7	镀锡铜绑线	$\phi 1mm$	kg	1	
8	焊锡膏		盒	1	
9	焊锡丝		卷	1	
10	铜编织带	$25mm^2$	根	2	
11	接线端子	根据需要选用	支	3	
12	砂布	180/240 号	张	2/2	

2. 电缆附件安装作业条件

（1）室外作业应避免在雨天、雾天、大风天气及湿度在 70%以上的环境下进行。遇紧急故障处理时，应做好防护措施并经上级主管领导批准才能作业。在尘土较多及重灰污染区，应搭临时帐篷。

（2）冬季施工气温低于 0℃时，电缆应预先加热。

四、35kV 常用电力电缆终端头安装的操作步骤及工艺要求

由于不同生产厂家的附件安装工艺尺寸会略有不同，本模块所介绍的工艺尺寸仅供参考。

（一）35kV 热缩式电力电缆终端头安装步骤及工艺要求

1. 按图 ZY0600104002-1 所示尺寸剥除外护套，锯铠装，剥除内护套及填料

（1）自电缆端头量取 940mm（或根据安装需要的尺寸）剥除电缆外护套。外护套端口以下 100mm 部分用清洁纸清洁干净。

（2）从电缆外护套端口量取 30mm 铠装用铜绑线扎紧，锯除其余铠装。

（3）保留 20mm 内护套，将其余部分剥除。

（4）剥除纤维色带，切割填充料，用 PVC 自粘带把三相铜屏蔽端头临时包好，将三相线芯分开。

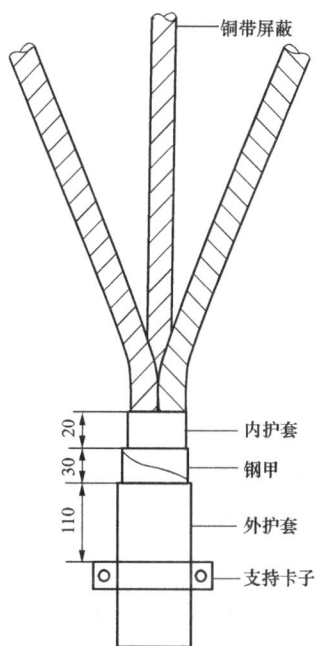

图 ZY0600104002-1　35kV 热缩式电力
电缆终端头剥切尺寸图

2. 按图 ZY0600104002-2 所示尺寸焊接地线，绕包密封填充胶

（1）用锉刀打毛铠装表面，用铜绑线将一根铜编织带端头扎紧在铠装上，用锡焊牢或用恒力弹簧卡紧。将另一根铜编织带一端分成三股，分别用铜绑线扎紧在内护套以上 30mm 处的三相铜屏蔽层上，用锡焊牢或用恒力弹簧卡紧，再在外面绕包几层 PVC 胶带。

（2）自外护套断口以下 40mm 长范围内的铜编织带均需进行渗锡处理，使焊锡渗透铜编织带间隙，形成防潮段。

（3）掀起两条铜编织带，在电缆内、外护套端口上绕包两层填充胶，将两条铜编织带压入其中，在外面绕包几层填充胶，再分别绕包三叉口。两条铜编织带不能接触，绕包后的外径应小于分支手套内径。

（4）在离外护套断口 50～60mm 位置，用 PVC 胶带将铜编织带固定在电缆上。

3. 热缩分支手套，调整三相线芯（见图 ZY0600104002-3）

（1）将分支手套套入电缆三叉部位绕包的填充胶上，往下压紧，由分支手套的中间向两端加热收缩，收缩后在分支手套下端口部位绕包几层粘胶带，加强密封。

（2）根据安装位置、尺寸及布置形式将三相排列好。

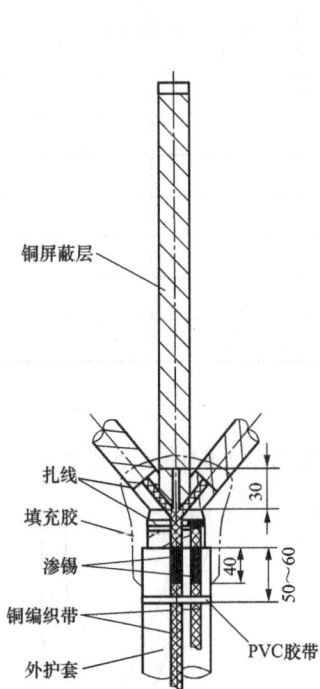

图 ZY0600104002-2　35kV 热缩式电力电缆终端头
焊接地线及绕包密封填充胶尺寸图

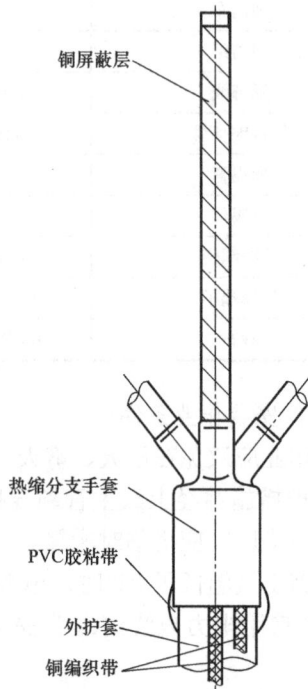

图 ZY0600104002-3　35kV 热缩式电力电缆
终端头热缩分支手套尺寸图

4. 剥切铜屏蔽层、外半导电层，缠绕应力疏散胶

（1）从分支手套指管端口量取铜屏蔽层 50mm，用细铜线扎紧，剥除其余铜屏蔽层。

（2）自铜屏蔽层端口量取 20mm 长半导电层，剥除其余半导电层。

（3）用细砂纸将绝缘表面吸附的半导电粉尘打磨干净，并使绝缘层表面平整光洁。

（4）将外半导电层端口切削成约 4mm 的小斜坡，并用砂纸打磨光洁，与绝缘圆滑过渡。

（5）用清洁纸清洁绝缘层表面和半导电层，将应力疏散胶拉薄拉窄，缠绕在半导电层与绝缘层的交接处，把斜坡填平，再压半导电层和绝缘层各 10mm。

5. 热缩应力控制管，剥除绝缘层，压接接线端子

（1）将应力控制管分别套入电缆三相线芯，各搭接铜屏蔽 20mm，均匀加热固定。

（2）按接线端子孔深加 5mm 剥切三相线芯端部绝缘层及内半导电层，将绝缘层末端切削成 50mm

长的"铅笔头"。

（3）拆除导体端头上的胶粘带，用清洁纸将导体表面沾上的胶膜清洁干净，套入接线端子，按先上后下顺序进行压接。

6. 绕包密封胶和绝缘自粘带

（1）在分支手套三芯指管端部分别绕包两层密封胶。

（2）用密封胶填平接线端子压接凹痕，以及接线端子与线芯绝缘之间的连接部位，并搭接接线端子和线芯绝缘各 10mm。

（3）再在密封胶外半搭盖绕包绝缘自粘带，搭接接线端子和线芯绝缘各 10mm。

7. 固定垫管、热缩绝缘管

（1）对 50～120mm² 的小截面电缆需安装垫管。

（2）在接线端子与"铅笔头"之间绕包的密封胶上加缩一根垫管，以保证随后的绝缘管能收紧该部位。

（3）用清洁纸将三相绝缘清洁干净，待清洁剂挥发后，在绝缘层表面均匀地涂抹一层硅脂，将绝缘管分别套在三芯分支手套指管的根部，由下往上均匀加热固定，热缩好的绝缘管上端应搭接在垫管上至少 20mm。

8. 热缩密封管和相色管

（1）在绝缘管与接线端子之间绕包填充胶，填平台阶，使其表面尽量平整。

（2）将密封管套在绕包的填充胶上，加热固定。

（3）按照系统相序排列，在三相端部分别套入黄、绿、红相色管，加热固定。

9. 固定防雨裙

（1）户外热缩终端，每相套入 6 只单孔防雨裙。

（2）在距绝缘管下端口 130mm 处，加热固定第一只防雨裙，再依次按 60mm 间距加热固定其余防雨裙。

10. 清理现场

施工作业结束后，工作负责人依据施工验收规范对施工工艺、质量进行自查验收，按要求清理施工现场，整理工具、材料，办理工作终结手续。

（二）35kV 预制式电力电缆终端头安装步骤及工艺要求

1. 按图 ZY0600104002-4 所示尺寸剥除外护套、铠装和内护套及填料

（1）自电缆端头量取 1300mm，将外护套全部剥除（或根据安装需要的尺寸）。外护套断口以下 100mm 部分用清洁纸清洁干净。

（2）从电缆外护套端口向上量取 20mm 铠装，用铜扎线扎紧，锯除其余铠装。

（3）保留 10mm 内护套，将其余部分剥除。

（4）剥除纤维色带，切割填充料，用粘胶带把三相铜屏蔽端头临时包好，将三相线芯分开。

2. 按图 ZY0600104002-5 所示尺寸焊接地线，绕包密封填充胶

（1）用锉刀打毛铠装表面，用铜绑线将一根铜编织带端头扎紧在铠装上，用锡焊牢或用恒力弹簧卡紧。将另一根铜编织带一端分成三股，分别用铜绑线扎紧在内护套以上 30mm 处的三相铜屏蔽层上，用锡焊牢或用恒力弹簧卡紧，再在外面绕包几层 PVC 胶带。

（2）自外护套断口以下 40mm 长范围内的铜编织带均需进行渗锡处理，使焊锡渗透铜编织带间隙，形成防潮段。

（3）掀起两条铜编织带，在电缆内、外护套端口上绕包两层填充胶，将两条铜编织带压入其中，在外面绕包几层填充胶，再分别绕三叉口。两条铜编织带不能接触，绕包后的外径应小于分支手套内径。

（4）在离外护套端口 50～60mm 位置，用 PVC 胶带将铜编织带固定在电缆上。

图 ZY0600104002-4　35kV 预制式电力
电缆终端头剥切尺寸图

图 ZY0600104002-5　35kV 预制式电力电缆终端头
焊接地线及绕包密封填充胶尺寸图

3. 热缩分支手套，调整三相线芯（见图 ZY0600104002-6）

4. 热缩护套管（见图 ZY0600104002-7）

将热缩护套管分别套入电缆三相上，搭盖分支手套指管 20mm，由下向上均匀加热收缩护套管。在距电缆端头尺寸 A 处（查表 ZY0600104002-3），用 PVC 胶带绕包两层作好标记，切除多余护套管。

图 ZY0600104002-6　35kV 预制式电力电缆
终端头热缩分支手套尺寸图

图 ZY0600104002-7　35kV 预制式电力电缆
终端头热缩护套管尺寸图

表 ZY0600104002-3　　　　　　热缩护套管距电缆端头尺寸 A

型　号		HW35										
截面（mm²）		50	70	95	120	150	185	240	300	400	500	630	800
A（mm）	铜芯	475		480		480		480		510		540	550

5. 按图 ZY0600104002-8 所示尺寸剥除铜屏蔽层、外半导电层

（1）自护套管断口向上量取 20mm 长铜屏蔽层，剥除其余铜屏蔽层。

（2）自铜屏蔽层断口向上量取 20mm 长外半导电层，剥除其余外半导电层。

（3）用细砂纸将绝缘层表面吸附的半导电粉尘打磨干净，并使绝缘层表面平整光洁。

（4）半导体层断口用砂纸打磨或切割成约 4mm 宽的小斜坡并砂磨光洁，与绝缘层圆滑过渡。

6. 按图 ZY0600104002-9 所示尺寸剥切线芯绝缘层、内半导电层

（1）自铜屏蔽层端口向上量取 355mm 处作好标记，剥除标记以上的绝缘层及内半导电层。

（2）将绝缘层端头倒角 3mm×45°，并砂磨圆滑，用 PVC 胶带将导体端头临时包好。

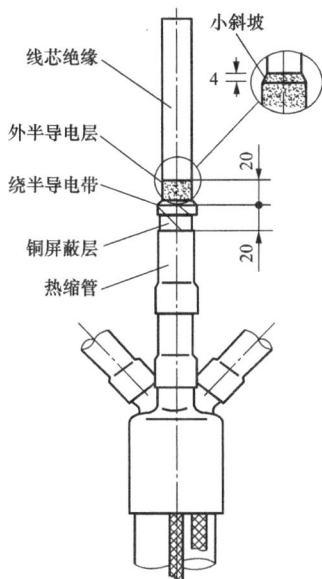

图 ZY0600104002-8　35kV 预制式电力电缆终端头
铜屏蔽层、外半导电层剥切尺寸图

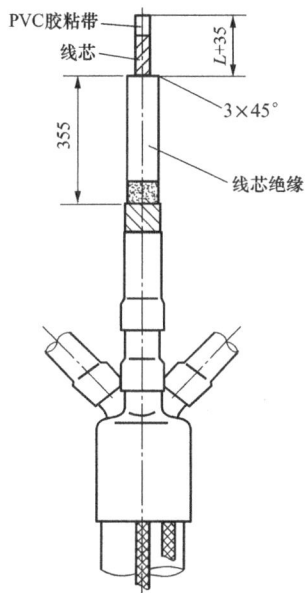

图 ZY0600104002-9　35kV 预制式电力电缆终端头
线芯绝缘层、内半导电层剥切图

7. 绕包半导电带

（1）用清洁纸清洁电缆绝缘层和半导电层。

（2）待清洁剂挥发后，用半导电带在铜屏蔽层上方约 2mm 处绕包高为 20～25mm、外径符合表 ZY0600104002-4 规定的圆柱形台阶绕包体。然后再向下绕包几层，盖住护套管端部。

表 ZY0600104002-4　　　　　不同电缆截面、绕包半导电带外径尺寸

圆柱　　型号	截面（mm²）	50	70	95	120	150	185	240	300	400	500	630	800
D（mm）	HW35	43		45		48		51.5	54.5	58	60	66	70

（3）再用清洁纸清洁绝缘层表面和半导电带绕包体，待清洁剂挥发后，即可安装终端套管。

8. 安装终端套管

（1）将终端套管底部裙边向外翻转，用干净的手指或专用塑料棒将硅脂均匀抹在电缆的绝缘层上和终端套管内，把专用塑料护帽套在线芯导体上。

（2）用一只手抓住终端套管中部，用另一只手堵住终端顶部小孔，用力将终端套管套在电缆上，使电缆导体从终端套管顶部露出。再用力推终端套管，直至终端内置应力锥与半导电带台阶接触好为止。

（3）安装后，擦除挤出的硅脂，取下塑料护帽。

9. 压接接线端子和接地端子

（1）拆除导体端头上的临时包带，用清洁纸清洁线芯导体。

（2）把接线端子套在导体上，端子下部应罩在终端套管顶部裙边上。

（3）按先上后下顺序压接接线端子。

（4）在终端头底部电缆上绕包一圈密封胶，将底部裙边向下翻转复原，覆盖在密封胶上并装上卡带。

（5）按照相序排列要求，将相色带绕包在三相终端头的上端。最后压接接地端子，将接地端子与地网连接。

10. 清理现场

施工作业结束后，工作负责人依据施工验收规范对施工工艺、质量进行自查验收，按要求清理施工现场，整理工具、材料，办理工作终结手续。

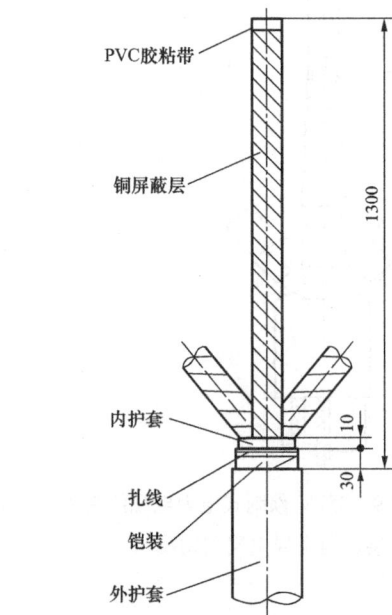

图 ZY0600104002-10　35kV XLPE 电缆
冷缩式终端头剥切尺寸图

（三）35kV 冷缩式电力电缆终端头安装步骤及工艺要求

1. 固定电缆

根据终端头的安装位置，将电缆固定在终端头支持卡子上。为防止损伤外护套，卡子与电缆间应加衬垫。将支持卡子至末端 1m 以外的多余电缆锯除。

2. 按图 ZY0600104002-10 所示尺寸剥除外护套，锯铠装，剥除内护套及填料

（1）剥除电缆外护套 1000mm，保留 30mm 铠装及 10mm 内护套，将其余部分剥去。

（2）用胶粘带将每相铜屏蔽带端头临时包好，清理填充物，将三相分开。

3. 固定接地线，绕包密封填充胶

（1）对铠装接地处进行打磨，去除氧化层，然后用两个恒力弹簧将两根地线分别固定在铜屏蔽和铠装上。顺序是先安装铠装接地线，安装完用绝缘胶带缠绕两层；再安装铜屏蔽接地线，三相要求接触良好，并且用绝缘胶带缠绕两层。

（2）掀起两铜编织带，在电缆外护套断口上绕两层填充胶，将做好防潮段的两条铜编织带压入其中，在其上绕几层填充胶，再分别绕包三叉口，在绕包的填充胶外表面再包绕一层胶粘带。绕包后的外径应小于扩后分支手套内径。

4. 安装冷缩三相分支手套

（1）将冷缩分支手套套至三叉口的根部，沿逆时针方向均匀抽掉衬管条，先抽掉尾管部分，然后再分别抽掉指套部分，使冷缩分支手套收缩。

（2）收缩后在手套下端用绝缘带包绕 4 层，再加绕 2 层胶粘带，加强密封。

5. 按图 ZY0600104002-11 所示尺寸安装冷缩护套管、确定安装尺寸

（1）将一根冷缩管套入电缆一相（衬管条伸出的一端后入电缆），沿逆时针方向均匀抽掉衬管条，收缩该冷缩管，使其与分支手套指管搭接 20mm。

（2）在距电缆端头 $L+395$mm（L 为端子孔深，含雨罩深度）处用胶粘带作好标记。除掉标记处以上的冷缩管，使冷缩管断口与标记齐平。按此工艺处理其他两相。

6. 按图 ZY0600104002-12 所示尺寸剥除铜屏蔽层、外半导电层

（1）自冷缩管端口向上量取 15mm 长铜屏蔽层，将其余铜屏蔽层去掉。

（2）自铜屏蔽断口向上量取 15mm 长半导电层，将其余半导电层去掉。

（3）将绝缘表面用砂带打磨以去除吸附在绝缘表面的半导电粉尘，半导电层端口用砂纸打磨或切割成约 4mm 的小斜坡并打磨光洁，与绝缘圆滑过渡。

（4）绕 2 层半导电带，将铜屏蔽层与外半导电层之间的台阶盖住。

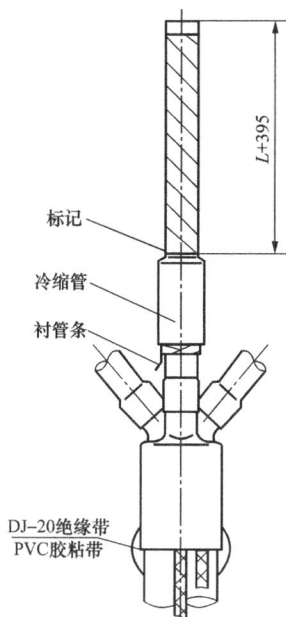

图 ZY0600104002-11 35kV 冷缩式电力电缆
终端头冷缩护套管安装尺寸图

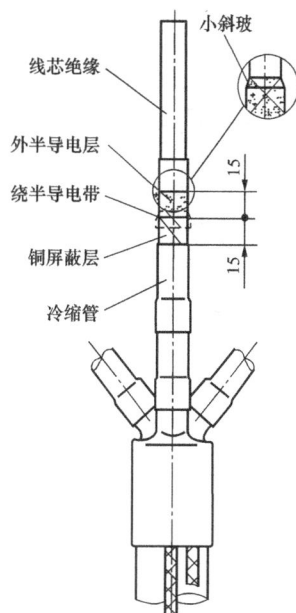

图 ZY0600104002-12 35kV 冷缩式电力电缆
终端头铜屏蔽层、半导电层剥切尺寸图

7. 按图 ZY0600104002-13 所示尺寸剥切线芯绝缘层

（1）自电缆末端剥去线芯绝缘层及内屏蔽层 L（L 为端子孔深，含雨罩深度）。

（2）将绝缘层端头倒角 3mm×45°。

（3）在半导电层端口以下 45mm 处用胶粘带作好标记。

8. 安装终端、罩帽

（1）用清洁纸从上至下把各相清洁干净，待清洁剂挥发后，在绝缘层表面均匀地涂上硅脂。

（2）将冷缩终端绝缘主体套入电缆，衬管条伸出的一端后入电缆，沿逆时针方向均匀地抽掉衬管条使终端绝缘主体收缩（注意：终端绝缘主体收缩好后，其下端与标记齐平）。

（3）在终端与冷缩管搭接处绕包几层胶粘带。将罩帽大端向外翻开，套入电缆，待罩帽内腔台阶顶住绝缘，再将罩帽大端复原罩住终端。

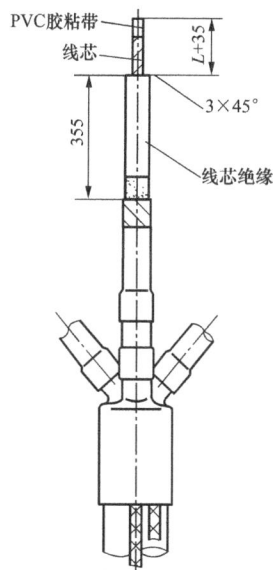

图 ZY0600104002-13 35kV 冷缩式电力电缆
终端头线芯绝缘层剥切尺寸图

9. 按图 ZY0600104002-14 所示压接接线端子、连接地线

（1）除去临时包在线芯端头上的胶粘带，将接线端子套在线芯上（注意：必须将接线端子雨罩罩在罩帽端口上），压接接线端子。

（2）将相色带绕在各相终端下方。

（3）将接地铜编织带与地网连接好，安装完毕。

10. 清理现场

施工作业结束后，工作负责人依据施工验收规范对施工工艺、质量进行自查验收，按要求清理施工现场，整理工具、材料，办理工作终结手续。

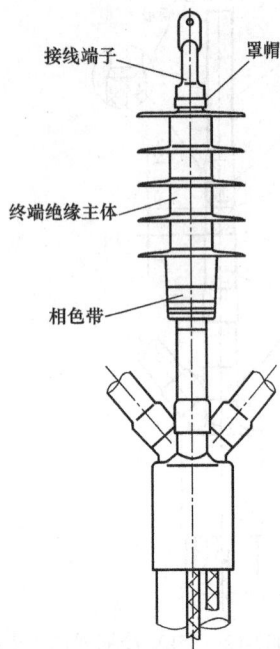

图 ZY0600104002-14　35kV XLPE
电缆冷缩式终端头结构图

接线端子
罩帽
终端绝缘主体
相色带

五、注意事项

为了保证 35kV 常用电力电缆终端安装过程中的施工安全和施工质量，应在工作之前熟悉掌握《国家电网公司电力安全工作规程（线路部分）》、35kV 热缩式（预制式、冷缩式）电力电缆终端安装工艺文件、《电气装置安装工程电缆线路施工及验收规范》等规程、规范的相关要求。

【思考与练习】

1. 35kV 常用电力电缆终端头制作时，对电缆外半导电屏蔽层的处理有哪些要求？

2. 35kV 热缩式电力电缆终端热缩绝缘管时，应注意哪些方面？

3. 安装 35kV 冷缩式电力电缆终端分支手套应注意哪些方面？

第十九章 1kV 及以下电力电缆中间接头制作

模块 1 1kV 及以下各类电力电缆中间接头制作程序及工艺要求（ZY0600105001）

【模块描述】本模块包含 1kV 及以下热缩式电力电缆中间接头制作程序及工艺要求。通过图解示意、作业流程介绍，掌握 1kV 及以下热缩式电力电缆中间接头制作工艺流程和各操作步骤工艺质量控制要点。

【正文】

一、1kV 及以下热缩式电缆中间接头制作工艺流程（见图 ZY0600105001-1）

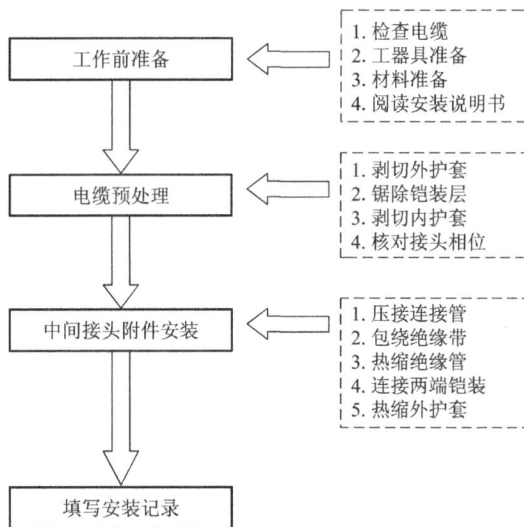

图 ZY0600105001-1 1kV 及以下热缩式电缆中间接头制作工艺流程

二、1kV 及以下热缩式电缆中间接头制作工艺质量控制要点

1. 剥除外护套、铠装、内护套及填料

（1）剥除外护套。首先在电缆的一侧套入附件中的外护套。在剥切电缆外护套时，应分两次进行，以避免电缆铠装松散。先将电缆末端外护套保留 100mm，然后按规定尺寸剥除外护套，要求断口平整。外护套断口以下 100mm 部分用砂纸打毛并清洗干净，以保证分支手套定位后密封性能可靠。

（2）剥除铠装。按规定尺寸在铠装上绑扎铜线，绑线的缠绕方向应与铠装的缠绕方向一致，使铠装越绑越紧不致松散。绑线用 $\phi2.0\text{mm}$ 的铜线，每道 3～4 匝。锯铠装时，其圆周锯痕深度应均匀，不得锯透，不得损伤内护套。剥铠装时，应首先沿锯痕将铠装卷断，铠装断开后再向电缆端头剥除。禁止从末端往扎绑线处剥除铠装，以防铠装松散。

（3）剥除内护套及填料。在应剥除内护套处用刀子横向切一环形痕，深度不超过内护套厚度的一半。纵向剥除内护套时，刀子切口应在两芯之间，防止切伤绝缘层。切除填料时刀口应向外，防止损伤绝缘层。

250

2. 电缆分相，锯除多余电缆线芯

（1）扳弯线芯时应在电缆线芯分叉部位进行，弯曲不宜过大，以便于操作为宜，但一定要保证弯曲半径符合规定要求。

（2）将接头中心尺寸核对准确，然后锯断多余电缆芯线。锯割时，应保持电缆线芯端口平直。

3. 套入绝缘管

先将电缆表面清洁干净，然后套入绝缘管。

4. 剥除线芯末端绝缘

按工艺要求，剥除线芯末端绝缘。剥除绝缘层时，不得损伤导体，不得使导体变形。

5. 压接连接管

（1）压接前用清洁纸将连接管内、外表面和导体表面清洁干净。检查连接管与导体截面及导体外径尺寸，以及压接模具与连接管外径尺寸是否匹配。如连接管套入导体较松动，则应用单丝填实后进行压接。

（2）压接后，连接管表面的棱角和毛刺必须用锉刀和砂纸打磨光洁，并将金属粉末清洁干净。

（3）将连接管与绝缘连接处用自粘绝缘带拉伸后绕包填平，绝缘带绕包必须紧密、平整。

6. 热缩绝缘管

（1）将电缆线芯绝缘层用清洁纸清洁干净。

（2）将绝缘管移至连接管上，保证二者中心对正。从中部向两端均匀、缓慢、环绕进行加热收缩，把管内气体全部排除。注意保证均匀收缩，防止局部温度过高导致绝缘碳化和管材损坏。

7. 连接两端铠装

（1）编织带应焊在两层铠装上。

（2）焊接时，铠装焊区应用锉刀和砂纸砂光打毛，并先镀上一层锡，将铜编织带两端分别接在铠装镀锡层上，同时用铜绑线扎紧并焊牢。

8. 热缩外护套

（1）接头部位及两端电缆必须调整平直。

（2）外护套管定位前，必须将接头两端电缆外护套清洁干净并绕包一层密封胶。热缩时，由两端向中间均匀、缓慢、环绕加热，使其收缩到位。

【思考与练习】

1. 试述 1kV 及以下热缩式电缆中间接头制作工艺流程。

2. 压接连接管时应注意哪些方面？

模块 2 1kV 电力电缆中间接头安装（ZY0600105002）

【模块描述】 本模块包含 1kV 热缩式电力电缆中间接头安装步骤及基本要求。通过示例介绍、图解示意，掌握 1kV 热缩式电力电缆中间接头安装所需的工器具材料、安装作业条件、操作步骤及工艺要求。

【正文】

一、作业内容

本模块主要讲述 1kV 热缩式电力电缆中间接头安装所需工器具和材料的选择、附件安装的基本要求、步骤以及安全注意事项等。

二、危险点分析与控制措施

（1）明火作业时，工作现场应配备灭火器，并及时清理杂物。

（2）使用移动电气设备时，必须装设漏电保护器。

（3）搬运电缆附件时，人员应相互配合，轻搬轻放，不得抛接。

（4）用刀或其他切割工具时，正确控制切割方向。

（5）使用液化气枪前应先检查液化气瓶、减压阀，液化气喷枪点火时火头不准对人，以免人员烫伤。其他工作人员应对火头保持一定距离，用后及时关闭阀门。

（6）施工时，电缆沟边上方禁止堆放工具及杂物，以免掉落伤人。

三、作业前准备

1. 工器具和材料准备

1kV 热缩式电力电缆中间接头安装所需工器具及材料分别见表 ZY0600105002-1 和表 ZY0600105002-2。

表 ZY0600105002-1　　　　1kV 热缩式电力电缆中间接头安装所需工器具

序号	名　称	规　格	单位	数量	备　注
1	常用工具		套	1	电工刀、克丝钳、螺钉旋具、卷尺
2	绝缘电阻表	1000V	块	1	
3	榔头		把	1	
4	验电器	1kV	把	1	
5	绝缘手套	1kV	副	2	
6	发电机	2kW	台	1	
7	电锯		把	1	
8	手动压钳		把	1	
9	手锯		把	2	
10	液化气罐	50L	瓶	2	
11	喷枪头		把	2	
12	电烙铁	1kW	把	2	
13	锉刀	平锉/圆锉	把	1/1	
14	电源轴		卷	2	
15	灭火器		个	2	

表 ZY0600105002-2　　　　1kV 热缩式电力电缆中间接头安装所需材料

序号	名　称	规　格	单位	数量	备　注
1	热缩交联中间头	根据需要选用	套	1	外护套、绝缘管、相色管
2	酒精	95%	瓶	1	
3	清洁布		kg	2	
4	清洁纸		包	1	
5	铜绑线	$\phi 2mm$	kg	1	
6	焊锡膏		盒	1	
7	焊锡丝		卷	1	
8	铜编织带	$25mm^2$	根	1	
9	接管	根据需要选用	支	4	
10	砂布	180/240 号	张	2/2	
11	接头盒		套	1	直埋时使用
12	盖板		块	30	
13	防外力标识布	10m×0.5m	块	2	
14	阻燃带	60mm×0.7mm	盘	16	工井内用

2. 电缆附件安装作业条件

（1）室外作业应避免在雨天、雾天、大风天气及湿度在 70%以上的环境下进行。遇紧急故障处理时，应做好防护措施并经上级主管领导批准才能作业。在尘土较多及重灰污染区，应搭临时帐篷。

（2）冬季施工气温低于 0℃时，电缆应预先加热。

四、操作步骤

由于不同生产厂家的附件安装工艺尺寸会略有不同，本模块所介绍的工艺尺寸仅供参考。

1. 定接头中心、预切割电缆

将电缆调直，确定接头中心。电缆长端 500mm，短端 350mm，两电缆重叠 200mm，锯掉多余电缆。

2. 套入护套管

将电缆两端外护套擦净，在两端电缆上依次套入外护套，将护套管两端包严，防止进入尘土影响密封。

3. 剥除外护套、铠装和内护套及填料

按图 ZY0600105002-1 所示剥除电缆的外护套、铠装、内护套和线芯间的填料。

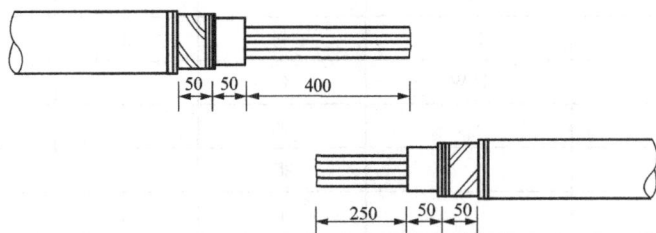

图 ZY0600105002-1   1kV 热缩式电力电缆中间接头剥切尺寸图

4. 锯线芯

按相色要求将各对应线芯绑好，将多余线芯锯掉。锯线芯前，应按图 ZY0600105002-1 所示核对接头长度。

5. 套入绝缘管

分开线芯，绑好分相支架，固定电缆线芯，将 300mm 长的热缩绝缘管套入各相长端。

6. 剥去线芯末端绝缘

将长度为 1/2 接管长加 5mm 的末端绝缘去除，擦净油污，把导体绑扎圆整。

7. 压连接管

（1）套上压接管，两侧导体对实后进行压接。

（2）将压接管修整光滑，拆去分相支架，把线芯及接管用干净的布擦拭干净。

8. 热缩绝缘管

按图 ZY0600105002-2 所示，用自粘绝缘带将接管两端导体包平后，将各相热缩绝缘管移至中心，由一端开始均匀加热收缩。绝缘管收缩后应平整、光滑，无皱纹、气泡。

9. 连接两端铠装

（1）收紧线芯，用白布带绕包扎牢。

（2）用恒力弹簧或用焊接方式将铠装两端用铜编织地线连接在一起。

10. 热缩外护套

按图 ZY0600105002-2 所示将预先套入的护套管移至接头中央，由中间向两端加热收缩（管两端内侧涂有密封胶）。

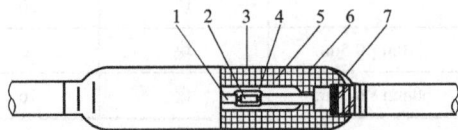

图 ZY0600105002-2   1kV 橡塑电缆中间接头安装示意图

1—线芯；2—连接管；3—自粘带；4—热缩绝缘管；5—白布带；6—铜编织地线；7—热缩护套管

11. 装保护盒

组装好机械保护盒，盒内填入软土，以防机械损伤。

12. 清理现场

施工作业结束后，工作负责人依据施工验收规范对施工工艺、质量进行自查验收，按要求清理施工现场，整理工具、材料，办理工作终结手续。

五、注意事项

为了保证 1kV 热缩式电力电缆中间接头安装过程中的施工安全和施工质量，应在工作之前熟悉掌握《国家电网公司电力安全工作规程（线路部分）》、1kV 热缩式电力电缆中间接头安装工艺文件、《电气装置安装工程电缆线路施工及验收规范》等规程、规范的相关要求。

【思考与练习】

1. 1kV 热缩式电力电缆中间接头现场制作时应注意哪些安全问题？

2. 1kV 热缩式电力电缆中间接头制作的基本要求有哪些？

模块 2

ZY0600105002

第二十章 10kV 电力电缆各种类型中间接头制作

模块 1　10kV 电力电缆各种类型中间接头制作程序及工艺要求（ZY0600106001）

【模块描述】 本模块包含 10kV 常用电力电缆中间接头制作程序及工艺要求。通过图解示意、流程介绍和工艺要点归纳，掌握 10kV 常用电力电缆中间接头制作工艺流程和各操作步骤工艺质量控制要点。

【正文】

一、10kV 热缩式电力电缆中间接头制作工艺流程及工艺质量控制要点

（一）10kV 热缩式电力电缆中间接头制作工艺流程（见图 ZY0600106001-1）

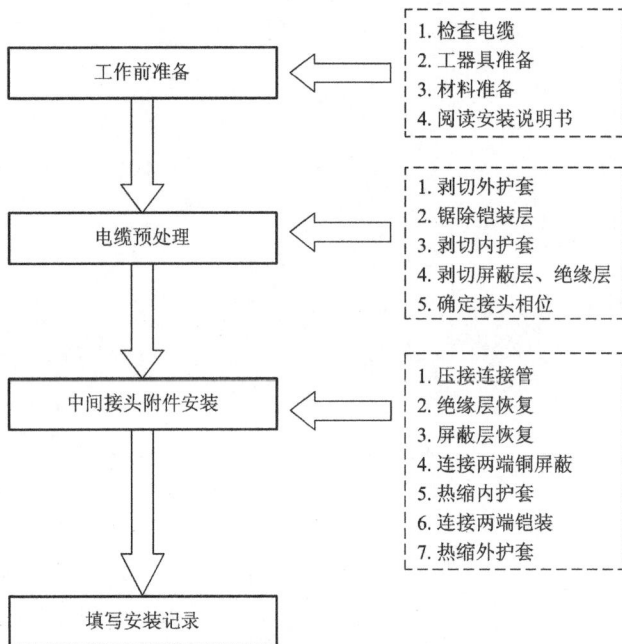

```
┌──────────────┐        ┌────────────────────┐
│  工作前准备   │ ◄───── │ 1. 检查电缆          │
└──────────────┘        │ 2. 工器具准备        │
        │               │ 3. 材料准备          │
        │               │ 4. 阅读安装说明书    │
        ▼               └────────────────────┘
┌──────────────┐        ┌────────────────────┐
│  电缆预处理   │ ◄───── │ 1. 剥切外护套        │
└──────────────┘        │ 2. 锯除铠装层        │
        │               │ 3. 剥切内护套        │
        │               │ 4. 剥切屏蔽层、绝缘层 │
        │               │ 5. 确定接头相位      │
        ▼               └────────────────────┘
┌──────────────┐        ┌────────────────────┐
│ 中间接头附件安装│ ◄──── │ 1. 压接连接管        │
└──────────────┘        │ 2. 绝缘层恢复        │
        │               │ 3. 屏蔽层恢复        │
        │               │ 4. 连接两端铜屏蔽    │
        │               │ 5. 热缩内护套        │
        │               │ 6. 连接两端铠装      │
        │               │ 7. 热缩外护套        │
        ▼               └────────────────────┘
┌──────────────┐
│  填写安装记录 │
└──────────────┘
```

图 ZY0600106001-1　10kV 热缩式电力电缆中间接头制作工艺流程

（二）10kV 热缩式电力电缆中间接头制作工艺质量控制要点

1. 剥除外护套、铠装、内护套及填料

（1）剥除外护套。在电缆的两侧套入附件中的内外护套管。在剥切电缆外护套时，应分两次进行，以避免电缆铠装层铠装松散。先将电缆末端外护套保留 100mm，然后按规定尺寸剥除外护套，要求断口平整。外护套断口以下 100mm 部分用砂纸打毛并清洗干净，以保证外护套收缩后密封性能可靠。

（2）剥除铠装。按规定尺寸在铠装上绑扎铜线，绑线的缠绕方向应与铠装的缠绕方向一致，使铠装越绑越紧不致松散。绑线用 ϕ2.0mm 的铜线，每道 3～4 匝。锯铠装时，其圆周锯痕深度应均匀，不得锯透，以免损伤内护套。剥铠装时，应首先沿锯痕将铠装卷断，铠装断开后再向电缆端

头剥除。

（3）剥除内护套及填料。在应剥除内护套处用刀子横向切一环形痕，深度不超过内护套厚度的一半。纵向剥除内护套时，刀子切口应在两芯之间，防止切伤金属屏蔽层。剥除内护套后应将金属屏蔽带末端用聚氯乙烯粘带扎牢，防止松散。切除填料时刀口应向外，防止损伤金属屏蔽层。

2. 电缆分相，锯除多余电缆线芯

（1）在电缆线芯分叉处将线芯扳弯，弯曲不宜过大，以便于操作为宜。但一定要保证弯曲半径符合规定要求，避免铜屏蔽层变形、折皱和损坏。

（2）将接头中心尺寸核对准确后，按相色要求将各对应线芯绑好，锯断多余电缆芯线。锯割时，应保证电缆线芯端口平直。

3. 剥除铜屏蔽层和外半导电层

（1）剥切铜屏蔽层时，在其断口处用 $\phi1.0$mm 镀锡铜绑线扎紧或用恒力弹簧固定。切割时，只能环切一刀痕，不能切透，以防损伤半导电层。剥除时，应从刀痕处撕剥，断开后向线芯端部剥除。

（2）铜屏蔽层的断口应切割平整，不得有尖端和毛刺。

（3）外半导电层应剥除干净，不得留有残迹。剥除后必须用细砂纸将绝缘表面吸附的半导电粉尘打磨干净，并擦拭光洁。剥除外半导电层时，刀口不得伤及绝缘层。

（4）将外半导电层端部切削成小斜坡，注意不得损伤绝缘层。用砂纸打磨后，半导电层端口应平齐，坡面应平整光洁，与绝缘层平滑过渡。

4. 绕包应力控制胶，热缩半导电应力控制管

（1）绕包应力控制胶时，必须拉薄拉窄，把外半导电层和绝缘层的交接处填实填平，圆周搭接应均匀，端口应整齐。

（2）热缩应力控制管时，应用微弱火焰均匀环绕加热，使其收缩。收缩后，在应力控制管与绝缘层交接处应绕包应力控制胶，绕包方法同上。

5. 剥除线芯末端绝缘，切削"铅笔头"，保留内半导电层

（1）切割线芯绝缘时，刀口不得损伤导体，剥除绝缘层时，不得使导体变形。

（2）"铅笔头"切削时，锥面应圆整、均匀、对称，并用砂纸打磨光洁，切削时刀口不得划伤导体。

（3）保留的内半导电层表面不得留有绝缘痕迹，端口平整，表面应光洁。

6. 依次套入管材和铜屏蔽网套

（1）套入管材前，电缆表面必须清洁干净。

（2）按附件安装说明依次套入管材，顺序不能颠倒；所有管材端口，必须用塑料布加以包扎，以防水分、灰尘、杂物浸入管内污染密封胶层。

7. 压接连接管，绕包屏蔽层，增绕绝缘带

（1）压接前用清洁纸将连接管内、外表面和导体表面清洁干净。检查连接管与导体截面及径向尺寸应相符，压接模具与连接管外径尺寸应配套。如连接管套入导体较松动，应填实后进行压接。

（2）压接后，连接管表面的棱角和毛刺必须用锉刀和砂纸打磨光洁，并将金属粉屑清洁干净。

（3）半导电带必须拉伸后绕包，并填平压接管的压坑和连接与导体内半导电屏蔽层之间的间隙，然后在连接管上半搭盖绕包两层半导电带，两端与内半导电屏蔽层必须紧密搭接。

（4）在两端绝缘末端"铅笔头"处与连接管端部用绝缘自粘带拉伸后绕包填平。再半搭盖绕包与两端"铅笔头"之间，绝缘带绕包必须紧密、平整，其绕包厚度略大于电缆绝缘直径。

8. 热缩内、外绝缘管和屏蔽管

（1）电缆线芯绝缘和外半导电屏蔽层应清洁干净。清洁时，应由线芯绝缘端部向半导电应力控制管方向进行，不可颠倒，清洁纸不得往返使用。

（2）将内绝缘管、外绝缘管、屏蔽管先后从长端线芯绝缘上移至连接管上，中部对正。加热时应从中部向两端均匀、缓慢环绕进行，把管内气体全部排除，保证完好收缩，以防局部温度过高造成绝缘碳化、管材损坏。

9. 绕包密封防水胶带

内外绝缘管及屏蔽管两端绕包密封防水胶带，必须拉伸 200%，先将台阶绕包填平，再半搭盖绕包成一坡面。绕包必须圆整紧密，两边搭接电缆外半导电层和内外绝缘管及屏蔽管不得少于 30mm。

10. 固定铜屏蔽网套，连接两端铜屏蔽层

（1）铜屏蔽网套两端分别与电缆铜屏蔽层搭接时，必须用铜扎线扎紧并焊牢。

（2）铜编织带两端与电缆铜屏蔽层连接时，铜扎线应尽量扎在铜编织带端头的边缘。焊接时避免温度偏高，焊接渗透使端头铜丝胀开，导致焊面不够紧密复贴，影响外观质量。

（3）用恒力弹簧固定时，必须将铜编织带端头沿宽度方向略加展开，夹入恒力弹簧收紧并用 PVC 胶带缠绕固定，以增加接触面，确保接头稳固。

11. 扎紧三相，热缩内护套，连接两端铠装层

（1）将三相接头用白布带扎紧，以增加整体结构的紧密性，同时有利于内护套恢复。

（2）热缩内护套前，先将两侧电缆内护套端部打毛，并包一层红色密封胶带。由两端向中间均匀、缓慢、环绕加热，使内护套均匀收缩。接头内护套管与电缆内护套搭接部位必须密封可靠。

（3）铜编织带应焊在两层钢带上。焊接时，铠装焊区应用锉刀和砂纸砂光打毛，并先镀上一层锡，将铜编织带两端分别放在铠装镀锡层上，用铜绑线扎紧并焊牢。

（4）用恒力弹簧固定铜编织带时，将铜编织带端头略加展开，夹入并反折在恒力弹簧之中，用力收紧，并用 PVC 胶带缠紧固定，以增加铜编织带与铠装的接触面和稳固性。

12. 固定金属护套和外护套管

（1）接头部位及两端电缆必须调整平直，金属护套两端套头端齿部分与两端铠装绑扎应牢固。

（2）外护套管定位前，必须将接头两端电缆外护套端口 150mm 内清洁干净并用砂纸打毛，外护套定位后，应均匀环绕加热，使其收缩到位。

二、10kV 预制式电力电缆中间接头制作工艺流程及工艺质量控制要点

（一）10kV 预制式电力电缆中间接头制作工艺流程（见图 ZY0600106001-2）

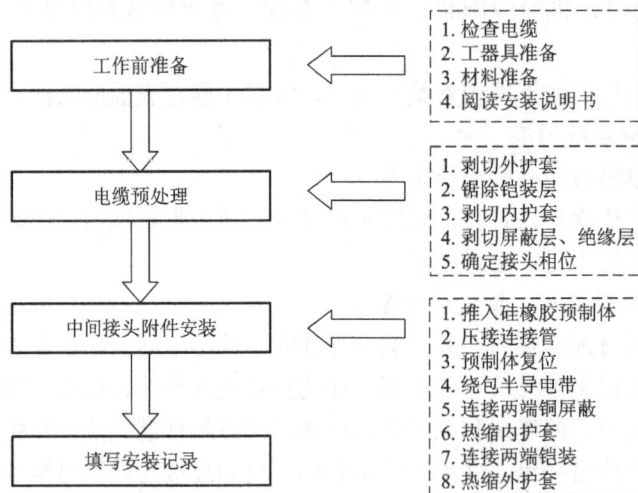

图 ZY0600106001-2　10kV 预制式电力电缆中间接头制作工艺流程

（二）10kV 预制式电力电缆中间接头制作工艺质量控制要点

1～3 项操作步骤与 10kV 热缩式电力电缆中间接头制作工艺质量控制要点中 1～3 项相同。

4. 剥线芯绝缘，推入硅橡胶预制体

（1）剥切线芯绝缘和内半导电层时，不得伤及线芯导体。剥除绝缘层时，应顺线芯绞合方向进行，以防线芯导体松散变形。

（2）绝缘端部倒角后，应用砂纸打磨圆滑。线芯导体端部的锐边应锉去，清洁干净后用 PVC 胶带包好，以防尖端锐边刺伤硅橡胶预制体。

（3）在推入硅橡胶预制体前，必须用清洁纸将长端绝缘及屏蔽层表面清洁干净。清洁时，应由绝缘端部向外半导电屏蔽层方向进行，不可颠倒，清洁纸不得往返使用。清洁后，涂上硅脂，再将硅橡胶预制体推入。

5. 压接连接管，预制体复位

（1）压接前用清洁纸将连接管内、外表面和导体表面清洗干净。检查连接管与导体截面及径向尺寸是否相符，压接模具与连接管外径尺寸是否配套。如连接管套入导体较松动，应用导体单丝填实后进行压接。

（2）压接连接管时，两端线芯应顶牢，不得松动。压接后，连接管表面的棱角和毛刺必须用锉刀和砂纸打磨光洁，并将铜屑粉末清洗干净。

（3）在绝缘子表面涂一层硅脂，将硅橡胶预制体拉回过程中，应受力均匀。预制体定位后，必须用手从其中部向两端用力捏一捏，以消除推拉时产生的内应力，防止预制体变形和扭曲，同时使其与绝缘表面紧密接触。

6. 绕包半导电带，连接铜屏蔽层

（1）三相预制体定位后，在预制体的两端来回绕包半导电带。绕包时，半导电带必须拉伸 200%，以增强绕包的紧密度。

（2）铜丝网套两端用恒力弹簧固定在铜屏蔽层上。固定时，恒力弹簧应用力收紧，并用 PVC 胶带缠紧固定，以防连接部分松弛导致接触不良。

（3）在铜网套外再覆盖一条 25mm² 铜编织带，两端与铜屏蔽层用铜绑线扎紧焊牢或用恒力弹簧卡紧。

7. 扎紧三相，热缩内护套，连接两端铠装

（1）将三相接头用白布带扎紧，以增加整体结构的紧密性，同时有利于内护套恢复。

（2）热缩内护套前先将两侧电缆内护套端部打毛，并包一层红色密封胶带。由两端向中间均匀、缓慢、环绕加热，使内护套均匀收缩。接头内护套管与电缆内护套搭接部位必须密封可靠。

（3）铜编织带应焊在两层钢带上。焊接时，铠装焊区应用锉刀和砂纸砂光打毛，并先镀上一层锡，将铜编织带两端分别放在铠装镀锡层上，用铜绑线扎紧并焊牢。

（4）用恒力弹簧固定铜编织带时，将铜编织带端头略加展开，夹入并反折在恒力弹簧之中，用力收紧，并用 PVC 胶带缠紧固定，以增加铜编织带与铠装的接触面和稳固性。

8. 热缩外护套

（1）热缩外护套前，先将两侧电缆外护套端部 150mm 清洁打毛，并包一层红色密封胶带。由两端向中间均匀、缓慢、环绕加热，使外护套均匀收缩。接头外护套管之间，以及与电缆外护套搭接部位，必须密封可靠。

（2）冷却 30min 以后，方可进行电缆接头搬移工作，以免损坏外护层结构。

三、10kV 冷缩式电力电缆中间接头制作工艺流程及工艺质量控制要点

（一）10kV 冷缩式电力电缆中间接头制作工艺流程（见图 ZY0600106001-3）

（二）10kV 冷缩式电力电缆中间接头制作工艺质量控制要点

1～3 项操作步骤与 10kV 热缩式电力电缆中间接头制作工艺质量控制要点中 1～3 项相同。

4. 剥切绝缘层，套中间接头管

（1）剥切线芯绝缘层和内半导电层时，不得伤及线芯导体。剥除绝缘层，应顺线芯绞合方向进行，以防线芯导体松散。

（2）绝缘层端口用刀或倒角器将绝缘端部倒 45° 角。线芯导体端部的锐边应锉去，清洁干净后用 PVC 胶带包好。

（3）中间接头管应套在电缆铜屏蔽保留较长一端的线芯上，套入前必须将绝缘层、外半导电层、铜屏蔽层用清洁纸依次清洁干净。套入时，应注意塑料衬管条伸出一端先套入电缆线芯。

（4）将中间接头管和电缆绝缘用塑料布临时保护好，以防碰伤和灰尘杂物落入，保持环境清洁。

5. 压接连接管

（1）必须事先检查连接管与电缆线芯标称截面相符，压接模具与连接管规范尺寸应配套。

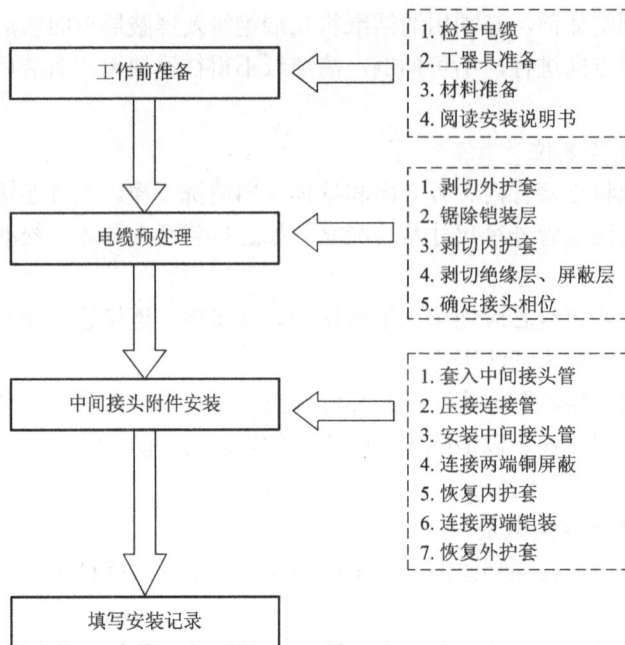

图 ZY0600106001-3　10kV 冷缩式电力电缆中间接头制作工艺流程

（2）连接管压接时，两端线芯应顶牢，不得松动。

（3）压接后，连接管表面尖端、毛刺用锉刀和砂纸打磨平整光洁，必须用清洁纸将绝缘层表面和连接管表面清洁干净。应特别注意不能在中间接头端头位置留有金属粉屑或其他导电物体。

6. 安装中间接头管

（1）在中间接头管安装区域表面均匀涂抹一薄层硅脂，并经认真检查后，将中间接头管移至中心部位，其一端必须与记号齐平。

（2）抽出衬管条时，应沿逆时针方向进行，其速度必须缓慢均匀，使中间接头管自然收缩。定位后用双手从接头中部向两端圆周捏一捏，使中间接头内壁结构与电缆绝缘、外半导电屏蔽层有更好的界面接触。

7. 连接两端铜屏蔽层

铜网带应以半搭盖方式绕包平整紧密，铜网两端与电缆铜屏蔽层搭接，用恒力弹簧固定时，夹入铜编织带并反折入恒力弹簧之中，用力收紧，并用 PVC 胶带缠紧固定。

8. 恢复内护套

（1）电缆三相接头之间间隙，必须用填充料填充饱满，再用 PVC 带或白布带将电缆三相并拢扎紧，以增强接头整体结构的严密性和机械强度。

（2）绕包防水带。绕包时将胶带拉伸至原来宽度的 3/4，完成后，双手用力挤压所包胶带，使其紧密贴附。防水带应覆盖接头两端的电缆内护套足够长度。

9. 连接两端铠装层

铜编织带两端与铠装层连接时，必须先用锉刀或砂纸将钢铠表面进行打磨，将钢编织带端头呈宽度方向略加展开，夹入并反折入恒力弹簧之中，用力收紧，并用 PVC 胶带缠紧固定，以增加铜编织带与钢铠的接触面和稳固性。

10. 恢复外护套

（1）绕包防水带。绕包时将胶带拉伸至原来宽度的 3/4，完成后，双手用力挤压所包胶带，使其紧密贴附。防水带应覆盖接头两端的电缆外护套各 50mm。

（2）在外护套防水带上绕包两层铠装带。绕包铠装带以半重叠方式绕包，必须紧固，并覆盖接头两端的电缆外护套各 70mm。

（3）30min 以后方可进行电缆接头搬移工作，以免损坏外护层结构。

【思考与练习】

1. 试述 10kV 各种类型电力电缆中间接头制作工艺流程。

2. 10kV 冷缩式电缆中间接头安装工艺要点有哪些？

模块 2　10kV 电力电缆中间接头安装（ZY0600106002）

【模块描述】本模块包含 10kV 常用电力电缆中间接头安装步骤和基本要求。通过示例介绍、图形示意，掌握 10kV 常用电力电缆中间接头安装所需的工器具材料、安装作业条件、操作步骤及工艺要求。

【正文】

一、作业内容

本模块主要讲述 10kV 常用电力电缆中间接头安装所需工器具和材料的选择、附件安装的基本要求、步骤以及安全注意事项等。

二、危险点分析与控制措施

（1）明火作业现场应配备灭火器，并及时清理杂物。

（2）使用移动电气设备时，必须装设漏电保护器。

（3）搬运电缆附件时，工作人员应相互配合，轻搬轻放，不得抛接。

（4）用刀或其他切割工具时，正确控制切割方向。

（5）使用液化气枪应先检查液化气瓶、减压阀、液化喷枪。点火时火头不准对人，以免人员烫伤。其他工作人员应对火头保持一定距离，用后及时关闭阀门。

（6）施工时，电缆沟边上方禁止堆放工具及杂物，以免掉落伤人。

三、作业前准备

（一）工器具和材料准备

10kV 常用电力电缆中间接头安装所需工器具及材料分别见表 ZY0600106002-1 和 ZY0600106002-2。

表 ZY0600106002-1　　　　　　10kV 常用电力电缆中间接头安装所需工器具

序号	名　称	规　格	单　位	数　量	备　注
1	常用工具		套	1	电工刀、克丝钳、螺钉旋具、卷尺
2	绝缘电阻表	500/2500V	块	1/1	
3	万用表		块	1	
4	验电器	10kV	把	1	
5	绝缘手套	10kV	副	2	
6	发电机	2kW	台	1	
7	电锯		把	1	
8	电压钳		把	1	
9	手锯		把	2	
10	液化气罐	50L	瓶	2	
11	喷枪头		把	2	
12	电烙铁	1kW	把	1	
13	锉刀	平锉/圆锉	把	1/1	
14	电源轴		卷	2	
15	铰刀		把	2	
16	工作灯	200W	盏	4	

续表

序号	名　称	规　格	单位	数量	备　注
17	活动扳手	10/12in（英寸）	把	2/2/	
18	棘轮扳手	17/19/22/24	把	2/2/2/2	
19	力矩扳手		套	1	
20	手电		把	2	
21	灭火器		个	2	

表 ZY0600106002-2　　　　10kV 常用电力电缆中间接头安装所需材料

序号	名　称	规　格	单位	数　量	备　注
1	热缩（预制、冷缩）交联中间头	根据需要选用	组	1	应力管、绝缘管、内外护套管、预制或冷缩绝缘主体等
2	酒精	95%	瓶	1	
3	PVC 粘带	黄、绿、红	卷	3	
4	清洁布		kg	2	
5	清洁纸		包	1	
6	铜绑线	$\phi 2mm$	kg	1	
7	镀锡铜绑线	$\phi 1mm$	kg	1	
8	焊锡膏		盒	1	
9	焊锡丝		卷	1	
10	铜编织带	$25mm^2$	根	4	
11	接管	根据需要选用	支	3	
12	砂布	180/240 号	张	2/2	

（二）电缆附件安装作业条件

（1）室外作业应避免在雨天、雾天、大风天气及湿度在 70% 以上的环境下进行。遇紧急故障处理时，应做好防护措施并经上级主管领导批准才能作业。在尘土较多及重灰污染区，应搭临时帐篷。

（2）冬季施工气温低于 0℃时，应预先加热电缆。

四、10kV 常用电力电缆中间接头安装的操作步骤及工艺要求

由于不同生产厂家的附件安装工艺尺寸会略有不同，本模块所介绍的工艺尺寸仅供参考。

（一）10kV 热缩式电力电缆中间接头安装步骤及工艺要求

（1）定接头中心、预切割电缆。将电缆调直，确定接头中心。电缆长端 1000mm，短端 500mm，两电缆重叠 200mm，锯掉多余电缆。

（2）套入内外护套。将电缆两端外护套擦净（长度约 2.5m），在两端电缆上依次套入内护套及外护套，将护套管两端包严，防止进入尘土影响密封。

（3）剥除外护套、铠装和内护套。按图 ZY0600106002-1 所示剥除电缆的外护套、铠装、内护套和线芯间的填料。

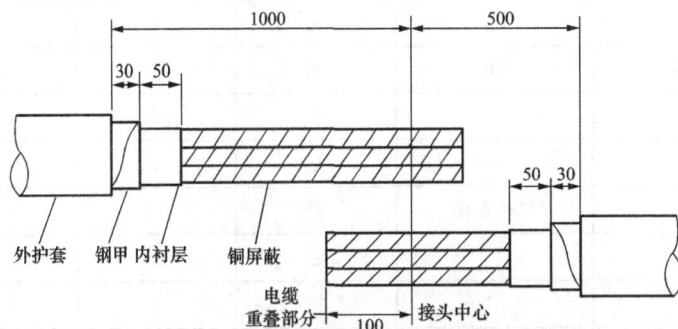

图 ZY0600106002-1　10kV 热缩式电力电缆中间接头剥切尺寸图

（4）锯线芯。按相色要求将各对应线芯绑好，将多余线芯锯掉。要求：

1）锯线芯前，应按图 ZY0600106002-1 所示核对接头长度。

2）为防止铜屏蔽带松散，可在缆芯适当位置包 PVC 带扎紧。

（5）剥除铜屏蔽层和外半导电层。按图 ZY0600106002-2 所示尺寸剥除各相的铜屏蔽层和外半导电层。

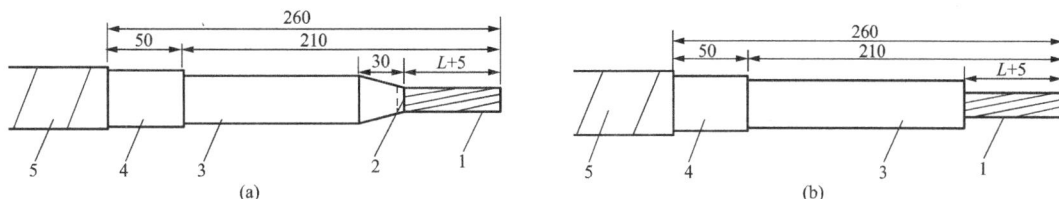

图 ZY0600106002-2　10kV 热缩式电力电缆中间接头铜屏蔽层和外半导电层剥切图

（a）铅笔头型；（b）屏蔽型

1—导体；2—导体屏蔽；3—XLPE 绝缘；4—绝缘屏蔽；5—铜屏蔽带

（6）剥切绝缘层。从线芯端部量 1/2 接管长加 5mm，将绝缘层剥除，在绝缘端部倒角 3mm×45°。如制作铅笔头型，还要按图 ZY0600106002-2（a）所示，在绝缘端部削一长 30mm 的"铅笔头"。"铅笔头"应圆整对称，并用砂纸打磨光滑，末端保留导体屏蔽层 5mm。

（7）套入管材和铜屏蔽网。在每相的长端套入应力管、内绝缘管、外绝缘管和屏蔽管，在短端套入铜屏蔽网和应力管。

（8）连接导体。按原定的相色将线芯套入连接管进行压接，用砂布打磨连接管表面。

（9）连接管处应力处理。如制作铅笔头型，在导电线芯及连接管表面半重叠包绕一层半导电带，再包缠一层绝缘胶带，将"铅笔头"和连接管包平，其直径略大于电缆绝缘直径。如制作屏蔽型，先用半导电带填平绝缘端部与连接管间的空隙，再将连接管包平，其直径等于电缆绝缘直径；最后再包两层半导电带，从连接管中部开始包至绝缘端部，与绝缘重叠 5mm，再包至另一端绝缘上，同样重叠 5mm，再返回至连接管中部结束（最后两层半导电带也可用热缩导电管代替，但管材要薄，且两端与绝缘重叠部分要整齐，导电管两端断口应用应力控制胶填平）。

（10）绕包应力控制胶，热缩应力控制管。将菱形黄色应力控制片尖端拉细拉薄，缠绕在外半导电层断口，压半导电层 5mm，压绝缘 10mm。在电缆绝缘表面涂一薄层硅脂，包括连接管位置，但不要涂到应力控制胶及外半导电层上。然后将各相线芯上的应力控制管套至绝缘上，与外半导电层重叠 20mm，从外半导电层断口向末端收缩。

（11）热缩内绝缘管。先在 6 根应力管端部断口处的绝缘上用应力控制胶将断口间隙填平，包缠长度 5～10mm。然后将三根绝缘管套入，管中与接头中心对齐，从中部向两端热缩（可三根管同时收缩）。

（12）热缩外绝缘管。将三根外绝缘管套入，两端长度对称，从中部向两端热缩。

（13）包密封胶带。从铜屏蔽断口至外绝缘管端部包红色弹性密封胶带，将间隙填平成圆锥形。

（14）热缩屏蔽管。将三相屏蔽管套至接头中央，两端对称，从中央向两端收缩，两端要压在密封胶上。

（15）焊接地线。在每相线芯上平敷一条 25mm² 的铜编织带，并临时固定，将预先套入的铜屏蔽网拉至接头上，拉紧并压在铜编织带上，两端用 ϕ1.0mm 的铜丝缠绕两匝扎紧，再用烙铁焊牢。

（16）热缩内护套。将三相线芯并拢，用白布带扎紧。用粗砂纸打毛内护套，并包一层红色密封胶带，将内护套热缩管拉至接头上，与红色密封胶带搭接，从红色密封胶带处向中间收缩。用同一方法收缩另一半内护套，二者搭接部分应打毛，并包 100mm 长红色密封胶。

（17）连接铠装地线。用 25mm² 的铜编织带连接两端铠装，用铜线绑紧并焊牢。

（18）热缩外护套。其程序方法及要求与热缩内护套相同。

（19）清理现场。施工作业结束后，工作负责人依据施工验收规范对施工工艺、质量进行自查验收，按要求清理施工现场，整理工具、材料，办理工作终结手续。

（二）10kV 预制式电力电缆中间接头安装步骤及工艺要求

（1）定接头中心、预切割电缆。将电缆调直，确定接头中心电缆长端 665mm，短端 435mm，两电缆重叠 200mm，锯除多余电缆。

（2）套入内、外护套热缩管。将电缆接头两端的外护套擦净，在长端套入两根长管，在短端套入一根短管。

（3）剥除外护套、铠装和内护套。按图 ZY0600106002-3 所示尺寸，依次剥除电缆的外护套、铠装、内护套及线芯间的填料。

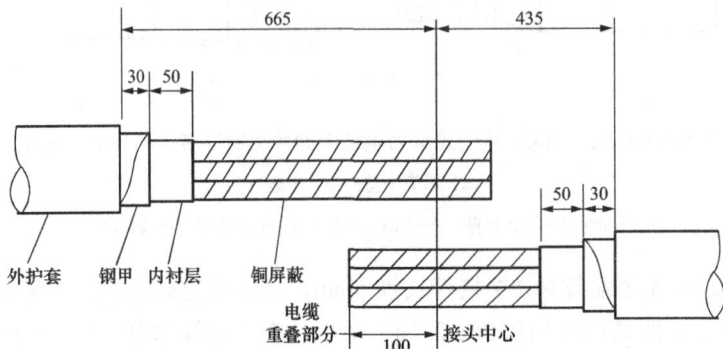

图 ZY0600106002-3　10kV 预制式电缆中间接头剥切尺寸图

（4）锯线芯。按相色要求将各对应线芯绑好，把多余线芯锯掉。要求：

1）锯线芯前应按图 ZY0600106002-3 所示尺寸核对接头长度。

2）为防止铜屏蔽带松散，可在缆芯适当位置包缠 PVC 粘带扎紧。

（5）剥除铜屏蔽层和外半导电层。按图 ZY0600106002-4 所示尺寸依次将铜屏蔽和外半导电层剥除。

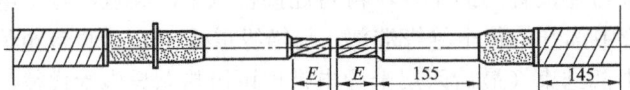

图 ZY0600106002-4　10kV 预制式电缆中间接头缆芯剥切尺寸图

（6）剥切绝缘。按图 ZY0600106002-4 所示尺寸 E（1/2 接管长）剥切电缆绝缘，绝缘端部倒角 3mm×45°。

（7）推入硅橡胶接头。在长端线芯导体上缠两层 PVC 带，以防推入中间接头时划伤内绝缘。用浸有清洁剂的布（纸）清洁长端电缆绝缘层及半导电层，然后分别在中间接头内侧、长端电缆绝缘层及半导电层上均匀地涂一层硅脂。用力一次性将中间接头推入到长端电缆芯上，直到电缆绝缘从另一端露出为止，用干净的布擦去多余的硅脂。

（8）压接连接管。拆除线芯导体上的 PVC 带，擦净线芯导体，按原定相色将线芯套入连接管，进行压接，然后用砂纸将连接管表面打磨光滑。

（9）中间接头归位。清洁连接管、短端电缆的绝缘层和半导电层表面，并在绝缘表面涂一层硅脂，然后在电缆短端半导电层上距半导电断口 20mm 处，用相色带作好标记，将中间接头用力推过连接管及绝缘，直至中间接头的端部与相色带标记平齐。擦除多余硅脂，消除安装应力。

（10）接头定位。如图 ZY0600106002-5 所示，在接头两端用半导电带绕出与接头相同外径的台阶，然后以半重叠的方式在接头外部绕一层半导电带。

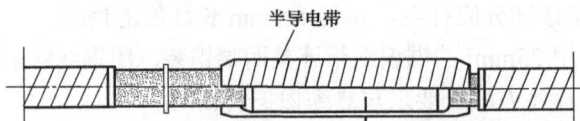

图 ZY0600106002-5　10kV 预制式电缆中间接头定位图

（11）连接铜屏蔽。在三相电缆线芯上，分别用 25mm² 的铜编织带连接两端铜屏蔽层，并临时固定，用半重叠法绕包一层铜网带，两端与铜编织带平齐，分别用 ϕ1.0mm 的铜丝扎紧，再用焊锡焊牢。

（12）热缩内护套。将三相线芯并拢，用白布带扎紧。用粗砂纸打毛两侧内护套端部，并包一层密封胶带，将一根长热缩管拉至接头中间，两端与密封胶搭盖，从中间开始向两端加热，使其均匀收缩。

（13）连接铠装。用 25mm² 的铜编织带连接两端铠装，用铜线绑紧并焊牢。

（14）热缩外护套。擦净接头两端电缆的外护套，将其端部用粗砂纸打毛，缠两层密封胶带，将剩余两根热缩管拉至接头上并热缩。要求热缩管与电缆外护套及两热缩管之间搭接长度不小于 100mm，两热缩管重叠部分也要用砂纸打毛并缠密封胶。

（15）清理现场。施工作业结束后，工作负责人依据施工验收规范对施工工艺、质量进行自查验收，按要求清理施工现场，整理工具、材料，办理工作终结手续。

（三）10kV 冷缩式电力电缆中间接头安装步骤及工艺要求

（1）定接头中心、预切割电缆。将电缆调直，确定接头中心电缆长端 700mm，短端 460mm，两电缆重叠 200mm，锯除多余电缆。

（2）剥除外护套、铠装和内护套。按图 ZY0600106002-6 所示尺寸依次剥除电缆的外护套、铠装、内护套及线芯间的填料。

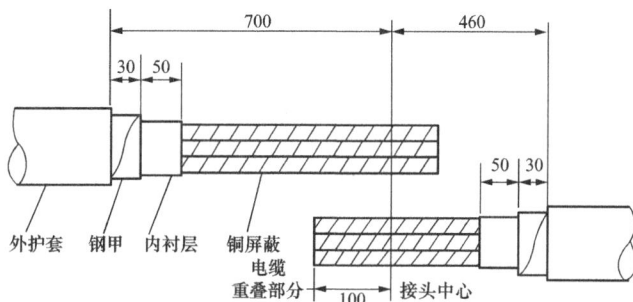

图 ZY0600106002-6　10kV 冷缩式电力电缆中间接头剥切尺寸图

（3）核实接头中心位置，锯除多余电缆。

（4）按照图 ZY0600106002-7 尺寸要求，去除铜屏蔽和半导电层，铜屏蔽边缘用铜粘条缠绕，铜屏蔽及半导电层断口边缘应整齐、无毛刺。去除半导电层时不得划伤绝缘（操作此步骤时要格外小心，铜屏蔽及半导体断口边缘不能有毛刺及尖端）。

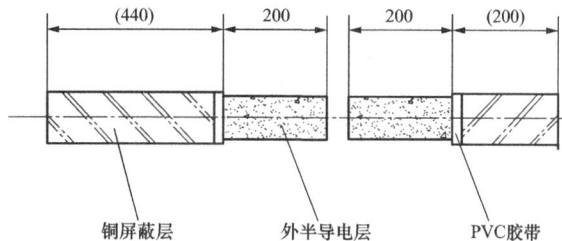

图 ZY0600106002-7　10kV 冷缩式电力电缆铜屏蔽层和外半导电层剥切图

（5）按接管长度的 1/2 加 5mm 切除绝缘，并将两端电缆绝缘的端部做倒角。

（6）处理半导电层和主绝缘层。将外半导电层端口倒成斜坡并用砂纸进行打磨处理，用细砂布打磨主绝缘表面（不能用打磨过半导电层的砂纸打磨主绝缘）。

（7）将铜编织网套入短端，冷收缩绝缘主体套入剥切尺寸长的一端，衬管条伸出的一端要先套入电缆，将接头绝缘主体和电缆绝缘临时保护好。

（8）导体连接。根据电缆的规格选择相对应的模具，压接的顺序为先中间后两边，压接后打磨毛刺、飞边，按安装工艺的要求将接管处填充。

（9）清洁电缆绝缘表面，必须由绝缘向半导电层擦拭。在两端电缆绝缘和填充物上均匀涂抹硅脂。

（10）按安装工艺要求在电缆短端的半导电层上作应力锥的定位标记。将冷收缩绝缘主体拉至接头中间，使其一端与定位标记平齐。然后逆时针方向旋转拉出衬条，收缩完毕后立刻调整位置，使中间接头处在两定位标记中间，如图 ZY0600106002-8 所示。在收缩后的绝缘主体两端用阻水胶缠绕成45°的斜坡，坡顶与中间接头端面平齐，再用半导电带在其表面进行包缠。

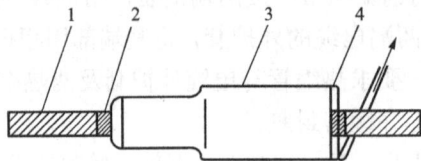

图 ZY0600106002-8　10kV 冷缩式电力电缆中间接头安装冷缩绝缘主体图

1—铜屏蔽；2—定位标记；3—冷收缩绝缘主体；4—衬条

（11）恢复铜屏蔽。将预先套入的铜网移至接头绝缘主体上，铜网两端分别与电缆铜屏蔽搭接50mm 以上，并覆盖铜编织带，用镀锡铜绑线扎紧或用恒力弹簧固定。

（12）缠白布带。将三相并拢，用白布带从一端内护层开始向另一端内护层半搭盖缠绕。

（13）恢复电缆内护套。在两端露出的 50mm 内护套上用砂纸打磨粗糙并清洁干净，从一端内护套上开始至另一端内护套，在整个接头上一个来回绕包防水带。

（14）安装铠装连接线。用恒力弹簧将一根铜编织地线固定在两端铠装上。用 PVC 带在恒力弹簧上绕包两层。

（15）恢复电缆外护套：

1）用防水胶带作接头防潮密封，在电缆外护套上从开剥端口起 60mm 的范围内用砂纸打磨粗糙，并清洁干净。然后从距护套口 60mm 处开始半重叠绕包防水胶带至另一端护套口，压护套 60mm，绕包一个来回。绕包时，将胶带拉伸至原来宽度的 3/4，绕包后，双手用力挤压所包胶带，使其紧密贴服。

2）半重叠绕包两层铠装带用以机械保护。为得到一个整齐的外观，可先用防水带填平两边的凹陷处。

3）静置 30min 后，待铠装带胶层完全固化后方可移动电缆。

（16）清理现场。施工作业结束后，工作负责人依据施工验收规范对施工工艺、质量进行自查验收，按要求清理施工现场，整理工具、材料，办理工作终结手续。

五、注意事项

为了保证 10kV 常用电力电缆中间接头安装过程中的施工安全和施工质量，应在工作之前熟悉掌握《国家电网公司电力安全工作规程（线路部分）》、10kV 热缩式（预制式、冷缩式）电力电缆中间接头安装工艺文件、《电气装置安装工程电缆线路施工及验收规范》等规程、规范的相关要求。

【思考与练习】

1. 10kV 常用电力电缆中间接头现场制作需要注意哪些安全问题？

2. 10kV 热缩式电力电缆中间接头制作应注意哪些方面？

3. 10kV 冷缩式电力电缆中间接头制作如何作好密封？

第二十一章　35kV 电力电缆各种类型中间接头制作

模块 1　35kV 电力电缆各种类型中间接头制作程序及工艺要求（ZY0600107001）

【模块描述】 本模块包含 35kV 常用电力电缆中间接头制作程序及工艺要求。通过图解示意、流程介绍和工艺要点归纳，掌握 35kV 常用电力电缆中间接头制作工艺流程和各操作步骤工艺质量控制要点。

【正文】

一、35kV 热缩式电力电缆中间接头制作工艺流程及工艺质量控制要点

（一）35kV 热缩式电力电缆中间接头制作工艺流程（见图 ZY0600107001-1）

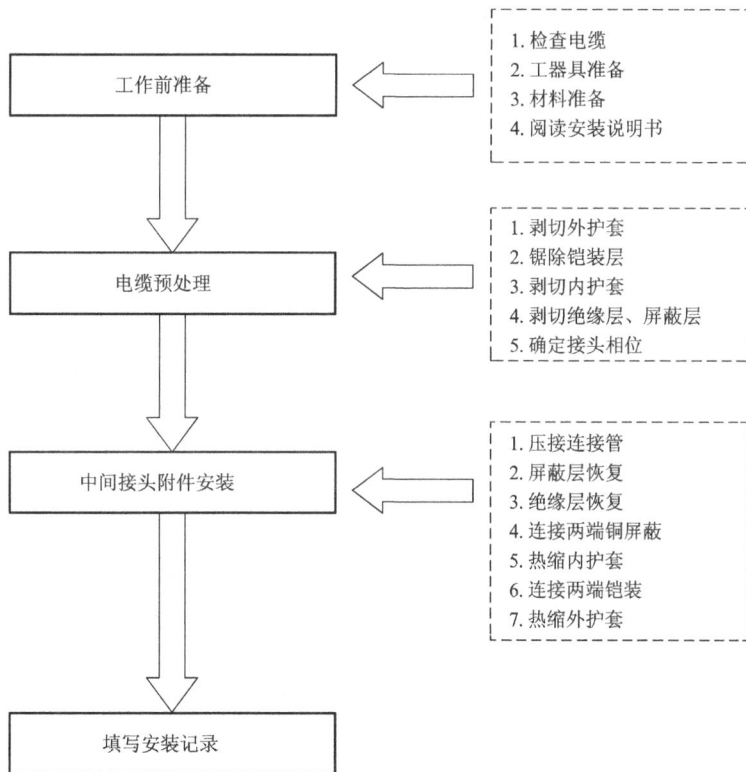

图 ZY0600107001-1　35kV 热缩式电力电缆中间接头制作工艺流程

（二）35kV 热缩式电力电缆中间接头制作工艺质量控制要点

1. 剥除外护套、铠装、内护套及填料

（1）剥除外护套。首先在电缆的两侧套入附件中的内、外护套管。在剥切电缆外护套时，应分两次进行，以避免电缆铠装层铠装松散。先将电缆末端外护套保留 350mm，然后按规定尺寸剥除外护套，要求断口平整。外护套断口以下 350mm 部分用砂纸打毛并清洗干净，以保证外护套收缩后密封性能可靠。

（2）剥除铠装。按规定尺寸在铠装上绑扎铜线，绑线的缠绕方向应与铠装的缠绕方向一致，使铠装越绑越紧不致松散。绑线用φ2.0mm的铜线，每道3～4匝。锯铠装时，其圆周锯痕深度应均匀，不得锯透，避免损伤内护套。剥铠装时，应首先沿锯痕将铠装卷断，铠装断开后再向电缆端头剥除。

（3）剥除内护套及填料。在应剥除内护套处用刀子横向切一环形痕，深度不超过内护套厚度的一半。纵向剥除内护套时，刀子切口应在两芯之间，防止切伤金属屏蔽层。剥除内护套后，应将金属屏蔽带末端用聚氯乙烯粘带扎牢，防止松散。切除填料时刀口应向外，防止损伤金属屏蔽层。

2. 电缆分相，锯除多余电缆线芯

（1）在电缆线芯分叉处将线芯扳弯，弯曲不宜过大，以便于操作为宜。但一定要保证弯曲半径符合规定要求，避免铜屏蔽层变形、折皱和损坏。

（2）将接头中心尺寸核对准确后，按相色要求将各对应线芯绑好，锯断多余电缆芯线。锯割时，应保证电缆线芯端口平直。

3. 剥除铜屏蔽层和外半导电层

（1）剥切铜屏蔽层时，在其断口处用φ1.0mm镀锡铜绑线扎紧或用恒力弹簧固定，切割时，只能环切一刀痕，不能切透，以防损伤半导电层。剥除时，应从刀痕处撕剥，断开后向线芯端部剥除。

（2）铜屏蔽层的断口应切割平整，不得有尖端和毛刺。

（3）外半导电层应剥除干净，不得留有残迹。剥除后必须用细砂纸将绝缘表面吸附的半导电粉尘打磨干净，并清洗光洁。剥除外半导电层时，刀口不得伤及绝缘层。

（4）将外半导电层端部切削成小斜坡并用砂纸打磨，注意不得损伤绝缘层。打磨后，半导电层端口应平齐，坡面应平整光洁，与绝缘层平滑过渡。

4. 绕包应力控制胶，热缩半导电应力控制管

（1）绕包应力控制胶时，必须拉薄拉窄，把外半导电层和绝缘层的交接处填实填平，圆周搭接应均匀，端口应整齐。

（2）热缩应力控制管时，应用微弱火焰均匀环绕加热，使其收缩。收缩后，在应力控制管与绝缘层交接处应绕包应力控制胶，绕包方法同上。

5. 剥除线芯末端绝缘层，切削"铅笔头"，保留内半导电层

（1）切割线芯绝缘层时，刀口不得损伤导体，剥除绝缘层时，不得使导体变形。

（2）"铅笔头"切削时，锥面应圆整、均匀、对称，并用砂纸打磨光洁，切削时刀口不得划伤导体。

（3）保留的内半导电层表面不得留有绝缘痕迹，端口平整，表面应光洁。

6. 依次套入管材和铜屏蔽网套

（1）套入管材前，电缆表面必须清洁干净。

（2）按附件安装说明，依次套入管材，顺序不能颠倒。所有管材端口必须用塑料布加以包扎，以防水分、灰尘、杂物浸入管内污染密封胶层。

7. 压接连接管，绕包屏蔽层，增绕绝缘带

（1）压接前用清洁纸将连接管内、外表面和导体表面清洁干净。检查连接管与导体截面及径向尺寸应相符，压接模具与连接管外径尺寸应配套，如连接管套入导体较松动，应填实后再进行压接。

（2）压接后，连接管表面的棱角和毛刺必须用锉刀和砂纸打磨光洁，并将金属粉屑清洁干净。

（3）半导电带必须拉伸后绕包和填平压接管的压坑及连接与导体内半导电屏蔽层之间的间隙，然后在连接管上半搭盖绕包两层半导电带，两端与内半导电屏蔽层必须紧密搭接。

（4）在两端绝缘末端"铅笔头"处与连接管端部用绝缘自粘带拉伸后绕包填平，再半搭盖绕包与两端"铅笔头"之间，最后再用聚四氟绝缘带绕包两层填平，绝缘带绕包必须紧密、平整，其绕包厚度不得小于7mm。

8. 热缩内、外绝缘管和屏蔽/绝缘复合管

（1）电缆线芯绝缘和外半导电屏蔽层应清洁干净，清洁时，应由线芯绝缘端部向半导电应力控制管方向进行，不可颠倒，清洁纸不得往返使用。

（2）将内绝缘管、外绝缘管、屏蔽/绝缘复合管先后从长端线芯绝缘上移至连接管上，中部对正，

加热时应从中部向两端均匀、缓慢环绕进行，把管内气体全部排除，保证完好收缩，以防局部温度过高、绝缘碳化、管材损坏。

9. 绕包防水胶带、半导电带

（1）屏蔽／绝缘复合管两端绕包防水胶带，必须拉伸 200%，先将台阶绕包填平，再半搭盖绕包成一坡面。绕包必须圆整紧密，两边搭接铜屏蔽层和复合管半导电层不得少于 30mm。

（2）在绕包的防水胶带上，半搭盖绕包一层半导电带，两边搭接铜屏蔽层和复合管半导电层不得少于 20mm。

10. 固定铜屏蔽网套，连接两端铜屏蔽层

（1）铜屏蔽网套两端分别与电缆铜屏蔽层搭接时，必须用铜扎线扎紧并焊牢。

（2）铜编织带两端与电缆铜屏蔽层连接时，铜扎线应尽量扎在铜编织带端头的边缘，避免焊接时温度偏高，焊接渗透使端头铜丝胀开，致焊面不够紧密服贴，影响外观质量。

（3）用恒力弹簧固定时，必须将铜编织带端头略加展开，夹入恒力弹簧收紧并用 PVC 胶带缠绕固定，以增加接触面，确保接点稳固。

11. 扎紧三相，热缩内护套，连接两端铠装层

（1）三相接头之间，必须填实后扎紧，有利于外护层的恢复，增加整体结构的紧密性。

（2）内护套管固定时，两端电缆内护套必须清洁干净绕包一层密封胶；热缩时，从距内护套管 100mm 处开始向接头中部加热收缩套管，回到 100mm 处向内护套端部收缩套管。两护套层中间搭接部位必须接触良好，密封可靠。

（3）编织带应焊在铠装层的两层钢带上。焊接时，铠装焊区应用锉刀和砂纸打毛，并先镀上一层锡，将铜编织带两端分别接在铠装镀锡层上，用铜绑线扎紧并用锡焊牢。

（4）用恒力弹簧固定铜编织带，安装工艺同上。

12. 固定金属护套和外护套管

（1）接头部位及两端电缆必须调整平直，金属护套两端套头端齿部分与两端铠装绑扎应牢固。

（2）外护套管定位前，必须将接头两端电缆外护套端口 150mm 内清洁干净并用砂纸打毛；外护套定位后，应均匀环绕加热，使其收缩到位。热缩方法同内护套。

二、35kV 预制式电力电缆中间接头制作工艺流程及工艺质量控制要点

（一）35kV 预制式电力电缆中间接头制作工艺流程（见图 ZY0600107001-2）

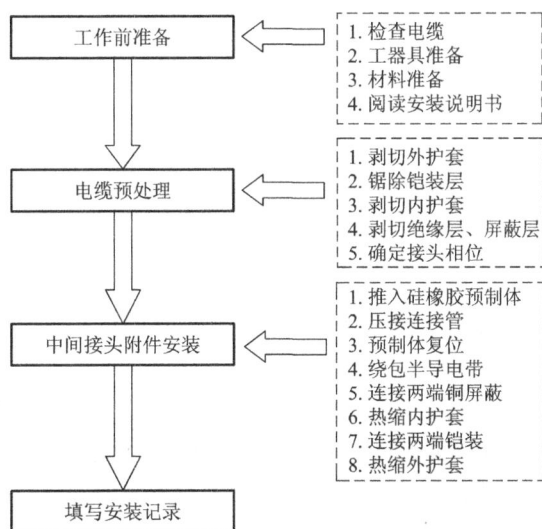

图 ZY0600107001-2　35kV 预制式电力电缆中间接头制作工艺流程

（二）35kV 预制式电力电缆中间接头制作工艺质量控制要点

1～3 项操作步骤与 35kV 热缩式电力电缆中间接头制作工艺质量控制要点中 1～3 项相同。

4. 剥线芯绝缘，推入硅橡胶预制体

（1）剥切线芯绝缘和内半导电层时，不得伤及线芯导体。剥除绝缘层时，应顺线芯绞合方向进行，以防线芯导体松散变形。

（2）绝缘端部倒角后，应用砂纸打磨圆滑。线芯导体端部的锐边应锉去，清洁干净后用 PVC 胶带包好，以防尖端锐边刺伤硅橡胶预制体。

（3）在推入硅橡胶预制体前，必须用清洁纸将长端绝缘及屏蔽层表面清洁干净。清洁时，应由绝缘端部向外半导电屏蔽层方向进行，不可颠倒，清洁纸不得往返使用。清洁后，涂上硅脂，再将硅橡胶预制体推入。

5. 压接连接管，预制体复位

（1）压接前用清洁纸将连接管内、外表面和导体表面清洁干净。检查连接管与导体截面及径向尺寸是否相符，压接模具与连接管外径尺寸是否配套。如连接管套入导体较松动，应用导体单丝填实后进行压接。

（2）压接连接管时，两端线芯应顶牢，不得松动。压接后，连接管表面的棱角和毛刺必须用锉刀和砂纸打磨光洁，并将铜屑粉末清洗干净。

（3）将绝缘表面涂一层硅脂，将硅橡胶预制体拉回过程中，应受力均匀。预制体定位后，必须用手从其中部向两端用力捏一捏，以消除推拉时产生的内应力，防止预制体变形和扭曲，同时，使之与绝缘表面紧密接触。

6. 绕包半导电带，连接铜屏蔽层

（1）三相预制体定位后，在预制体的两端来回绕包半导电带。绕包时，半导电带必须拉伸 200%，以增强绕包的紧密度。

（2）铜丝网套两端用恒力弹簧固定在铜屏蔽层上。固定时，恒力弹簧应用力收紧，并用 PVC 胶带缠紧固定，以防连接部分松弛导致接触不良。

（3）在铜网套外再覆盖一条 25mm^2 铜编织带，两端与铜屏蔽层用铜绑线扎紧焊牢或用恒力弹簧卡紧。

7. 扎紧三相，热缩内护套，连接两端铠装

（1）将三相接头用白布带扎紧，以增加整体结构的紧密性，同时有利于内护套恢复。

（2）热缩内护套前先将两侧电缆内护套端部打毛，并包一层红色密封胶带。由两端向中间均匀、缓慢、环绕加热，使内护套均匀收缩。接头内护套管与电缆内护套搭接部位必须密封可靠。

（3）铜编织带应焊在两层钢带上。焊接时，铠装焊区应用锉刀和砂纸砂光打毛，并先镀上一层锡，将铜编织带两端分别放在铠装镀锡层上，用铜绑线扎紧并焊牢。

（4）用恒力弹簧固定铜编织带时，将铜编织带端头略加展开，夹入并反折在恒力弹簧之中，用力收紧，并用 PVC 胶带缠紧固定，以增加铜编织带与铠装的接触面和稳固性。

8. 热缩外护套

（1）热缩外护套前先将两侧电缆外护套端部 150mm 清洁打毛，并包一层红色密封胶带。由两端向中间均匀、缓慢、环绕加热，使外护套均匀收缩。接头外护套管之间，以及与电缆外护套搭接部位，必须密封可靠。

（2）冷却 30min 以后，方可进行电缆接头搬移工作，否则会损坏外护层结构。

三、35kV 冷缩式电力电缆中间接头制作工艺流程及工艺质量控制要点

（一）35kV 冷缩式电力电缆中间接头制作工艺流程（见图 ZY0600107001-3）

（二）35kV 冷缩式电力电缆中间接头制作工艺质量控制要点

1～3 项操作步骤与 35kV 热缩式电力电缆中间接头制作工艺质量控制要点 1～3 项相同。

4. 剥切绝缘层，套中间接头管

（1）剥切线芯绝缘层和内半导电层时，不得伤及线芯导体。剥除绝缘层，应顺线芯绞合方向进行，以防线芯导体松散。

```
┌──────────────┐        ┌─────────────────────┐
│   工作前准备   │ ◀═════ │ 1. 检查电缆          │
└──────────────┘        │ 2. 工器具准备        │
        │               │ 3. 材料准备          │
        ▼               │ 4. 阅读安装说明书     │
                        └─────────────────────┘

┌──────────────┐        ┌─────────────────────┐
│   电缆预处理   │ ◀═════ │ 1. 剥切外护套        │
└──────────────┘        │ 2. 锯除铠装层        │
        │               │ 3. 剥切内护套        │
        ▼               │ 4. 剥切屏蔽层、绝缘层  │
                        │ 5. 确定接头相位       │
                        └─────────────────────┘

┌──────────────┐        ┌─────────────────────┐
│  中间接头附件安装 │ ◀═══ │ 1. 套入中间接头管     │
└──────────────┘        │ 2. 压接连接管        │
        │               │ 3. 安装中间接头管     │
        ▼               │ 4. 连接两端铜屏蔽     │
                        │ 5. 恢复内护套        │
                        │ 6. 连接两端铠装       │
                        │ 7. 恢复外护套        │
                        └─────────────────────┘

┌──────────────┐
│   填写安装记录  │
└──────────────┘
```

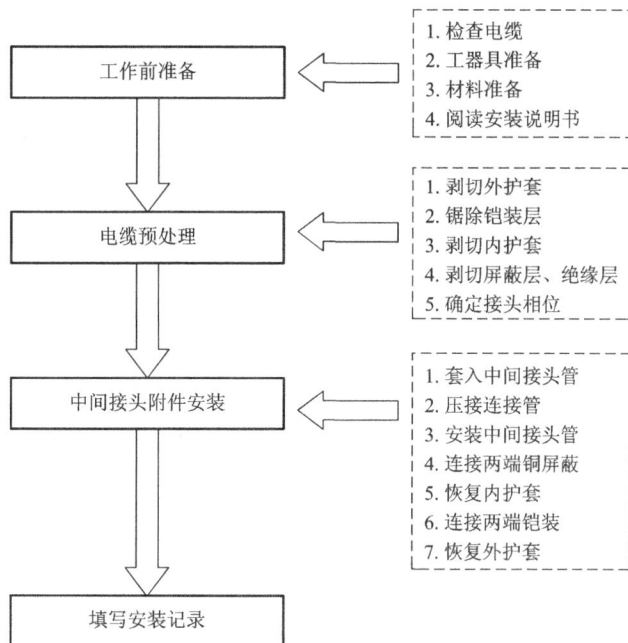

图 ZY0600107001-3 35kV冷缩式电力电缆中间接头制作工艺流程

（2）绝缘层端口用刀或倒角器将绝缘端部倒 45°角。线芯导体端部的锐边应锉去，清洁干净后用PVC 胶带包好。

（3）中间接头管应套在电缆铜屏蔽保留较长一端的线芯上，套入前必须将绝缘层、外半导电层、铜屏蔽层用清洁纸依次清洁干净；套入时，应注意塑料衬管条伸出一端先套入电缆线芯。

（4）将中间接头管和电缆绝缘用塑料布临时保护好，以防碰伤和灰尘杂物落入，保持环境清洁。

5. 压接连接管

（1）必须事先检查连接管与电缆线芯标称截面相符，压接模具与连接管规范尺寸应配套。

（2）连接管压接时，两端线芯应顶牢，不得松动。

（3）压接后，连接管表面尖端、毛刺用锉刀和砂纸打磨平整光洁，必须用清洁纸将绝缘层表面和连接管表面清洁干净。应特别注意不能在中间接头端头位置留有金属粉屑或其他导电物体。

6. 安装中间接头管

（1）在中间接头管安装区域表面均匀涂抹一薄层硅脂，并经认真检查后，将中间接头管移至中心部位，其一端必须与记号齐平。

（2）抽出衬管条时，应沿逆时针方向进行，其速度必须缓慢均匀，使中间接头管自然收缩。定位后用双手从接头中部向两端圆周捏一捏，使中间接头内壁结构与电缆绝缘，外半导电屏蔽层有更好的界面接触。

7. 连接两端铜屏蔽层

铜网带应以半搭盖方式绕包平整紧密，铜网两端与电缆铜屏蔽层搭接，用恒力弹簧固定时，夹入铜编织带并反折入恒力弹簧之中，用力收紧，并用 PVC 胶带缠紧固定。

8. 恢复内护套

（1）电缆三相接头之间间隙必须用填充料填充饱满，再用 PVC 带或白布带将电缆三相并拢扎紧，以增强接头整体结构的严密性和机械强度。

（2）绕包防水带，绕包时将胶带拉伸至原来宽度的 3/4，完成后，双手用力挤压所包胶带，使其紧密服贴。防水带应覆盖接头两端的电缆内护套足够长度。

9. 连接两端铠装层

铜编织带两端与铠装层连接时，必须先用锉刀或砂纸打磨钢铠表面，将钢编织带端头呈宽度方向略加展开，夹入并反折入恒力弹簧之中，用力收紧，并用 PVC 胶带缠紧固定，以增加铜编织带与钢铠的接触面和稳固性。

10. 恢复外护套

（1）绕包防水带，绕包时将胶带拉伸至原来宽度的 3/4，完成后，双手用力挤压所包胶带，使其紧密服贴。防水带应覆盖接头两端的电缆外护套各 50mm。

（2）在外护套防水带上绕包两层铠装带。绕包铠装带以半重叠方式绕包，必须紧固，并覆盖接头两端的电缆外护套各 70mm。

（3）30min 以后，方可进行电缆接头搬移工作，以免损坏外护层结构。

【思考与练习】

1. 试述 35kV 各种类型电力电缆中间接头制作工艺流程。

2. 35kV 热缩式电缆中间接头安装工艺要点有哪些？

模块 2　35kV 电力电缆中间接头安装（ZY0600107002）

【模块描述】本模块包含 35kV 常用电力电缆中间接头安装步骤和基本要求。通过示例介绍、图形示意，掌握 35kV 常用电力电缆中间接头安装所需的工器具材料、安装作业条件、操作步骤及工艺要求。

【正文】

一、作业内容

本模块主要讲述 35kV 常用电力电缆中间接头安装所需工器具和材料的选择、附件安装的基本要求、步骤以及安全注意事项等。

二、危险点分析与控制措施

（1）明火作业现场应配备灭火器，并及时清理杂物。

（2）使用移动电气设备时，必须装设漏电保护器。

（3）搬运电缆附件时，工作人员应相互配合，轻搬轻放，不得抛接。

（4）用刀或其他切割工具时，应正确控制切割方向。

（5）使用液化气枪应先检查液化气瓶、减压阀、液化喷枪。点火时火头不准对人，以免人员烫伤。其他工作人员应与火头保持一定距离，用后及时关闭阀门。

（6）施工时，电缆沟边上方禁止堆放工具及杂物，以免掉落伤人。

三、作业前准备

1. 工器具和材料准备

35kV 常用电力电缆中间接头安装所需工器具和材料分别见表 ZY0600107002-1 和表 ZY0600107002-2。

表 ZY0600107002-1　　　　35kV 常用电力电缆中间接头安装所需工器具

序号	名　称	规　格	单位	数量	备　注
1	常用工具		套	1	电工刀、克丝钳、螺钉旋具（螺丝刀）、卷尺
2	绝缘电阻表	500/2500V	块	1/1	
3	万用表		块	1	
4	验电器	35kV	个	1	
5	绝缘手套	35kV	副	2	
6	发电机	2kW	台	1	
7	电锯		把	1	
8	电压钳		把	1	
9	手锯		把	2	
10	液化气罐	50L	瓶	2	
11	喷枪头		把	2	
12	电烙铁	1kW	把	1	

续表

序号	名 称	规 格	单 位	数 量	备 注
13	锉刀	平锉/圆锉	把	1/1	
14	电源轴		卷	2	
15	铰刀		把	2	
16	工作灯	200W	盏	4	
17	活动扳手	10/12in	把	2/2	
18	棘轮扳手	17/19/22/24	把	2/2/2/2	
19	力矩扳手		套	1	
20	灭火器		个	2	

表 ZY0600107002-2   10kV 常用电力电缆中间接头安装所需材料

序号	名 称	规 格	单 位	数 量	备 注
1	热缩（预制、冷缩）交联中间头	根据需要选择	套	1	应力管、绝缘管、复合屏蔽管、内外护套管、预制或冷缩绝缘主体等
2	酒精	95%	瓶	1	
3	PVC 粘带	黄、绿、红	卷	3	
4	清洁布		kg	2	
5	清洁纸		包	1	
6	铜绑线	$\phi 2mm$	kg	1	
7	镀锡铜绑线	$\phi 1mm$	kg	1	
8	焊锡膏		盒	1	
9	焊锡丝		卷	1	
10	铜编织带	$25mm^2$	根	4	
11	接管	根据需要选择	支	3	
12	砂布	180/240 号	张	2/2	

2. 电缆附件安装作业条件

（1）室外作业应避免在雨天、雾天、大风天气及湿度在 70% 以上的环境下进行。遇紧急故障处理，应做好防护措施并经上级主管领导批准才能作业。在尘土较多及重灰污染区，应搭临时帐篷。

（2）冬季施工气温低于 0℃时，电缆应预先加热。

四、35kV 常用电力电缆中间接头安装的操作步骤及工艺要求

由于不同生产厂家的附件安装工艺尺寸会略有不同，本模块所介绍的工艺尺寸仅供参考。

（一）35kV 热缩式电力电缆中间接头安装步骤及工艺要求

1. 定接头中心

在接头坑内将电缆调直，在适当位置定接头中心，用 PVC 粘带作好标记，电缆直线部分不小于 2.5m，应考虑接头两端套入各类管材长度。将超出接头中心 200mm 以外的电缆锯掉。

2. 套入内外护套

将电线两端外护套擦净（长度约 2.5m），在两端电缆上依次套入外护套、内护套，将护套管两端包严，防止进入尘土影响密封。

3. 剥除内、外护套和铠装

按图 ZY0600107002-1 所示尺寸剥除外护套，锯除铠装，剥除内护套及填料。

4. 摆正电缆线芯及锯除多余线芯

按系统相色要求将三芯分开成等边三角形，使各相间有足够的空间，将各对应相线芯绑在一起，按图 ZY0600107002-1 所示尺寸核对接头长度，在接头中心处将多余线芯锯掉。

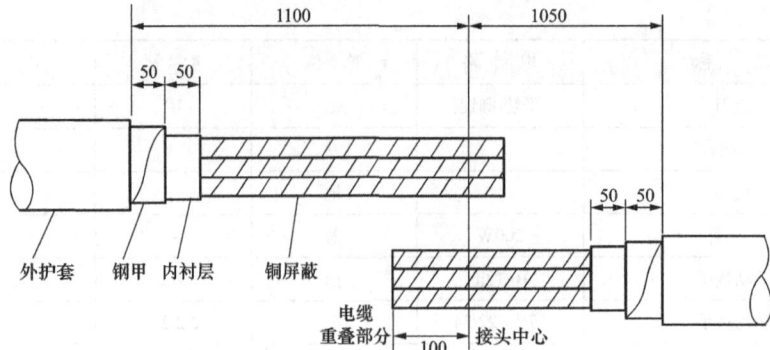

图 ZY0600107002-1　35kV 热缩式电力电缆中间接头剥切尺寸图

5. 剥除金属屏蔽层、外半导电层及绝缘层

按图 ZY0600107002-2 所示尺寸（D 为 1/2 接管长加 5mm），依次剥除金属屏蔽带、外半导电层及绝缘层，在绝缘端部倒角 3mm×45°。用细砂纸将绝缘表面吸附的半导电粉尘打磨干净，并使绝缘层表面平整光洁。用浸有清洁剂的纸将绝缘层表面擦拭干净。

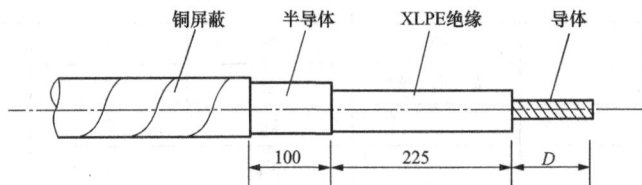

图 ZY0600107002-2　35kV 热缩式电力电缆中间接头金属屏蔽层、外半导电层和绝缘层剥切尺寸图

6. 套入应力控制管、绝缘管和屏蔽管

擦净金属屏蔽层表面，在电缆三相线芯长端各套入一根黑色应力控制管、一根红色绝缘管和一根红黑色绝缘屏蔽管，在短端分别套入另一根红色绝缘管。将其推至三芯根部，临时固定。

7. 压接线芯

再次核对相色。将对应线芯套入压接管，调整线芯成正三角形，三相长度应相同，进行压接。压接后将接管表面尖刺及棱角挫平，用砂纸打磨光滑，并用清洁剂擦净。

8. 连接管处应力处理

方法一：包绕应力控制胶。

从任意一相开始，取一长片应力控制胶，取下一面防粘纸，将胶带卷成小卷，再拉长至原宽度的一半。先将导电线芯部分填平，然后用半重叠法将应力控制胶缠在线芯端部和压接管上。两端各压绝缘 10~15mm，包缠直径略大于绝缘外径，表面应平整。

方法二：绕包半导电带和绝缘带。

（1）在连接管上，半搭盖绕包两层半导电带并与两端内半导电层搭接。

（2）在半导电带外，半搭盖绕包 J-30 绝缘自粘带，最后再半搭盖绕包两层聚四氟带。

9. 绝缘屏蔽端部应力处理

取一短片应力控制胶，将其尖角尽量拉长、拉细，胶的斜面朝向半导电层，缠在外半导电层切断处，填补该处的空隙，各压绝缘、外半导电层 10mm。应力控制胶的包缠应平滑，两端应薄而整齐。用同样的方法完成另一端。

10. 热缩应力控制管

将三相线芯绝缘上涂一薄层硅脂，将应力控制管移至接头中心，分别从中间往两端热缩应力控制管。

11. 热缩绝缘管

先将内层绝缘管移至应力控制管上，中心点对齐，三相同时从中间往两端热缩。再将外层绝缘管移至内绝缘管上，中心点对齐，三相同时从中间往两端热缩。用红色防水胶带在每相绝缘管两端各缠两圈，其边缘与绝缘管端口对齐。

12. 热缩绝缘屏蔽管

将三相绝缘屏蔽管移至绝缘管上，中心点对齐，三相同时从中间开始向两侧分两次互相交换收缩，然后继续在绝缘屏蔽管全长加热 45s，直至黑红管完全收缩。

13. 焊接铜编织带和铜网带

（1）在三相电缆线芯上，分别用 25mm² 铜编织带连接两端金属屏蔽带，其两端在距绝缘屏蔽管端口 30mm 处用 ϕ1.0mm 镀锡铜线绑两匝在铜屏蔽带上，用焊锡焊牢。

（2）在三相线芯上，分别用半重叠法包缠一层铜网带，两端用 ϕ1.0mm 镀锡铜线绑两匝在铜屏蔽带上，用焊锡焊牢。

（3）将三相线芯并拢，用白布带按间隔 50mm 距离疏绕，往返包绕两层扎紧。

14. 热缩内护套

擦净接头两端电缆的内护套，并将表面用砂纸磨粗。将一端的内护套热缩管移至接头上，取下隔离纸，管的一端与电缆内护套搭接，其端口与铠装锯断处衔接，从此端开始往接头中间热缩。用同样方法完成另一端内护套管的热缩，两内护套管重叠搭接部分不小于 100mm。

15. 连接两端铠装

用 25mm² 铜编织带连接两端铠装，铜编织带应平整地敷在内护套上，两端用 ϕ2.0mm 镀锡铜线与铠装绑两匝，用焊锡焊牢。

16. 热缩外护套

擦净接头两端电缆的外护套，并将表面用砂纸磨粗，要求外护套热缩管与电缆外护套搭接长度及两外护套热缩管搭接长度均不小于 150mm。如热缩管内无密封涂料，应在每一搭接处加缠不小于 100mm 长的密封材料。

17. 接头保护

接头外用水泥盒加以保护，热缩部件未冷却前，不得移动电缆，以防止破坏搭接处的密封。

18. 清理现场

施工作业结束后，工作负责人依据施工验收规范对施工工艺、质量进行自查验收，按要求清理施工现场，整理工具、材料，办理工作终结手续。

（二）35kV 预制式电力电缆中间接头安装步骤及工艺要求

1. 定接头中心，预切割电缆

将电缆调直，确定接头中心，电缆长端 1100mm，短端 700mm，两电缆重叠 200mm，锯掉多余电缆。

2. 套入内外护套

将电缆两端外护套擦净（长度约 2.5m），在两端电缆上依次套入外护套及内护套，将护套管两端包严，防止进入尘土影响密封。

3. 剥除外护套、铠装和内护套及填料

按图 ZY0600107002-3 所示尺寸，依次剥除电缆的外护套、铠装、内护套及线芯间的填料。

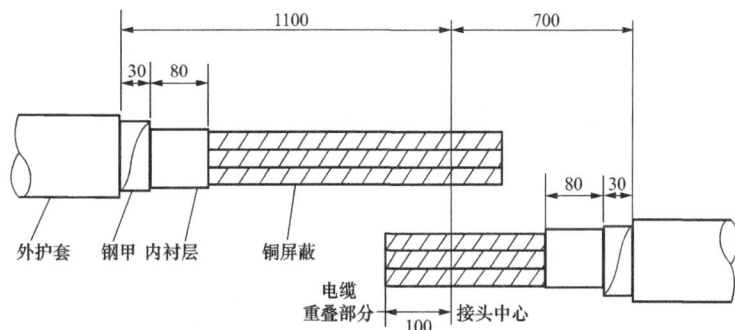

图 ZY0600107002-3　35kV 预制式电力电缆中间接头剥切尺寸图

4. 锯除多余线芯

按相色要求将各对应线芯绑好，把多余线芯锯掉。要求：

（1）锯线芯前应按图 ZY0600107002-3 所示尺寸核对接头长度。

（2）为防止铜屏蔽带松散，可在缆芯端部包缠 PVC 自粘带。

5. 剥除铜屏蔽层和外半导电层

按图 ZY0600107002-4 所示尺寸，依次将铜屏蔽层和外半导电层剥除。

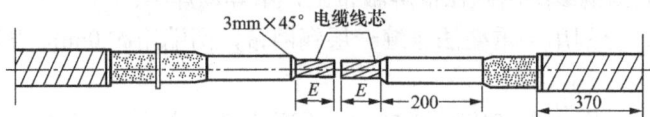

图 ZY0600107002-4   35kV 预制式电力电缆中间接头金属屏蔽层、外半导电层和绝缘层剥切尺寸图

6. 剥切绝缘

按图 ZY0600107002-4 所示尺寸 E（1/2 接管长+5mm），剥切电缆绝缘，绝缘端部倒角 3mm×45°。

7. 推入硅橡胶接头

在长端线芯导体上缠两层 PVC 带，以防推入中间接头时划伤内绝缘。用浸有清洁剂的布（纸）清洁长端电缆绝缘层及半导电层，然后分别在中间接头内侧、长端电缆绝缘层及半导电层上均匀地涂一层硅脂。用力一次性将中间接头推入到长端电缆芯上，直到电缆绝缘从另一端露出为止，用干净的布擦去多余的硅脂。

8. 压接连接管

拆除线芯导体上的 PVC 带，擦净线芯导体，按原定相色将线芯套入连接管，进行压接，然后用砂纸将接管表面打磨光滑。

9. 中间接头归位

清洁连接管、短端电缆的绝缘层和半导电层表面，并在绝缘表面涂一层硅脂，然后在电缆短端半导电层上距半导电断口 25mm 处用相色带作好标记，将中间接头用力推过连接管及绝缘，直至中间接头的端部与相色带标记平齐。擦除多余硅脂，消除安装应力。

10. 接头定位

如图 ZY0600107002-5 所示，在接头两端用半导电带绕出与接头相同外径的台阶，然后以半重叠的方式在接头外部绕一层半导电带。

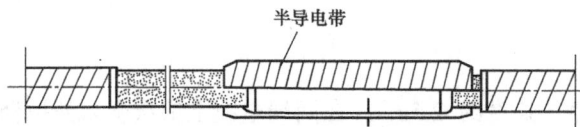

图 ZY0600107002-5   35kV 预制式电力电缆中间接头定位图

11. 连接铜屏蔽

在三相电缆线芯上，分别用 25mm² 的铜编织带连接两端铜屏蔽带，并临时固定，再用半重叠法绕包一层铜网带，两端与铜编织带平齐，分别用 ϕ1.0mm 的铜丝扎紧，再用焊锡焊牢。

12. 热缩内护套

将三相线芯并拢，用白布带扎紧。用粗砂纸打毛两侧内护套端部，并包一层密封胶带，将两根 ϕ200mm 的热缩管拉至接头中间，其端部分别与密封胶搭盖，从中间开始向两端加热，使其均匀收缩。

13. 连接两端铠装

用 25mm² 的铜编织带连接两端铠装，用铜线绑紧并焊牢。

14. 热缩外护套

擦净接头两端电缆的外护套，将其端部用粗砂纸打毛，缠两层密封胶带，将剩余三根热缩管依次套在接头上并热缩。要求热缩管与电缆外护套及两热缩管之间搭接长度不小于 100mm，两热缩管重叠部分也要用砂纸打毛并缠密封胶。

15. 清理现场

施工作业结束后，工作负责人依据施工验收规范对施工工艺、质量进行自查验收，按要求清理施工现场，整理工具、材料，办理工作终结手续。

（三）35kV 冷缩式电力电缆中间接头安装步骤及工艺要求

1. 电缆准备

将准备连接的两段电缆末端支高，摆平对直，并重叠 200mm，将电缆表面清洁干净。

2. 剥外护套、铠装、内护套（见图 ZY0600107002-6）

（1）在两侧电缆末端分别量取 1000mm 和 800mm，剥除电缆外护套。

（2）从外护套端口量取铠装 30mm 处用铜扎线扎紧，剥除其余铠装层。

（3）从铠装端口量取内护套 50mm，其余剥除。

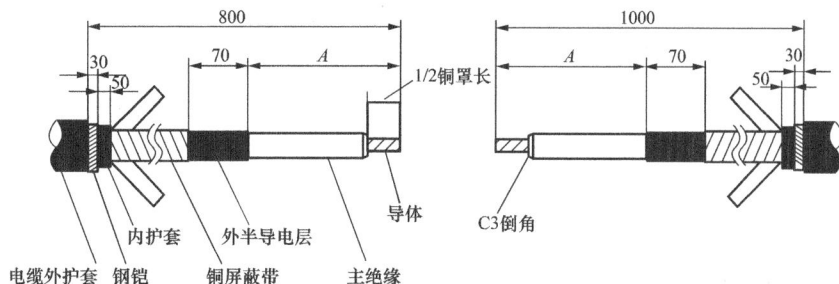

图 ZY0600107002-6　35kV 冷缩式电力电缆中间接头剥切尺寸图

3. 锯除多余电缆线芯，剥铜屏蔽和半导电层（见图 ZY0600107002-6）

（1）按系统相色要求将三芯分开成等边三角形，使各相间有足够的空间，将各对应相线芯绑在一起。按图 ZY0600107002-6 所示尺寸核对接头长度，在接头中心处将多余线芯锯掉。

（2）从两侧电缆末端分别量取 290mm，剥除铜屏蔽层，用半导电带将铜屏蔽层切断处扎紧。

（3）从铜屏蔽端口处保留 70mm 半导电层，将其余 220mm 半导电层全部剥除。

（4）按照铜罩长度的一半切除电缆主绝缘，并在主绝缘边缘上作 3mm×45° 的倒角。

4. 包绕半导电带，套中间接头管（见图 ZY0600107002-7）

（1）用砂纸将绝缘层表面吸附的半导电粉尘砂除干净，并打磨光洁，使绝缘层与半导电层相接处圆滑过渡。

（2）将两端电缆绝缘层、半导电层用清洁纸清洁干净。

（3）半重叠绕包半导电带，从铜屏蔽带上 40mm 开始，包至 10mm 的外半导电层上，将电缆铜屏蔽带端口包覆住并加以固定，绕包应十分平整。

（4）套入中间接头，塑料衬管条伸出的一端先套入电缆。

（5）用塑料布将中间接头和电缆绝缘临时保护好。

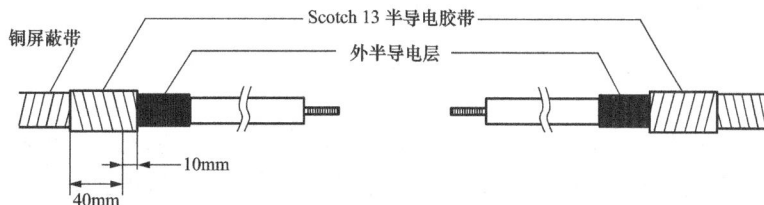

图 ZY0600107002-7　35kV 冷缩式电力电缆中间接头包绕半导电带尺寸图

5. 压接连接管，确定中心

（1）用电缆清洁纸将连接管内、外表面及线芯导体清洁干净，待清洁剂挥发后将连接管分别套入各相线芯导体。

（2）装上接管，同时把铜罩上面的裸铜线放入接管里面，然后对称压接，并且锉平打光，清洁干净。

（3）确定接头中心，拆去中间接头体和电缆绝缘上的临时保护。

6. 固定中间接头体

（1）由中心位置向电缆一端三相分别量取 285mm，用 PVC 带作一明显的标记，此处为冷缩中间接头收缩的基准点。

（2）校验绝缘尾端之间的尺寸，调整主绝缘使其尺寸和铜罩的长度相适合，然后把两个半铜罩扣在绝缘尾端之间，外面和主绝缘平齐。

（3）用清洁纸将绝缘层表面及铜罩表面再认真清洁一次，待清洁剂挥发后，将红色的绝缘混合剂涂抹在外半导电层与主绝缘交界处，把其余的均匀涂抹在主绝缘表面。

7. 安装冷缩中间接头（见图 ZY0600107002-8）

（1）将中间接头移至中心部位，使一端与记号齐平，沿逆时针方向均匀缓慢抽出塑料衬管条使中间接头收缩。

（2）收缩后，检查中间头两端是否与半导电层都搭接上，搭接长度不小于 13mm。

（3）从距离冷缩中间接头口 60mm 处开始到接头的半导电层上 60mm 处，半重叠绕包防水胶带一个来回。

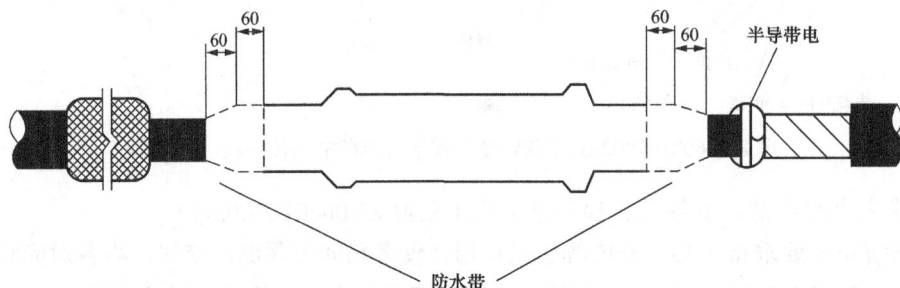

图 ZY0600107002-8　35kV 冷缩式电力电缆中间接头定位图

8. 连接铜屏蔽层

（1）在收缩好的接头主体外部套上铜编织网套，从中间向两边对称展开，用 PVC 带把铜网套绑扎在接头主体上。用两只恒力弹簧将铜网套固定在电缆铜屏蔽带上，以保证铜网套与之良好接触，将铜网套的两端修整齐，在恒力弹簧外保留 10mm。

（2）用胶带将恒力弹簧和铜网套边缘半重叠包住。

9. 恢复电缆内护套

将两端电缆 50mm 的内护套用砂纸打磨粗糙并清洁干净，先从一端内护套上开始，在整个接头上绕包防水带至另一端内护套上一个来回。

10. 连接两端铠装

（1）用锉刀或砂纸将接头两端铠装挫光打毛，将铜编织带两端扎紧在电缆铠装上，用恒力弹簧将铜编织带端头卡紧在铠装上，并用 PVC 胶带缠绕固定。

（2）半重叠绕包两层胶带将弹簧及铠装一起包覆住，不要包在防水带上。

11. 恢复电缆外护套

（1）用防水胶带作接头防潮密封，将两侧电缆外护套端部 60mm 的范围内用砂纸打磨粗糙，并清洁干净。然后从一端护套上 60mm 处开始半重叠绕包防水胶带至另一端护套上 60mm 处一个来回。绕包时，将胶带拉伸至原来宽度的 3/4，绕包后，双手用力挤压所包胶带，使其紧密服贴。

（2）半重叠绕包装甲带作为机械保护。为使外观整齐，可先用防水带填平两边的凹陷处。

（3）绕包结束后 30min 内不能移动电缆。

12. 清理现场

施工作业结束后，工作负责人依据施工验收规范对施工工艺、质量进行自查验收，按要求清理施工现场，整理工具、材料，办理工作终结手续。

五、注意事项

为了保证 35kV 常用电力电缆中间接头安装过程中的施工安全和施工质量，应在工作之前熟悉掌握《国家电网公司电力安全工作规程（线路部分）》、35kV 热缩式（预制式、冷缩式）电力电缆中间接头安装工艺文件、《电气装置安装工程电缆线路施工及验收规范》等规程、规范的相关要求。

【思考与练习】

1. 35kV 常用电力电缆中间接头现场制作需要注意哪些安全问题？

2. 35kV 热缩式电力电缆中间接头制作应注意哪些方面？

3. 35kV 冷缩式电力电缆中间接头制作如何做好密封？

模块 2

ZY0600107002

第二十二章 避雷器安装

模块1 避雷器安装方法（GYDL00207001）

【模块描述】 本模块介绍电缆终端用避雷器安装方法及注意事项。通过要点讲解、工艺流程介绍和图形示例，了解电缆线路常用避雷器的型号、参数特性，熟悉电缆线路避雷器特性参数选择原则，掌握避雷器安装操作方法、步骤及质量标准要求。

【正文】

为防止电缆和附件的主绝缘遭受过电压损坏，往往需要在电缆线路上安装避雷器。

一、避雷器基础知识

1. 避雷器种类

避雷器按其结构，可分为保护间隙、管式避雷器、阀式避雷器、磁吹避雷器和金属氧化物避雷器。用于保护电缆线路的并联连接在电缆终端的避雷器一般选用金属氧化物避雷器。金属氧化物避雷器分瓷套型和复合外套型两种。

2. 避雷器的特性参数选择

保护电缆线路用避雷器的主要特性参数应符合下列规定：

（1）冲击放电电压应低于被保护电缆线路的绝缘水平，并留有一定裕度。

（2）冲击电流通过避雷器时，两端子间的残压值应小于电缆线路的绝缘水平。

（3）当雷电过电压侵袭避雷器时，电缆上承受的电压为冲击放电电压和残压两者之间较大者，称为保护水平 U_p。电缆线路的 $BIL=(120\%\sim130\%)U_p$。

（4）避雷器的额定电压：对于 110kV 及以上中性点直接接地系统，额定电压取系统最大工作电压的 80%；对于 66kV 及以下中性点不接地和经消弧线圈接地的系统，应分别取最大工作线电压的 110% 和 100%。

3. 电缆线路常用避雷器型号及参数

（1）瓷套型避雷器。其技术参数见表 GYDL00207001-1。

表 GYDL00207001-1　　　　　　　瓷套型避雷器技术参数

系统电压（kV，有效值）	避雷器型号	避雷器持续运行电压（kV，有效值）	雷电标称放电电流残压不大于（kV，峰值）	直流 1mA 参考电压不小于（kV）	交流参考电流（mA，峰值）	交流参考电压不小于（kV/$\sqrt{2}$，峰值）	2ms 方波通流容量（A）	4/10μs 冲击电流耐受能力（kA，峰值）	压力释放能量（kA）	爬电比距（mm/kV）	质量（kg）
35	Y5W1-54/134	43.2	134	77	1	54	800	100	40	31	80
66	Y10W1-90/235	72.5	235	130	1	90	800	100	40	31	110
110	Y10W1-100/260	78	260	145	1	100	800	100	40	31	115
	Y10W1-102/266	79.6	266	148	1	102	800	100	40	31	115
	Y10W1-108/281	84	281	157	1	108	800	100	40	31	115
220	Y10W2-200/520	156	520	290	1	200	800	100	50	31	270
	Y10W2-204/532	159	532	296	1	204	800	100	50	31	270
	Y10W2-216/562	168.5	562	314	1	216	800	100	50	31	270

（2）复合外套型避雷器。其技术参数见表 GYDL00207001-2。

表 GYDL00207001-2　　　　　　　　　复合外套型避雷器技术参数

系统电压（kV，有效值）	避雷器型号	避雷器持续运行电压（kV，有效值）	雷电标称放电电流残压不大于（kV，峰值）	直流1mA参考电压不小于（kV）	交流参考电流（mA，峰值）	交流参考电压不小于（kV/√2，峰值）	2ms方波通流容量（A）	4/10μs冲击电流耐受能力（kA，峰值）	爬电比距（mm/kV）	质量（kg）
10	YH5WS1-17/50	13.6	50	25	1	17	200	65	31	1
35	YH5WZ2-51/134	40.8	134	73	1	51	600	65	31	7
	YH5WZ2-54/134	43.2	134	77	1	54	600	65	31	7
66	YH10WZ1-90/235	72.5	235	130	1	90	800	100	31	26
110	YH10WZ1-96/250	75	250	140	1	96	800	100	31	27
	YH10WZ1-100/260	78	260	145	1	100	800	100	31	37
	YH10WZ1-102/266	79.6	266	148	1	102	800	100	31	37
	YH10WZ1-108/281	84	281	157	1	108	800	100	31	37.5
220	YH10WZ1-200/520	156	520	290	1	200	800	100	31	71
	YH10WZ1-204/532	159	532	296	1	204	800	100	31	71.5
	YH10WZ1-216/562	168.5	562	314	1	216	800	100	31	72

4. 电缆线路常用避雷器结构

（1）瓷套型避雷器。其结构如图 GYDL00207001-1 所示。

（2）复合外套型避雷器。其结构如图 GYDL00207001-2 所示。

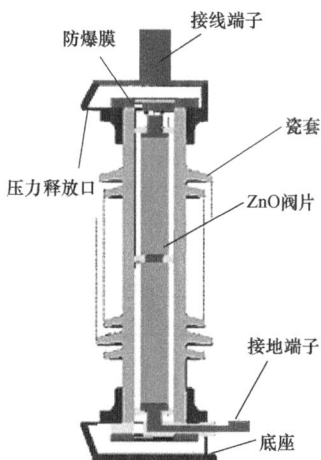

图 GYDL00207001-1　瓷套型避雷器结构图

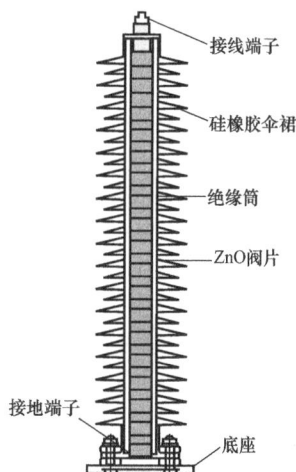

图 GYDL00207001-2　复合外套型避雷器结构图

二、作业内容

为防止电缆和附件的主绝缘遭受过电压损坏，电缆线路与架空线相连的一端应装设避雷器。电缆线路用避雷器并联连接在电缆终端头上。本模块主要讲述电缆线路用避雷器的安装方法。

三、危险点分析与控制措施

（1）为防止设备拆箱时造成人身伤害，拆箱人员要相互呼应好，防止冲击性动作引发的工具失控、箱板脱落或回弹伤及施工人员。及时清理包装箱板，禁止在拆下的包装板上行走，防止朝天钉扎脚。

（2）起吊作业时，操作人员应持证上岗，吊车的工作位置应选择适当，支撑应稳固可靠，并有防倾覆措施。设专人指挥吊车，信号要清晰、明确。

（3）为防止起重伤害，作业前，应核实设备的重量，备好荷重可靠、外观完好的吊索，瘦高型的设备要系晃绳，防止避雷器瓷套管磕碰受损。对施工人员进行详细的技术交底，做好分工。设备吊起约 10cm 时要作停吊检查，确认无误才可再吊。设备吊装就位时，严禁将手伸到设备底座下方，防止设备意外下落轧伤手部。

（4）为防止作业人员高空坠落，杆塔上的作业人员必须正确使用自锁式安全带。离开地面 2m 以上即为高空作业，攀登杆塔时应检查脚钉或爬梯是否牢固可靠。在塔上作业时，安全带应系在牢固的构件上，高空作业全过程不得失去安全带保护。

（5）设备安装中为防止机械伤害，两人或两人以上协同工作时，必须及时作好呼应，防止作业中操作失误引起对人体的机械伤害。为防止踏空摔伤，在设备高处作业点移动要缓慢，先用手攀扶住固定可靠部位，看准落脚位置再迈步移动。

（6）为防止高空坠落物体打击，作业现场人员必须戴好安全帽，严禁在作业点正下方逗留。

（7）以上各项在运行站邻近带电设备工作时，必须执行保证安全的组织措施和技术措施，如工作票制度、停电、验电、封挂地线和工作监护制度等措施。

四、作业前准备

1. 工器具准备

避雷器安装所需工器具见表 GYDL00207001-3。

表 GYDL00207001-3　　　　　　　　避雷器安装所需工器具

序号	名　称	规　格	单位	数量	备　注
1	吊车		台	1	
2	台钻	0.5kW	台	1	
3	台虎钳	5in（英寸）	台	2	
4	砂轮机	0.5kW	台	1	
5	无齿锯	0.5kW	台	1	
6	小绳	ϕ12	条	2	
7	钢丝扣	小	根	1	
8	专用吊带		套	若干	
9	圆锉		把	1	
10	扭力扳手		套	1	
11	钢卷尺	2m	个	4	
12	钳子	8in（英寸）	把	5	
13	扳子	10in（英寸）	把	5	
14	改锥	中号	把	5	
15	个人安全护具		套	若干	安全带、登高护具

2. 材料准备

避雷器安装所需材料见表 GYDL00207001-4。

表 GYDL00207001-4　　　　　　　　避雷器安装所需材料

序号	名　称	规　格	单位	数量	备　注
1	扁钢	符合设计	kg	适量	
2	自喷漆	银	罐	1	
3	相位漆	黄、绿、红	kg	各 0.2	
4	凡士林	中性	kg	0.5	
5	毛刷		把	适量	
6	常用螺母	M8~M16	套	适量	
7	砂布		张	8	
8	锯条		根	6	
9	焊条		根	20	
10	避雷器	符合设计	组	1	
11	放电计数器	符合设计	组	1	
12	均压环	符合设计	支	3	
13	设备线夹	符合设计	支	3	
14	接地铜线	符合设计	m	3	

3. 作业条件

电缆线路避雷器安装属于室外作业项目，要求天气良好，无雨雪，风力不超过6级，作业场地应平整坚实，满足吊车施工荷载。邻近带电体作业应满足安全距离。

五、操作步骤及质量标准

（一）电缆线路避雷器典型安装图

（1）瓷套型避雷器正置安装如图 GYDL00207001-3 所示。

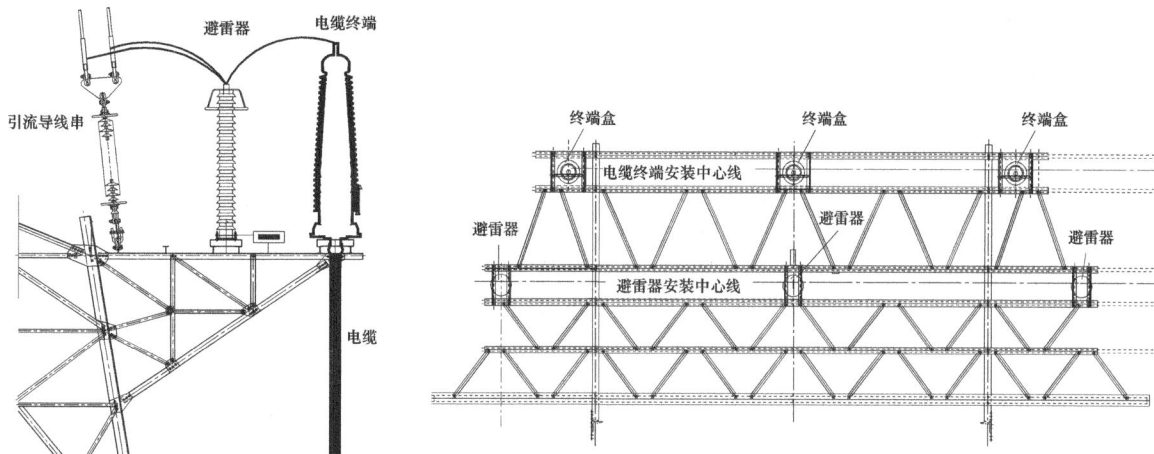

图 GYDL00207001-3　瓷套型避雷器正置安装图

（2）复合外套型避雷器倒挂安装如图 GYDL00207001-4 所示。

（二）避雷器安装工艺流程

电缆线路避雷器安装工艺流程如图 GYDL00207001-5 所示。

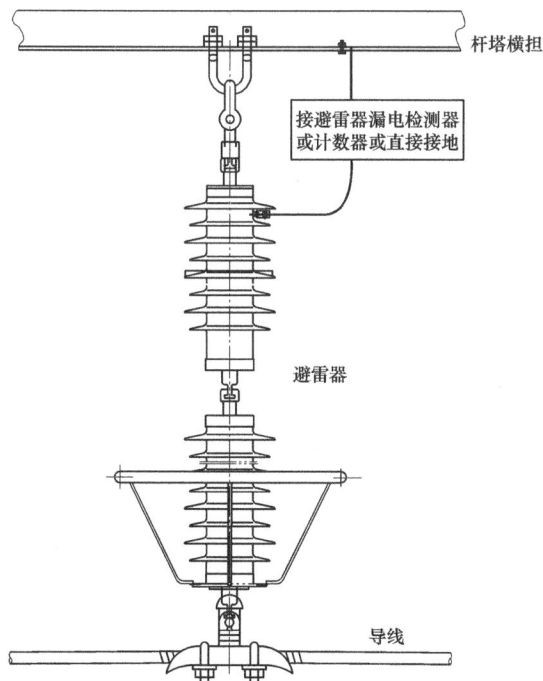

图 GYDL00207001-4　复合外套型避雷器倒挂安装图

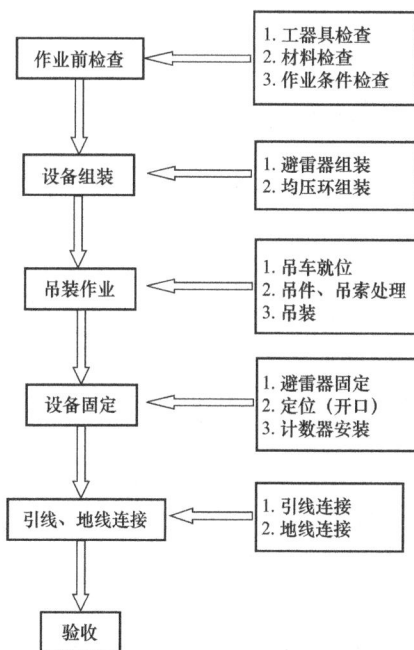

图 GYDL00207001-5　避雷器安装工艺流程图

（三）电缆线路避雷器安装操作步骤和质量标准

1. 作业前检查

（1）检查安装所用设备材料型号和数量符合设计要求。

（2）检查避雷器瓷件与金属法兰胶装部位是否密实，瓷套外观是否完好；金属法兰结合面是否平整、无外伤或铸造砂眼，法兰泄水孔是否通畅；各节组合单元是否试验合格，底座绝缘是否良好；避雷器的安全装置是否完整无损。

（3）检查安装人员条件是否满足施工需要。

（4）检查施工工器具是否满足施工需要。

（5）检查现场作业条件是否满足施工需要。

2. 设备组装

设备组装包括避雷器组装和均压环安装。

（1）避雷器组装时，其各节位置应符合产品出厂标志编号。

（2）均压环安装中应确保与避雷器主体连接牢固。

（3）均压环应无划痕、毛刺，安装牢固、平整、无变形，宜打排水孔。

3. 吊装作业

（1）避雷器吊装应符合产品技术文件要求。

（2）吊点应选择在组装后的避雷器主体重心上部 1/3 处。

（3）吊索吨位应与避雷器重量匹配，绑扎固定可靠。避雷器吊装中应设置拉线。

（4）吊车坐车及回转区域内，无影响施工的障碍。吊车的工作位置应选择适当，支撑应稳固可靠，并有防倾覆措施，设专人指挥吊车，信号要清晰、明确。

（5）吊车吨位及臂长应满足现场作业条件。

4. 设备固定

设备固定包括避雷器固定和计数器安装。

（1）并列安装的避雷器，三相中心应在同一直线上，相间中心距离误差不大于 10mm；铭牌应位于易于观察的同一侧。

（2）避雷器应安装垂直，其垂直度应符合制造厂的规定。

（3）所有安装部位螺栓应紧固，力矩值应符合产品技术文件要求。

（4）绝缘底座应安装水平，绝缘小瓷套的伞裙应朝下。

（5）计数器安装位置应一致，且便于观察。

（6）避雷器的排气通道应畅通；排气通道不得向着巡检通道，排出的气体不致引起相间或对地闪络，并不得喷及其他电气设备。

（7）相色喷漆正确。

5. 引线、地线连接

（1）避雷器各连接处的金属接触表面洁净，没有氧化膜和油漆，导通良好。

（2）监测仪应密封良好、动作可靠，并应按产品技术文件要求连接，接地应可靠；监测仪计数器应调至同一值。

（3）避雷器的接地应符合设计要求，接地引下线固定牢固，引下线的连接面应涂一层电力复合脂（或中性凡士林）。

（4）设备接线端子的接触表面应平整、清洁、无氧化膜、无凹陷及毛刺，并涂以薄层电力复合脂；连接螺栓应齐全、紧固，紧固力矩符合《电气装置安装工程母线装置施工及验收规范》（GBJ 149—1990）的规定。避雷器引线的连接不应使设备端子受到超过允许的承受力。

6. 竣工验收

竣工验收包括现场验收和资料验收。

（1）在验收时，应进行下列检查：

1）现场制作件应符合设计要求；

2）避雷器密封良好，外表应完整无缺损；

3）避雷器应安装牢固，其垂直度应符合要求，绝缘子宜在投运前进行超声波探伤试验，垂直安装的避雷器均压环应水平；

4）放电计数器和在线监测仪密封应良好，绝缘垫及接地应良好、牢固；

5）油漆应完整，相色正确；

6）交接试验合格；

7）产品有压力检测要求时，压力检测应合格。

（2）在验收时，应提交下列资料和文件：

1）设计变更的证明文件；

2）制造厂提供的产品说明书、装箱清单、试验记录、合格证及安装图纸等文件；

3）检验及评定资料；

4）试验报告；

5）备品、备件、专用工具及测试仪器清单。

【思考与练习】

1. 避雷器安装工艺流程包括哪些步骤？

2. 固定避雷器时有哪些注意事项？

3. 避雷器安装完毕验收时，应检查哪些项目？

附录 A 《配电电缆》培训模块教材各等级引用关系表

部分名称	章	模块名称 （模块编码）	模块描述	等 级		
				I	II	III
电力电缆 基础知识	电力电缆 基本知识	电力电缆的种类及命名 （GYDL00101001）	本模块介绍电力电缆的种类及命名。通过概念描述、要点讲解，熟悉电力电缆的种类及命名规则，掌握常用电缆型号及规格的含义	√		
		电缆的结构和性能 （GYDL00101002）	本模块介绍电力电缆的结构和性能。通过要点介绍，掌握电缆导体、屏蔽层、绝缘层的结构及性能，熟悉电缆护层的结构及作用	√		
		高压电缆绝缘击穿原理和高压电缆绝缘厚度确定 （GYDL00101003）	本模块介绍高压电缆绝缘击穿原理和高压电缆绝缘厚度的确定。通过概念讲解和要点介绍，了解高压电缆绝缘击穿机理，熟悉影响高压电缆绝缘厚度的因素，掌握电缆绝缘厚度的计算方法		√	
		电力电缆的载流量计算 （GYDL00101004）	本模块包含电力电缆的载流量和最高允许工作温度的基本概念、影响载流量的因素和载流量的简单计算。通过对概念解释和要点讲解，了解电力电缆的载流量计算方法		√	
		高压电缆的机械特性 （GYDL00101005）	本模块包含高压电缆的机械特性。通过对概念解释和要点讲解，了解电缆制造过程及敷设施工时产生的各种机械力，熟悉运行中电缆承受的机械应力，掌握电缆的机械力产生及分析知识			√
		交联聚乙烯电力电缆绝缘老化机理 （GYDL00101006）	本模块包含交联聚乙烯电力电缆绝缘老化机理的基本知识。通过概念解释和要点讲解，了解影响交联聚乙烯电力电缆绝缘性能变化的因素，熟悉交联聚乙烯电力电缆绝缘老化原因及形态，掌握交联聚乙烯电力电缆绝缘老化机理			√
		金属护层感应电压 （GYDL00101007）	本模块介绍高压单芯电缆金属护层感应电压的基本知识。通过概念解释、要点讲解和图形示意，了解金属护层感应电压概念及产生原因，熟悉金属护层感应电压对单芯电缆的影响，掌握改善电缆金属护层电压的措施			√
		改善电场分布的方法 （GYDL00101008）	本模块介绍改善电缆接头电场分布的方法和措施。通过概念分析和要点讲解，掌握常用的改善电缆接头电场集中的几何法（采用应力锥和反应力锥）和参数法			√
		电缆主要电气参数及计算 （GYDL00101009）	本模块包含电力电缆的一次主要电气参数及计算。通过对概念解释、要点讲解和示例介绍，掌握电缆线芯电阻、电感、电容等一次主要电气参数的简单计算			√
	电缆 构筑物	电缆保护管 （GYDL00103001）	本模块介绍电缆保护管的作用、种类、技术要求和性能。通过概念介绍和要点讲解，了解电缆保护管的种类、型号及产品标记，掌握电缆保护管的技术要求、常用电缆保护管的性能及选用注意事项		√	
		电缆构筑物 （GYDL00103002）	本模块包含电缆沟、电缆排管、电缆工井、电缆隧道等电缆构筑物的功能、适用场合以及主要技术要求。通过概念介绍和要点讲解，掌握各种电缆构筑物的功能特点和主要技术要求		√	
电气识、 绘图	电力电缆 专业识、 绘图	电缆结构图 （GYDL00505001）	本模块介绍各种电缆结构图的识、绘基本知识。通过要点讲解、图形示例，熟悉各类不同电压等级、不同型号的常用电力电缆结构图，掌握常用各类电力电缆结构图的绘制方法	√		
		电气系统图 （GYDL00505002）	本模块介绍电气系统图的识、绘基本知识。通过要点讲解、图形示例，熟悉电气系统图的分类及特点，掌握电气系统图的识读方法，电气系统图一般绘制规则和基本步骤		√	
		电气接线图 （GYDL00505003）	本模块介绍电气接线图的识、绘基本知识。通过要点讲解、图形示例，熟悉电气主接线图的特点、分类和基本形式、图形和符号，掌握电气主接线图识、绘的一般规则、基本方法和步骤		√	

部分名称	章	模块名称 （模块编码）	模块描述	等 级		
				I	II	III
电气识、 绘图	电力电缆 专业识、 绘图	电缆附件安装图 （GYDL00505004）	本模块介绍电力电缆终端头、接头附件安装图的识、绘基本知识。通过要点讲解、图形示例，熟悉电力电缆终端头、接头附件安装图的特点和形式、图形和符号，掌握电力电缆终端头、接头附件安装图识、绘的一般规则、基本方法和步骤		√	
		电缆路径图 （GYDL00505005）	本模块介绍电力电缆路径地理位置平面图的识读和绘制。通过图形示例和要点讲解，熟悉电力电缆线路常用管线图形符号，掌握识读方法和技巧，掌握电力电缆线路路径图的现场测绘方法、要求和基本步骤			√
电缆敷设 安装	施工方案 及作业指 导书编制	施工方案的编制 （GYDL00202001）	本模块包含施工方案的编制内容和方法。通过要点讲解、示例介绍，掌握以工程概况、施工组织措施、安全生产保证措施、文明施工要求、工程质量计划、主要施工设备、器械和材料清单等内容的施工方案编制方法			√
		电缆作业指导书的编制 （GYDL00202002）	本模块介绍电缆作业指导书的编制。通过要点讲解和示例介绍，掌握电缆作业指导书编制依据、结构、具体的内容和方法		√	
	电缆及附 件的储运 及验收	电缆及附件的运输、储存 （GYDL00203001）	本模块介绍电缆及附件运输储存的要求和方法。通过要点讲解，熟悉电缆及附件运输、储存的相关规定、掌握电缆及附件运输储存的方法、要求和注意事项	√		
		电缆及附件的验收 （GYDL00203002）	本模块包含电缆及附件的验收要求和方法。通过要点讲解，熟悉电缆及附件的现场检查验收内容、方法和要求，掌握电缆及附件的验收试验项目及要求		√	
	电缆敷设 方式及 要求	电缆的直埋敷设 （GYDL00204001）	本模块介绍电缆直埋敷设的要求和方法。通过概念解释、要点讲解和流程介绍，熟悉直埋敷设的特点、基本要求。掌握直埋敷设的施工方法	√		
		电缆的排管敷设 （GYDL00204002）	本模块包含电缆排管敷设的要求和方法，通过概念解释、要点讲解和流程介绍，熟悉排管敷设的特点、基本要求，掌握排管敷设的施工方法	√		
		电缆的沟道敷设 （GYDL00204003）	本模块包含电缆沟道敷设的要求和方法。通过概念解释、要点讲解和流程介绍，熟悉电缆沟和电缆隧道敷设的特点、基本技术要求，掌握电缆沟和电缆隧道敷设施工方法	√		
		电缆敷设的一般要求 （GYDL00204004）	本模块介绍电缆敷设的基本要求。通过概念解释和要点讲解，熟悉电缆敷设牵引、弯曲半径、电缆排列固定和标志牌装设等基本要求，掌握电缆牵引力和侧压力的计算方法，掌握电缆敷设施工基本方法和各种技术要求		√	
		交联聚乙烯绝缘电缆的 热机械力 （GYDL00204005）	本模块包含交联聚乙烯绝缘电缆热机械力产生的原因和解决对策，通过要点讲解和图形解释，熟悉交联聚乙烯绝缘电缆热机械力产生原因和对电缆及附件的影响，掌握消除电缆热机械力的方法		√	
		水底和桥梁上的电缆敷设 （GYDL00204006）	本模块包含水底和桥梁上电缆敷设的要求和方法。通过要点讲解和图形解释。掌握水底和桥梁上电缆敷设的特点、施工方法、技术要求和注意事项			√
	敷设工器 具和设备 的使用	电缆敷设的常用机具的 使用及维护 （GYDL00205001）	本模块介绍电缆敷设常用机具的类型、使用和维护方法。通过要点讲解和图形解释。熟悉电缆敷设常用挖掘、装卸运输、牵引机具和敷设专用工器具用途和特点，掌握电缆敷设常用机具的配置使用和维护方法	√		

续表

部分名称	章	模块名称 （模块编码）	模块描述	等　级		
				I	II	III
电缆工程 验收	工程竣工 验收及资 料管理	电缆线路工程验收 （GYDL00206001）	本模块介绍电缆线路工程验收制度、验收项目及验收方法。通过要点讲解和方法介绍，熟悉电缆线路工程验收方法，掌握电缆线路敷设工程、接头和终端工程、附属设备验收及调试的内容、方法、标准、技术要求		√	
		电缆构筑物工程验收 （GYDL00206002）	本模块包含电缆构筑物的种类及其工程验收的项目要求。通过要点讲解和方法介绍，掌握电缆构筑物土建工程、电缆排管、工井、电缆桥架、电缆沟、电缆隧道的验收内容、方法和要求		√	
		电缆工程竣工技术资料 （GYDL00206003）	本模块介绍各类电缆线路工程竣工资料的内容。通过要点介绍，熟悉施工文件、技术文件和相关资料的具体内容要求			√
电缆的 运行维护	电缆的运 行维护 基础	电缆线路运行维护的 内容和要求 （GYDL00102001）	本模块介绍电缆线路运行维护的基本知识。通过要点讲解，掌握电缆线路运行维护工作范围、主要内容和相关技术规程	√		
	电缆设备 巡视	电缆线路的巡查周期和内容 （GYDL00301001）	本模块介绍电缆设备巡查的一般规定、周期、流程、项目及要求。通过要点讲解和示例介绍，掌握电缆线路巡查的专业技能	√		
		红外测温仪的使用和应用 （GYDL00301002）	本模块介绍红外测温仪的原理和使用方法。通过对测温原理、操作步骤讲解和示例介绍，熟悉红外测温仪的用途、基本原理与结构，掌握操作方法、操作步骤、注意事项和日常维护方法		√	
		温度热像仪的使用和应用 （GYDL00301003）	本模块介绍温度热像仪的原理和使用方法。通过对测温原理、操作步骤讲解和示例介绍，熟悉温度热像仪的用途、基本原理与结构，掌握操作方法、操作步骤、注意事项和日常维护方法		√	
	设备运行 分析及缺 陷管理	电缆缺陷管理 （GYDL00302001）	本模块包含电缆线路缺陷管理的相关知识。通过要点、流程讲解和示例介绍，了解电缆缺陷性质，熟悉电缆线路及附属设备缺陷涉及范围，掌握电缆设备评级分类和缺陷管理技能	√		
		电缆缺陷处理 （GYDL00302002）	本模块介绍电缆线路缺陷分类、处理周期、处理原则及技术标准。通过要点讲解和示例介绍，掌握电缆线路缺陷处理技能		√	
电缆故障 测寻及 试验	电缆故障 测寻及 处理	电缆线路常见故障 诊断与分类 （GYDL00303001）	本模块介绍电缆线路故障分类及故障诊断方法。通过概念解释和要点介绍，掌握电缆线路试验击穿故障和运行中发生故障的诊断方法和步骤	√		
		电缆线路的识别 （GYDL00303002）	本模块介绍电缆线路路径探测及电缆线路常用识别方法。通过概念解释和方法介绍，熟悉音频感应法探测电缆路径的方法、原理及其接线方式，掌握工频感应鉴别法和脉冲信号法进行电缆线路识别的原理和方法	√		
		常用电缆故障测寻方法 （GYDL00303003）	本模块包含电缆线路常见故障测距和精确定点。通过方法介绍，掌握利用电桥法和脉冲法进行电缆线路常见故障测距的原理、方法和步骤，掌握电缆故障点精确定点方法		√	
	电缆交 接、预防 性试验	电缆交接试验的要求和内容 （GYDL00304001）	本模块介绍电缆线路交接试验内容和要求。通过要点讲解，掌握电缆交接试验的项目、标准和要求		√	
		电缆预防性试验要求和内容 （GYDL00304002）	本模块介绍电缆线路预防性试验内容和要求。通过要点讲解，掌握纸绝缘电缆、橡塑绝缘电缆和自容式充油电缆线路预防性试验项目、周期、标准和要求		√	
		电力电缆试验操作 （GYDL00304003）	本模块介绍电缆线路主要试验项目及试验操作方法。通过操作步骤及注意事项介绍，熟悉电缆绝缘电阻、直流耐压、交流耐压试验和相位检查等试验项目的接线、操作步骤及注意事项，掌握测试结果分析方法和试验报告编写内容		√	

续表

部分名称	章	模块名称 （模块编码）	模块描述	等　级		
				I	II	III
电缆附件 安装	电力电缆 附件种类 和安装工 艺要求	35kV 及以下电缆附件的种类 （ZY0600101001）	本模块包含 35kV 及以下常用电缆附件的分类及 型式。通过概念描述、功能介绍，了解 35kV 及以下 常用电缆附件的种类和基本特性	✓		
		35kV 及以下电缆附件的 安装工艺要求 （ZY0600101002）	本模块包含 35kV 及以下常用电缆附件安装的技 术要求。通过要点介绍，掌握 35kV 及以下常用电缆 附件安装的环境要求和基本技术要求	✓		
	电缆附件 安装的 基本操作	油纸绝缘电缆剖铅、 胀铅和封铅操作 （GYDL00201001）	本模块介绍油纸绝缘电缆剖铅、胀铅和封铅操 作。通过操作所需工器具、材料、操作方法及注意 事项介绍，掌握油纸绝缘电缆剖铅、胀铅和封铅操 作方法及工艺要求	✓		
		电缆线芯的连接 （GYDL00201002）	本模块介绍电缆线芯连接的方法和工艺要求。通 过流程介绍、操作工艺讲解，熟悉电缆线芯的一般 连接方法，掌握电缆线芯压缩连接（压接）的原理、 方法、工器具、材料、工艺要求及相关注意事项	✓		
		电缆的剥切 （GYDL00201003）	本模块介绍塑料电缆剥切操作工艺及要求。通过 工艺流程及操作方法介绍，掌握塑料电缆剥切常用 工具使用和电缆剥切方法及工艺要求	✓		
		火器的使用 （GYDL00201004）	本模块介绍火器使用操作及相关安全注意事项。 通过常用火器结构介绍、要点讲解，掌握汽油喷灯、 丙烷液化气喷枪等火器的结构、使用方法及安全注 意事项	✓		
		常用带材的绕包 （GYDL00201005）	本模块包含常用带材的种类、绕包基本要求和绕 包方法。通过知识要点讲解、工艺介绍，熟悉常用 带材的种类及性能，掌握带材绕包操作方法及工艺 要求、带材绕包注意事项	✓		
		登高作业 （GYDL00201006）	本模块介绍登杆塔作业。通过要点讲解，掌握正 确的登杆塔的作业方法、安全措施及注意事项	✓		
	1kV 及以 下电力电 缆终端 制作	1kV 及以下各类电力电缆终 端制作程序及工艺要求 （ZY0600102001）	本模块包含 1kV 及以下热缩式电力电缆终端制作 程序及工艺要求。通过图解示意、流程介绍和工艺 要点归纳，掌握 1kV 及以下热缩式电力电缆终端制 作工艺流程和各操作步骤工艺质量控制要点	✓		
		1kV 电力电缆终端安装 （ZY0600102002）	本模块包含 1kV 热缩式电力电缆终端安装步骤及 基本要求。通过示例介绍、图解示意，掌握 1kV 热 缩式电力电缆终端安装所需的工器具材料、安装作 业条件、操作步骤及工艺要求	✓		
	10kV 电 力电缆各 种类型终 端制作	10kV 电力电缆各种类型终端 头制作程序及工艺要求 （ZY0600103001）	本模块包含 10kV 常用电力电缆终端制作程序及 工艺要求。通过图解示意、流程介绍和工艺要点归 纳，掌握 10kV 常用电力电缆终端制作工艺流程和各 操作步骤工艺质量控制要点		✓	
		10kV 电力电缆终端头安装 （ZY0600103002）	本模块包含 10kV 常用电力电缆终端安装步骤和 基本要求。通过示例介绍、图形示意，掌握 10kV 常 用电力电缆终端安装所需的工器具材料、安装作业 条件、操作步骤及工艺要求		✓	
	35kV 电 力电缆各 种类型终 端制作	35kV 电力电缆各种类型终端 头制作程序及工艺要求 （ZY0600104001）	本模块包含 35kV 常用电力电缆终端制作程序及 工艺要求。通过图解示意、流程介绍和工艺要点归 纳，掌握 35kV 常用电力电缆终端制作工艺流程和各 操作步骤工艺质量控制要点			✓
		35kV 电力电缆终端头安装 （ZY0600104002）	本模块包含 35kV 常用电力电缆终端安装步骤和 基本要求。通过示例介绍、图形示意，掌握 35kV 常 用电力电缆终端安装所需的工器具材料、安装作业 条件、操作步骤及工艺要求			✓
	1kV 及以 下电力 电缆中 间接头 制作	1kV 及以下各类电力电缆中 间接头制作程序及工艺要求 （ZY0600105001）	本模块包含 1kV 及以下热缩式电力电缆中间接头 制作程序及工艺要求。通过图解示意、作业流程介 绍，掌握 1kV 及以下热缩式电力电缆中间接头制作 工艺流程和各操作步骤工艺质量控制要点	✓		

续表

部分名称	章	模块名称 （模块编码）	模块描述	等　级		
				I	II	III
电缆附件 安装	1kV 及以 下电力电 缆中间接 头制作	1kV 电力电缆中间接头安装 （ZY0600105002）	本模块包含 1kV 热缩式电力电缆中间接头安装步骤及基本要求。通过示例介绍、图解示意，掌握 1kV 热缩式电力电缆中间接头安装所需的工器具材料、安装作业条件、操作步骤及工艺要求	√		
	10kV 电 力电缆各 种类型中 间接头 制作	10kV 电力电缆各种类型中间 接头制作程序及工艺要求 （ZY0600106001）	本模块包含 10kV 常用电力电缆中间接头制作程序及工艺要求。通过图解示意、流程介绍和工艺要点归纳，掌握 10kV 常用电力电缆中间接头制作工艺流程和各操作步骤工艺质量控制要点		√	
		10kV 电力电缆中间接头安装 （ZY0600106002）	本模块包含 10kV 常用电力电缆中间接头安装步骤和基本要求。通过示例介绍、图形示意，掌握 10kV 常用电力电缆中间接头安装所需的工器具材料、安装作业条件、操作步骤及工艺要求		√	
	35kV 电 力电缆各 种类型中 间接头 制作	35kV 电力电缆各种类型中间 接头制作程序及工艺要求 （ZY0600107001）	本模块包含 35kV 常用电力电缆中间接头制作程序及工艺要求。通过图解示意、流程介绍和工艺要点归纳，掌握 35kV 常用电力电缆中间接头制作工艺流程和各操作步骤工艺质量控制要点			√
		35kV 电力电缆中间接头安装 （ZY0600107002）	本模块包含 35kV 常用电力电缆中间接头安装步骤和基本要求。通过示例介绍、图形示意，掌握 35kV 常用电力电缆中间接头安装所需的工器具材料、安装作业条件、操作步骤及工艺要求			√
	避雷器 安装	避雷器安装方法 （GYDL00207001）	本模块介绍电缆终端用避雷器安装方法及注意事项。通过要点讲解、工艺流程介绍和图形示例，了解电缆线路常用避雷器的型号、参数特性，熟悉电缆线路避雷器特性参数选择原则，掌握避雷器安装操作方法、步骤及质量标准要求		√	

参 考 文 献

[1] 史传卿. 供用电工人职业技能培训教材·电力电缆. 北京：中国电力出版社，2006.

[2] 史传卿. 供用电工人技能手册·电力电缆. 北京：中国电力出版社，2004.

[3] 史传卿. 安装运行技术问答·电力电缆. 北京：中国电力出版社，2002.

[4] 梁曦东，陈昌渔，周运翔. 高电压工程. 北京：清华大学出版社，2003.

[5] 邱昌容. 电线与电缆. 西安：西安交通大学出版社，2007.

[6] 陈家斌. 电缆图表手册. 北京：中国水利水电出版社，2004.

[7] 李国正. 电力电缆线路设计施工手册. 北京：中国电力出版社，2007.

[8] 陈珩. 电力系统分析. 北京：中国电力出版社，1995.

[9] 阮礽忠. 电气识图. 福州：福建科技出版社，2008.

[10] 董崇庆，陈黎来. 电力工程识绘图. 北京：中国电力出版社，2004.

[11] 白公，等. 怎样阅读电气工程图. 北京：机械工业出版社，2009.

[12] 李宗廷. 电力电缆施工. 北京：中国电力出版社，1999.

[13] 李宗廷，王佩龙，赵光庭，等. 电力电缆施工手册. 北京：中国电力出版社，2002.

[14] 陈化钢. 对直流高压试验电压极性的分析. 铜陵职业技术学院学报，2007，6（4）：6-8，11.

[15] 李建明，朱康. 高压电气设备试验方法. 北京：中国电力出版社，2001.

[16] 王伟，等. 交联聚乙烯（XLPE）绝缘电力电缆技术基础. 西安：西北工业大学出版社，2005.

[17] 朱启林，等. 电力电缆故障测试方法与案例分析. 北京：机械工业出版社，2008.

[18] 韩伯锋. 电力电缆试验及检测技术. 北京：中国电力出版社，2007.

[19] 何利民，尹全英. 怎样阅读电气工程图. 北京：中国建筑工业出版社，1987.

[20] 游智敏，李海. 上海电力隧道及运行管理. 上海：全国第八次电缆运行经验交流会，2008.